Betriebswirtschaftliches Rechnungswesen

Die Grundlagen von Buchführung und Finanzberichten

Bei Pearson Studium werden nur Bücher veröffentlicht, die wissenschaftliche Lehrinhalte durch eine Vielzahl von Fallstudien, Beispielen und Übungen veranschaulichen. Wir bringen moderne Gestaltung, wohlüberlegte Didaktik und besonders qualifizierte Autoren zusammen, um Studenten zeitgemäße Lehrbücher zu bieten. Sie finden in unseren Büchern den Prüfungsstoff in direktem Bezug zur Praxis und späterem Berufsleben.

Bisher sind im wirtschaftswissenschaftlichen Lehrbuchprogramm folgende Titel erschienen:

VWL

Blanchard/Illing (2003): *Makroökonomie, 3. Auflage*

Bofinger (2003): *Grundzüge der Volkswirtschaftslehre*

Forster/Klüh/Sauer (2004): *Übungen zur Makroökonomie*

Krugman/Obstfeld (2003): *Internationale Wirtschaft, 6. Auflage*

Pindyck/Rubinfeld (2003): *Mikroökonomie, 5. Auflage*

BWL

Albaum et al. (2001): *Internationales Marketing und Exportmanagement*

Chaffey et al. (2001): *Internet-Marketing*

Fill (2001): *Marketingkommunikation*

Freter (2004): *Marketing*

Kotler et al. (2002): *Grundlagen des Marketing, 3. Auflage*

Solomon et al. (2001): *Konsumentenverhalten*

Spoun/Domnik (2004): *Erfolgreich studieren*

Zantow (2004): *Finanzierung*

Quantitative Verfahren

Hackl (2004): *Einführung in die Ökonometrie*

Moosmüller (2004): *Methoden der empirischen Wirtschaftsforschung*

Schira (2003): *Statistische Methoden der VWL und BWL*

Sydsæter/Hammond (2003): *Mathematik für Wirtschaftswissenschaftler*

Zöfel (2003): *Statistik für Wirtschaftswissenschaftler*

Weitere Informationen zu diesen Titeln und unseren Neuerscheinungen finden Sie unter *www.pearson-studium.de*

Hans Peter Möller
Bernd Hüfner

Betriebswirtschaftliches Rechnungswesen

Die Grundlagen von Buchführung und Finanzberichten

ein Imprint von Pearson Education
München • Boston • San Francisco • Harlow, England
Don Mills, Ontario • Sydney • Mexico City
Madrid • Amsterdam

Bibliografische Information der Deutschen Bibliothek

Die Deutsche Bibliothek verzeichnet diese Publikation in der Deutschen Nationalbibliografie;
detaillierte bibliografische Daten sind im Internet über *http://dnb.ddb.de* abrufbar.

Umwelthinweis:
Dieses Produkt wurde auf chlorfrei gebleichtem Papier gedruckt.
Die Einschrumpffolie – zum Schutz vor Verschmutzung – ist aus
umweltverträglichem und recyclingfähigem PE-Material.

10 9 8 7 6 5 4 3 2 1

06 05 04

ISBN 3-8273-7141-4

© 2004 Pearson Studium
ein Imprint der Pearson Education Deutschland GmbH,
Martin-Kollar-Straße 10-12, D-81829 München/Germany
Alle Rechte vorbehalten
www.pearson-studium.de
Lektorat: Dennis Brunotte, dbrunotte@pearson.de
Korrektorat: Lehrstuhl für Unternehmensrechnung und Finanzierung, RWTH Aachen
Einbandgestaltung: adesso 21, Thomas Arlt, München
Herstellung: Elisabeth Prümm, epruemm@pearson.de
Satz: mediaService, Siegen (www.media-service.tv)
Druck und Verarbeitung: Kösel, Krugzell (www.KoeselBuch.de)

Printed in Germany

Inhaltsübersicht

Inhaltsverzeichnis

Vorwort

Die universitäre Ausbildung auf dem Gebiet des Rechnungswesens hat in den vergangenen siebzig Jahren vielfältige Wandlungen durchlaufen. Nicht nur in Deutschland wurden die grundlegenden Fragen der Konzeption und der Buchungstechnik ständig zurückgedrängt. Das geht bis hin zu einer »Benutzer-orientierten« Darstellung, bei der nur noch das Ziel vorherrscht, Finanzberichte verstehen und interpretieren zu können.

Die gegenwärtige Konzentration auf die Bildung kürzerer und berufsqualifizierender Studiengänge mit geringeren Abbrecherquoten lenkt den Blick wieder auf die für ein erfolgreiches Studium des Rechnungswesens notwendigen Grundlagen. Dazu gehören neben der Vermittlung der bloßen Technik der Buchführung die Auseinandersetzung mit den grundlegenden Problemen des Rechnungswesens, der Erfassung von Ereignissen bis hin zu deren international vielfältigen Verarbeitungs- und Darstellungsmöglichkeiten in Finanzberichten, eine Kapitalflussrechnung eingeschlossen.

Das vorliegende Buch versucht daher, theoretische Konzepte mit weitgehend einem einzigen praktischen Beispiel und Aufgaben zu verknüpfen. Es enthält viele Möglichkeiten, sich erfolgreich mit dem Stoff zu befassen: den Lehrtext mit vielen Beispielen, eine Menge von Kontrollfragen, die sich auf den Lehrtext beziehen, sowie zahlreiche Übungsaufgaben mit ihren Ergebnissen.

Dozenten wird zusätzlich ein zur Herstellung von Folien geeigneter Datensatz für den Unterricht sowie ausführliche Musterlösungen zu den Aufgaben mit Folienvorlagen angeboten. Zusätzlich steht eine Sammlung von Multiple Choice-Fragen zur Verfügung. Das Buch beschreitet insofern einen neuen Weg.

Bei der Anfertigung eines neuen Buches sind Fehler unvermeidlich. Die Autoren danken den Mitarbeitern des Lehrstuhls, dem sehr sorgfältigen Lektor und vielen anderen Lesern für ihre Hinweise auf Unklarheiten. Für Fehler, die bisher nicht entdeckt wurden, übernehmen sie die volle Verantwortung.

Hans Peter Möller
Bernd Hüfner

Aachen, im Juli 2004

1 Grundlagen des betriebswirtschaftlichen Rechnungswesens

Lernziele

Nach dem Studium dieses Kapitels sollten Sie in der Lage sein,

- die Rolle des betriebswirtschaftlichen Rechnungswesens bei der Entscheidungsfindung in Unternehmen zu verstehen,
- die Bedeutung der Veröffentlichung von Zahlen des Rechnungswesens für Unternehmensinterne und Außenstehende zu erkennen,
- einige Fachbegriffe des betriebswirtschaftlichen Rechnungswesens zu verstehen und anzuwenden und
- einige Anforderungen anzugeben, die üblicherweise an ein Instrument zur Eigenkapitaldarstellung und Ergebnismessung gestellt werden.

Überblick

Der Inhalt des Kapitels dient einer Einordnung des betriebswirtschaftlichen Rechnungswesens. Dieses stellt ein Instrument zur Abbildung der finanziellen Lage und zur Messung des finanziellen Ergebnisses von Unternehmen dar. Zum besseren Verständnis der Fachliteratur werden zunächst eine Reihe von Fachbegriffen eingeführt und erläutert. Viele Begriffe werden Ihnen bereits bekannt sein.

Ein weiterer Zweck dieses Kapitels liegt darin, Ihnen einen Überblick darüber zu vermitteln, welche grundlegenden Anforderungen an das betriebswirtschaftliche Rechnungswesen gestellt werden. Klar wird Ihnen dadurch, auf welchen Annahmen das betriebswirtschaftliche Rechnungswesen beruht.

Die Begriffe »betriebswirtschaftliches Rechnungswesen« und »Buchführung« sollten nicht miteinander verwechselt werden. Mit »Buchführung« wird nur der Teil des »betriebswirtschaftlichen Rechnungswesens« beschrieben, in dem es um die Prozesse der Erfassung, Aufzeichnung und Zusammenfassung ökonomisch relevanter Vorgänge geht.

Viele Berufe ranken sich um das betriebswirtschaftliche Rechnungswesen. Innerhalb von Unternehmen sind es beispielsweise der »accountant«, der Kostenanalytiker und -planer, der Revisor sowie derjenige, der die mit dem Rechnungswesen befassten Teile des Informationssystems des Unternehmens entwirft und fortentwickelt. Außerhalb von Unternehmen ist an den Steuerberater, den Wirtschaftsprüfer und den Unternehmensberater zu denken.

1.1 Informationszweck des Rechnungswesens

1.1.1 Information für Entscheidungsträger

Das betriebswirtschaftliche Rechnungswesen lässt sich als ein Informationsinstrument von Unternehmen auffassen. Darin werden die finanziellen Konsequenzen von Unternehmensaktivitäten abgebildet, in Berichte integriert und Entscheidungsträgern unterbreitet. Wichtigste Werkzeuge eines derartigen Informationssystems sind die finanziellen Berichte[1]. In ihnen wird in Geldeinheiten über das Unternehmen berichtet. Die Berichte liefern Informationen, die helfen sollen, gute Entscheidungen zu treffen. »Macht mein Unternehmen Gewinn? Soll ich zusätzliches Personal einstellen? Verdiene ich genug Geld, um meine Miete zahlen zu können?« – Antworten auf solche Fragen basieren i.d.R. auf Informationen, die Unternehmer kennen möchten. Im Rahmen ihres Rechnungswesens sammeln sie daher solche Informationen über ihr Unternehmen und fassen sie zu finanziellen Berichten zusammen. Abbildung 1.1 verdeutlicht die Rolle des betriebswirtschaftlichen Rechnungswesens eines Unternehmens in einem solchen Entscheidungskontext.

Betriebswirtschaftliches Rechnungswesen zur Entscheidungsunterstützung

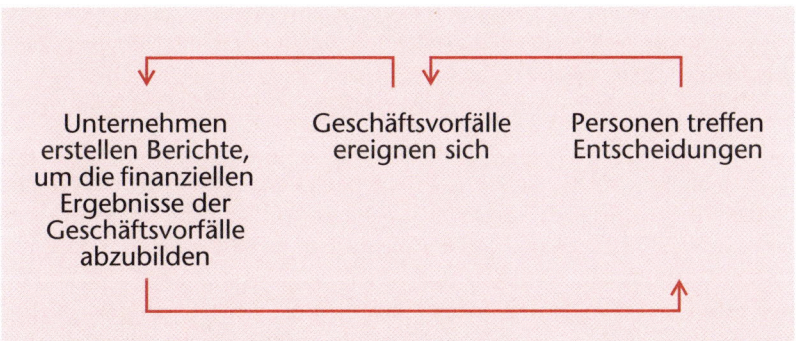

Abbildung 1.1:
Betriebswirtschaftliches Rechnungswesen und Entscheidungen im Unternehmen

---

[1] In der deutschsprachigen Literatur ist es bisher üblich, in Anlehnung an das deutsche Handelsgesetzbuch vom Jahresabschluss zu sprechen. Darunter werden u.a. eine »Bilanz« und eine »Gewinn- und Verlustrechnung« sowie ein »Anhang« verstanden. Angesichts der zunehmenden Ausweitung der Berichtspflichten auf zusätzliche Rechenwerke und wegen der Forderung nach einer Berichterstattung für kürzere Zeiträume als ein Jahr werden hier die zusammenfassenden Begriffe »finanzielle Berichte« und »Finanzberichte« verwendet.

Dokumentationszweck des Rechnungswesens

Betriebswirtschaftliches Rechnungswesen dokumentiert Informationen über die finanziellen Konsequenzen von Ereignissen, die ein Unternehmen berühren. Viele Personen oder Institutionen, die Entscheidungen treffen – im Rahmen der Entscheidungslehre auch als Entscheidungsträger bezeichnet – benötigen solche Informationen. Dies gilt für Privatleute ebenso wie für Unternehmen. Die Unternehmer selbst bzw. die Manager von Unternehmen nutzen das Rechnungswesen zur Festsetzung finanzieller Ziele sowie zur Steuerung des Zielerreichungsprozesses. Investoren am Kapitalmarkt, die über die Anlage in Aktien auf der Basis erwarteter Renditen und Risiken entscheiden, analysieren die Finanzberichte der hinter den Aktien stehenden Unternehmen. Ähnliches gilt für Kreditgeber. Steuerbehörden verpflichten Unternehmen sogar dazu, ein spezifisches Rechnungswesen zu betreiben. Die Höhe vieler Steuerarten knüpft an Zahlen dieses Rechnungswesens an.

Unternehmensexterne und unternehmensinterne Adressaten

Die Gruppe der Benutzer des Rechnungswesens ist heterogen. Man kann unternehmensexterne von unternehmensinternen Nutzern unterscheiden. Dem entsprechend lässt sich auch das betriebswirtschaftliche Rechnungswesen in zwei Bereiche unterteilen: dasjenige zur Abbildung der Beziehungen zwischen dem Unternehmen und seiner Umwelt (externes Rechnungswesen) sowie dasjenige für Zwecke des Managements (internes Rechnungswesen). Während das externe Rechnungswesen auf die Informationsbedürfnisse unternehmensexterner und unternehmensinterner Nutzer ausgerichtet sein sollte, dient das interne Rechnungswesen hauptsächlich der Entscheidungsunterstützung unternehmensinterner Entscheidungsträger.

Gefahr ethisch unsauberer Informationspolitik für unternehmensexterne Nutzer

Soweit das betriebswirtschaftliche Rechnungswesen zur Information von Gruppen dient, die von der Unternehmensführung ausgeschlossen sind, hat es auch ethischen Ansprüchen zu genügen. Das gilt insbesondere für Situationen, in denen es dem Informanten unangenehm ist, seine Informationen preiszugeben. Zu denken ist beispielsweise an Situationen, in denen Unternehmen wegen Schaffung und Ausnutzung monopolähnlicher Marktstellungen und demzufolge hohen Gewinnen die Zerschlagung droht. Ein anderes Beispiel liegt vor, wenn die Geschäfte sehr schlecht »gelaufen« sind und die Geschäftsleitung daher befürchten muss, abgelöst zu werden. In solchen Fällen kann das Management geneigt sein, Informationen des Rechnungswesens, die nach außen gegeben werden, in seinem oder in des Unternehmens Sinne zu verzerren. Die Verlockung dazu ist umso größer, je höher die finanziellen Konsequenzen der Probleme für die Geschäftsleitung sind.

Lösungsvorschlag: Bindung der Informationsproduzenten an Verhaltensregeln

Unternehmen versuchen solche ethischen Probleme durch Bindung der Geschäftsleitung an interne Verhaltenskodexe zu minimieren. Außenstehende Interessenten, z. B. einige institutionelle Anleger, versuchen ebenfalls, Fehlinformationen seitens der Geschäftsleitungen dadurch zu vermeiden, dass sie ihnen die Einhaltung bestimmter Verhaltensregelungen auferlegen. Auch der Berufsstand derer, die das Rechnungswesen prüfen – in Deutschland der Berufsstand der Wirtschaftsprüfer, in den USA derjenige der »Certified Public Accountants« in der Rolle des »auditors« – hat es sich zur Aufgabe gemacht, bei seinen Prüfungen ethische Gesichtspunkte zu beachten.

1.1.2   Ergebnisermittlung

Das Unternehmen bedient sich zur Aufzeichnung von Ereignissen spezieller Formen des betriebswirtschaftlichen Rechnungswesens und der Buchführung. Ein wesentlicher Zweck des betriebswirtschaftlichen Rechnungswesens besteht darin, die finanzielle Lage darzustellen und das Wachstum der vom Unternehmer eingesetzten Mittel aufzuzeigen, soweit dieses Wachstum aus der Geschäftstätigkeit resultiert. Mit der finanziellen Lage ist eine Beschreibung der im Unternehmen getätigten Investitionen und Finanzierungen gemeint. Die aus der Geschäftstätigkeit erwachsende Veränderung der vom Unternehmer eingesetzten Mittel, das Einkommen, wird in der Literatur unterschiedlich bezeichnet. Meist werden die Begriffe »Ergebnis« oder »Erfolg« dafür verwendet. Die nahe liegende Bezeichnung »Einkommen« findet sich hauptsächlich in der Literatur zur Einkommensteuer.

Rechnungswesen als Instrument zur Einkommensmessung

Um einen mit der Literatur übereinstimmenden Begriff zu verwenden, sprechen wir in diesem Buch vom »Ergebnis«, wenn wir das Einkommen meinen. Damit verwenden wir nur einen einzigen Begriff für die vielen Bezeichnungen, die etwas Ähnliches aussagen. Im deutschen Steuerrecht beispielsweise werden dafür die Bezeichnung »Einkommen aus Gewerbebetrieb« und »Gewinn« bzw. »Verlust« gebildet. Das »Einkommen aus Gewerbebetrieb« kann positiv, null oder negativ sein. Im deutschen Handelsrecht werden die Begriffe »Jahresüberschuss« und »Konzernüberschuss« verwendet, wenn das Ergebnis positiv ist. Die Begriffe »Jahresfehlbetrag« und »Konzernfehlbetrag« verwendet man, wenn es negativ ist. In der Betriebswirtschaftslehre wird auch der Begriff »Erfolg« verwendet. Ein positives Ergebnis wird oft als »Gewinn« und ein negatives als »Verlust« bezeichnet. In der englischen Sprache haben sich dafür die Begriffe »net income«, »net loss«, »profit« und »loss« eingebürgert.

Begründung für den Ergebnisbegriff

Insbesondere in großen Unternehmen benötigt man Hilfsmittel zur Beurteilung von Investitionen, Standorten, Beschäftigten sowie zur Durchführung von Entscheidungen. Das betriebswirtschaftliche Rechnungswesen kann der Unternehmensleitung helfen, das Unternehmen zu steuern, wenn die Steuerung an der Mehrung der vom Unternehmer eingesetzten Mittel durch die Unternehmenstätigkeit orientiert ist.

Grundlage zur Unternehmenssteuerung

Das Ergebnis dient nicht nur der Unternehmenssteuerung, sondern auch der Bemessung ergebnisabhängiger Zahlungen. So gilt beispielsweise das deutsche handelsrechtliche Ergebnis als maßgeblich für die deutsche Einkommen- und Körperschaftsteuer. Auch werden Tantiemen oftmals auf der Basis des Ergebnisses berechnet.

Grundlage zur Bemessung ergebnisabhängiger Zahlungen

1.1.3   Lieferung rechtsformbezogener Informationen

Ausgestaltung des finanziellen Rechnungswesens abhängig von Unternehmensrechtsform

Die Ausgestaltung des finanziellen Rechnungswesens hängt davon ab, in welcher Rechtsform das Unternehmen betrieben wird. Im wesentlichen kann man drei grundlegend verschiedene Typen von Rechtsformen voneinander unterscheiden: das Einzelunternehmen, die Personengesellschaft und die Kapitalgesellschaft. Darüber hinaus gibt es Mischformen, die hier nicht weiter angesprochen werden.

Einzelunternehmen: Unternehmen mit einem einzigen Unternehmer

■ Einzelunternehmen werden von einer einzelnen Person geführt, die über alle Vermögensgüter des Unternehmens verfügen kann. Einzelunternehmen sind meist klein. Die Buchführung des Unternehmens umfasst nicht die privaten Geschäfte des Unternehmers, obwohl dieser für die Schulden seines Unternehmens auch persönlich mit seinem Privatvermögen haftet. Einzelunternehmen haben rechtlich eine endliche Lebensdauer. Sie werden durch die Entscheidung des Unternehmers zur Übergabe, zur Schließung oder durch dessen Tod beendet.

Personengesellschaft: Unternehmen mit mehreren Unternehmern

■ Personengesellschaften bestehen aus mindestens zwei Personen, den Gesellschaftern. Das Unternehmen wird im Rechnungswesen getrennt von den Gesellschaftern behandelt. Mindestens einer der Gesellschafter haftet voll mit seinem Privatvermögen. Das Rechnungswesen des Unternehmens wird getrennt von den privaten Geschäften der Gesellschafter betrieben. Personengesellschaften kommen in Deutschland als stille Gesellschaften, als offene Handelsgesellschaften (oHG) oder Kommanditgesellschaften (KG) vor. In stillen Gesellschaften beteiligt der Unternehmer weitere Personen, die jedoch nur im Innenverhältnis in Erscheinung treten. Nach außen hin ist eine stille Gesellschaft nicht von einem Einzelunternehmen zu unterscheiden. In offenen Handelsgesellschaften haften alle Gesellschafter mit ihrem Privatvermögen, in Kommanditgesellschaften unterscheidet man Gesellschafter, die mit ihrem gesamten Privatvermögen haften (Komplementäre), von Gesellschaftern, die ihre Haftung beschränkt haben (Kommanditisten). Personengesellschaften werden durch die Entscheidung der Gesellschafter oder durch deren Tod beendet.

Kapitalgesellschaft: Unternehmen mit mehreren Eigenkapitalgebern und bestelltem Leitungsorgan, das als juristische Person auftritt

■ Kapitalgesellschaften sind Unternehmen, deren Eigenkapital i.d.R. von mehreren Personen aufgebracht wurde. Im Gegensatz zu den vorgenannten Unternehmenstypen besitzen sie eine eigene Rechtspersönlichkeit: Sie besitzen den Status einer juristischen Person. Dank dieser Konstruktion tritt das Unternehmen nach außen im eigenen Namen auf. Die Gesellschafter können ihre Anteile i.A. verkaufen oder zurückgeben. Für Schulden des Unternehmens haften sie nicht mit ihrem persönlichen Vermögen, sondern können i.d.R. höchstens ihren Anteil am Kapital des Unternehmens verlieren. Das Rechnungswesen einer Kapitalgesellschaft umfasst nicht die persönlichen Angelegenheiten der Anteilseigner. Kapitalgesellschaften kommen in Deutschland als Aktiengesellschaften (AG), Gesellschaften mit beschränkter Haftung (GmbH) und eingetragene Genossenschaften (eG) vor. Anteile an Aktiengesellschaften können zum Handel an Aktienbörsen zugelassen werden. Die Lebensdauer von Kapitalgesellschaften ist rechtlich nicht begrenzt.

Ein wesentlicher Unterschied zwischen Einzelunternehmen und Personengesellschaften einerseits sowie Kapitalgesellschaften andererseits liegt in der unterschiedlichen Haftung, welche die Rechtsordnung denen auferlegt, die über die Vermögensgüter des Unternehmens verfügen können. Kann ein Einzelunternehmen oder eine Personengesellschaft die Schulden nicht zurückzahlen, so können die Kreditgeber auf das Privatvermögen der Eigner zurückgreifen. Wird hingegen eine Kapitalgesellschaft zahlungsunfähig, so können die Kreditgeber i.A. nur auf das Unternehmensvermögen und nicht auf das Privatvermögen der Anteilseigner zugreifen. Lediglich bei Genossenschaften gibt es darüber hinaus eine begrenzte Zuzahlungspflicht der Genossen.

Je nach Rechtsform unterschiedliche Haftung

Das begrenzte persönliche Risiko der Anteilseigner erklärt die Beliebtheit von Kapitalgesellschaften. Es kommt hinzu, dass es diesem Unternehmenstyp theoretisch möglich ist, durch Ausdehnung der Zahl der Anteilseigner nahezu unbegrenzte Kapitalmengen aufzubringen. Ab einer gewissen Größe werden die Eigenkapitalgeber das Unternehmen nicht mehr selbst leiten, sondern sich einer professionellen Geschäftsleitung bedienen. Dann erscheint es für viele Betrachtungen sinnvoll, den Unternehmer im Sinne des Geschäftsleiters von den Unternehmern im Sinne von Eigenkapitalgebern zu unterscheiden. Relativ unbeliebt sind dagegen bei vielen Gesellschaften die Pflichten zur Veröffentlichung von Informationen, z.B. zur Veröffentlichung finanzieller Berichte. Diese sollen den Gesellschaftern den Einblick in das Unternehmen ermöglichen. Zusätzlich sollen die Geschäftspartner etwas über das Risiko erfahren, das mit der beschränkten Haftung des Unternehmens verbunden ist.

Das Rechnungswesen unterscheidet sich in den aufgeführten Unternehmenstypen aus zwei Gründen. Der eine Grund liegt darin, dass die Ausweis- und Gewinnverwendungsregeln sich unterscheiden, der andere darin, dass die Information Außenstehender um so wichtiger wird, je geringer die persönliche Haftung der Unternehmenseigner ist.

Je nach Rechtsform unterschiedliche Ausweis- und Gewinnverwendungsregeln

Für die weiteren Ausführungen zum Rechnungswesen wird zunächst – zur Darstellung der Buchführungsgrundlagen – unterstellt, wir hätten es mit einem Einzelunternehmen zu tun. Sobald die Grundlagen verdeutlicht sind, wird vom Rechnungswesen einer Kapitalgesellschaft ausgegangen. Einzelunternehmen können die Regeln für Kapitalgesellschaften anwenden, Kapitalgesellschaften dürfen dagegen nicht nach den Regeln für Einzelunternehmen verfahren.

1.2   Abbildung des Ergebnisaspektes

1.2.1   Abbildungsmöglichkeiten

Im Folgenden wird beschrieben, wie der finanzielle Aspekt des Rechnungswesens abgebildet werden könnte. Ferner wird auf den formalen Abbildungszusammenhang zwischen Bestands- und Bewegungsrechnungen eingegangen.

Inhaltliche Möglichkeiten

Beschränkung auf finanziellen Aspekt

Das betriebswirtschaftliche Rechnungswesen beschränkt sich auf die Abbildung des finanziellen Aspekts des Unternehmensgeschehens (Schneider, D., 1997, S. 107-158). Zur eindeutigen Gestaltung eines derartigen Rechnungswesens bedarf es zunächst einiger Vorentscheidungen. Man muss beispielsweise genau bestimmen, wozu das Rechnungswesen dienen soll und was im Einzelnen abzubilden ist, wenn vom finanziellen Aspekt die Rede ist. Steht fest, dass wir es mit einem Rechnungswesen für ein Unternehmen zu tun haben, so erwartet man Informationen darüber, wie das Unternehmen finanziell dasteht und wie es sich finanziell entwickelt hat. Strittig könnte allerdings werden, wie man den finanziellen Aspekt von Ereignissen angemessen abbildet.

Zahlungsrechnung

Bei der Abbildung des finanziellen Aspektes eines Ereignisses könnte man daran denken, den Bestand und die Veränderung der Zahlungsmittel des Unternehmens abzubilden. Versteht man darunter nur das Bargeld, so würde dann nur aufgezeichnet, was an Bargeld in der Kasse liegt und wie sich dieser Bestand verändert. Die sich ergebenden Zahlen sind zwar trefflich für eine Planung und Kontrolle von Ein- und Auszahlungen geeignet, besitzen aber den Nachteil, dass sie nicht erkennen lassen, wo die Zahlungsmittel und deren Veränderung herrühren. Beispielsweise würde beim Kauf eines Grundstücks lediglich der Abgang an Zahlungsmitteln aufgezeichnet, dies noch dazu erst, wenn die Zahlung getätigt wird. Interessiert man sich auch dafür, was mit den Zahlungsmitteln geschehen ist, so sind zusätzlich zur Herkunft des Bestandes an Zahlungsmitteln deren Veränderungen mit den jeweiligen Zwecken festzuhalten. Eine entscheidende Schwäche von Zahlungsrechnungen ist darin zu sehen, dass sie nur unter sehr eingeschränkten Bedingungen Aussagen darüber zulassen, wie sich das vom Unternehmer in das Unternehmen investierte Kapital aus der Unternehmenstätigkeit heraus entwickelt hat, welches Ergebnis er also in seinem Unternehmen erzielt hat.

Gegenüberstellung von Ressourcen und Ansprüchen

Bei einem weiten Verständnis des finanziellen Aspektes würde man alle in Geld ausdrückbaren Ressourcen des Unternehmens und alle Ansprüche auf diese Ressourcen zum Gegenstand des Rechnungswesens machen. Im Beispiel des Grundstückskaufs würde man nicht nur den Abgang an Zahlungsmitteln aufzeichnen, sondern auch den Zugang des Grundstücks. Das weite Verständnis des finanziellen Aspekts hat sich in der Praxis weltweit zur Beurteilung der Unternehmenstätigkeit durchgesetzt und zur Entwicklung von Ergebnisrechnungen geführt, in denen nicht nur die Veränderung von Zahlungsmitteln, sondern auch die anderer Ressourcen und Ansprüche berücksichtigt wird. Solche Ergebnisrechnungen werden im deutschen Handelsgesetzbuch (HGB) als »Gewinn- und Verlustrechnungen« bezeichnet, obwohl sich aus ihnen entweder ein Gewinn, ein Ergebnis von 0 oder ein Verlust ergibt.

Formale Möglichkeiten

Aus formaler Sicht kann man zwischen Bestands- und Bewegungsrechnungen unterscheiden. In einer Bestandsrechnung werden eine oder mehrere Bestandsgrößen abgebildet. Bestandsrechnungen beziehen sich immer auf einen Zeitpunkt. Sie sind besonders interessant, wenn sie mehrere Bestandsposten gemeinsam abbilden. Beispielsweise interessiert den Unternehmer der gesamte Bestand an Ressourcen eines Unternehmens und der gesamte Bestand an Ansprüchen Fremder auf diese Ressourcen. Er kann aus dem Saldo der Bestandswerte von Unternehmensressourcen und Ansprüchen Fremder ablesen, wieviel eigenes Kapital er in seinem Unternehmen gebunden hat.

Bestandsrechnung

Als Bewegungsrechnung wird dagegen ein Rechenwerk bezeichnet, das die Veränderung eines oder mehrerer Bestandsposten abbildet. Für einen Unternehmer kann es hilfreich sein, die Veränderung des auf ihn entfallenden Kapitals im Zeitablauf zu verfolgen. Bewegungsrechnungen beziehen sich immer auf einen Zeitraum, z.B. einen Tag, eine Woche, einen Monat, ein Quartal oder ein Jahr.

Bewegungsrechnung

Bestands- und Bewegungsrechnung hängen miteinander zusammen, soweit es um die gleiche Art von Beständen und korrespondierende Zeitpunkte bzw. Zeiträume geht. Es gilt mengen- und wertmäßig:

Zusammenhang zwischen Bestands- und Bewegungsrechnung

$$Endbestand = Anfangsbestand + Zugänge - Abgänge$$

Kennt man den Anfangsbestand, so lässt sich der Endbestand aus dem Anfangsbestand und den Daten einer korrespondierenden Bewegungsrechnung ermitteln. Zugänge und Abgänge stammen aus der Bewegungsrechnung. Die Umformung

$$Endbestand - Anfangsbestand = Zugänge - Abgänge$$

verdeutlicht, dass man die Bestandsveränderung nicht nur aus einer Bewegungsrechnung des Zeitraumes zwischen dem Anfangs- und Endzeitpunkt, sondern auch aus zwei aufeinander folgenden Bestandsrechnungen herleiten kann.

Differenz von Beständen entspricht der Summe von Veränderungen

Möchten Sie also wissen, wie sich das von Ihnen in Ihr Unternehmen eingebrachte Kapital während des vergangenen Quartals verändert hat, dann haben Sie zwei Möglichkeiten, dies zu ermitteln. Sie können erstens das am Ende des Quartals auf Sie entfallende Kapital mit dem von Ihnen ursprünglich investierten Betrag vergleichen. Das gleiche Ergebnis erhalten Sie, wenn Sie zweitens während des Quartals alle Veränderungen Ihres Kapitalanteils aufzeichnen und diese am Quartalsende zusammenfassen.

Im Folgenden wird unterstellt, man wolle die Ressourcen des Unternehmens und die Ansprüche auf diese Ressourcen abbilden. Es wird ferner angenommen, dass dies im Rahmen regelmäßiger Bestands- und Bewegungsrechnungen des Eigenkapitals und seiner Veränderungen geschehe.

1.2.2   Anforderungen an die Abbildung von Ergebnissen

Vielfalt der Regelungssysteme: HGB mit GoB sowie U.S.-GAAP und IFRS / IAS als Beispiele

Dem nach außen orientierten Rechnungswesen liegen in allen Ländern gewisse Konzepte und Prinzipien zu Grunde. In Deutschland sind dies die Vorschriften des HGB sowie die Grundsätze ordnungsmäßiger Buchführung und Bilanzierung (GoB), in den USA die Generally Accepted Accounting Principles (U.S.-GAAP) und übernational die International Financial Reporting Standards mit ihren International Accounting Standards (IFRS / IAS).

Bei den Vorschriften des deutschen HGB handelt es sich um Normen im Sinne des Römischen Rechts, bei den deutschen GoB um einen im Regelwerk des HGB häufig genannten unbestimmten Rechtsbegriff, dessen Inhalt nicht kodifiziert oder von einem offiziellen Gremium verbindlich vorgegeben ist. Die U.S.-GAAP sowie die IFRS / IAS sind dagegen in der Tradition des Germanischen Rechts im Sinne des »case law« entwickelt. Sie wurden aus übergeordneten, in einem sogenannten Rahmenkonzept (»framework«) dokumentierten Zwecken hergeleitet und von einem mit der Setzung von Standards offiziell betrauten Gremium verabschiedet. In den USA handelt es sich bei diesem Gremium um den »Financial Accounting Standards Board« (FASB), im IFRS / IAS-Kontext um den »International Accounting Standards Board« (IASB). In Deutschland existiert mit dem Deutschen Rechnungslegungs-Standardisierungs Committee (DRSC) seit 1998 ebenfalls ein Gremium zur Standardisierung der Rechnungslegung, das sich jedoch nur damit befasst, Empfehlungen zur Rechnungslegung im Rahmen des HGB zu geben. Diese Empfehlungen werden den GoB zugeordnet. Die Vorschriften und Grundsätze des externen Rechnungswesens werden – je nach ihrer Güte und Verträglichkeit mit den Zwecken des internen Rechnungswesens eines Unternehmens – auch im internen Rechnungswesen verwendet.

Die folgenden Ausführungen stützen sich zunächst auf grundlegende Konzepte und Prinzipien des Rechnungswesens, die mehr oder weniger ausgeprägt in allen Ländern gelten, in denen externes Rechnungswesen betrieben wird (vgl. z.B. Leffson, U. 1987). Um dem Leser das Verständnis der angelsächsischen Literatur zu erleichtern, werden neben den deutschen Begriffen häufig die englischsprachigen Begriffe genannt.

Der Zweck der Regelungen des HGB und der GoB ist nicht direkt ersichtlich. Zwar fordert das HGB in §264 für Kapitalgesellschaften, dass »der Jahresabschluss unter Beachtung der Grundsätze ordnungsgemäßer Buchführung ein den tatsächlichen Verhältnissen entsprechendes Bild der Vermögens-, Finanz- und Ertragslage zu vermitteln« hat; doch diese Forderung ist kaum als Zweck anzusehen, weil das HGB erst – wenn auch vage – definiert, was unter der Vermögens-, Finanz- und Ertragslage zu verstehen ist. In der Fachliteratur wird gemeinhin argumentiert, der Hauptzweck der deutschen Rechnungslegung bestehe darin, die Gläubiger zu schützen. Gemäß der Ausführungen im jeweiligen »framework« ist es Hauptzweck der U.S.-GAAP und der IFRS/IAS dagegen, Informationen bereitzustellen, die Anlegern bei ihren Entscheidungen über die Investition in ein Unternehmen nützlich sind.

Zwecke der Regelungssysteme nach HGB, U.S.-GAAP und IFRS/IAS

Bei der Bereitstellung von Informationen des betriebswirtschaftlichen Rechnungswesens ist zu beachten, dass der aus den Informationen zu gewinnende Nutzen größer sein sollte als die Kosten für deren Bereitstellung. Klar ist, dass die Abwägung von Nutzen und Kosten eine Wertungsentscheidung dessen erfordert, der das Rechnungswesen bereitstellt. Allerdings ist zu berücksichtigen, dass die Kosten der Berichterstattung nicht zwingend spezifischen Nutzern zuzuordnen sind. Tatsächlich wird es viele Arten von Nutzern geben, die durch die Entscheidung des Unternehmens zu einem beispielsweise erhöhten Berichterstattungsniveau bereit sind, ihre Kooperationskonditionen (z.B. die Entschädigung für die Überlassung von Kapital) zu mindern. Darum stellt eine Kosten-Nutzen-Abwägung keine triviale Angelegenheit dar. Dennoch erscheint es aus Sicht des berichterstattenden Unternehmens, der Nutzer des betriebswirtschaftlichen Rechnungswesens sowie aus der Perspektive von Standardsetzern unabdingbar, den Informationsnutzen der Rechnungslegung für Empfänger gegenüber den Informationskosten des rechnungslegenden Unternehmens abzuwägen.

Bereitstellung von Informationen des Rechnungswesens muss wirtschaftlich sein!

Bezug zu ökonomisch selbstständiger Wirtschaftseinheit

Das betriebswirtschaftliche Rechnungswesen bezieht sich immer auf eine Institution. Ökonomisch besonders aussagefähig sind die Zahlen, wenn diese Institution sich nach ökonomischen Kriterien als selbstständige Wirtschaftseinheit von anderen Institutionen abgrenzen lässt (»economic entity concept«). Dann lässt sich auch das Rechnungswesen einer solchen Wirtschaftseinheit streng von demjenigen anderer Wirtschaftseinheiten trennen.

Ökonomisch selbstständige Wirtschaftseinheit

Juristische Abgrenzung in Deutschland dominierend

In der Praxis werden meist juristische Kriterien zur Abgrenzung derjenigen Institution verwendet, die finanzielle Berichte zu erstellen hat. In Deutschland ist beispielsweise jeder Kaufmann dazu verpflichtet, gleichgültig, ob es sich um eine natürliche oder um eine juristische Person handelt. Im Gegensatz zu einer ökonomischen Institutionsabgrenzung kann eine solche juristische Abgrenzung zur Beeinträchtigung des Aussagegehaltes der Rechnungslegung missbraucht werden. Dies ist beispielsweise der Fall, wenn eine Kapitalgesellschaft A eine Tochtergesellschaft B gründet und die Unternehmensleitung dann einen Teil der Geschäfte der A über B abwickelt: die juristische Sichtweise führt dazu, dass die finanziellen Berichte der A die Geschäfte nicht enthalten, die über B laufen. Ökonomisch ist es jedoch für die Kapitalgeber von A wünschenswert zu erfahren, was mit ihrem Kapital geschieht, unabhängig davon, ob dies in A oder in B passiert.

Abgrenzung der Unternehmenssphäre

Der Einzelunternehmer wird beispielsweise sein Unternehmen als eine andere Wirtschaftseinheit verstehen als seine Privatsphäre. Zumindest für sein Unternehmen wird er ein Rechnungswesen betreiben, das die Vermengung mit Ereignissen in seiner Privatsphäre ausschließt. Nur dann kann er die Zahlen aus dem Rechnungswesen zur Beurteilung seines Unternehmens heranziehen. Für den Studenten der Informatik beispielsweise, der neben seinem Studium ein EDV-Beratungsunternehmen betreibt, ist das Unternehmen eine Wirtschaftseinheit. Er wird das Geld, das er in diesem Unternehmen erwirtschaftet hat, im Rechnungswesen seines Unternehmens streng von dem Geld trennen, das ihm seine Eltern zum Geburtstag schenken. Sonst könnte er nicht erkennen, was ihm die Investition in das Unternehmen und die Tätigkeit im Unternehmen gebracht haben. Die Aussagen gelten gleichermaßen für die Gesellschafter von Personen- wie von Kapitalgesellschaften. Ein anderes Beispiel liegt vor, wenn ein Unternehmen Teile der Vermögensgüter an ein anderes ökonomisch selbstständiges Unternehmen verkauft: Ab dem Verkaufszeitpunkt gehören die Werte der verkauften Unternehmensteile nicht mehr in das Rechnungswesen des verkaufenden Unternehmens, sondern in das des kaufenden Unternehmens.

Rechtliche Selbstständigkeit muss nicht mit ökonomischer Selbstständigkeit einhergehen.

Beachtet man nicht das Konzept, das Rechnungswesen eines Unternehmens jeweils nur für eine ökonomisch selbstständige Organisationseinheit durchzuführen, so kann die Aussagefähigkeit des Rechnungswesens beeinträchtigt sein. Vermengt der oben genannte Student das Geldgeschenk seiner Eltern mit den Ressourcen seines Unternehmens, so kann er nicht mehr erkennen, ob sich das Unternehmen für ihn lohnt. Gleiches gilt für einen Unternehmer, der Teile der Ressourcen nicht an ein anderes ökonomisch selbstständiges Unternehmen verkauft, sondern es in eine neue Gesellschaft (Tochtergesellschaft) ausgründet, deren Anteile er oder sein Unternehmen besitzt: er gewinnt nur dann einen Überblick über das von ihm eingesetzte Kapital, wenn er die Kapitalentwicklung in der Tochtergesellschaft in das Rechnungswesen einbezieht. Eine rechtlich selbstständige Organisation macht daher noch längst kein ökonomisch selbstständiges Unternehmen aus.

Üblicherweise werden der Inhalt des Rechnungswesens und die Größe, um deren Ermittlung es dabei geht (Zielgröße des Rechnungswesens), jeweils für eine ökonomisch selbstständige Wirtschaftseinheit aus der Sicht des Unternehmers definiert. Der Unternehmer besitzt zwar die Verfügungsmacht über das Unternehmensvermögen; seine rechtlichen Ansprüche an das Unternehmen werden jedoch erst nach den Ansprüchen aller anderen Anspruchsberechtigten erfüllt. Es handelt sich gewissermaßen um Restansprüche. Deswegen bezeichnet man den Unternehmer auch als einen Residualanspruchsberechtigten. Für ihn ist es besonders wichtig, die ökonomischen Konsequenzen von Vorgängen im Unternehmen abzubilden; denn ihm bleibt nur der Anspruch auf das »Residuum«, seine Ressourcen sind es auch, die bei ökonomisch ungünstigen Vorgängen als erste schwinden. Er wird daher vom Rechnungswesen seines Unternehmens insbesondere Informationen über seinen Anteil am Kapital und dessen Veränderung im Zeitablauf, über das Ergebnis, erwarten.

Rechnungswesen für Unternehmer als Residualanspruchsberechtigte

In Unternehmen, in denen der Unternehmensleiter nur seine Arbeitskraft und kein Eigenkapital einbringt, stellen die Eigenkapitalgeber die gleichen Anforderungen an das Rechnungswesen wie ein Unternehmer, in dessen Hand »Eigenkapital« und »Verfügungsmacht« vereint sind. Für die Unternehmensleitung kann es in solchen Unternehmen zumindest bei Entscheidungen und Rechtfertigungen interessant sein, Inhalt und Zielgrößen des Rechnungswesens anders aufzufassen. Sie argumentiert gerne aus der Sicht aller Kapitalgeber, wenn sie das gesamte von ihr verwaltete Kapital (und nicht nur das ihr von den Eigenkapitalgebern anvertraute) sowie dessen Veränderung durch die im Unternehmen getätigten Investitionen herausstellt. Wenn in der Fachliteratur deshalb Kapital und Ergebnis eines Unternehmens diskutiert werden, ist für das Rechnungswesen zunächst zu klären, welche der beiden Sichtweisen vorherrscht. Wir vernachlässigen diese Sichtweise im Folgenden.

Rechnungswesen für Unternehmer als Sachwalter des investierten Kapitals

Die rechtlichen Vorschriften für das Rechnungswesen stellen weltweit auf die Unternehmer als Residualanspruchsberechtigte ab.

Leistungsabgabeorientierung und Einzelbewertung

Finanzberichte werden im Regelfall aus den tatsächlichen oder erwarteten Zahlungen eines Zeitraums entwickelt. Konsequenzen von Ereignissen und Handlungen im Unternehmen werden zur Ergebnismessung allerdings nicht zwingend zu dem Zeitpunkt bzw. in dem Zeitraum und in der Höhe berücksichtigt, in dem Zahlungsmittel ein- oder abgehen. Sie werden vielmehr dann berücksichtigt, wenn Leistungen an Marktpartner abgegeben werden und ein Zahlungsanspruch entsteht. Das erfordert neben der Aufzeichnung von Zahlungen und Zahlungsansprüchen die Erfassung und Bewertung jedes einzelnen Postens, für den etwas bezahlt wurde, ohne dass er seine Ergebniswirkung bereits entfaltet haben muss (bestandsorientiertes Rechnungswesen, »accrual accounting«). Der Vor-

Ergebnismessung für den Zeitpunkt der Leistungsabgabe

teil dieses Konzepts liegt darin, dass Informationen bereitgestellt werden, die nützlicher erscheinen als Zahlungssalden. Finanzielle Berichte liefern dann nicht nur Informationen über vergangene Ereignisse, die zahlungswirksam waren; sie informieren darüber hinaus auch über ökonomische Konsequenzen von Ereignissen, die erst künftig zu Zahlungswirkungen führen. Der Nachteil liegt zweifellos in einem höheren Erfassungsaufwand und darin, dass im Gegensatz zur Zahlungsorientierung die Abbildung der Leistungsabgabeorientierung oftmals nicht ohne Ermessen möglich ist. Alternativ dazu wäre denkbar, die Ergebnisentstehung auf den Zeitpunkt der Auftragsannahme oder auf den des Zahlungseinganges festzulegen.

Regulierungen des Rechnungswesens unterstellen traditionell weltweit die Leistungsabgabeorientierung.

Annahme der Unternehmensfortführung

Annahme der Unternehmensfortführung

Bei der Aufstellung von Finanzberichten wird von der Annahme der Unternehmensfortführung ausgegangen (going-concern concept). Das Konzept unterstellt, das Unternehmen werde mindestens so lange betrieben, bis die angeschafften Güter der beabsichtigten Nutzung zugeführt sind. Die Alternative zu diesem Konzept stellt das Konzept der Unternehmensbeendigung dar. Bei Unternehmensaufgabe müssten alle Güter verkauft werden und der jeweilige Verkaufspreis, der möglicherweise als Folge des Veräußerungszwanges vom üblichen Marktpreis abwiche, wäre der angemessene Wertansatz. Weil die Aufgabe eines Unternehmens i.d.R. die Ausnahme und nicht die Regel darstellt, wird es üblicherweise als sinnvoll angesehen, für den Wertansatz die Annahme der Unternehmensfortführung so lange aufrecht zu erhalten, wie die Unternehmensauflösung nicht bevorsteht.

Dies ist genau die Regelung, welche weltweit von Rechnungslegungssystemen gefordert wird.

Relevanz

Ohne Relevanz kein Informationsgehalt!

Weil Aufzeichnungen und Berichte des Rechnungswesens von ihren Nutzern als Grundlage von Entscheidungen herangezogen werden, sollen sie (entscheidungs-)relevant sein (»relevance principle«). Von (Entscheidungs-)Relevanz ist auszugehen, wenn Informationen des Rechnungswesens ökonomische Entscheidungen der Nutzer beeinflussen. Das gilt genau dann, wenn solche Informationen zu Entscheidungen führen, welche die Nutzer ohne die entsprechende Information nicht gefällt hätten. Damit eine Information entscheidungsrelevant ist, muss sie auch zeitgerecht vorliegen (»timeliness«). Informationen, die eine schon geplante Entscheidung nur bestärken, sind in diesem strengen Sinne nicht als entscheidungsrelevant anzusehen.

Informationen können ihre Entscheidungsrelevanz verlieren. Das ist insbesondere dann der Fall, wenn sie nicht mehr zeitnah sind. Nicht nur Aktionäre bzw. Investoren auf Aktienmärkten, sondern grundsätzlich sämtliche Nutzer des Rechnungswesens können mit veralteten Unternehmensinformationen nichts anfangen.

Ohne Zeitnähe keine Relevanz!

Verlässlichkeit

Aufzeichnungen und Berichte des Rechnungswesens sollen auch verlässlich sein, weil sie von ihren Nutzern zu Entscheidungen herangezogen werden (»reliability principle«). Die Verlässlichkeit ist am höchsten, wenn die Richtigkeit der Daten von einem unabhängigen Beobachter bestätigt werden kann. Ist dies nicht möglich, sollte die bestmögliche Schätzung herangezogen werden. Gibt es beispielsweise vom Kauf eines Gutes Belege, Rechnungen oder Quittungen, so stellt der Anschaffungswert meist den verlässlichsten Wert dar. Planen Sie beispielsweise in Ihrem Unternehmen, einen drei Jahre alten PKW für 15 000 GE zu kaufen, dessen Wert Sie auf 20 000 GE schätzen, dann sollte der PKW mit einem Gegenwert von 15 000 GE im Rechnungswesen des Unternehmens erfasst werden. Dieser Betrag ist dann für den Anschaffungszeitpunkt objektiv nachprüfbar und verlässlich ermittelt. Später kann es sich als zweckmäßig erweisen, den Betrag zu verändern. Das Prinzip wird auch bei der Ergebnisermittlung berücksichtigt, wenn man das Ergebnis nicht schon bei Vertragsabschluss oder bei Planung der Leistungsabgabe, sondern erst bei Abgabe einer Leistung an einen Marktpartner auf Basis des tatsächlichen Verkaufspreises ermittelt.

Ohne Verlässlichkeit kein Informationsgehalt!

Ein Zuwachs an Verlässlichkeit geht oft mit einer Einbuße an Relevanz einher. Umgekehrt gilt: Soll ein Ereignis zeitnah abgebildet werden, ist eine Darstellung ökonomischer Konsequenzen häufig schon dann erforderlich, wenn nicht alle Aspekte des Ereignisses hinreichend sicher und damit verlässlich sind. Das Spannungsverhältnis lässt sich nur durch eine Wertungsentscheidung lösen. Dabei muss dem Berichterstattenden klar sein, dass verlässliche Informationen, z. B. solche über die Anschaffungsausgaben einer Jahrzehnte zurückliegenden Anschaffung eines Grundstücks, in den meisten Fällen alles andere als relevant sind.

Spannungsverhältnis zwischen Relevanz und Verlässlichkeit

Weltweit räumen die Bilanzierungsregeln der Verlässlichkeit ein größeres Gewicht ein als der Relevanz. Erst neuerdings wird mit dem Aufkommen von Sicherungsgeschäften und Risikopositionen der Relevanz zunehmend Bedeutung beigemessen.

Vergleichbarkeit

Vergleichbarkeit (»comparability«) von Informationen stellt neben der Relevanz und der Verlässlichkeit eine weitere wichtige Eigenschaft nützlicher Informationen dar. Denn die Vergleichbarkeit von Aufzeichnungen

Ohne Vergleichbarkeit kein Informationsgehalt!

und Berichten des Rechnungswesens ermöglicht es erst, Finanzberichte desselben Unternehmens im Zeitablauf (Zeitvergleich) oder auch finanzielle Berichte verschiedener Unternehmen für einen Zeitraum oder Zeitpunkt beurteilen zu können (Unternehmensvergleich). Vergleichbarkeit im Zeitablauf erfordert zunächst, dass die Angaben eines Unternehmens zu Beginn eines Zeitraumes mit denen zum Ende des vorhergehenden Zeitraumes übereinstimmen. Ist dies nicht der Fall, lassen sich die Ziffern zweier aufeinanderfolgender Bewegungsrechnungen nicht sinnvoll vergleichen. Betrachtungen über mehrere Zeiträume hinweg erscheinen dann erst recht nicht mehr angebracht.

Maßnahmen zur Erzielung von Vergleichbarkeit

Vergleichbarkeit von Informationen des Rechnungswesens lässt sich durch verschiedene Maßnahmen erreichen: etwa durch Verwendung derselben Messregeln für alle Unternehmen, für ein einzelnes Unternehmen durch Angabe von Vorjahreszahlen bei stetiger Regelanwendung im Zeitablauf. Eine wahlrechtsfreie Rechnungslegung dient zweifelsfrei der Vergleichbarkeit. Darüber hinaus trägt sie zur Ehrlichkeit in der Wissensübertragung bei, die für die Rechenschaftslegung über finanzielle Sachverhalte unverzichtbar ist (Schneider, D. 1997, S. 199-200). Die nationalen Regeln externer Rechnungslegungssysteme erfüllen die Forderung nach Vergleichbarkeit in unterschiedlichem Maße.

Bewertung zu Anschaffungsausgaben als Grundlage

Verwendung von Anschaffungsausgaben (Anschaffungswertprinzip)

Traditionell fordern Rechnungslegungsregeln, dass Güter und Dienstleistungen zum Anschaffungszeitpunkt zu den Preisen aufgezeichnet werden, die vom Unternehmen am Markt entrichtet werden (»cost principle«), weil diese Werte verlässlich ermittelbar sind. Wenn es sich nicht um abnutzbare Güter handelt, erscheint es zumindest bei Handelswaren zur objektivierten Ergebnisermittlung sinnvoll, diesen Wert so lange beizubehalten, wie das angeschaffte Gut im Unternehmen verbleibt. Wertveränderungen werden dann nicht gesondert erfasst und erscheinen erst zusammen mit dem durch einen Verkauf erzielten Erlös als Ergebnis.

Mängel der Anschaffungsausgabenorientierung bei abnutzbaren Gütern

Vom einer solchen Anschaffungswertorientierung wird in den meisten Ländern mehr oder weniger häufig abgewichen. Bei abnutzbaren Gütern würde das Vorgehen beispielsweise dazu führen, dass selbst dann noch der Anschaffungswert aufgezeichnet wäre, wenn die Güter in Folge der Abnutzung objektiv wertlos wären. In der Regel wird vom Anschaffungswertprinzip für die Ergebnisermittlung auf folgende Weise abgewichen: die Anschaffungsausgaben abnutzbarer Güter, deren Nutzung sich über mehrere Abrechnungszeiträume erstreckt, berücksichtigt man anteilig in den Zeiträumen der Nutzung als Ergebnisminderung; die abnutzbaren Güter werden – entsprechend um den (kumuliert) verrechneten Aufwand in ihrem Anschaffungswert gemindert – jeweils zu ihrem Restwert angesetzt.

Probleme für die Nutzung von Anschaffungswerten im Rechnungswesen können sich auch ergeben, wenn der Marktpreis des Gutes im Zeitablauf Schwankungen unterworfen ist. Der Anschaffungswert ist dann zwar objektiv nachprüfbar, jedoch für viele Fragen ökonomisch irrelevant.

Mängel der Anschaffungsausgabenorientierung bei Wertschwankungen

In Deutschland werden Wertschwankungen immer dann berücksichtigt, wenn der Marktpreis eines Gutes niedriger ist als die Anschaffungsausgaben oder wenn der Rückzahlungsbetrag einer Schuld höher ist als der Verfügungsbetrag zum Anschaffungszeitpunkt. Damit sollen erwartete Wertminderungen des Eigenkapitals bereits zum Zeitpunkt des Erkennens und nicht erst zum Zeitpunkt ihres Eintritts erfasst werden. In anderen Regelungssystemen, z.B. in den U.S.-GAAP oder in den IFRS/IAS, wird dagegen zunehmend ein Ansatz zum »fair value« vorgeschrieben, wenn dieser ähnlich objektiv feststellbar ist wie die Anschaffungsausgaben. Dabei handelt es sich um einen unter normalen Bedingungen zustande gekommenen Marktpreis, gleichgültig, ob er über oder unter den Anschaffungsausgaben liegt. Der Ansatz zum »fair value« soll die Zeitnähe und Relevanz der Zahlen des Rechnungswesens erhöhen, wenn keine Einbußen an Verlässlichkeit zu erwarten sind.

Andere Folgebewertungen

Vorsicht

Aufgrund des Vorsichtsprinzips nach deutschem HGB (»prudence principle«, »conservatism«) soll sich eine rechnungslegende Unternehmensleitung nach herrschender Interpretation »im Zweifel eher zu arm als zu reich rechnen«. In anderen Rechtskreisen kommt das Prinzip in anderer Ausgestaltung ebenfalls vor. Das Prinzip wird in einem umfassenden Sinne und in einem engen Sinne verwendet. Im umfassenden Sinne bedeutet es, alle Regeln für den Ansatz und die Bewertung so auszulegen bzw. zu gestalten, dass das Eigenkapital niedrig erscheint. Dies erreicht man durch einen zeitlich relativ späten Ansatz von Eigenkapitalmehrungen und einen zeitlich relativ frühen Ansatz von Eigenkapitalminderungen.

Vorsichtsprinzip als Prinzip asymmetrischer Berücksichtigung guter und schlechter Informationen

Weniger restriktiv wird das Prinzip begriffen, wenn nur das Ermessen bei der Prognose und Schätzung von Ergebnissen betragsmäßig begrenzt wird, wenn dabei künftiges unsicheres Unternehmensgeschehen, etwa die Abwertung zweifelhafter Forderungen, zu berücksichtigen ist. Das Vorsichtsprinzip drückt sich beispielsweise in der Festlegung relativ später Erfassungszeitpunkte für Eigenkapitalsteigerungen aus, hingegen in relativ frühen Erfassungszeitpunkten für Eigenkapitalsenkungen. Offensichtlich ist, dass ein solches Vorgehen mit bloßen Verlässlichkeitsüberlegungen nicht erklärbar ist. Vielmehr kommt im Vorsichtsprinzip ein asymmetrisches Konzept der Verlässlichkeit zum Ausdruck: dass die Darstellung einer günstigen Ergebnisentwicklung ein höheres Niveau an Nachprüfbarkeit erfordert als die Darstellung einer ungünstigen Entwicklung. Der Grund liegt darin: Rechnungslegende Manager neigen eher dazu, die von ihnen verantwortete Lage des Unternehmens zu beschönigen als sie zu schlecht darzustellen.

Vorsichtsprinzip zur Ermittlung von Wertansätzen aus Schätzintervallen

Kein Freibrief zur Bildung stiller Reserven!

Die bewusste Bildung sogenannter stiller Reserven oder auch die Überbewertung von Schulden über ein objektiv nachprüfbares Wertmaß ist indes auch durch das Vorsichtsprinzip nicht zu rechtfertigen.

Regeln verschiedener externer Rechnungslegungssysteme berücksichtigen das Vorsichtsprinzip in unterschiedlichem Ausmaß.

Annahme einer stabilen Währungseinheit

Keine Berücksichtigung von Geldwertschwankungen im Zeitablauf

Der finanzielle Aspekt des Rechnungswesens verlangt eine Beschränkung auf das, was in Geldeinheiten ausdrück- und messbar ist. Im Gegensatz zu physikalischen Maßen wie Längen-, Raum-, Gewichts- oder Zeitmaßen, verändert sich der Wert einer Geldeinheit im Laufe der Zeit. Wenn das allgemeine Preisniveau eines Landes steigt, spricht man von Inflation. Bei Inflation kann man heute mit einer Geldeinheit weniger Güter kaufen als man es früher konnte. Bei einer Deflation verhält es sich umgekehrt. Für das Rechnungswesen wird i.d.R. angenommen, der Wert des Geldes sei so stabil, dass man die Auswirkungen der allgemeinen Preisniveauveränderung vernachlässigen könne. Dieses Konzept der stabilen Währungseinheit (»stable-monetary-unit concept«) gestattet es, Geldbeträge, die sich auf unterschiedliche Zeitpunkte beziehen, zusammenzuzählen oder voneinander abzuziehen, ohne sie vorher wegen eventuell unterschiedlicher Wertigkeit miteinander vergleichbar gemacht zu haben. Es leuchtet allerdings ein, dass dies problematisch sein kann, weil solche Geldbeträge möglicherweise verschiedene Güterwerte repräsentieren.

Komplikationen bei der Berücksichtigung von Inflation oder Deflation

Wollte man Geldwertschwankungen berücksichtigen, so müsste man die Geldbeträge in Einheiten einer fiktiven stabilen Währung umrechnen. Betrachtet man den Zins als Preis für die zeitliche Überlassung von Geld und gleichzeitig auch als Preis für den Ausgleich von Inflation oder Deflation, dann können solche Umrechnungen durch Aufzinsen oder Abzinsen der ursprünglichen Geldbeträge vorgenommen werden.

»Scheingewinn«

Ein Beispiel: Wenn Sie ein Gut, das Sie für 100 GE gekauft haben, ein Jahr später für 110 GE verkaufen, dann haben Sie hinterher 10 GE mehr als vorher, unabhängig davon, ob Inflation herrscht oder nicht. Diese 10 GE als eine Wertsteigerung des von Ihnen eingesetzten Kapitals zu betrachten, ist die Implikation des Konzeptes der stabilen Währungseinheit. Die Alternative wäre, die Inflation bei der Ergebnisermittlung zu berücksichtigen. Wäre beispielsweise während des Jahres eine Inflation von 10% eingetreten, so hätte man die Wertveränderung sicherlich anders ermittelt: Vor dem Vergleich des Verkaufspreises mit dem Einkaufspreis hätte man einen der beiden Geldbeträge um den Effekt der Inflation und des zeitlichen Auseinanderfallens der Zahlungen bereinigen müssen. Für die Ermittlung der Wertsteigerung des eingesetzten Kapitals hätte man entweder die eingekaufte Ware mit einem um 10% erhöhten fiktiven Anschaffungspreis ansetzen oder den Verkaufspreis fiktiv um den gleichen Effekt verringern können. Dann hätte sich aus dem Verkauf keine Wertsteigerung des eingesetzten Kapitals ergeben. Beim Vergleich des Verkaufspreises mit dem Einkaufspreis hat sich nur ein sogenannter »Scheingewinn« ergeben. Die Wertsteigerung ehemals angeschaffter Güter als Folge der Inflation bedeutet allerdings keine Wertsteigerung des Unternehmens, sondern nur einen Ausgleich für die Kaufkraftänderung. Sie dient nur dem Ausgleich dafür, die ursprüngliche Substanz des Unternehmens wieder herzustellen und hat nichts mit der Leistung des Unternehmens zu tun. Daher wird i.d.R. vorgeschlagen, sie nicht dem Ergebnis des Unternehmens hinzuzurechnen.

Tatsächlich unterstellen die meisten Rechnungslegungsregeln, es gäbe weder Inflation noch Deflation. Besondere Vorkehrungen für inflationäre oder deflationäre Wirtschaftsphasen werden nur von den Rechnungslegungssystemen einiger Ländern vorgesehen, in denen Inflation herrscht.

1.3   Beispiel finanzieller Berichte aus der Praxis

Kapitalgesellschaften müssen umfangreiche Veröffentlichungspflichten erfüllen. Zu den finanziellen Berichten, die sie aufzustellen, zu publizieren und zu erläutern haben, gehören insbesondere eine Ergebnisrechnung, eine Bilanz, ein Anlagespiegel, eine Eigenkapitalrechnung, eine Kapitalflussrechnung und ein Bericht, der die wichtigsten Unternehmenszahlen nach Segmenten untergliedert enthält. All diese Rechenwerke enthalten Informationen, die im Rahmen der Buchführung erfasst und zusammengestellt werden. Im Folgenden werden aber nur diejenigen Finanzberichte dargestellt, die sich mit dem Ergebnis, dem Eigenkapital und der Kapitalflussrechnung befassen.

Wichtige finanzielle Berichte sollen am Beispiel der Deutsche Telekom AG aufgezeigt werden. Die finanziellen Berichte sind mit »Konzern...« überschrieben, weil sie nicht nur eine Aussage für die Deutsche Telekom AG als juristische Einheit angeben, sondern über die Deutsche Telekom als ökonomische Einheit informieren. Dazu gehören auch die in Tochtergesellschaften entstandenen Ergebnisbestandteile sowie die Vermögensgüter und das Fremdkapital der Tochtergesellschaften. Der Posten »Konzernüberschuss« entspricht hier der Größe, die wir bisher als Ergebnis bezeichnet haben. Sie stellt in der Bilanz der Deutschen Telekom dasjenige Ergebnis dar, das für die Eigenkapitalgeber der Deutsche Telekom AG erwirtschaftet wurde. Der Posten »Anteile anderer Gesellschafter« enthält diejenigen Teile des Eigenkapitals von Tochtergesellschaften, die nicht von den Aktionären der Deutsche Telekom AG gehalten werden.

Abbildung 1.2 zeigt die Ergebnisrechnung für das Geschäftsjahr 2003, das den Zeitraum zwischen dem 1.1.2003 und dem 31.12.2003 umfasst, sowie die Vorjahreswerte für die Jahre 2002 und 2001. Abbildung 1.3 enthält die Bilanz zum 31. Dezember des Jahres 2003, ebenfalls mit Angabe der Vorjahreswerte für 2002 und 2001. Abbildung 1.4 stellt entsprechende Eigenkapitaltransferrechnungen, Abbildung 1.5 entsprechende Kapitalflussrechnungen der Deutsche Telekom AG dar. Auf die Angabe eines Anlagespiegels wird hier verzichtet.

Deutsche Telekom AG und Tochtergesellschaften Konzern-Gewinn- und Verlustrechnung (Werte in Mio. Euro für das Geschäftsjahr)			
	2003	2002	2001
Umsatzerlöse	55 838	53 689	48 309
Herstellungskosten der zur Erzielung der Umsätze erbrachten Leistungen	(31 402)	(44 477)	(29 766)
Bruttoergebnis vom Umsatz	24 436	9 212	18 543
Vertriebskosten	(13 505)	(13 264)	(11 675)
Allgemeine Verwaltungskosten	(4 976)	(6 062)	(5 622)
Sonstige betriebliche Erträge	4 558	3 901	6 619
Sonstige betriebliche Aufwendungen	(5 084)	(14 915)	(5 078)
Betriebsergebnis	5 429	(21 128)	2 787
Finanzergebnis	(4 031)	(6 022)	(5 348)
Ergebnis der gewöhnlichen Geschäftstätigkeit	1 398	(27 150)	(2 561)
Steuern vom Einkommen und vom Ertrag	225	2 847	(751)
Jahresüberschuss/(-fehlbetrag)	1 623	(24 303)	(3 312)
Anderen Gesellschaftern zustehendes Ergebnis	(370)	(284)	(142)
Konzernüberschuss/(-fehlbetrag)	1 253	(24 587)	(3 454)
Ergebnis je Aktie in Euro	0,30	(5,86)	(0,93)

Abbildung 1.2: Ergebnisrechnungen der Deutsche Telekom für 2003 und Vorjahre

Deutsche Telekom AG und Tochtergesellschaften Konzern-Bilanz (Werte in Mio. Euro zum Ende des Geschäftsjahres)			
	31.12.2003	31.12.2002	31.12.2001
Aktiva			
Anlagevermögen			
Immaterielle Vermögensgegenstände	45 193	53 402	80 051
Sachanlagen	47 268	53 955	58 708
Finanzanlagen	3 190	4 169	7 957
	95 651	111 526	146 716
Umlaufvermögen			
Vorräte	1 432	1 556	1 671
Forderungen	5 762	6 258	6 826
Sonstige Vermögensgegenstände	3 162	3 392	4 966
Wertpapiere	173	413	702
Flüssige Mittel	9 127	1 905	2 868
	19 656	13 524	17 033
Rechnungsabgrenzungsposten und Steuerabgrenzung	772	771	813
	116 079	125 821	164 562
Passiva			
Eigenkapital			
Gezeichnetes Kapital	10 746	10 746	10 746
Kapitalrücklage	50 092	50 077	49 994
Gewinnrücklagen	248	248	5 179
Ergebnisvortrag	(24 564)	23	101
Konzernüberschuss/(-fehlbetrag)	1 253	(24 587)	(3 454)
Ausgleichsposten aus der Fremdwährungsumrechnung	(8 017)	(5 079)	(1 572)
Anteile anderer Gesellschafter	4 053	3 988	5 307
	33 811	35 416	66 301
Rückstellungen			
Rückstellungen für Pensionen und ähnliche Verpflichtungen	4 456	3 942	3 661
Andere Rückstellungen	11 247	12 155	14 766
	15 703	16 097	18 427
Verbindlichkeiten			
Finanzverbindlichkeiten	55 411	63 044	67 031
Übrige Verbindlichkeiten	10 451	10 541	12 020
	65 862	73 585	79 051
Rechnungsabgrenzungsposten	703	723	783
	116 079	125 821	164 562

Abbildung 1.3: Bilanzen der Deutsche Telekom für 2003 und Vorjahre

Deutsche Telekom AG und Tochtergesellschaften
Konzern-Eigenkapitalrechnung (verkürzt, Werte in Mio. Euro zum 31.12.2002)

	Mutterunternehmen erwirtsch. Konzern-EK								Minderheiten	
	Gezeichnetes Kapital	Kapitalrücklage	Gewinnrücklage	Ergebnisvortrag	Konzernergebnis	Ausgl. Posten Fremdwährung	eigene Anteile	Gesamt	Anteile anderer Gesellschafter	Ausgl. Posten Fremdwährung
Stand 1.1.2001	7756	24290	1159	44	5926	(761)	(7)	38407	4667	(365)
Veränd.Konsolidierungskreis									808	
Ausschüttung 2000				(1877)				(1877)	(33)	
Ergebnisvortrag			3992	1934	(5926)					
Kapitalerhöhung aus Aktientausch										
Voice Str,/Powert	2990	25704						28694		
Konzernfehlbetrag					(3454)			(3454)	142	
Währungsumre.			28			(811)		783		88
Stand 31.12.2001	10746	49994	5169	101	(3454)	(1572)	(7)	60987	5584	(277)
Veränd. Konsolidierungskreis									(1586)	
Ausschüttung 2001				(1539)				(1539)	(43)	
Ergebnisvortrag			(4915)	1461	3454					
Kapitalerhöhung aus Aktienopt.			83					83		
Konzernfehlbetrag					(24587)			(24587)	284	
Währungsumre.			(16)		(3507)			(3523)		26
Stand 31.12.2002	10746	50077	248	23	(24587)	(5079)	(7)	31421	4239	(251)
Veränd. Konsolidierungskreis									(123)	
Ausschüttung 2002									(102)	
Ergebnisvortrag				(24587)	24587					
Kapitalerhöhung aus Aktienopt.			15					15		
Jahresüberschuss					1253			1253	370	
Währungsumre.						(2938)		(2938)		(80)
Stand 31.12.2003	10746	50092	248	(24564)	1253	(8017)	(7)	29751	4384	(331)

Abbildung 1.4: Eigenkapitalrechnungen der Deutsche Telekom für 2003 und Vorjahre

Deutsche Telekom AG und Tochtergesellschaften
Konzern-Kapitalflussrechnung (Werte in Mio. Euro für das Geschäftsjahr)

	2003	2002	2001
Konzernüberschuss//-fehlbetrag)	1253	(24587)	(3454)
Anderen Gesellschaftern zustehendes Ergebnis	370	284	142
Jahresüberschuss/(-fehlbetrag)	1623	(24303)	(3312)
Abschreibungen auf gegenstände des Anlagevermögens	12884	36880	15221
Ertragsteueraufwand	(225)	(2847)	751
Zinserträge und -aufwendungen	3776	4048	4138
Ergebnis aus dem Abgang von Gegenständen des Anlageverm.	(792)	(428)	(1106)
Ergebnis aus assoziierten Gesellschaften	247	430	547
Sonstige zahlungsunwirksame Vorgänge	(699)	1144	(1146)
Veränderung aktives Working Capital	(542)	184	428
Veränderung der Rückstellungen	1584	1410	(136)
Veränderung übriges passives Working Capital	149	101	761
Gezahlte/Erhaltene Ertragsteuern	88	(15)	10
Erhaltene Dividenden	39	63	115
Operativer Cash-flow	18132	16667	16271
Gezahlte Zinsen	(4481)	(6112)	(4779)
Erhaltene Zinsen	665	1908	442
Cash-flow aus Geschäftstätigkeit	14316	12463	11934
Auszahlungen für Investitionen in			
– immaterielle Vermögensgegenstände	(844)	(841)	(1021)
– Sachanlagen	(5187)	(6784)	(9847)
– Finanzanlagen	(373)	(568)	(498)
– vollkonsolidierte Gesellschaften	(275)	(6405)	(5695)
Einzahlungen aus Abgängen von			
– immateriellen Vermögensgegenständen	24	14	208
– Sachanlagen	1055	1304	1146
– Finanzanlagen	1569	1130	3514
– Anteilen vollkonsolidierter Gesellschaften und Geschäftseinheiten	1510	697	1004
Veränderung der Zahlungsmittel (Laufzeit mehr als drei Monate)	(18)	226	4440
Sonstiges	466	1187	1384
Cash-flow aus Investitionstätigkeit	(2073)	(10040)	(5365)
Veränderung kurzfristiger Finanzverbindlichkeiten	(9214)	(10012)	(10266)
Aufnahme mittel- und langfristiger Finanzverbindlichkeiten	6951	11667	13949
Rückzahlung mittel- und langfristiger Finanzverbindlichkeiten	(2879)	(3472)	(6589)
Ausschüttung	(92)	(1582)	(1905)
Kapitalerhöhung	15	1	0
Veränderung Minderheiten	(7)	(47)	0
Cash-flow aus Finanzierungstätigkeit	(5226)	(3435)	(4811)
Auswirkung von Kursveränderungen auf die Zahlungsmittel	(43)	(14)	(26)
Nettoveränderung der Zahlungsmittel (Laufzeit bis 3 Monate)	6974	(1026)	1732
Bestand am Anfang des Jahres	1712	2738	1006
Bestand am Ende des Jahres	8686	1712	2738

Abbildung 1.5: Kapitalflussrechnungen der Deutsche Telekom AG für 2003 und Vorjahre

1.4   Übungsmaterial

1.4.1   Fragen mit Antworten

Fragen	Antworten
In welchen grundlegenden Rechtsformen lässt sich ein Unternehmen organisieren?	Als Einzelunternehmen, als Personengesellschaft und als Kapitalgesellschaft.
Inwieweit hat die Wahl der Rechtsform Einfluss auf die anzuwendenden Rechnungslegungsregeln?	Für Kapitalgesellschaften gelten strengere Regeln als für Einzelunternehmen.
Was soll im betriebswirtschaftlichen Rechnungswesen abgebildet werden?	Finanzielle Ereignisse, die ein Unternehmen betreffen und objektiv gemessen werden können. Ein Unternehmen stellt eine ökonomisch selbstständige Einheit dar, deren wirtschaftliche Lage getrennt von der wirtschaftlichen Lage der Eigenkapitalgeber zu sehen ist.
Sollten Unternehmen juristisch oder ökonomisch abgegrenzt werden?	Ökonomisch sinnvolle Berichte lassen sich nur bei ökonomischer Unternehmensabgrenzung gewinnen. Allerdings kann die ökonomische Unternehmensabgrenzung mit der juristischen zusammen fallen.
Welche Eigenschaften sollte das Rechnungswesen besitzen, um relevant zu sein?	Es sollte diejenigen Informationen liefern, welche die Informationsnutzer bei ihren Entscheidungen unterstützen. Diese Informationen sollten verlässlich und zeitnah sein.
Warum wird eine Ergebnisermittlung auf der Basis von Anschaffungsausgaben favorisiert?	Anschaffungsausgaben sind objektiv nachprüfbar.
Wie soll man Vermögensgüter und Fremdkapital ansetzen, um möglichst verlässliche Zahlen zu erhalten?	In der Regel mit den tatsächlichen historischen Anschaffungsausgaben bzw. mit den Rückzahlungsbeträgen. Schätzwerte sind »mit Vorsicht« zu schätzen.
Woraus bestehen die finanziellen Berichte von Unternehmen?	Zu den finanziellen Berichten gehören eine Ergebnisrechnung, eine Bilanz, eine Eigenkapitalrechnung, eine Kapitalflussrechnung und eine Segmentberichterstattung.

1.4.2 Verständniskontrolle

1. Worin liegt der Unterschied zwischen »Rechnungswesen« und »Buchführung«?

2. Identifizieren Sie die Nutzer von Informationen des Rechnungswesens! Erklären Sie, wie die Information jeweils genutzt wird!

3. Nennen Sie zwei bedeutende Gründe für die Entwicklung des Rechnungswesens!

4. Welche Institution formuliert die Rechnungslegungsregeln in Deutschland, welche in den USA und welche auf übernationaler Ebene?

5. Identifizieren Sie die »Eigentümer« eines Einzelunternehmens, einer Personengesellschaft und einer Kapitalgesellschaft!

6. Warum sind ethische Standards für das Rechnungswesen erforderlich?

7. Warum ist das Konzept der ökonomisch selbstständigen Wirtschaftseinheit bedeutsam für das Rechnungswesen?

8. Geben Sie einige Beispiele für die Abgrenzung von Wirtschaftseinheiten!

9. Beschreiben Sie kurz die Bedeutung des Prinzips der Verlässlichkeit!

10. Welche Rolle spielt die anschaffungswertorientierte Bewertung im Rechnungswesen?

11. Welche Probleme ergeben sich aus dem Streben nach leistungsabgabeorientierter Ergebnismessung, welches Problem wird hierdurch vermieden?

12. Unter welchen Bedingungen entstehen »Scheingewinne«?

Kapitel

2

Rechtsgrundlagen zum Rechnungswesen in Deutschland

Lernziele

Nach dem Studium dieses Kapitels sollten Sie wissen,[1]

- dass man Unternehmen ökonomisch und rechtlich definieren kann,
- nach welchen Rechtsgrundlagen Unternehmen in Deutschland verpflichtet sind, Bücher zu führen bzw. finanzielle Berichte aufzustellen,
- unter welchen Voraussetzungen rechtlich definierte Unternehmen in Deutschland zur Buchführung und Aufstellung finanzieller Berichte verpflichtet sind,
- unter welchen Voraussetzungen ökonomisch definierte Unternehmen in Deutschland zur Buchführung und Aufstellung finanzieller Berichte verpflichtet sind,
- dass es neben Buchführungspflichten auch weniger umfangreiche Aufzeichnungspflichten für Unternehmen in Deutschland gibt,
- welche Unterschiede und Gemeinsamkeiten zwischen deutschen handelsrechtlichen und deutschen steuerrechtlichen Pflichten zur Rechnungslegung bestehen,
- an welche Voraussetzungen unterschiedlich strenge Anforderungen an die Rechnungslegung, Offenlegung und Prüfung finanzieller Berichte von deutschen Unternehmen anknüpfen.

Überblick

Der Inhalt des Kapitels dient dazu, Ihnen die Rechtsgrundlagen zur Buchführung und Aufstellung finanzieller Berichte nach deutschen Gesetzen und Verordnungen zu vermitteln. Dabei wird zwischen Rechtsgrundlagen unterschieden, die sich auf rechtlich definierte und auf ökonomisch abgegrenzte Unternehmenseinheiten beziehen. Denn gemäß dem »economic entity concept« sind Zahlen des betriebswirtschaftlichen Rechnungswesens dann besonders aussagekräftig, wenn eine Institution sich nach ökonomischen Kriterien als selbstständige Wirtschaftseinheit von anderen Institutionen abgrenzen läßt.

---

[1] Die Ausführungen beziehen sich auf die Rechtslage am 31.12.2003.

Zunächst wird auf allgemeine Buchführungs-, Aufzeichnungs- und Berichtaufstellungspflichten für rechtlich definierte Unternehmenseinheiten nach deutschem Handels- und Steuerrecht und deren Voraussetzungen eingegangen. Dabei werden Vorschriften für alle Kaufleute von ergänzenden Vorschriften für Kapitalgesellschaften und bestimmten anderen haftungsbeschränkten Personengesellschaften unterschieden. Darüber hinaus wird auf Sondervorschriften zur Aufstellung, Offenlegung und Prüfung finanzieller Berichte sehr großer Unternehmen nach dem Publizitätsgesetz eingegangen.

Im Anschluss wird auf Rechnungslegungs- und Berichtaufstellungspflichten für ökonomisch definierte Unternehmen hingewiesen, die aus mehreren rechtlich selbstständigen Gesellschaften zusammengesetzt sind. Zunächst wird auf Regelungen des deutschen Handelsrechts verwiesen, abschließend kurz auf solche des Publizitätsgesetzes.

2.1 Zweck und Art der Regelungen

Warum verpflichtet der deutsche Gesetzgeber Unternehmen zur Buchführung und Aufstellung finanzieller Berichte? Sinnvoll erscheint dies nur, wenn die gesamtwirtschaftliche Wohlfahrt durch die Einführung dieser Pflichten zunimmt gegenüber einer Situation ohne diese Pflichten. Der Zwang zur Buchführung und Aufstellung finanzieller Berichte zieht zweifellos direkten und indirekten Wohlfahrtsnutzen nach sich, die ohne diesen Zwang nicht entstünden. Nicht so klar ist die Frage nach dem gesamtwirtschaftlichen Wohlfahrtsgewinn einer Buchführungs- und Berichtaufstellungspflicht zu beantworten. Fest steht indes, dass die gesamtwirtschaftliche Wohlfahrt durch Einführung solcher Pflichten nur dann gesteigert wird, wenn hiermit Zwecke erfüllt werden, die aus Sicht des Gesetzgebers als gesamtwirtschaftlich wertvoll betrachtet werden.

Gesamtwirtschaftlicher Wohlfahrtsgewinn durch Buchführungs- und Berichtaufstellungspflicht?

Mehrere Zwecke lassen sich anführen, deren Erfüllung einen Wohlfahrtsnutzen erwarten lässt. Buchführungsunterlagen dokumentieren das Unternehmensgeschehen. Die finanziellen Konsequenzen von Ereignissen im Unternehmen werden mit Hilfe der Buchführung unter Verwendung einer standardisierten Systematik erfasst. Die Standardisierung der Aufzeichnungen macht das Unternehmensgeschehen für Dritte erst nachvollziehbar, vergleichbar und nachprüfbar. Dies dient der Rechtssicherheit in einer Gemeinschaft. Rechtssicherheit ist notwendig, weil Unternehmen mit anderen Unternehmen und gesellschaftlichen Gruppen in vielfältigen rechtlichen Beziehungen stehen, die in erheblichem Maße Vertrauen in das Unternehmen und in das Rechtssystem voraussetzen, insbesondere die Nachprüfbarkeit von Fakten im Konfliktfall. Diese Rolle nimmt die Buchführung wahr, beispielsweise mit Hilfe der aus ihr generierten finanziellen Berichte, die am Ende jedes Abrechnungszeitraumes Rechenschaft über die Verwendung des eingesetzten Kapitals geben.

Dokumentationszweck (Rechtssicherheit)

Die regelmäßige Erstellung finanzieller Berichte ermöglicht der Unternehmensleitung eine Selbstinformation über die wirtschaftliche Lage des Unternehmens. Unternehmensleitungen dienen solche Informationen zur Kontrolle ihrer Geschäftstätigkeit. Aus gesamtwirtschaftlicher Sicht wird hierdurch erreicht, dass sie – gegenüber einer Situation ohne Buchführung – günstige oder schwierige Unternehmenssituationen ausnutzen oder abstellen. Gesamtwirtschaftliche Kosten in Form von Unternehmenskrisen und Unternehmenszusammenbrüchen werden so gesenkt. Wenn Unternehmen zur Offenlegung ihrer finanziellen Berichte verpflichtet sind, erhalten Personen oder Institutionen, die von der Leitung des Unternehmens ausgeschlossen sind, sogenannte Unternehmensexterne, wichtige Informationen über die wirtschaftliche Lage des Unternehmens. Sie können ihre mit dem Unternehmen zusammenhängenden Entscheidungen dann auf objektivierte Informationen stützen, über die sie sonst nicht verfügten. Die Offenlegungspflicht dient so dem Interessenausgleich zwischen rechnungslegendem

Informationszweck

Unternehmen und den externen Unternehmensinteressierten. Gegenüber einer Situation ohne die Information aus finanziellen Berichten ist davon auszugehen, dass solche unternehmensexternen Gruppen bessere Allokationsentscheidungen treffen.

Zweck der Gleichmäßigkeit der Besteuerung

Aus Sicht des Steuergesetzgebers dient die Buchführung und die damit zusammenhängende Einkommensermittlung ferner dem Zweck, eine gleichmäßige, an der wirtschaftlichen Leistungsfähigkeit orientierte Besteuerung steuerpflichtiger Unternehmen zu erreichen.

Juristische oder ökonomische Unternehmensdefinition?

In Deutschland existieren genaue Regeln für alle Unternehmen, welche die Kaufmannnseigenschaft im juristischen Sinne besitzen. Diese Eigenschaft ist juristisch definiert und es werden Rechte und Pflichten daran geknüpft. Erst in den letzten Jahrzehnten hat sich dagegen die ökonomische Sicht entwickelt, nach der Unternehmen als ökonomische Einheiten angesehen weden. Zu einem Unternehmen im ökonomischen Sinne können mehrere Institutionen im rechtlichen Sinne gehören. Aus ökonomischer Sicht interessiert dann hauptsächlich das Rechnungswesen der ökonomischen Einheit; die Zahlen der juristischen Einheiten können solche Informationen nur in ganz speziellen Fällen liefern.

In den folgenden Ausführungen werden zunächst die Vorschriften für Unternehmen im juristischen Sinne beschrieben, weil die Vorschriften für Unternehmen im ökonomischen Sinne darauf aufbauen.

2.2   Buchführungs- und Berichtspflicht für Kaufleute (rechtlich definierte Unternehmen)

Vorschriften zur Buchführung findet man im Handelsgesetzbuch, im Publizitätsgesetz und in steuerrechtlichen Vorschriften. Die handels- und steuerrechtlichen Vorschriften sind seit der Zeit nach dem ersten Weltkrieg eng miteinander verwoben. Deswegen werden hier auch steuerrechtliche Vorschriften dargestellt.

2.2.1 Buchführungs- und Berichtspflicht-pflichten nach Handelsgesetzbuch (HGB) für Kaufleute

Buchführungspflicht nach HGB für Kaufleute

Die Buchführungspflicht ist in §238 Abs. 1 Satz 1 HGB festgeschrieben: »Jeder Kaufmann ist verpflichtet, Bücher zu führen und in diesen seine Handelsgeschäfte und die Lage seines Vermögens nach den Grundsätzen ordnungsmäßiger Buchführung ersichtlich zu machen.« Die Buchführungspflicht knüpft damit an die Kaufmannseigenschaft im Rechtssinne an.

Buchführungspflicht des Kaufmanns nach HGB

Das deutsche Handelsrecht regelt den Begriff des Kaufmanns in §§1-7 HGB. Nach §1 Abs. 1 HGB ist derjenige ein Kaufmann, der ein Handelsgewerbe betreibt. Fachleute sprechen in diesem Fall von einem »Ist-Kaufmann«. Absatz 2 bezeichnet das Handelsgewerbe: »Handelsgewerbe ist jeder Gewerbebetrieb, es sei denn, dass das Unternehmen nach Art oder Umfang einen in kaufmännischer Weise eingerichteten Geschäftsbetrieb nicht erfordert«. Was ein Gewerbebetrieb ist und wann dieser einen in kaufmännischer Weise eingerichteten Geschäftsbetrieb erfordert, wird allerdings im HGB nicht konkretisiert. Jedes Handelsgewerbe ist unter seiner Firma in das Handelsregister einzutragen.

»Ist-Kaufmann« und Handelsgewerbe

Zu den Kaufleuten zählen nach §2 HGB auch Gewerbetreibende, die nicht unter §1 Abs. 2 HGB fallen, ihren Betrieb jedoch ins Handelsregister haben eintragen lassen. Zu dieser Gruppe zählen z.B. Handwerker, wenn die Firma des Unternehmens in das Handelsregister eingetragen ist. Juristen sprechen in diesem Fall von einem »Kann-Kaufmann«. Gleiches gilt für Land- und Forstwirte sowie Kleingewerbetreibende, deren Tätigkeiten nicht unter die in §1 HGB aufgeführte Handelsgewerbetätigkeit fällt. Erfordern diese Tätigkeiten nach Art und Umfang einen in kaufmännischer Weise eingerichteten Geschäftsbetrieb und lassen die Unternehmer die Firma freiwillig ins Handelsregister eintragen, so gelten sie als Kaufleute (§3 HGB). Mit der Löschung der Eintragung im Handelsregister, die der »Kann-Kaufmann« beantragen kann, geht der Kaufmannstatus wieder verloren.

»Kann-Kaufmann«

Schließlich weist §6 HGB Handelsgesellschaften sowie bestimmten Vereinen die Kaufmannseigenschaft zu. Dazu zählen auch Kapitalgesellschaften. Hierbei ergibt sich die Kaufmannseigenschaft aus der besonderen Rechtsform des Unternehmens.

»Form-Kaufmann«

Die Buchführungspflicht beginnt in dem Zeitpunkt, zu dem die Kaufmannseigenschaft erlangt wurde, also entweder mit der Aufnahme des Handelsgewerbes, der Gründung einer Gesellschaft mit Kaufmannseigenschaft begründender Rechtsform oder dem Handelsregistereintrag. Sie

Beginn und Ende der Buchführungspflicht

endet, wenn das Handelsgewerbe eingestellt, die Gesellschaft abgewickelt oder der Eintrag im Handelsregister gelöscht wird.

Anforderungen an die Buchführung von Kaufleuten

Jeder Kaufmann hat sich im Rahmen seiner Buchführungspflicht allgemein an die handelsrechtlichen Grundsätze ordnungsmäßiger Buchführung (GoB) zu halten (§ 238 Abs. 1 Satz 1 HGB). Was die konkrete Ausgestaltung der Buchführung, etwa die Wahl des Buchführungssystems angeht, lässt der Gesetzgeber dem Kaufmann allerdings weitgehende Freiheiten:

- Gefordert wird nach § 238 Abs. 1 Satz 2 HGB z.B. nur, die Buchführung so auszugestalten, dass sich ein sachverständiger Dritter innerhalb angemessener Zeit einen Überblick über die im Rechnungswesen abgebildeten Ereignisse und die Lage des Unternehmens verschaffen kann.

- Abgebildete Ereignisse müssen sich in ihrer Entstehung und Abwicklung verfolgen lassen (§ 238 Abs. 1 Satz 3).

- § 239 Abs. 1 und 2 HGB verlangen für sämtliche Aufzeichnungen eine lebende Sprache und dass Eintragungen vollständig, richtig, zeitgerecht, und geordnet vorgenommen werden.

- Um nachträgliche Manipulationen in der Buchführung zu erschweren, müssen ursprüngliche Eintragungen dauerhaft feststellbar bleiben und es muss nachzuvollziehen sein, dass Eintragungen ursprünglicher Natur sind. Nachträgliche Änderungen von Eintragungen sind nicht zulässig. Fehler müssen durch gesonderte Einträge korrigiert werden (§ 239 Abs. 3 HGB).

Aufbewahrungspflichten

Buchführungsunterlagen müssen aufbewahrt werden, damit eine spätere Nachprüfung gewährleistet ist. § 257 HGB regelt die Aufbewahrungspflichten solcher und anderer Unterlagen sowie die Aufbewahrungsfristen für Kaufleute. Zehn Jahre aufzubewahren sind Handelsbücher, Inventare, Jahresabschlüsse, Lageberichte, die Eröffnungsbilanz sowie die zu ihrem Verständnis erforderlichen Arbeitsanweisungen und sonstigen Organisationsunterlagen. Sechs Jahre Aufbewahrungsfrist gelten für sonstige Unterlagen (§ 257 Abs. 4 HGB). Mit Ausnahme der Jahresabschlüsse und der Eröffnungsbilanz eines Unternehmens können Buchführungsunterlagen auch auf elektronischen Datenträgern aufbewahrt werden, sofern dabei gewisse Ordnungsvorschriften eingehalten werden (§ 257 Abs. 3 HGB). Die Aufbewahrungsfrist beginnt mit dem Schluss des Kalenderjahres, in dem die letzte Eintragung in Büchern zu diesem Kalenderjahr gemacht bzw. der finanzielle Bericht des Geschäftsjahres aufgestellt worden ist (§ 257 Abs. 5 HGB). Weitere Details zur Vorlage von Buchführungsunterlagen in gewissen Spezialsituationen werden in §§ 258-261 HGB geregelt.

Berichtspflicht nach HGB für Kaufleute

Vorschriften für Unternehmen aller Rechtsformen

Im dritten Buch des HGB finden sich in den §§ 240-263 HGB die für alle Kaufleute geltenden allgemeinen Vorschriften zur Aufstellung finanzieller Berichte nach deutschem Handelsrecht. §§ 240, 242 Abs. 1-2 HGB verpflichten den Kaufmann zur regelmäßigen Aufstellung eines Inventars sowie einer Bilanz und einer sogenannten »Gewinn- und Verlustrechnung« am Schluss eines jeden Geschäftsjahres. Auch zu Beginn seines Handelsgewerbes muss der Kaufmann danach sein Inventar feststellen und eine Eröffnungsbilanz aufstellen.

Nach §242 Abs. 3 HGB bilden Bilanz sowie Gewinn- und Verlustrechnung am Ende eines Geschäftsjahres zusammen den sogenannten Jahresabschluss. Dieser ist nach den GoB aufzustellen (§243 Abs. 1 HGB). Das zugrunde gelegte Geschäftsjahr darf dabei eine Dauer von zwölf Monaten nicht überschreiten (§240 Abs. 2 Satz 2 HGB). Was die Aufstellungsfrist nach Ablauf des Geschäftsjahres angeht, fordert §243 Abs. 3 HGB nur die Erstellung »innerhalb der einem ordnungsmäßigen Geschäftsgang entsprechenden Zeit«. Der Jahresabschluss ist in deutscher Sprache sowie in Euro aufzustellen (§244 HGB) und vom Kaufmann unter Angabe des Datums zu unterzeichnen (§245 HGB).

Aufstellung des Jahresabschlusses jeweils für Geschäftsjahre

§§246-251 HGB befassen sich mit den Ansatzvorschriften. Hier wird geregelt, welche Posten der handelsrechtliche Jahresabschluss enthalten muss, welche er nicht enthalten darf und welche er enthalten kann. In den Vorschriften werden Begriffe erwähnt, die einer Erklärung bedürfen. Wir verzichten an dieser Stelle jedoch auf eine Erläuterung, weil wir im weiteren Verlauf des Buches noch darauf zu sprechen kommen. Hier seien die Vorschriften nur der Vollständigkeit halber aufgezählt. Der verpflichtende Bilanzansatz wird in §246 Abs. 1 HGB deutlich, und zwar im Vollständigkeitsgebot, sämtliche Vermögensgegenstände, Schulden, Rechnungsabgrenzungsposten sowie Aufwand und Ertrag im Jahresabschluss aufzuführen. Bilanzansatzverbote gelten etwa für immaterielle Vermögensgegenstände des Anlagevermögens, die nicht entgeltlich erworben wurden (§248 Abs. 2 HGB). Ansatzwahlmöglichkeiten bestehen für bestimmte Typen von Rückstellungen (§249 Abs. 2 HGB) und ausgewählte Rechnungsabgrenzungsposten (§250 Abs. 3 HGB).

Überblick über Ansatzvorschriften

Vorschriften zur Bewertung von Posten der Bilanz und Gewinn- und Verlustrechnung findet man in den §§252-256 HGB. Allgemeine Bewertungsgrundsätze im Sinne von spezifischen Grundsätzen ordnungsmäßiger Buchführung (z.B. Einzelbewertungsgrundsatz, Methodenstetigkeit) finden sich in §252 HGB. Die übrigen Vorschriften dienen der Regelung spezieller Wertansätze. §253 HGB beschäftigt sich mit der Bewertung von Vermögensgegenständen und Schulden. §255 HGB definiert die Komponenten von Ausgaben, die in die »Anschaffungs- oder Herstellungskosten« von Vermögensgegenständen einzubeziehen sind. Vereinfachungen für die Ermittlung von Anschaffungswerten werden für gleichartige Vermögensgegenstände des Vorratsvermögens in §256 HGB gestattet.

Überblick über Bewertungsvorschriften

Abweichung zwischen juristischem und betriebswirtschaftlichem Kostenbegriff

Wir haben Anführungsstriche verwendet, um deutlich zu machen, dass der vom Gesetzgeber verwendete Begriff der »Kosten« nicht mit dem Inhalt belegt wird, wie es in der Betriebswirtschaftslehre der Fall ist. In der üblichen betriebswirtschaftlichen Theorie müsste man von »Anschaffungs- oder Herstellungsausgaben« reden, wenn man die Absicht des Gesetzgebers darlegen möchte.

Vorschriften für alle Kaufleute: Gliederungsvorschriften

Alle Kaufleute, die nicht dem Publizitätsgesetz unterliegen, müssen nach § 247 Abs. 1 HGB in ihrer Bilanz das Anlage- und das Umlaufvermögen, das Eigenkapital, die Schulden sowie die Rechnungsabgrenzungsposten gesondert ausweisen und hinreichend aufgliedern. Für Kapitalgesellschaften gelten zusätzlich weitere Vorschriften.

Ergänzende Vorschriften für haftungsbeschränkte Kapital- und Personengesellschaften

In den §§ 264-289 HGB sind befinden sich ergänzende Vorschriften mit hohen Anforderungen für Kapitalgesellschaften. Seit Inkrafttreten des »Kapitalgesellschaften- und Co-Richtlinie-Gesetzes« (KapCoRiLiG) im Jahre 2000 gelten diese nach § 264a Abs. 1 HGB auch für bestimmte haftungsbeschränkte Personengesellschaften, bei denen – direkt oder indirekt – nicht mindestens ein persönlich haftender Gesellschafter eine natürliche Person ist. Dies gilt beispielsweise für Unternehmen mit der Rechtsform einer GmbH & Co. KG.

Zweck der ergänzenden Vorschriften

Erweiterte Anforderungen an die Ausgestaltung finanzieller Berichte solcher Gesellschaften zu stellen, wird mit der bei solchen Gesellschaften gegenüber Einzelunternehmen oder einfachen Personengesellschaften verschärften Haftungsproblematik begründet. Solche Unternehmen haften Gläubigern gegenüber nur mit ihrem Gesellschaftsvermögen. Darüber hinaus kommt es in Kapitalgesellschaften oft zur Trennung von Eigentum (z. B. Aktionäre) und Verfügungsgewalt (Management). Die Publizitätspflicht entspricht den Informationsinteressen der von der Geschäftsführung ausgeschlossenen Aktionäre.

Erweiterung des Jahresabschlusses um Anhang und Lagebericht

Der Jahresabschluss von Kapitalgesellschaften muss nach § 264 Abs. 1 HGB zusätzlich um einen Anhang und einen Lagebericht erweitert werden. Der Anhang enthält sowohl Erläuterungen zum Jahresabschluss als auch ergänzende Angaben (§§ 284-288 HGB). Im Lagebericht sind nach § 289 HGB zumindest der Geschäftsverlauf und die Lage der Gesellschaft so darzustellen, dass ein den tatsächlichen Verhältnissen entsprechendes Bild vermittelt wird. Auf die Risiken der künftigen Entwicklung ist dabei einzugehen. Darüber hinaus soll der Lagebericht berichten über:

- Vorgänge von besonderer Bedeutung, die nach dem Schluss des Geschäftsjahres eingetreten sind,
- die voraussichtliche Entwicklung der Gesellschaft,
- den Bereich Forschung und Entwicklung.

Strengere Vorschriften

Höhere Rechnungslegungsanforderungen äußern sich bei solchen Gesellschaften unter anderem

- in kürzeren Aufstellungsfristen (drei Monate) für Jahresabschluss und Lagebericht (§ 264 Abs. 1 Satz 2 HGB),

- in detaillierteren Regeln für die Gliederung von Bilanz sowie Gewinn- und Verlustrechnung (§§ 265-267 HGB),

- in zum Teil weniger ermessensabhängigen Bewertungsregeln (§ 279 HGB),

- in der Prüfungspflicht des Jahresabschlusses durch unabhängige Dritte (§§ 316-324 HGB),

- in der Offenlegungspflicht des Jahresabschlusses im Bundesanzeiger (§ 325-329 HGB).

Diese Verschärfungen gegenüber den Vorschriften für Kaufleute werden allerdings in Abhängigkeit von Größenmerkmalen der Gesellschaften teilweise wieder eingeschränkt. In § 267 HGB werden kleine, mittelgroße und große Gesellschaften, gemessen nach drei Größenmerkmalen – Bilanzsumme, Umsatzerlöse und Anzahl der Arbeitnehmer – voneinander unterschieden. Die Zuordnung zu einer Größenklasse hängt davon ab, ob an zwei aufeinanderfolgenden Abschlussstichtagen mindestens zwei der drei Größenmerkmale bestimmte Schwellenwerte erreichen. Abbildung 2.1 stellt diese Schwellenwerte für die drei Größenklassen von Kapitalgesellschaften und haftungsbeschränkten Personengesellschaften dar.

Größenabhängige Differenzierung ergänzender Vorschriften

Größenklasse der Gesellschaft	Größenmerkmal		
	Bilanzsumme nach Abzug eines Fehlbetrags in Mio. Euro	Umsatz im Geschäftsjahr in Mio. Euro	Zahl der Arbeitnehmer
klein	≤ 3,438	≤ 6,875	≤ 50
mittel	≤ 13,750	≤ 27,500	≤ 250
groß	> 13,750	> 27,500	> 250

Abbildung 2.1: Schwellenwerte für die Bestimmung der Größenklasse einer Kapitalgesellschaft bzw. haftungsbeschränkten Personengesellschaft nach § 267 HGB

In vollem Umfang gelten die strengen Vorschriften nur für große Gesellschaften. Unabhängig von den Ausprägungen der Größenmerkmale gelten Kapitalgesellschaften nach § 267 Abs. 3 HGB stets als groß, wenn sie Wertpapiere an einem organisierten Kapitalmarkt innerhalb der Europäischen Union ausgegeben oder dies beantragt haben.

Für kleine Gesellschaften bestehen Erleichterungen, etwa:

Erleichterungen für kleine Gesellschaften

- Wegfall des Lageberichts (§ 264 Abs. 1 Satz 3),

- Verlängerung der Aufstellungsfrist für Jahresabschluss und Lagebericht auf bis zu sechs Monate (§ 264 Abs. 1 Satz 3 HGB),

- verkürzte Gliederung von Bilanz sowie Gewinn- und Verlustrechnung (§ 266 Abs. 1 Satz 3, § 276 HGB),

- keine Prüfungspflicht des Jahresabschlusses (§ 316 Abs. 1 HGB),

- keine Offenlegungspflicht des Jahresabschlusses im Bundesanzeiger (§ 325 Abs. 1-2 HGB).

Rechtsformspezifische Rechnungslegungs-vorschriften

Rechtsformspezifische Vorschriften zur Rechnungslegung ergeben sich darüber hinaus aus Spezialgesetzen. Für Aktiengesellschaften sind diese im Aktiengesetz (AktG), für Gesellschaften mit beschränkter Haftung im GmbH-Gesetz sowie für Genossenschaften im Genossenschaftsgesetz (GenG) und in §§ 336-339 HGB geregelt.

2.2.2 Buchführungspflicht nach Steuerrecht für Kaufleute

Formale Rechtsgrundlagen

Für das deutsche Steuerrecht ergeben sich Buchführungs- und Aufzeichnungspflichten aus der Abgabenordnung (AO). Diese verweist in § 140 AO darauf, dass Vorschriften aus anderen Gesetzen zu beachten sind, wenn diese für die Besteuerung bedeutsam sind. Die handelsrechtliche Pflicht zur Buchführung geht somit indirekt in das deutsche Steuerrecht ein; die steuerrechtliche Buchführungspflicht wird gleichsam von der handelsrechtlichen hergeleitet. Man spricht daher von der sogenannten derivativen Buchführungspflicht nach deutschem Steuerrecht. In § 141 AO wird zudem die originäre steuerliche Buchführungs- und Aufzeichnungspflicht geregelt.

Einkommens-besteuerung als Zweck steuerrechtlicher Gewinnermittlung

Zu den nicht steuerrechtlichen Vorschriften, die über § 140 AO auch für das Steuerrecht gelten, zählen die Buchführungs- und Aufzeichnungspflichten des HGB. Dies hängt mit den steuerrechtlichen Vorschriften zur Einkommensteuer zusammen. Die Einkommensteuer knüpft an die wirtschaftliche Leistungsfähigkeit des steuerpflichtigen Unternehmens an. Nach geltendem Einkommensteuerrecht ist die Maßgröße der wirtschaftlichen Leistungsfähigkeit der steuerrechtliche Gewinn. Wie dieser Gewinn ermittelt wird und mit welchen Werten einzelne Bilanzpositionen für Besteuerungszwecke zu bewerten sind, wird im Einkommensteuergesetz (EStG), insbesondere in §§ 4-6 EStG, weitgehend, aber nicht abschließend geregelt.

Gewinnermittlung für Gewerbetreibende nach § 5 Abs. 1 EStG

Nach § 5 Abs. 1 Satz 1 EStG haben Gewerbetreibende, die freiwillig oder aufgrund gesetzlicher Verpflichtungen Bücher führen und regelmäßig erstellen, »für den Schluss des Wirtschaftsjahres das Betriebsvermögen anzusetzen [...], das nach den handelsrechtlichen Grundsätzen ordnungsgemäßer Buchführung auszuweisen ist.« Steuerliche Wahlrechte sind nach § 5 Abs. 1 Satz 2 EStG »in Übereinstimmung mit der handelsrechtlichen Bilanz auszuüben«. Damit sind handelsrechtliche Bilanzansätze maßgeblich für die Steuerbilanz, insoweit nicht abweichende steuerrechtliche Ermittlungsregeln bestehen. Man spricht in diesem Zusammenhang auch von der Maßgeblichkeit handelsrechtlicher Messgrundsätze und Messregeln für die Ermittlung der Steuerbilanz. Weil das Handelsrecht zudem Wahlrechte vorsieht, um steuerliche Regeln einhalten zu können, spricht man auch von der Umkehrung des Maßgeblichkeitsprinzips. Auf die mit diesen Regelungen verbundenen Probleme gehen wir hier nicht weiter ein.

Der steuerrechtliche Gewinn des Wirtschaftsjahres ermittelt sich nach § 4 Abs. 1 EStG als Unterschiedsbetrag zwischen dem Betriebsvermögen am Schluss des Wirtschaftsjahres und am Schluss des vorangegangenen Wirtschaftsjahres, vermehrt um den Wert der Entnahmen, vermindert um den Wert der Einlagen.

Steuerrechtlicher Gewinn

Die soeben skizzierte steuerrechtliche Gewinnermittlung nach § 5 Abs. 1 EStG baut auf einer nach handelsrechtlichen Grundsätzen geführten Buchführung auf. Daher interessiert es, welche Unternehmen nach deutschem Steuerrecht zu einer solchen Buchführung verpflichtet sind. Die Abgabenordnung (AO) regelt die Buchführungspflicht für steuerliche Zwecke.

Buchführungspflicht nach der Abgabenordnung

§ 140 AO stellt zunächst fest, dass Verpflichtungen zur Buchführung oder zu Aufzeichnungen nach anderen als Steuergesetzen auch für Zwecke der Besteuerung zu erfüllen sind. Dies gilt auch für Buchführungs- bzw. Aufzeichnungspflichten nach anderen als handelsrechtlichen Gesetzen, etwa solchen nach dem Fahrlehrergesetz, dem Hebammengesetz oder dem Weingesetz. Nach beispielsweise dem Weingesetz sind Weinbauunternehmen sowie Weinkellereien u. A. zum Führen von Fasslagerbüchern, Kellerbüchern und Weinlagerbüchern verpflichtet.

Derivative Buchführungspflicht

Aus § 141 Abs. 1 AO folgt die originäre steuerrechtliche Verpflichtung, Bücher zu führen und regelmäßig Abschlüsse aufgrund jährlicher Bestandsaufnahmen zu erstellen. Danach sind gewerbliche Unternehmen sowie Land- und Forstwirte, die handelsrechtlich nicht buchführungspflichtig sind, steuerrechtlich buchführungspflichtig, wenn mindestens eines der folgenden vier Kriterien erfüllt ist:

Originäre Buchführungspflicht

1. Umsätze einschließlich der steuerfreien Umsätze, ausgenommen die Umsätze nach § 4 Nr. 8 bis 10 des Umsatzsteuergesetzes, von mehr als 350 000 Euro im Kalenderjahr,

2. selbstbewirtschaftete land- und forstwirtschaftliche Flächen mit einem Wirtschaftswert (§ 46 des Bewertungsgesetzes) von mehr als 25 000 Euro,

3. Gewinn aus Gewerbebetrieb von mehr als 30 000 Euro im Wirtschaftsjahr,

4. Gewinn aus Land- und Forstwirtschaft von mehr als 30 000 Euro im Kalenderjahr.

Gegenüber der handelsrechtlichen Regelung werden hierdurch ab einer bestimmten Unternehmensgröße zusätzlich Gewerbetreibende ohne Kaufmannseigenschaft sowie Land- und Forstwirte erfasst. Das deutsche Steuerrecht zieht so den Kreis der zur Buchführung Verpflichteten weiter als das deutsche Handelsrecht. Offensichtlich dient dies dem Interesse der Gleichmäßigkeit der Besteuerung.

Ergänzende Vorschriften für Land- und Forstwirte

Nach § 141 Abs. 1 AO haben buchführungspflichtige Land- und Forstwirte neben den jährlichen Bestandsaufnahmen und Abschlüssen üblicher Gewerbetreibender auch ein sogenanntes Anbauverzeichnis zu führen. Hierin ist zu dokumentieren, mit welchen Fruchtarten die selbstbewirtschafteten Flächen im abgelaufenen Wirtschaftsjahr bestellt waren (§ 142 AO).

Beginn und Ende der originären Buchführungspflicht

Die originäre steuerrechtliche Buchführungspflicht beginnt nicht bereits in dem Kalender- oder Wirtschaftsjahr, in dem die o. a. Kriterien zum ersten Mal erfüllt sind. Voraussetzung ist, dass dem Unternehmen die Buchführungspflicht durch die Finanzbehörde bekannt gegeben wurde. Auf Basis von Steuerbescheiden oder Feststellungsbescheiden lässt sich von der Finanzbehörde feststellen, ob einer der genannten Grenzwerte obiger Kriterien überschritten ist. Die Buchführungspflicht beginnt dann in dem Kalenderjahr, das dem Jahr der Bekanntmachung durch die Finanzbehörde folgt (§ 141 Abs. 2 Satz 1 AO). Sie endet ein Jahr nach Ablauf des Wirtschaftsjahres, in dem die Finanzbehörde feststellt, dass die Voraussetzungen der Buchführungspflicht nicht mehr vorliegen (§ 141 Abs. 2 Satz 2 AO).

Aufzeichnungspflichten versus Buchführungspflichten

Nach deutschem Steuerrecht gibt es neben der Pflicht zur Buchführung auch Aufzeichnungspflichten für Unternehmen, die keiner Buchführungspflicht unterliegen. Während im Rahmen der Buchführung sämtliche abzubildenden Ereignisse richtig, zeitgerecht und geordnet abzubilden sind, erfassen Aufzeichnungen nur bestimmte Arten von Ereignissen. Allgemeine Anforderungen an Buchführung und Aufzeichnungen sowie zu beachtende Ordnungsvorschriften werden in §§ 145-146 AO geregelt. Weil sich keine grundlegenden Unterschiede zu den o. a. Vorschriften nach HGB ergeben, wird auf eine Darstellung verzichtet.

Aufzeichnungspflicht des Wareneingangs und Warenausgangs

Nach §§ 143-144 AO müssen gewerbliche Unternehmer ihren gesamten Warenverkehr, sowohl ihren Wareneingang als auch ihren Warenausgang, vollständig erfassen. Neben üblichen Waren sind hierbei Rohstoffe, unfertige Erzeugnisse, Hilfsstoffe und Zutaten zu berücksichtigen, die der Unternehmer im Rahmen seines Gewerbebetriebes zur Weiterveräußerung oder zum Verbrauch erwirbt. Aufzuzeichnen sind nach §§ 143, 144 Abs. 3 AO jeweils das Datum des Wareneingangs bzw. Warenausgangs oder der entsprechenden Rechnung, der Name und die Anschrift des Lieferanten, die handelsübliche Bezeichnung und der Preis der Ware. Darüber hinaus wird ein Hinweis auf einen entsprechenden Beleg gefordert, der in Form einer Rechnung, eines Kassenzettels oder einer Quittung vorliegen kann. Der Finanzverwaltung dienen solche Aufzeichnungen dazu, den gesamten Warenverkehr eines Unternehmens zu überwachen. Leicht lässt sich bei einer Betriebsprüfung kontrollieren, ob es Waren auf Lager gibt, die nie als Wareneingang erfasst wurden. Um auch den gewerblichen Handel mit land- und forstwirtschaftlichen Erzeugnissen überwachen zu können, sind originär buchführungspflichtige Land- und Forstwirte verpflichtet, den Warenausgang aufzuzeichnen (§ 144 Abs. 5 AO).

Eine weitere Aufzeichnungspflicht für Unternehmen ergibt sich aus der Umsatzbesteuerung, die im Umsatzsteuergesetz (UStG) geregelt ist. Die Aufzeichnungspflicht knüpft an die Unternehmereigenschaft im Sinne von § 2 Abs. 1 UStG an. Danach ist derjenige Unternehmer, der eine gewerbliche oder berufliche Tätigkeit selbstständig ausübt. Als gewerblich oder beruflich gilt dabei jede nachhaltige Tätigkeit zur Erzielung von Einnahmen, auch wenn die Absicht zur Gewinnerzielung fehlt.

Aufzeichnungspflicht für die Umsatzbesteuerung

Der Zweck der Aufzeichnungspflicht für die Umsatzbesteuerung besteht darin, die Bemessungsgrundlage für die Besteuerung nach UStG zu liefern. Steuerbar sind nach § 1 UStG Umsätze aus Lieferungen und sonstigen Leistungen im Inland, der Eigenverbrauch des Unternehmers, die Einfuhr von Gegenständen aus einem Drittlandsgebiet in das Inland und der sogenannte innergemeinschaftliche Erwerb im Inland gegen Entgelt (im Falle von Importen aus anderen EU-Mitgliedstaaten). Steuerpflichtig sind diejenigen steuerbaren Umsätze, die nicht steuerfrei sind. Steuerfreie Umsätze werden u. A. in § 4 UStG aufgelistet. Darunter fallen beispielsweise Umsätze von Ärzten, Museen oder Privatschulen. § 5 UStG regelt Steuerbefreiungen für die Einfuhr bestimmter Gegenstände.

Steuerbare, steuerpflichtige und steuerfreie Umsätze

Die Umsatzsteuer bemisst sich für Lieferungen und sonstige Leistungen sowie beim innergemeinschaftlichen Erwerb nach dem vereinbarten Entgelt für die Leistung vor Berücksichtigung der Umsatzsteuer (§ 10 Abs. 1 Satz 2 UStG). Bemessungsgrundlage beim Eigenverbrauch sind – je nach Verfügbarkeit – Einkaufspreis zuzüglich Nebenkosten bzw. die Selbstkosten der entnommenen Gegenstände (§ 10 Abs. 4 UStG). Im Falle der Einfuhr von Gegenständen ist auf deren Wert nach den jeweiligen Vorschriften über den Zollwert abzustellen (§ 11 Abs. 1 UStG).

Bemessungsgrundlagen der Umsatzbesteuerung

Voraussetzungen für eine Befreiung von Aufzeichnungspflichten und damit für ein vereinfachtes Verfahren enthält § 23 UStG, nach dem die mit der Umsatzsteuer zu verrechnenden Vorsteuern auf Grundlage von Durchschnittssätzen ermittelt werden können.

Befreiung von Aufzeichnungspflichten nach UStG

§ 147 Abs. 1 AO fordert von allen buchführungs- und aufzeichnungspflichtigen Personen, Ordnungsvorschriften für die Aufbewahrung von Unterlagen zu erfüllen. Der Kreis der Aufbewahrungspflichtigen wird so weiter gesteckt als nach kaufmannsorientiertem deutschen Handelsrecht. Materiell entsprechen die steuerrechtlichen Vorschriften denen nach § 257 HGB. Das gilt für zehn- bzw. sechsjährige Aufbewahrungszeiträume von Buchführungsunterlagen und Aufzeichnungen, wenn nicht in anderen Steuergesetzen kürzere Aufbewahrungsfristen zugelassen sind (§ 47 Abs. 1 und 3 AO). Wie nach Handelsrecht können bestimmte Buchführungsunterlagen unter Erfüllung von Ordnungsvorschriften auch auf elektronischen Datenträgern gespeichert werden (§ 147 Abs. 2 AO). Wie nach HGB beginnt die Aufbewahrungsfrist mit dem Schluss des Kalenderjahres, in dem die letzte Eintragung gemacht bzw. der finanzielle Bericht des Geschäftsjahres aufgestellt worden ist (§ 147 Abs. 4 AO).

Aufbewahrungspflichten

2.2.3   Berichtspflicht nach Publizitätsgesetz für Kaufleute

Zweck des Publizitätsgesetzes

Das Publizitätsgesetz (PublG) enthält ebenfalls Vorschriften zur Aufstellung, Prüfung und Offenlegung finanzieller Berichte von sehr großen Unternehmen, die nicht in der Rechtsform von Kapitalgesellschaften, bestimmten anderen haftungsbeschränkten Personengesellschaften, Genossenschaften oder Versicherungsvereinen auf Gegenseitigkeit auftreten. Hintergrund dieses Gesetzes bildet die Erkenntnis, dass solche Großunternehmen – unabhängig von ihrer Rechtsform – eine erhebliche branchen- bzw. gesamtwirtschaftliche Bedeutung besitzen. Ihre Bedeutung äußert sich insbesondere darin, dass zahlreiche Marktakteure, wie Lieferanten, Kunden, Gläubiger, Arbeitnehmer oder auch öffentliche Kommunen, auf den Fortbestand solcher Unternehmen angewiesen sind. Der Gesetzgeber führt das Schutzinteresse solcher Marktakteure und damit ein besonderes öffentliches Informationsinteresse an der wirtschaftlichen Lage an, um gegenüber den Vorschriften für alle Kaufleute erweiterte Rechnungslegungsvorschriften zu verlangen.

Größenvoraussetzung für Geltung des PublG

Ein Unternehmen hat nach §1 PublG besondere Rechnungslegungsvorschriften zu erfüllen, wenn es an drei aufeinanderfolgenden Abschlussstichtagen jeweils mindestens zwei der folgenden Größenmerkmale erfüllt:

1. die Bilanzsumme am Abschlussstichtag übersteigt 65 Mio. Euro,

2. die Umsatzerlöse in den zwölf Monaten vor dem Abschlussstichtag übertreffen 130 Mio. Euro,

3. die durchschnittliche Anzahl der Arbeitnehmer in den zwölf Monaten vor dem Abschlussstichtag übersteigt 5 000.

Erweiterte Vorschriften

Die erweiterten Rechnungslegungsvorschriften nach PublG entsprechen weitgehend denen von großen Kapitalgesellschaften. So werden etwa gefordert:

- die Aufstellungsfrist des Jahresabschlusses innerhalb von drei Monaten (§5 Abs. 1 PublG),

- die Erweiterung des Jahresabschlusses um einen Anhang und einen Lagebericht (§5 Abs. 2 PublG).

- die Einhaltung detaillierter Regeln für die Gliederung von Bilanz sowie Gewinn- und Verlustrechnung (§5 Abs. 1 PublG),

- die Prüfungspflicht von Jahresabschluss und Lagebericht durch unabhängige Dritte (§6 Abs. 1 PublG),

- die beschränkte Offenlegungspflicht des Jahresabschlusses (§9 PublG).

Erleichterungen und Befreiungsvorschriften

Für Einzelunternehmen sowie Personengesellschaften gelten gewisse Erleichterungen. Beispielsweise sind sie nach §5 Abs. 2 PublG von der Aufstellungspflicht eines Anhangs und eines Lageberichtes befreit.

2.3 Buchführungs- und Berichts- pflicht für Konzerne (ökono- misch definierte Unternehmen)

Viele Unternehmen bestehen nicht nur aus einer einzigen rechtlich selbst- ständigen Einheit, sondern setzen sich aus mehreren rechtlich selbststän- digen Gesellschaften zusammen (vgl. hierzu die Ausführungen zum Konzept der ökonomisch selbstständigen Wirtschaftseinheit in Kapitel 1.2.2, S.19). Traditionell knüpft das deutsche Handelsrecht seine Regeln über Buchführung und Rechnungslegung an die Kaufmannseigenschaft und damit primär an rechtlich selbstständige Unternehmen, unabhängig davon, ob diese ökonomisch abhängig oder unabhängig sind. Für be- stimmte Formen von Gesellschaftsverbindungen gelten darüber hinaus zusätzlich die Regelungen für Konzerne.

Ökonomische versus juristische Sichtweise von Unternehmen

Sind Unternehmen aus mehreren rechtlich selbstständigen Gesellschaften ökonomisch unter einheitlicher Leitung zusammengefasst, so hat man es im ökonomischen Sinne mit einem einzigen Unternehmen zu tun. Interes- siert sich ein Anleger für ein solches Unternehmen, benötigt er finanzielle Berichte, die sich auf diese ökonomische Unternehmenseinheit beziehen. Die einzelnen Finanzberichte der das Unternehmen bildenden Gesell- schaften helfen ihm dabei nur in Sonderfällen weiter.

Ökonomischer Gesellschafts- verbund als ein Unternehmen

2.3.1 Buchführungs- und Berichtspflicht nach HGB für Konzerne

Buchführungspflicht nach HGB für Konzerne

Bei Unternehmen, die nur aus einer einzigen rechtlich definierten Gesell- schaft bestehen, entspricht der aus den gesetzlichen Verpflichtungen zur Buchführung erstellte Abschluss für die rechtlich abgegrenzte Unterneh- menseinheit demjenigen für die ökonomische Unternehmenseinheit. Hier werden dagegen Unternehmen betrachtet, die sich aus mehreren rechtlich selbstständigen Gesellschaften zusammensetzen. Die Erstellung eines Abschlusses für ein solches ökonomisch definiertes Unternehmen ist schwieriger. Zwar verfügt jede rechtlich selbstständige Gesellschaft über ihre eigene Buchführung, in der Regel existiert aber keine originäre Buch- führung für die ökonomische Unternehmenseinheit. Folglich ergeben sich entsprechende Finanzberichte, z.B. Bilanzen sowie Gewinn- und Verlust- rechnungen, für die Lage eines solchen ökonomisch definierten Unterneh- mens normalerweise nicht aus einer einzigen Buchführung.

In der Regel ist orignäre Buchführung der ökonomsichen Unternehmenseinheit nicht vorhanden.

Buchführungspflicht für ökonomisch definierte Unternehmen nach HGB?

Das deutsche Handelsrecht fordert eine originäre Buchführung für die ökonomische Unternehmenseinheit nicht. Denn die in §238 Abs. 1 Satz 1 HGB festgeschriebene Buchführungspflicht für alle Kaufleute wird im Rahmen der HGB-Vorschriften nicht ausdrücklich für die ökonomische Unternehmenseinheit gefordert. Vielmehr sind entsprechende Bilanzen sowie Gewinn- und Verlustrechnungen nach §290 HGB sowie §300 Abs. 1 Satz 1 HGB rückwirkend aus den finanziellen Berichten der zum ökonomischen Verbund gehörenden juristischen Einheiten herzuleiten. Hieraus lässt sich allerdings nicht schließen, dass für ökonomisch abgegrenzte Unternehmenseinheiten nach deutschem Handelsrecht keine gesonderten Buchführungspflichten bestehen bzw. entstehen. Denn im Rahmen der Erstellung finanzieller Berichte für die ökonomische Unternehmenseinheit ist gleichwohl eine besondere Buchführung zu betreiben: und zwar eine solche, die es ermöglicht, finanzielle Berichte der rechtlich abgegrenzten Unternehmenseinheiten in finanzielle Berichte für die ökonomische Unternehmenseinheit überführen zu können. Im Folgenden wird daher kurz auf Probleme eingegangen, die sich bei einer solchen Erstellung sogenannter konsolidierter Finanzberichte für ein Unternehmen im Sinne eines ökonomischen Gesellschaftsverbundes ergeben. Die meisten dieser Probleme lassen sich mit einer gesonderten Buchführung in den Griff bekommen.

Vorgehen bei Erstellung konsolidierter Finanzberichte

In einem ersten Schritt ist zu klären, welche rechtlich selbstständigen Einheiten überhaupt als zugehörig zum Unternehmen betrachtet werden. Es geht um die Abgrenzung des sogenannten Konsolidierungskreises. Ist dies geklärt, sind einzubeziehende finanzielle Berichte so zu vereinheitlichen, dass gleiche Sachverhalte unabhängig davon, in welcher Einheit sie anfallen, gleich abgebildet werden. Andernfalls macht es keinen Sinn, Finanzberichte mehrerer Gesellschaften zu aggregieren. Man spricht üblicherweise von der Erstellung der sogenannten Handelsbilanz II. Die vereinheitlichten Finanzberichte lassen sich dann durch Addition zu summierten Finanzberichten, z.B. einer Summenbilanz bzw. Summenergebnisrechnung, des ökonomischen Gesellschaftsverbundes zusammenfassen. Zur Vermeidung von Doppelzählungen und Aufblähungen der Summenrechenwerke sind allerdings bei einigen Bilanz- und Ergebniskomponenten Korrekturen durchzuführen. Dies gilt für solche Komponenten, die aus Verflechtungen innerhalb des ökonomischen Gesellschaftsverbundes herrühren.

Konsolidierung als technische Korrekturmaßnahme bei Herleitung konsolidierter Finanzberichte aus Summenberichten

Man spricht bei diesen technischen Korrekturen von Konsolidierungsmaßnahmen. Sie werden notwendig, wenn das Unternehmen im ökonomischen Sinne kein eigenes Rechnungswesen betreibt, sondern die Zahlen in seinen finanziellen Berichten aus den Zahlen für seine juristischen Einheiten zusammensetzt. Dabei sind Doppelerfassungen von Beteiligungsbuchwerten und Vermögensgütern bzw. Schulden von Beteiligungsgesellschaften rückgängig zu machen (Kapitalkonsolidierung). Unternehmensinterne Forderungen und Verbindlichkeiten sind im Rahmen der sogenannten Schuldenkonsolidierung zu bereinigen. Zwischenergebnisse sind zu eliminieren. Sämtliche unternehmensinternen Ertragsarten sind im Rahmen der Aufwands- und Ertragskonsolidierung mit sämtlichen unternehmensinternen Aufwandsarten aufzurechnen. Schließlich sind die ermittelten Posten entsprechend ihrer ökonomischen Natur umzugliedern.

Alle Konsolidierungsmaßnahmen sind mit Hilfe von Buchungen zu dokumentieren. Die so notwendige Buchführung lässt sich als gesonderte Buchführungspflicht für ökonomisch abgegrenzte Unternehmenseineiten begreifen.

Notwendige Buchführungspflicht zur Herleitung konsolidierter Finanzberichte

Berichtspflicht nach HGB für Konzerne

Das deutsche Handelsrecht beschäftigt sich in §§290-315 HGB mit konsolidierungsspezifischen Besonderheiten. §§290-293 HGB konkretisieren den Anwendungsbereich konsolidierter Rechnungslegung mit Regelungen zur Aufstellungspflicht bzw. zu Aufstellungsbefreiungen. Vorschriften zum Konsolidierungskreis finden sich in §§294-296 HGB, solche zu Inhalt und Form der konsolidierten finanziellen Berichte in §§297-299 HGB. Einzelheiten zu Bewertung und Konsolidierungstechniken regeln §§300-312 HGB. In §§313-315 HGB folgen die Vorschriften zu Anhang und Lagebericht konsolidierter Rechnungslegung.

Überblick über HGB-Vorschriften zur konsolidierten Rechnungslegung

Nach §290 HGB sind Kapitalgesellschaften mit Sitz in Deutschland als sogenannte Muttergesellschaften zur Aufstellung konsolidierter finanzieller Berichte verpflichtet, wenn sie einen beherrschenden Einfluss auf eine oder mehrere Gesellschaften, sogenannte Tochtergesellschaften, ausüben. Zum einen wird dies bei einheitlicher Leitung einer solchen Muttergesellschaft unterstellt (§290 Abs. 1 HGB). Zum anderen geht man davon aus, wenn ein sogenanntes »Control«-Verhältnis vorliegt. Ein »Control«-Verhältnis liegt nach §290 Abs. 2 HGB dann vor, wenn eine der drei folgenden Bedingungen für das Verhältnis von Mutter- und Tochtergesellschaft erfüllt ist:

Aufstellungspflicht konsolidierter Finanzberichte nach HGB

- die Muttergesellschaft besitzt die Mehrheit der Stimmrechte der Tochtergesellschaft,

- die Muttergesellschaft besitzt als Gesellschafterin der Tochtergesellschaft das Recht, in der Tochtergesellschaft die Mehrheit der Mitglieder des Verwaltungs-, Leitungs- oder Aufsichtsorgans zu bestellen oder abzuberufen,

- der Muttergesellschaft steht das Recht zu, auf Basis eines abgeschlossenen Beherrschungsvertrages oder einer Satzungsbestimmung der Tochtergesellschaft einen beherrschenden Einfluss auf die Tochtergesellschaft auszuüben.

Bei Vorliegen verschiedener Voraussetzungen kann eine Muttergesellschaft davon befreit werden, konsolidierte finanzielle Berichte zu erstellen. Nach §291 Abs. 1 HGB gilt dies beispielsweise dann, wenn eine übergeordnete Muttergesellschaft mit Sitz in Deutschland, der Europäischen

Befreiungspflicht von konsolidierten Finanzberichten nach HGB

Union bzw. des Europäischen Wirtschaftsraumes existiert, in deren konsolidierten Finanzbericht die Daten unserer Muttergesellschaft einfließen. Weil die untergeordnete Muttergesellschaft zugleich Tochtergesellschaft ist, gilt der konsolidierte finanzielle Bericht der übergeordneten Muttergesellschaft als sogenannter »befreiender Konzernabschluss«. Hierdurch wird die untergeordnete Muttergesellschaft von der Aufstellungspflicht entbunden. Seit Inkrafttreten des Transparenz- und Publizitätsgesetzes (TransPuG) in 2002 gilt die Befreiung von der konsolidierten Finanzberichterstellung allerdings nicht mehr für solche Muttergesellschaften, deren Aktien zum Handel im amtlichen Markt zugelassen sind (§ 291 Abs. 3 Nr.1 HGB). § 292 HGB regelt die Voraussetzungen, die erfüllt sein müssen, um durch konsolidierte Finanzberichte einer Muttergesellschaft aus Staaten, die nicht der Europäischen Union oder dem Europäischen Wirtschaftsraums angehören, von der Aufstellungspflicht befreit zu werden. Nach § 293 Abs. 1 HGB entfällt die Pflicht zur Aufstellung konsolidierter finanzielle Berichte zudem, wenn gemäß den besonderen Größenkriterien für Konzerne ein sogenannter kleiner Konzern vorliegt.

Befreiung von der (zusätzlichen) Aufstellung konsolidierter finanzieller Berichte nach HGB

Seit dem Inkrafttreten des »Kapitalaufnahmeerleichterungsgesetzes« (KapAEG) im Jahre 1998 sind börsennotierte deutsche Muttergesellschaften von der Pflicht zur Aufstellung konsolidierter finanzieller Berichte nach HGB befreit, wenn sie stattdessen konsolidierte finanzielle Berichte nach international anerkannten Regeln, z.B. nach IFRS/IAS oder U.S.-GAAP, erstellen, die inhaltlich mit den deutschen Abschlüssen vergleichbar sind. Dies gilt nach der sogenannten Öffnungsklausel des § 292a HGB, die allerdings gemäß Art. 5 KapAEG mit Wirkung vom 31.12.2004 ausläuft.

Künftige Verpflichtung zur Aufstellung konsolidierter Finanzberichte nach IFRS/IAS

Die Hinwendung zu einer Rechnungslegung nach IFRS/IAS oder U.S.-GAAP ist nicht nur in Deutschland festzustellen. Die Europäische Union hat die Verpflichtung festgeschrieben, dass börsennotierte Unternehmen ab dem Jahre 2005 ihre konsolidierten Finanzberichte nach den IFRS/IAS zu erstellen haben. Unternehmen, deren Aktien auch in den USA börsennotiert sind und die daher U.S.-GAAP anwenden, erhalten eine erweiterte Übergangsfrist. Erst ab dem Jahre 2007 müssen sie nach IFRS/IAS bilanzieren.[2] Als Folge der Einbeziehung von Vertretern der USA in den Prozess der Bildung von IFRS/IAS ist damit zu rechnen, dass es künftig zu einer gegenseitigen Anpassung von IFRS/IAS und U.S.-GAAP kommen wird.

Aufstellungspflicht von Kapitalflussrechnung, Segmentberichterstattung und Eigenkapitalspiegel

Ebenfalls im Jahre 1998 trat das »Gesetz zur Kontrolle und Transparenz im Unternehmensbereich« (KonTraG) in Kraft. Seitdem sind börsennotierte deutsche Muttergesellschaften dazu verpflichtet, den Konzernanhang um eine Kapitalflussrechnung und eine Segmentberichterstattung zu erweitern; seit Inkrafttreten des TransPuG im Jahre 2002 wird zusätzlich ein

---

[2] Die entsprechende EU-Verordnung Nr. 1606/2002 vom 19. Juli 2002 »Anwendung internationaler Rechnungslegungsstandards« trat am 14. September 2002 in Kraft.

Eigenkapitalspiegel gefordert (§ 297 Abs. 1 Satz 2 HGB). Allerdings sehen das KonTraG und das TransPuG weder für Kapitalflussrechnungen und Segmentberichterstattungen noch für Eigenkapitalspiegel detaillierte Vorschriften vor.

2.3.2   Berichtaufstellungspflicht nach Publizitätsgesetz für Konzerne

Die bisher dargestellten Vorschriften zur konsolidierten Rechnungslegung nach HGB galten traditionell nur für Kapitalgesellschaften (AG, KGaA, GmbH). Muttergesellschaften in der Rechtsform einer Personengesellschaft fielen nicht hierunter. Seit dem Inkrafttreten des KapCoRiLiG im Jahre 2000 gelten nach § 264a Abs. 1 HGB die maßgebenden Konzernrechnungslegungsvorschriften der §§ 290 ff. HGB auch für bestimmte haftungsbeschränkte Personengesellschaften: und zwar für solche, bei denen – direkt oder indirekt – nicht mindestens ein persönlich haftender Gesellschafter eine natürliche Person ist. Dies gilt beispielsweise für Unternehmen mit der Rechtsform einer GmbH & Co. KG.

Aufstellungspflicht konsolidierter Berichte für Nicht-Kapitalgesellschaften

Das oben vorgestellte Publizitätsgesetz macht eine zusätzliche Pflicht zur konsolidierten Berichterstattung für Nicht-Kapitalgesellschaften davon abhängig, dass bestimmte Größenmerkmale erfüllt sind. Ein Unternehmen hat nach § 11 Abs. 1 PublG einen konsolidierten Abschluss und einen entsprechenden Lagebericht unter zwei Bedingungen zu erstellen: wenn die betreffende Muttergesellschaft über mindestens eine andere Gesellschaft die einheitliche Leitung tatsächlich ausübt und wenn die ökonomische Unternehmenseinheit an drei aufeinanderfolgenden Abschlussstichtagen jeweils mindestens zwei der folgenden Größenmerkmale erfüllt:

Aufstellungspflicht konsolidierter Berichte nach PublG

1. die Konzernbilanzsumme am Abschlussstichtag übersteigt 65 Mio. Euro,

2. die Konzernumsatzerlöse in den zwölf Monaten vor dem Abschlussstichtag übertreffen 130 Mio. Euro,

3. die durchschnittliche Anzahl der Arbeitnehmer inländischer, zur ökonomischen Unternehmenseinheit gehöriger Gesellschaften in den zwölf Monaten vor dem Abschlussstichtag übersteigt 5 000.

Im Gegensatz zum HGB wird ein Mutter-Tochter-Verhältnis nach PublG nur durch eine einheitliche Leitung begründet und nicht durch ein mit dem »Control«-Verhältnis nach § 290 Abs. 2 HGB vergleichbares Verpflichtungskonzept. Da im Publizitätsgesetz sonst weitgehend auf die handelsrechtlichen Konsolidierungsvorschriften verwiesen wird, gelten grundsätzlich die gleichen Konsolidierungsvorschriften wie nach HGB. §§ 11-15 PublG fassen die Vorschriften zur Aufstellung, Prüfung und

Unterschiede in der Aufstellungspflicht nach HGB und PublG

Offenlegung konsolidierter finanzieller Berichte für nach dem PublG ver-
pflichtete Unternehmen zusammen.

Gesunkene Bedeutung der Aufstellungspflicht konsolidierter Berichte nach PublG

Vor dem Inkrafttreten des KapCoRiLiG diente allein das Publizitätsgesetz
dazu, die Pflicht zur konsolidierten Berichterstattung für Nicht-Kapitalgesellschaften zu regeln. Seitdem das KapCoRiLiG Eingang ins HGB ge-
funden hat, richtet sich die Pflicht zur konsolidierten Rechnungslegung
einer GmbH & Co. KG und vergleichbarer Unternehmensformen typi-
scherweise nach den §§ 290 ff. HGB und nicht mehr nach den §§ 11-15
PublG. Zweifellos ist eine Folge des KapCoRiLiG, dass sich der Kreis
konsolidierungspflichtiger Unternehmen erheblich erweitert hat.

2.4 Übungsmaterial

2.4.1 Fragen mit Antworten

Fragen	Antworten
An welche Eigenschaft knüpft die handelsrechtliche Buchführungspflicht an?	An die Kaufmannseigenschaft im Rechtssinne nach §§ 1-7 HGB.
Wer gilt nach deutschem Handelsrecht als Kaufmann?	(1) Derjenige, der ein Handelsgewerbe betreibt (Ist-Kaufmann), (2) derjenige, der ein Unternehmen betreibt, das nach Art und Umfang einen in kaufmännischer Weise eingerichteten Geschäftsbetrieb erfordert, und sich freiwillig ins Handelsregister eintragen lässt (Kann-Kaufmann), und (3) Handelsgesellschaften und Vereine, denen das Gesetz die Eigenschaft eines Kaufmanns beilegt (Form-Kaufmann).
Was versteht man unter derivativer und originärer Buchführungspflicht nach deutschem Steuerrecht?	Die derivative Buchführungspflicht nach § 140 AO bedeutet, die Buchführungs- und Aufzeichnungspflichten nach anderen Gesetzen zu beachten, wenn dies für Zwecke der Besteuerung bedeutsam ist. Die originäre Buchführungspflicht nach § 141 AO begründet Buchführungs- und Aufzeichnungspflichten ohne Verweis auf andere Gesetze.
Zieht das deutsche Handelsrecht den Kreis der zur Buchführung Verpflichteten weiter als das deutsche Steuerrecht?	Nein, es ist umgekehrt. Nach deutschem Steuerrecht werden zusätzlich Gewerbetreibende ohne Kaufmannseigenschaft sowie Land- oder Forstwirte ab einer bestimmten Unternehmensgröße verpflichtet.
Um welche Informationswerke ist der Jahresabschluss von Kapitalgesellschaften und haftungsbeschränkten Personengesellschaften im Vergleich zum Abschluss eines Einzelunternehmens zu erweitern?	(1) Um einen Anhang, der aus Erläuterungen zum Jahresabschluss und ergänzenden Angaben besteht, und (2) um einen Lagebericht, der Geschäftsverlauf, Lage und voraussichtliche Entwicklung des Unternehmens beschreibt.
Wie äußern sich die strengeren Rechnungslegungsanforderungen für Kapitalgesellschaften und besondere haftungsbeschränkte Personengesellschaften gegenüber herkömmlichen Kaufleuten?	(1) In kürzeren Aufstellungsfristen für den Jahresabschluss, (2) in detaillierteren Regeln für die Gliederung von Bilanz und Ergebnisrechnung, (3) in zum Teil weniger ermessensabhängigen Bewertungsregeln, (4) in der Prüfungspflicht des Jahresabschlusses durch unabhängige Dritte und (5) in der Offenlegungspflicht des Jahresabschlusses.
Gelten gleiche Rechnungslegungsvorschriften für alle Kapitalgesellschaften und haftungsbeschränkten Personengesellschaften?	Nein, mit zunehmender Größe der Gesellschaften (gemessen in Bilanzsumme, Umsatzerlösen, Anzahl der Arbeitnehmer) werden strengere Rechnungslegungsvorschriften wirksam. In voller Strenge gelten sie nur für sogenannte »große« Gesellschaften.
Gibt es neben Handelsrecht und Steuerrecht andere Gesetze, die Rechnungslegungsaspekte regeln?	Ja, rechtsformspezifische Vorschriften zur Rechnungslegung ergeben sich aus Spezialgesetzen, wie dem Aktiengesetz für Aktiengesellschaften, dem GmbH-Gesetz für GmbHs sowie dem Genossenschaftsgesetz für Genossenschaften.

An welche Voraussetzungen ist die Aufstellungspflicht konsolidierter finanzieller Berichte nach deutschem Handelsrecht geknüpft?

(1) Gesellschaftsverbund steht unter ökonomisch einheitlicher Leitung einer »Muttergesellschaft« oder (2) »Muttergesellschaft« kontrolliert »Tochtergesellschaft(en)«.

Welche Unternehmen sind nach deutschem Handelsrecht zur Aufstellung einer Kapitalflussrechnung und einer Segmentberichterstattung verpflichtet?

Nur börsennotierte deutsche »Muttergesellschaften«, die einen Konzernabschluss erstellen. Dies gilt seit Inkrafttreten des KonTraG im Jahre 1998.

2.4.2   Verständniskontrolle

1. Welchen Zwecken dient die Buchführungspflicht aus Sicht des Gesetzgebers?

2. Wie wird der Kaufmannsbegriff nach deutschem Handelsrecht konkretisiert?

3. Nennen Sie Beispiele natürlicher oder juristischer Personen, die nach deutschem Handelsrecht als Kaufleute gelten!

4. Wann beginnt und wann endet die Buchführungspflicht nach deutschem Handelsrecht?

5. Welchen grundlegenden Anforderungen muss die Buchführung nach deutschem Handelsrecht genügen?

6. Wozu dienen die Aufbewahrungspflichten von Buchführungsunterlagen nach deutschem Handelsrecht und wie sind sie geregelt?

7. Welchen Zweck verfolgt die Buchführungspflicht nach deutschem Steuerrecht?

8. Wie ist die steuerrechtliche Buchführungspflicht nach der Abgabenordnung geregelt?

9. Wann beginnt und wann endet die originäre Buchführungspflicht nach deutschem Steuerrecht?

10. Welchen Zweck verfolgt die Aufzeichnungspflicht des Wareneingangs und Warenausgangs für gewerbliche Unternehmer nach deutschem Steuerrecht? Wie ist sie geregelt?

11. An welche Eigenschaft knüpft die Aufzeichnungspflicht für die Umsatzbesteuerung an und wozu dient diese Pflicht?

12. Welche allgemeinen Vorschriften gelten für alle Kaufleute zur Aufstellung finanzieller Berichte nach deutschem Handelsrecht?

13. Was ist der Zweck der ergänzenden Vorschriften für Kapitalgesellschaften und haftungsbeschränkte Personengesellschaften?

14. Warum erscheint eine Aufstellungspflicht konsolidierter finanzieller Berichte sinnvoll?

15. Erklären Sie Unterschiede bei der Erstellung finanzieller Berichte für Unternehmen, die aus einer einzigen Gesellschaft bestehen, und Unternehmen, die sich aus mehreren rechtlich selbstständigen Gesellschaften zusammensetzen!

16. Warum führt man sogenannte »Konsolidierungen« durch?

17. Gibt es Befreiungspflichten von der Erstellung konsolidierter finanzieller Berichte nach deutschem Handelsrecht? Wenn ja, welche?

18. Was ist der Zweck des Publizitätsgesetzes?

19. Mit welchen Rechnungslegungsvorschriften sind die Vorschriften nach Publizitätsgesetz hinsichtlich ihrer Regelungsschärfe am ehesten zu vergleichen?

2.4.3   Aufgaben zum Selbststudium

Aufgabe 2.1   **Buchführungspflicht nach deutschem Handelsrecht**

Sachverhalt

Eva Schmitz führt ein kleines forstwirtschaftliches Unternehmen. Sie verfügt bisher über keine Buchführung im handelsrechtlichen Sinne. Sie ist davon überzeugt, dass sie keine Buchführung benötigt und ihre Firma ist deswegen nicht im Handelsregister eingetragen.

Teilaufgaben

1. Ist Eva Schmitz nach deutschem Recht buchführungspflichtig, wenn ihr Unternehmen nach Art und Umfang einen in kaufmännischer Weise eingerichteten Geschäftsbetrieb erfordert?

2. Aufgrund der Ausweitung ihrer Geschäftstätigkeit in den letzten Jahren ist Eva Schmitz seit Anfang des Jahres 20X1 fest der Meinung, ihr Unternehmen erfordere nach Art und Umfang einen in kaufmännischer Weise eingerichteten Geschäftsbetrieb. Aus diesem Grunde trägt sie ihre Firma Anfang 20X2 freiwillig ins Handelsregister ein. Ab wann ist Eva Schmitz buchführungspflichtig?

3. Eva Schmitz wird ihr Gewerbe am Jahresende 20X4 einstellen. Mitte 20X3 stellt sie einen Antrag, ihre Firma im Handelsregister zu löschen. Dem Antrag wird kurz danach stattgegeben. Ihr Unternehmen wird im August 20X3 im Handelsregister gelöscht. Wann endet die Buchführungspflicht von Eva Schmitz?

Lösung der Teilaufgaben

1. Eva Schmitz ist nicht buchführungspflichtig. Die Begründung ergibt sich aus § 3 HGB.

2. Die Buchführungspflicht beginnt mit der Eintragung ins Handelsregister.

3. Die Buchführungspflicht endet im Zeitpunkt, in dem der Eintrag im Handelsregister gelöscht wird.

Originäre Buchführungspflicht nach deutschem Steuerrecht

Sachverhalt

Adam Schmitz ist ein selbstständiger Handwerker. Er sieht sich als Kleingewerbetreibender, keineswegs aber als Kaufmann im handelsrechtlichen Sinne, der Handelsbücher führen muss. Seine Geschäfte laufen gut. Im abgelaufenen Geschäftsjahr 20X0 hat er Umsätze in Höhe von 150000 Euro sowie ein Ergebnis in Höhe von 28000 Euro erzielt. Mit ähnlichem Ergebnis rechnet Schmitz auch in Zukunft. Am 20. Juli 20X1 erhält Schmitz einen Brief vom Finanzamt mit der Aufforderung, rückwirkend vom 01. Januar 20X1 an Handelsbücher zu führen. Adam Schmitz ist über diese Mitteilung überrascht. Er möchte keine Buchführung einrichten.

Teilaufgaben

1. Fällt Adam Schmitz unter den Kreis derer, die nach deutschem Steuerrecht originär zur Buchführung verpflichtet sind?

2. Ist die Forderung des Finanzamts rechtmäßig, die Buchführungspflicht ab dem 01. Januar 20X1 zu verlangen?

Lösung der Teilaufgaben

1. Adam Schmitz ist wegen § 141 Abs. 1 AO buchführungspflichtig.

2. Die Forderung des Finanzamtes ist wegen der Vorschriften zu Beginn und Ende der Buchführungspflicht nicht rechtmäßig.

Aufgabe 2.3 **Aufbewahrungspflicht nach deutschem Handelsrecht und deutschem Steuerrecht**

Sachverhalt

Josef Maier erstellt am 15. Mai 20X1 die Finanzberichte seines Unternehmens zum 31. Dezember 20X0. Er schließt damit die Buchführung des Geschäftsjahres 20X0 ab. Neben den Buchführungsunterlagen verfügt er über Geschäftsbriefe, die sich auf das Unternehmensgeschehen in 20X0 beziehen.

Teilaufgaben

1. Wie lange sind die Handelsbücher des Jahres 20X0 einschließlich der Bilanz, der Ergebnisrechnung und des Inventars aufzubewahren?

2. Wie lange sind die Geschäftsbriefe des Jahres 20X0 aufzubewahren?

3. Beginnt die Aufbewahrungsfrist zum Bilanzerstellungszeitpunkt?

Lösung der Teilaufgaben

1. Nach § 257 HGB sowie nach § 147 AO sind Handelsbücher, Inventare, Bilanzen, Lageberichte 10 Jahre aufzuheben.

2. Geschäftsbriefe gehören nicht zu den Buchführungsunterlagen, sondern zu den sonstigen Unterlagen. Sie sind daher 6 Jahre aufzubewahren.

3. Die Aufbewahrungsfrist beginnt mit dem Ende desjenigen Kalenderjahres, in dem die Bilanz aufgestellt bzw. die letzte Eintragung in Handelsbücher für das Geschäftsjahr 20X0 gemacht wird. Also beginnt die Frist am 31.12.20X1.

Eigenkapital und Eigenkapitalveränderungen

Lernziele

Nach dem Studium dieses Kapitels sollten Sie in der Lage sein,

■ die zwei Formen von Bilanzgleichungen als Hilfsmittel zur Beschreibung der finanziellen Konsequenzen von Ereignissen zu benutzen,

■ finanzielle Berichte aufzustellen und zu benutzen sowie

■ die Eigenkapitalsituation und die Ergebnislage eines Unternehmens zu beurteilen.

Überblick

Der Inhalt des Kapitels dient der Erklärung der Rolle des betriebswirtschaftlichen Rechnungswesens. An einem einfachen Beispiel wird gezeigt, wie man bei der Abbildung der Eigenkapitalsituation und bei der Messung des Ergebnisses eines Unternehmens vorgehen kann. Dabei wird zugleich der Zusammenhang zwischen den finanziellen Konsequenzen von Ereignissen und den finanziellen Berichten verdeutlicht. Der Hauptzweck dieses Kapitels besteht darin, Sie mit dem Gedankengut der intertemporalen und der intratemporalen Bilanzgleichung vertraut zu machen, weil diese Gleichungen einen Schlüssel zum Verständnis der folgenden Kapitel darstellen.

3.1 Ermittlung von Eigenkapital und Eigenkapitalveränderungen

3.1.1 Ermittlung des Eigenkapitals

Zielgrößen des betriebswirtschaftlichen Rechnungswesens und der Finanzberichte

Das Eigenkapital zu einem Zeitpunkt und die Eigenkapitalveränderung während eines Zeitraumes stellen diejenigen Größen dar, zu deren Ermittlung der Unternehmer Rechnungswesen betreibt und finanzielle Berichte anfertigt. Die Bilanz zeigt das Eigenkapital zum Bilanzstichtag, die Ergebnisrechnung diejenige Veränderung des Eigenkapitals während eines Zeitraumes, die nicht aus Transfers zwischen Unternehmen und Unternehmer herrührt. Die Eigenkapitalrechnung lässt die Entwicklung des Eigenkapitals im Zeitablauf erkennen und die Kapitalflussrechnung zeigt, welche Zahlungsströme die Veränderung der Zahlungsmittel bewirkt haben.

Konzept des Eigenkapitals

Das Eigenkapital ergibt sich, indem man den Wert der ökonomischen Ressourcen eines Unternehmens dem Wert derjenigen Ansprüche gegenüberstellt, den Fremde auf diese Ressourcen besitzen. Es gilt die Formel:

Eigenkapital eines Unternehmens
= ökonomische Ressourcen des Unternehmens
– Ansprüche Fremder auf diese Ressourcen

Unter den Ressourcen kann man sich alle Güter und Rechte vorstellen, die sich in der Verfügungsmacht des Unternehmens befinden, unter den Ansprüchen alle zukünftigen Belastungen dieser Ressourcen durch andere Personen als den Unternehmer bzw. die Eigenkapitalgeber. Die Ansprüche Fremder auf die Unternehmensressourcen und das Eigenkapital sind sich untereinander ähnlich. Denn beide Größen beziehen sich auf die Ressourcen des Unternehmens; allerdings unterscheiden sie sich fundamental von diesen. Die Ressourcen stellen die Mittel dar, die der Unternehmer einsetzt (Mittelverwendung), die beiden anderen Posten zeigen, von wem das Kapital für diese Mittel stammt (Mittelherkunft). Die obengenannte Formel lässt sich entsprechend umstellen.

Bilanz als Mittel zur Eigenkapitalmessung

Zur Ermittlung des Eigenkapitals ist es erforderlich, den Umfang und die Höhe der ökonomischen Ressourcen des Unternehmens sowie der Ansprüche Fremder auf diese Ressourcen zu bestimmen. Eine Aufstellung, die diesen Zusammenhang zum Ausdruck bringt und zugleich die Unterschiedlichkeit von Mittelverwendung und Mittelherkunft berücksichtigt, wird im betriebswirtschaftlichen Rechnungswesen als Bilanz bezeichnet. Das Wort wird aus dem Italienischen bzw. Vulgärlatein hergeleitet und bedeutete ursprünglich so etwas wie eine zweischalige Waage bzw. das Abwägen, das man bei einer zweischaligen Waage durchführen muss, um beide Schalen »in die Waage« zu bringen. Man kann sich vorstellen, in der einen Schale lägen die Ressourcen des Unternehmens und in der anderen die Ansprüche Fremder. Dann entspricht das Eigenkapital dem Betrag, welcher der Schale mit den Ansprüchen Fremder hinzuzufügen ist, damit beide Schalen »in die Waage« kommen.

In Zusammenhang mit einer Bilanz spricht man nicht mehr von Ressourcen und Ansprüchen Fremder. Man nutzt andere Wörter dafür. So verwendet man anstatt des Wortes »Ressource« im deutschen Handelsrecht den Ausdruck »Vermögensgegenstand«, im deutschen Einkommensteuerrecht steht dafür »(positives) Wirtschaftsgut«. Bei der Übersetzung des englischen Wortes »asset« aus den Rechtskreisen der U.S.-GAAP oder der IFRS/IAS ins Deutsche hat sich die Literatur häufig für den Ausdruck »Vermögenswert« entschieden. Hinter jedem dieser Wörter verbirgt sich eine andere Definition. Viele Ressourcen erfüllen die Kriterien aller Definitionen, einige nur spezielle Definitionen. Wir verwenden hier das Wort »Vermögensgut« synonym zu Ressource und zugleich als Oberbegriff. Vermögensgüter werden im externen Rechnungswesen von Land zu Land und teilweise auch von Rechenzweck zu Rechenzweck unterschiedlich definiert.

Begriffe und Definitionen für Unternehmensressourcen unterschiedlich für verschiedene Rechtskreise

Im deutschen Handelsrecht heißt ein Vermögensgut »Vermögensgegenstand«. Als Vermögensgegenstand gelten alle einzeln veräußerbaren Güter, über die das Unternehmen verfügen kann. Als »(positive) Wirtschaftsgüter« gelten nach deutschem Einkommensteuerrecht alle selbstständig bewertbaren Güter in der Verfügungsmacht des Unternehmens. Die Definitionen ähneln sich zwar, führen aber dazu, dass es – wenn auch nur wenige – Vermögensgüter gibt, die unter die eine Definition fallen, unter die andere dagegen nicht.

Vermögensgegenstand, Wirtschaftsgut

Im angelsächsischen Sprachraum heißt ein Vermögensgut *asset*. Darunter wird regelmäßig eine in der Verfügungsmacht eines Unternehmens stehende ökonomische Ressource verstanden, von der man sich in der Zukunft einen finanziellen Nutzen verspricht.

»asset«

Trotz der unterschiedlichen Definitionen sind es weitgehend die gleichen Güter, die in den verschiedenen Rechtskreisen als Vermögensgüter gelten. Auf Unterschiede wird später noch hingewiesen.

Zu den Vermögensgütern gehören i.d.R. Bargeld sowie materielle und immaterielle Güter, z.B. Forderungen gegenüber Kunden, Sachgüter, Lizenzen. Zu den Sachgütern zählen u.A. Vorräte an Roh-, Hilfs- und Betriebsstoffen, Erzeugnisse, Maschinen, Büro- und Geschäftsausstattung, Gebäude und Grundstücke.

Beispiele für Vermögensgüter

Die Überlegungen, die erforderlich sind, ein Vermögensgut im Rahmen der unterschiedlichen Definitionen zu identifizieren, seien am Beispiel der Forderungen eines Unternehmens gegenüber einem Kunden skizziert. Forderungen entstehen, wenn ein Kunde verspricht, einem Unternehmen innerhalb einer bestimmten Frist einen Geldbetrag zukommen zu lassen. Damit liegt ein Anspruch des Unternehmens auf die Ressourcen des Kunden vor. Eine Forderung auf zukünftige Zahlung ist veräußerbar, z.B. an eine Bank. Sie erfüllt damit das Kriterium des deutschen Handelsrechts für einen »Vermögensgegenstand«. Sie ist auch bewertbar und erfüllt damit zugleich die Anforderung des deutschen Einkommensteuerrechts an ein »positives Wirtschaftsgut«. Weil sich hinter der Forderung eines Unternehmens auf zukünftige Zahlung auch ein in der Verfügungsmacht des Unternehmens stehender zukünftiger finanzieller Nutzen verbirgt, entspricht sie auch dem »asset«-Begriff.

Definitionen für Ansprüche Fremder

Die Ansprüche Fremder sind durch Verpflichtungen des Unternehmens gegenüber diesen Fremden begründet. Die Fremden heißen Gläubiger des Unternehmens. Ihre Ansprüche und die Verpflichtungen des Unternehmens diesen gegenüber bestehen so lange, bis das Unternehmen seinen Verpflichtungen nachgekommen ist. Man unterscheidet Verpflichtungen, die »gewiss«, also sicher sind und nach Höhe und Zeitpunkt der Fälligkeit feststehen, von solchen, die in der einen oder anderen Hinsicht »ungewiss« und damit unsicher sind. Schließt ein Unternehmen etwa mit seinen Beschäftigten Pensionsverträge ab, so verpflichtet es sich zu zukünftigen Pensionszahlungen, deren Höhe jedoch unsicher ist. Handelt es sich um finanzielle Verpflichtungen, so nennt man die sicheren Ansprüche im deutschen Handelsrecht »Schulden« oder »Verbindlichkeiten« und die in irgend einer Art ungewissen Verpflichtungen »Rückstellungen«. Beide Arten von Verpflichtungen werden üblicherweise unter dem Begriff »Fremdkapital« zusammengefasst. Das Einkommensteuerrecht verwendet den Begriff »negatives Wirtschaftsgut«. Im Englischen heißen die Ansprüche Fremder »liabilities«. In allen genannten Rechtskreisen gehören feststehende Zahlungsverpflichtungen an Dritte zum Fremdkapital. Anders verhält es sich mit ungewissen finanziellen Verpflichtungen gegenüber Dritten. So sind beispielsweise nach dem deutschen Steuerrecht und nach den U.S.-GAAP ungewisse Zahlungsverpflichtungen nur unter bestimmten Bedingungen als Fremdkapital anzusehen. Zur Vermeidung von Willkür bei der Ergebnisermittlung müssen für den Ansatz von ungewissen Verpflichtungen einige objektiv nachprüfbare Bedingungen vorliegen. Das deutsche Handelsrecht, das derartiges Fremdkapital als Rückstellungen bezeichnet, kennt dagegen kein Objektivierungskriterium und überlässt die Entscheidung über den Ansatz weitgehend dem Unternehmer.

Eigenkapital

Aus der Gegenüberstellung von Vermögensgütern und Fremdkapital lässt sich das Eigenkapital (»owners' equity«) ermitteln. Das Eigenkapital bezeichnet den Teil der Unternehmensressourcen, der nach Abzug der Ansprüche von Fremden übrig bleibt. Das Eigenkapital misst die Höhe des Kapitals, das dem Unternehmer bzw. den Eigenkapitalgebern zuzurechnen ist. Es verkörpert damit den Wert des Kapitals, das der Unternehmer bzw. die Eigenkapitalgeber in ihrem Unternehmen gebunden haben. Im Gegensatz zu den Vermögensgütern und dem Fremdkapital ist das Eigenkapital nicht beobachtbar. Seine Höhe hängt wesentlich davon ab, was man alles den Vermögensgütern und dem Fremdkapital zurechnet und wie man die einzelnen Posten bewertet.

Eine Bilanz beschreibt die Tatsache, dass der Wert der Vermögensgüter definitionsgemäß der Summe der Werte des Fremd- und Eigenkapitals entsprechen muss. Bei einer zweispaltigen Darstellung stehen die Vermögensgüter üblicherweise auf der linken Seite, das Fremd- und das Eigenkapital auf der rechten Seite. Im Rahmen einer einspaltigen Darstellung werden zunächst die Vermögensgüter angegeben, danach die Kapitalbeträge. In beiden Fällen geht es nach der Formel:

Intratemporale Bilanzgleichung

> Vermögensgüter eines Unternehmens
> = Fremdkapital
> + Eigenkapital

Diese Formel wird in der Fachliteratur als »intratemporale Bilanzgleichung« bezeichnet. Sie wird intratemporal genannt, weil es sich um einen Zusammenhang handelt, der zu jedem Zeitpunkt gilt.

Einen guten Überblick über die Arten der Messung von Eigenkapital und Eigenkapitalveränderungen findet man beispielsweise bei Horngren et al. (2004) sowie bei Eisele (2002).

3.1.2 Ermittlung von Eigenkapitalveränderungen

Das Eigenkapital eines Unternehmens resultiert aus Investitionen und Desinvestitionen des Unternehmers bzw. der Eigenkapitalgeber in das Unternehmen sowie aus der Tätigkeit des Unternehmers. Es verändert sich durch finanzielle Transaktionen zwischen dem Unternehmen und den Eigenkapitalgebern, durch die Tätigkeit des Unternehmers mit Außenstehenden und unter bestimmten Bedingungen auch durch Veränderungen in der Umwelt des Unternehmens. Viele Ereignisse können dabei eine Rolle spielen, z.B. (1) die volkswirtschaftlich konjunkturelle Situation, (2) der Ausgang von politischen Wahlen, (3) Verkaufsaktivitäten des Unternehmers, (4) die Entwicklung der Preise von Rohstoffen, (5) die Belastung des Unternehmens mit Steuern, (6) der Ausfall der Zahlungsfähigkeit von Schuldnern, (7) Naturkatastrophen wie Überschwemmungen und Erdbeben oder (8) Unglücke. Im Rechnungswesen werden nicht alle Ereignisse berücksichtigt, sondern nur diejenigen, deren finanzielle Konsequenzen verlässlich gemessen werden können. So werden beispielsweise die Ergebniskonsequenzen der wirtschaftlich konjunkturellen Situation genau so wenig gesondert ermittelt wie die Konsequenzen von politischen Wahlgängen.

Beispiele für Ursachen von Eigenkapitalveränderungen

Möglichkeiten zur Messung von Eigenkapitalveränderungen

Die Veränderung des Eigenkapitals während eines Zeitraumes lässt sich auf zwei Arten ermitteln. Eine Art besteht darin, zu Beginn und zu Ende des Zeitraumes eine Bilanz zu erstellen und die jeweiligen Werte des Eigenkapitals miteinander zu vergleichen. Eine andere Art besteht darin, während dieses Zeitraumes jede einzelne Eigenkapitalveränderung zu erfassen und dann alle Eigenkapitalveränderungen des Zeitraumes zusammenzufassen. Beide Vorgehensweisen führen zum gleichen Resultat; denn es gilt ja:

$$\text{Anfangsbestand} + \text{Zugang} - \text{Abgang} = \text{Endbestand}$$

Intertemporale Bilanzgleichung

Dieser Zusammenhang wird vereinzelt als »intertemporale« Bilanzgleichung bezeichnet, weil er auf die Bestandsveränderung zwischen zwei Zeitpunkten abstellt. Insbesondere bei vielen Eigenkapitalveränderungen während eines Zeitraumes dürfte es einfacher sein, die Veränderung des Eigenkapitals durch Vergleich der Werte zweier Bilanzen zu ermitteln. Man beraubt sich dann allerdings der Möglichkeit, die Eigenkapitalveränderung nach unterschiedlichen Ursachen aufspalten zu können.

Arten von Eigenkapitalveränderungen

Eine Aufspaltung von Eigenkapitalveränderungen wird allgemein als wichtig angesehen: Man möchte diejenigen Eigenkapitalveränderungen, die Investitionen oder Desinvestitionen der Eigenkapitalgeber darstellen, getrennt von denjenigen Eigenkapitalveränderungen sehen, die als Rückflüsse aus der Geschäftstätigkeit auf diese Investitionen betrachtet werden können. Darüber hinaus möchte man erkennen können, aus welchen Komponenten sich solche Eigenkapitalveränderungen zusammensetzen. Abbildung 3.1 zeigt die mit Eigenkapitalveränderungen zusammenhängenden Begriffe und ihre Beziehungen zum Eigenkapital.

Abbildung 3.1:
Eigenkapitalveränderungsarten

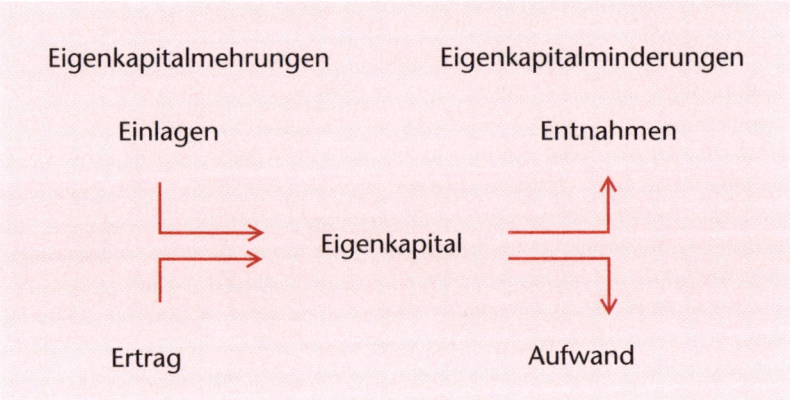

Eigenkapitaltransfers: Einlagen und Kapitalerhöhungen sowie Entnahmen, Dividenden und Kapitalherabsetzungen

Die Investitionen oder Desinvestitionen des Unternehmers bzw. der Eigenkapitalgeber in das Unternehmen bezeichnen wir als Eigenkapitaltransfers. Zahlungen von den Eigenkapitalgebern in das Unternehmen werden bei Einzelunternehmen und Personengesellschaften als »Einlagen« bezeichnet, bei Kapitalgesellschaften als »Kapitalerhöhungen«. Zahlungen vom

Unternehmen an den bzw. die Eigenkapitalgeber nennt man bei Einzel-unternehmen und Personengesellschaften »Entnahmen«; bei Kapitalgesell-schaften spricht man von »Dividenden« und »Kapitalrückzahlungen« oder »Kapitalherabsetzungen«.

Soweit die Veränderung des Eigenkapitals nicht aus Eigenkapitaltransfers besteht, bezeichnen wir sie als Ergebnis. Das Ergebnis erhält man, indem man die Eigenkapitalmehrungen, die keine Eigenkapitaltransfers darstel-len, mit den entsprechenden Minderungen saldiert, indem man also dem Ertrag den Aufwand gegenüberstellt. Saldierungen von Ertrag mit Auf-wand sind verpönt bzw. verboten. So ist insbesondere bei Verkäufen der Ertrag getrennt von den zugehörigen Aufwendungen auszuweisen.

Ergebnisrechnung: Ertrag minus Aufwand

Das Streben des Unternehmers geht i.d.R. dahin, das Eigenkapital durch die Erzielung von Ergebnissen zu steigern. Das Ergebnis erhält man durch Abzug des Aufwands von dem Ertrag. Ein Ertrag entsteht beispielsweise beim Verkauf eines Gutes am Markt in Höhe des Verkaufspreises. Eine Eigenkapitalmehrung im Sinne des Ergebnisses entsteht, wenn der Ver-kaufspreis und damit der Ertrag, über demjenigen Wert liegt, mit dem das nun verkaufte Gut in den Büchern des Unternehmens stand. Ein Ertrag entsteht auch, soweit dem Unternehmen Schulden erlassen werden. Er-träge erhöhen den Wert der Vermögensgüter oder mindern das Fremd-kapital. Sie wirken sich dadurch positiv auf die Höhe des Ergebnisses und damit des Eigenkapitals aus.

Ertrag

Aufwand entsteht durch die Nutzung von Vermögensgütern oder die Erhöhung von bestehendem Fremdkapital. Mit ihm ist eine Reduzierung des Wertes der Vermögensgüter bzw. eine Erhöhung des Fremdkapitals verbunden. Daher wirkt er sich negativ auf die Höhe des Eigenkapitals aus. Aufwand entsteht u.A. beim Verkauf eines Gutes durch dessen Hin-gabe an den Marktpartner.

Aufwand

Unternehmer streben i.A. an, dass der Ertrag den Aufwand übersteigt. Ein Überschuss des Ertrags über den Aufwand führt nach deutschem HGB zu einem »Jahresüberschuss«, ein Überschuss des Aufwands über den Ertrag zu einem »Jahresfehlbetrag«. Das Einkommensteuerrecht spricht von »Ge-winn« und »Verlust«. Im Englischen haben sich die Begriffe »net income«, »net earnings«, »net profit« sowie »net loss« eingebürgert. Soweit wir in unseren Ausführungen nicht auf einen speziellen Begriff zurückgreifen, verwenden wir als Oberbegriff die Bezeichnung »Ergebnis« und lassen dafür positive wie negative Beträge zu.

Ergebnis als Saldo von Ertrag und Aufwand

3.1.3 Konsequenzen von Ereignissen für das Eigenkapital

Ob ein Ereignis, welches die Vermögensgüter oder das Fremdkapital betrifft, sich auch auf die Veränderung des Eigenkapitals auswirkt, kann man nicht direkt herausfinden. Man kann es nur dadurch bestimmen, dass man einige Arten von Veränderungen ausschließt, die man direkt ermitteln kann. Dieser Prozess lässt sich in wenige Schritte zerlegen:

- Bei Zunahme des Wertes eines Vermögensgutes A:
  Prüfung, ob der Bestand eines anderen Vermögensgutes in gleicher Höhe abnimmt, und
  Prüfung, ob der Bestand eines Fremdkapitalpostens in gleicher Höhe zunimmt.

- Bei Abnahme des Wertes eines Vermögensgutes A:
  Prüfung, ob der Bestand eines anderen Vermögensgutes in gleicher Höhe zunimmt, und
  Prüfung, ob der Bestand eines Fremdkapitalpostens in gleicher Höhe abnimmt.

- Bei Zunahme des Wertes eines Fremdkapitalpostens B:
  Prüfung, ob der Bestand eines anderen Fremdkapitalpostens in gleicher Höhe abnimmt, und
  Prüfung, ob der Bestand eines Vermögensgutes in gleicher Höhe zunimmt.

- Bei Abnahme des Wertes eines Fremdkapitalpostens B:
  Prüfung, ob der Bestand eines anderen Fremdkapitalpostens in gleicher Höhe zunimmt, und
  Prüfung, ob der Bestand eines Vermögensgutes in gleicher Höhe abnimmt.

Eine Veränderung des Eigenkapitals ist auszuschließen, wenn eine der Prüfungen zutrifft. Andernfalls haben wir es mit einer Eigenkapitalveränderung zu tun. Diese kann entweder aus einem Eigenkapitaltransfer herrühren oder Ergebnis darstellen.

3.2 Eigenkapitalveränderungen am Beispiel

Es sei angenommen, der »frisch gebackene« Diplom-Kaufmann Karl Gross mache sich als Unternehmenberater selbstständig und eröffne die »Unternehmensberatung K. Gross«. Weil er alleiniger Unternehmer ist, handelt es sich um ein Einzelunternehmen. Im Folgenden werden die Ereignisse im Gründungsmonat April 20X1 mit ihrer Wirkung auf die Bilanz, und insbesondere auf das Eigenkapital, betrachtet.

Bei den folgenden Darstellungen machen wir von den Möglichkeiten Gebrauch, die uns die intratemporale und die intertemporale Bilanzgleichung jeweils einräumen. Formale Schemata oder Vorgehensweisen wenden wir hier bewusst nicht an, weil es uns zunächst darum geht, dass Sie zwei für das Rechnungswesen wesentliche Zusammenhänge verinnerlichen.

Das Beispiel besteht aus zwölf Ereignissen. Bei jedem Ereignis prüfen wir, welche Konsequenzen sich aus Sicht der intratemporalen Bilanzgleichung ergeben. Diese Konsequenzen zeichnen wir dann im Sinne der intertemporalen Bilanzgleichung auf. Dazu werden jeweils in der ersten Spalte der Übersichten der Anfangsbestand mit »AB«, die Nummer des Ereignisses sowie der Endbestand mit »EB« angegeben. Im Anschluss daran fassen wir alle Ereignisse in einer einzigen Darstellung zusammen und entwickeln daraus die finanziellen Berichte.

Ereignis 1: Gründung des Unternehmens

Karl Gross beabsichtigt, seine Ersparnisse in Höhe von 100 000 GE in die Unternehmensberatung einzulegen. Unmittelbar nach Gründung seines Unternehmens am 1. April des Jahres 20X1 bringt er seine Ersparnisse auf eine Bank. Diese richtet dafür am 2. April des Jahres 20X1 ein Konto auf den Namen »Karl Gross, Unternehmensberater« ein.

Wenn wir das Guthaben auf dem Bankkonto den Vermögensgütern der Unternehmensberatung in der Form von Zahlungsmitteln zurechnen, stellen sich die Bilanzgleichungen seines Unternehmens folgendermaßen dar:

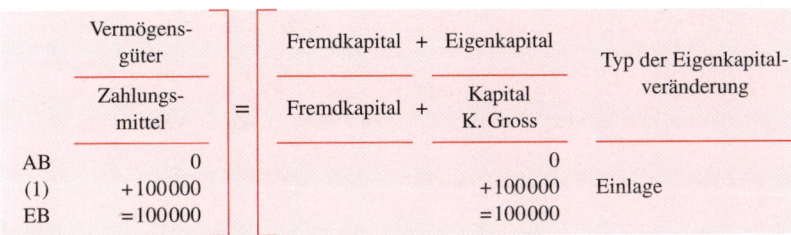

	Vermögens- güter		Fremdkapital + Eigenkapital		Typ der Eigenkapital- veränderung
	Zahlungs- mittel	=	Fremdkapital +	Kapital K. Gross	
AB	0			0	
(1)	+100 000			+100 000	Einlage
EB	=100 000			=100 000	

Für jedes abgebildete Ereignis muss die Summe der Veränderungen auf der linken Seite der intratemporalen Bilanzgleichung der Summe der Veränderungen auf der rechten Seite entsprechen. Das erste Ereignis erhöht den Wert der Vermögensgüter des Unternehmens durch die Zunahme der Zahlungsmittel, das Eigenkapital nimmt dementsprechend zu. Offensichtlich handelt es sich um einen Eigenkapitaltransfer in Form einer Einlage.

Die Zahlungsmittel werden in allen oben erwähnten Rechtskreisen als Vermögensgut angesetzt, weil sich daraus zukünftig Nutzen erwarten lässt (»asset«) bzw. weil sich das Bankkonto veräußern (»Vermögensgegenstand«) oder bewerten (»positives Wirtschaftsgut«) lässt. Das Eigenkapital wird berührt, weil das Ereignis (1) keinen Tausch innerhalb der Vermögensgüter darstellt und weil es (2) keine Zahlungsverpflichtung gegenüber einem fremden Anspruchsberechtigten begründet oder aufhebt. Es handelt sich um eine Investition von Karl Gross in seine Unternehmensberatung, also um einen Eigenkapitaltransfer.

Ereignis 2: Kauf eines Grundstücks

Gross kauft für 60 000 GE ein Grundstück, auf dem er in Zukunft ein Bürogebäude errichten will. Er zahlt den Kaufpreis sofort durch Überweisung vom Bankkonto.

Wenn wir das Bankkonto den Zahlungsmitteln zurechnen, erhalten wir als Konsequenz für die Bilanzgleichungen:

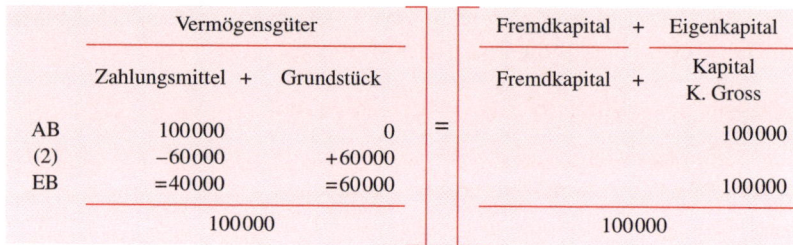

	Vermögensgüter			Fremdkapital + Eigenkapital	
	Zahlungsmittel +	Grundstück		Fremdkapital +	Kapital K. Gross
AB	100 000	0	=		100 000
(2)	−60 000	+60 000			
EB	=40 000	=60 000			100 000
	100 000			100 000	

Durch den Kauf des Grundstücks nimmt der Wert des Vermögensguts »Grundstück« nach den Definitionen aller Rechtskreise zu, denn Gross erwartet sich davon zukünftig einen Nutzen (»asset«); er kann es bewerten (»Wirtschaftsgut«) und könnte es einzeln veräußern (»Vermögensgegenstand«). Zugleich nimmt durch die Entrichtung des Kaufpreises der Wert des Vermögensguts »Zahlungsmittel« ab. Der zukünftige Nutzen der Zahlungsmittel nimmt ab (»asset«); schließlich kann, was nicht mehr da ist, auch nicht bewertet (»Wirtschaftsgut«) oder veräußert (»Vermögensgegenstand«) werden. Weder Fremd- noch Eigenkapital haben sich geändert.

Ereignis 3: Kauf von Büromaterial auf Kredit

Gross kauft Schreib- und anderes Büromaterial für 3 000 GE. Er vereinbart mit dem Lieferanten die Bezahlung innerhalb von 30 Tagen. Die Konsequenz für seine Bilanzgleichungen lautet:

	Vermögensgüter				Fremdkapital + Eigenkapital	
	Zahlungsmittel	+ Büromaterial +	Grundstück		Fremdkapital +	Kapital K. Gross
AB	40 000	0	60 000	=	0	100 000
(3)		+3 000			+3 000	
EB	40 000	=3 000	60 000		=3 000	100 000
	103 000				103 000	

Das Büromaterial wird gekauft, weil Gross sich davon in der Zukunft Vorteile verspricht (»asset«). Er kann es einzeln bewerten (»Wirtschaftsgut«) und könnte es auch einzeln veräußern (»Vermögensgegenstand«). Daher ist es unabhängig vom zu Grunde liegenden Rechtskreis als Vermögensgut anzusetzen. Zugleich ist Gross eine Zahlungsverpflichtung eingegangen. Diese ist als Fremdkapital anzusetzen, weil sie einen Anspruch des Büromaterialhändlers gegen die Unternehmensberatung Gross begründet. Eine Eigenkapitalveränderung liegt nicht vor.

Ereignis 4: Ablieferung eines Gutachtens gegen Barzahlung

Gross verdient sein erstes Geld. Von einem Mandanten erhält er 12 000 GE in bar für ein Gutachten. Zur Erstellung des Gutachtens hat er seine Arbeitskraft – er verlangt mindestens 5 000 GE – sowie Büromaterial im Umfang von 600 GE eingesetzt.

Auf seine Bilanzgleichungen wirkt sich das Ereignis durch eine Zunahme der Zahlungsmittel und eine Zunahme seines Kapitals aus. Da die Aufzeichnungen dem Zweck dienen zu ermitteln, um wieviel reicher Gross durch seine Tätigkeit im Unternehmen geworden ist, spielt es keine Rolle, wieviel Geld er für den Einsatz seiner Arbeitskraft verlangen würde. Es zählt lediglich, welchen Betrag er von seinem Mandanten verlangt.

	Vermögensgüter				Fremdkapital + Eigenkapital		Typ der Eigenkapital-veränderung
	Zahlungs-mittel	+ Büromaterial +	Grundstück		Fremdkapital +	Kapital K. Gross	
AB	40000	3000	60000	=	3000	100000	
(4a)	+12000					+12000	Ertrag (Dienstl.)
(4b)		−600				−600	Aufw. (Dienstl.)
EB	=52000	=2400	60000		3000	=111400	
	114400				114400		

Das Bargeld ist eindeutig als Vermögensgut anzusehen. Ein Tausch mit anderen Vermögensgütern hat in gleicher Höhe nicht stattgefunden. Das Fremdkapital hat sich nicht geändert. Folglich kann nur das Eigenkapital um den Betrag zugenommen haben. Da diese Zunahme nicht aus einem Eigenkapitaltransfer resultiert, muss es sich um einen Ertrag handeln.

Das Büromaterial, das Gross eingesetzt hat, befindet sich nun nicht mehr in seinem Unternehmen. Es hat nicht direkt im Tausch gegen andere Vermögensgüter in gleicher Höhe abgenommen und wurde auch nicht zur Minderung von Fremdkapital abgegeben. Es muss sich also um eine Minderung des Eigenkapitals handeln, und zwar um eine, die nichts mit Eigenkapitaltransfers zu tun hat, sondern mit der Erbringung der Dienstleistung zusammenhängt. Es handelt sich daher um einen Aufwand.

Der Ertrag aus der Dienstleistung, die er erbracht hat, entspricht bei einem Handelsunternehmen dem Ertrag aus dem Verkauf von Handelswaren. Der Aufwand für das Büromaterial entspräche bei einem Handelsunternehmen dem Aufwand für die verkauften Waren. Durch das Ereignis ist das Unternehmen gewachsen, wie die Summe der Werte der Vermögensgüter sowie die Summe aus Fremd- und Eigenkapital zeigen.

Ereignis 5: Ablieferung eines Gutachtens mit Vereinbarung späterer Zahlung

Gross vereinbart mit einem weiteren Mandanten für ein Gutachten ein Honorar von 10000 GE, zahlbar innerhalb eines Monats.

Das Zahlungsversprechen stellt für Gross ein Vermögensgut dar, weil damit ein zukünftiger Nutzen (Zahlung in 30 Tagen) verbunden ist; Gross könnte die Forderung auch bewerten und verkaufen. Das Zahlungsversprechen steht für eine Steigerung der Werte der Vermögensgüter und des Eigenkapitals des Unternehmens. Da die Eigenkapitalmehrung nicht aus einem Eigenkapitaltransfer folgt, handelt es sich um einen Ertrag.

Für das Gutachten wurde Büromaterial im Anschaffungswert von 400 GE verbraucht. Dieser Minderung der Vermögensgüter steht keine direkte Zunahme eines anderen Vermögensgutes in gleicher Höhe gegenüber und das Fremdkapital wird auch nicht berührt. Folglich muss es sich um eine Eigenkapitalminderung handeln. Diese stammt nicht aus einem Eigenkapitaltransfer und stellt daher Aufwand dar.

Die Bilanzgleichungen lauten:

| | Vermögensgüter | | | | | Fremd-kapital | + Eigenkapital | |
	Zahlungs-mittel	+ Forderung +	Büro-material	+ Grundstück		Fremdkapi-tal	+	Kapital K. Gross	Typ der Eigenka-pitalveränderung
AB	52000	0	2400	60000	=	3000		111400	
(5a)		+10000						+10000	Ertrag (Dienstl.)
(5b)			−400					−400	Aufw. (Dienstl.)
EB	52000	=10000	=2000	60000		3000		=121000	
	124000					124000			

Ereignis 6: Zahlung von Miete, Gehalt und Sonstigem

Während des ersten Monats zahlt Gross 4000 GE Miete für die Büroräume, 3000 GE Gehalt an einen Mitarbeiter und 2000 GE für Sonstiges in bar.

Seine Bilanzgleichungen sehen nun folgendermaßen aus:

	Vermögensgüter					Fremdkapital + Eigenkapial		Typ der Eigenkapitalveränderung
	Zahlungsmittel	+ Forderung +	Büromaterial	+ Grundstück		Fremdkapital	+ Kapital K. Gross	
AB	52000	10000	2000	60000	=	3000	121000	
(6a)	−4000						−4000	Aufw. (Miete)
(6b)	−3000						−3000	Aufw. (Gehalt)
(6c)	−2000						−2000	Aufw. (Sonst.)
EB	=43000	10000	2000	60000		3000	=112000	
	115000					115000		

Die Auszahlungen mindern den Bestand an Zahlungsmitteln, ohne dass eine entsprechende Mehrung in gleicher Höhe bei anderen Vermögensgütern stattfindet. Da sich auch das Fremdkapital nicht ändert, beeinflussen die Zahlungen das Eigenkapital. Weil es sich nicht um einen Eigenkapitaltransfer handelt, geht es hier um Aufwand.

Ereignis 7: Rückzahlung von Verbindlichkeiten

Gross zahlt 1000 GE seiner Zahlungsverpflichtung gegenüber dem Büromaterialhändler (Ereignis 3) in Höhe von anfänglich 3000 GE zurück.

Daraus ergibt sich eine Abnahme der Zahlungsmittel und des Fremdkapitals. Eine Eigenkapitalveränderung liegt trotz der Auszahlung nicht vor.

	Vermögensgüter					Fremdkapital + Eigenkapital	
	Zahlungsmittel +	Forderung +	Büromaterial +	Grundstück		Fremdkapital +	Kapital K. Gross
AB	43000	10000	2000	60000	=	3000	112000
(7)	−1000					−1000	
EB	=42000	10000	2000	60000		=2000	112000
	114000					114000	

Ereignis 8: Renovierung der Wohnung von Karl Gross

Gross lässt seine private Wohnung für 50000 GE renovieren. Die Rechnung begleicht er aus seinen Ersparnissen. Die Transaktion betrifft die Wirtschaftseinheit »Karl Gross privat« und nicht die Wirtschaftseinheit »Unternehmensberatung K. Gross«. Sie hat deswegen in den Aufzeichnungen der Unternehmensberatung nichts zu suchen. Das Ereignis ist für die Unternehmensberatung belanglos.

Ereignis 9: Eingang von Geld für gestundete Rechnungen

Aus dem fünften Ereignis war eine Forderung über 10000 GE entstanden. Der Mandant zahlt nun 5000 GE als erste Rate.

Dadurch nimmt der Bestand an Zahlungsmitteln zu. Bewirkt die Zahlung auch eine Zunahme des Eigenkapitals? Nein, die Eigenkapitalzunahme war bereits bei der Erbringung der Leistung im Zusammenhang mit dem fünften Ereignis berücksichtigt worden. Es verringern sich nur die Forderungen.

	Vermögensgüter					Fremdkapital	+	Eigenkapital
	Zahlungsmittel +	Forderung +	Büromaterial +	Grundstück		Fremdkapital	+	Kapital K. Gross
AB	42000	10000	2000	60000	=	2000		112000
(9)	+5000	−5000						
EB	=47000	=5000	2000	60000		2000		112000
	114000					114000		

Ereignis 10: Verkauf eines Teils des Grundstücks

Gross wird darauf angesprochen, eine Parzelle seines Grundstücks zu verkaufen. Man einigt sich und vereinbart einen Preis von 40000 GE, der nach Abschluss des Verkaufs sofort überwiesen wird. Für die Parzelle hatte Gross bei der Anschaffung 30000 GE bezahlt.

Der Zunahme der Zahlungsmittel steht nicht direkt die Abnahme eines anderen Vermögensgutes in gleicher Höhe gegenüber. Das Fremdkapital wird durch das Ereignis nicht berührt. Also handelt es sich um eine Eigenkapitalmehrung, die Ertrag darstellt, weil sie nicht mit einem Eigenkapitaltransfer zusammen hängt.

Die Abnahme des Postens »Grundstück« findet kein Pendant bei einem anderen Vermögensgut in gleicher Höhe. Das Fremdkapital wird nicht berührt. Also handelt es sich um die Abnahme von Eigenkapital: weil kein Eigenkapitaltransfer dahinter steckt, um Aufwand.

Als Auswirkung auf die Bilanzgleichungen erhält Gross:

	Vermögensgüter					Fremd-kapital + Eigen-kapital			
	Zahlungs-mittel	+ Forderung +	Büro-material	+ Grundstück	=	Fremd-kapital +	Kapital K. Gross	Typ der Eigen-kapitalveränderung
AB	47000	5000	2000	60000		2000	112000	
(10a)	+40000						+40000	Ertrag (Verk.)
(10b)				−30000			−30000	Aufw. (Verk.)
EB	=87000	5000	2000	=30000		2000	=122000	
		124000					124000	

Ereignis 11: Aufnahme eines Darlehens bei der Erbtante

Gross nimmt als Unternehmensberater bei seiner Erbtante ein Darlehen in Höhe von 50000 GE auf.

Dadurch erhöhen sich die Zahlungsmittel und das Fremdkapital. Das Eigenkapital verändert sich nicht. Folgende Auswirkungen auf die Bilanzgleichungen zeigen sich:

	Vermögensgüter					Fremdkapital + Eigenkapital	
	Zahlungsmittel +	Forderung +	Büromaterial +	Grundstück	=	Fremdkapital +	Kapital K. Gross
AB	87000	5000	2000	30000		2000	122000
(11)	+50000					+50000	
EB	=137000	5000	2000	30000		=52000	122000
		174000				174000	

Ereignis 12: Aufnahme der Erbtante als stille Teilhaberin und gleichzeitig Entnahme von Bargeld

Gross überzeugt seine Tante davon, dass es für sie und vor allem für ihn besser sei, wenn sie auf die Rückzahlung des Darlehens verzichtet und als stille Teilhaberin »einsteigt«. Aus Freude darüber, dass seine Tante dies am 30. April akzeptiert, entnimmt er der Unternehmenskasse Bargeld für einen Urlaub in Höhe von 15000 GE.

Das Ereignis setzt sich aus mehreren Ereignissen zusammen. Man behandelt es am besten, indem man so tut, wie wenn jeder Teil einzeln stattgefunden hätte: Die Tante erhält zunächst fiktiv die 50000 GE zurück. Anschließend zahlt sie den Betrag von 50000 GE an Gross, der ihn wegen der »stillen Gesellschaft« unter seinem eigenen Namen in das Unternehmen einlegt. Schließlich entnimmt Gross die 15000 GE für sich.

Durch die Aufnahme seiner Erbtante als stille Teilhaberin ändert sich der Betrag, den Gross nach außen hin in seiner Bilanz als Eigenkapital ausweist um den gleichen Betrag, um den das Fremdkapital abnimmt. Es handelt sich somit um einen Eigenkapitaltransfer (Einlage).

Durch die Entnahme von Bargeld für eine Urlaubsreise nimmt nicht nur der Kassenbestand ab, auch das auf Gross entfallende Eigenkapital wird reduziert. Es handelt sich nicht um einen Aufwand, weil das entnommene Geld nicht für das Unternehmen ausgegeben wird, sondern um eine Entnahme von Eigenkapital in Form von Bargeld.

	Vermögensgüter					Fremd-kapital	+	Eigen-kapital	Typ der Eigen-kapitalveränderung
	Zahlungs-mittel	+ Forderung +	Büro-material	+ Grundstück		Fremd-kapital	+	Kapital K. Gross	
AB	137000	5000	2000	30000	=	52000		122000	
(12a)	−50000					−50000			
(12b)	+50000							+50000	Einlage
(12c)	−15000							−15000	Entnahme
EB	=122000	5000	2000	30000		=2000		=157000	
	159000					159000			

Eine Zusammenfassung der Ereignisse findet man in Abbildung 3.2. Mit Ausnahme des achten Ereignisses betreffen alle Ereignisse die Unternehmensberatung K. Gross und stellen so Ereignisse des Unternehmens dar.

Abbildung 3.2:
Übersicht über die zwölf Ereignisse der Unternehmens-beratung K. Gross

Ereignisse im Monat April 20X1

(1) Gross investiert 100000 GE in sein Unternehmen.

(2) Er zahlt 60000 GE für ein Grundstück.

(3) Er kauft Büromaterial für 3000 GE auf Rechnung.

(4a) Er erhält 12000 GE in bar von einem Mandanten für Dienstleistungen.

(4b) Zur Erbringung der Dienstleistung verbraucht er Büromaterial mit einem Anschaffungswert von 600 GE.

(5a) Er liefert eine weitere Dienstleistung mit einem Rechnungsbetrag in Höhe von 10000 GE gegen Zahlungsversprechen an einen Mandanten.

(5b) Zur Erbringung der Dienstleistung verbraucht er Büromaterial mit einem Anschaffungswert von 400 GE.

(6) Er zahlt 4000 GE Miete, 3000 GE Lohn und 2000 GE für Sonstiges in bar.

(7) Er zahlt 1000 GE an den Büromaterial-lieferanten zurück.

(8) Er zahlt 50000 GE von seinem Sparkonto für die Renovierung seiner privaten Wohnung.

(9) Er erhält 5000 GE Bargeld vom Mandanten aus Transaktion 5.

(10a) Er verkauft einen Teil seines Grundstücks zu einem Preis von 40000 GE.

(10b) Der Anschaffungswert des verkauften Teils beläuft sich auf 30000 GE.

(11) Er nimmt von seiner Erbtante ein Darlehen in Höhe von 50000 GE auf.

(12a) Die Erbtante verzichtet auf die Rückzahlung des Darlehens und entschließt sich, stille Teilhaberin zu werden.

(12b) Gross entnimmt 15000 GE für private Zwecke.

Abbildung 3.3 enthält nochmals, jetzt jedoch in einer einzigen Übersicht, die jeweiligen Konsequenzen für die Bilanzgleichungen.

	Vermögensgüter				Fremd-kapital	+ Eigenkapital	Typ der Eigenkapi-talveränderung
	Zahlungs-mittel	+ Forderung +	Büro-material +	Grund-stück	Fremd-kapital +	Kapital K.Gross	
AB	0	0	0	0	0	0	
(1)	+100000					+100000	Einlage
EB	=100000	0	0	0	0	=100000	
AB	100000	0	0	0	0	100000	
(2)	−60000			+60000			
EB	=40000	0	0	=60000	0	100000	
AB	40000	0	0	60000	0	100000	
(3)			+3000		+3000		
EB	40000	0	=3000	60000	=3000	100000	
AB	40000	0	3000	60000	3000	100000	
(4a)	+12000					+12000	Ertrag (Dienstl.)
(4b)			−600			−600	Aufw. (Dienstl.)
EB	=52000	0	2400	60000	3000	=111400	
AB	52000	0	24500	60000	3000	111400	
(5a)		+10000				+10000	Ertrag (Dienstl.)
(5b)			−400			−400	Aufw. (Dienstl.)
EB	52000	=10000	=2000	60000	3000	=121000	
AB	52000	10000	2000	60000	3000	121000	
(6a)	−4000					−4000	Aufw. (Miete)
(6b)	−3000					−3000	Aufw. (Gehalt)
(6c)	−2000					−2000	Aufw. (Sonst.)
EB	=43000	10000	2000	60000	3000	=112000	
AB	43000	10000	2000	60000	3000	112000	
(7)	−1000				−1000		
EB	=42000	10000	2000	60000	=2000	112000	
(8)	Kein Ereignis, welches das Unternehmen betrifft						
AB	42000	10000	2000	60000	2000	112000	
(9)	+5000	−5000					
EB	=47000	=5000	2000	60000	2000	112000	
AB	47000	5000	2000	60000	2000	112000	
(10a)	+40000					+40000	Ertrag (Verkauf)
(10b)				−30000		-30000	Aufw. (Verkauf)
EB	=87000	5000	2000	=30000	2000	=122000	
AB	87000	5000	2000	30000	2000	122000	
(11)	+50000				+50000		
EB	=137000	5000	2000	30000	=52000	122000	
AB	137000	5000	2000	30000	52000	122000	
(12a)					−50000	+50000	Einlage
(12b)	−15000					−15000	Entnahme
EB	=122000	5000	2000	30000	2000	=157000	
	159000				159000		

Abbildung 3.3: Konsequenzen der Ereignisse, dargestellt als Bilanzgleichung

Beachten Sie, dass die Gleichheit beider Seiten der intratemporalen Bilanzgleichung bei jedem Ereignis erhalten bleibt. Zudem kann man die Ereignisse hinsichtlich ihrer Wirkungen auf die intratemporale Bilanzgleichung analysieren. Man unterscheidet üblicherweise vier wichtige Arten von Konsequenzen, und zwar

1. den Tausch von Vermögensgütern untereinander (Aktivtausch),

2. den Tausch von Kapitalposten untereinander (Passivtausch),

3. eine gleich hohe Zunahme der Vermögensgüter und des Kapitals (Bilanzverlängerung) sowie

4. eine gleich hohe Abnahme der Vermögensgüter und des Kapitals (Bilanzverkürzung).

Die drei letztgenannten Konsequenzen lassen sich jeweils weiterhin danach unterteilen, ob das Eigenkapital betroffen ist oder nicht.

3.3 Erstellung finanzieller Berichte

3.3.1 Berichtsarten

Arten zu erstellender finanzieller Berichte

In Deutschland war es bis vor kurzem im Rahmen des externen Rechnungswesens üblich, die finanziellen Konsequenzen von Ereignissen, abgesehen vom sogenannten Anhang, in nur drei Übersichten zusammenzufassen: in einer Ergebnisrechnung, einer Bilanz und in einem Anlagespiegel. Börsennotierte deutsche Muttergesellschaften haben seit Inkrafttreten des KonTraG im Jahre 1998 auch noch eine Zahlungsstromrechnung (Kapitalflussrechnung) zu publizieren und die wichtigsten Daten für Geschäftssegmente getrennt anzubieten. Seit Inkrafttreten des TransPuG in 2002 wird zudem ein Eigenkapitalspiegel gefordert. Unternehmen, die ihre Abschlüsse entsprechend den IFRS/IAS oder nach U.S.-GAAP anfertigen, haben fünf Übersichten zu geben: eine Ergebnisrechnung (»income statement«), eine Eigenkapitalrechnung (»statement of owner's equity«), eine Bilanz (»balance sheet«) und eine Zahlungsstromrechnung (»statement of cash flows«) sowie eine Segmentberichterstattung (»segment reporting«). Alle Finanzberichte zusammen werden als »Financial Statements« bezeichnet. Wir betrachten im Folgenden nur diejenigen Finanzberichte, die Angaben über das Ergebnis, das Eigenkapital sowie über die Zahlungsströme enthalten. Anlagespiegel und Segmentberichterstattung bleiben daher unberücksichtigt.

Ergebnisrechnung

Die Ergebnisrechnung sollte alle Ertrags- und Aufwandsarten des Unternehmens enthalten, die während eines bestimmten Abrechnungszeitraumes angefallen sind. Mit ihr ermittelt man die wohl wichtigste Information über die finanzielle Vorteilhaftigkeit der Unternehmenstätigkeit, das Ergebnis. Es ergibt sich, indem man die Aufwandsarten von den Ertragsarten abzieht. Die Ergebnisrechnung wird, wie bereits erwähnt, im deutschen HGB als »Gewinn- und Verlustrechnung« bezeichnet. In den USA finden sich neben dem Begriff »Income Statement« auch die Namen »Statement of Operations« und »Statement of Earnings«, in England die Bezeichnung »Profit and Loss Account«.

Die Eigenkapitalrechnung zeigt für den Abrechnungszeitraum auf, wie sich das Eigenkapital vom Anfang des Zeitraumes bis zum Ende des Zeitraumes entwickelt hat. Dabei werden zunächst die Zunahmen des Eigenkapitals durch Einlagen oder Kapitalerhöhungen, dann die Veränderung durch Gewinn oder Verlust und schließlich die Abnahmen durch Entnahmen, Dividenden oder Kapitalherabsetzungen getrennt voneinander ausgewiesen.

Eigenkapital-rechnung

Die Bilanz listet zu einem Zeitpunkt die Werte der Vermögensgüter, das Fremdkapital und – als Saldo – das Eigenkapital auf. Sie stellt die einzige Bestandsrechnung der finanziellen Übersichten dar.

Bilanz

Die Zahlungsstrom- oder Kapitalflussrechnung berichtet über die Zahlungsmittel, die dem Unternehmen zugeflossen sind, und diejenigen, die aus ihm hinausgeflossen sind.

Zahlungsstrom-rechnung

Jede Übersicht beginnt mit dem Namen des Unternehmens und der Angabe der Art der Übersicht, um die es sich handelt. Sie enthält ferner den Zeitraum bzw. den Zeitpunkt, auf den sich die Übersicht bezieht. Die Bilanz ist eine Zeitpunktrechnung, die anderen Übersichten sind dagegen Zeitraumrechnungen. Die Rechnungen verlieren ihre Aussagekraft, wenn der zu Grunde liegende Zeitpunkt bzw. Zeitraum nicht genannt wird.

3.3.2 Darstellung am Beispiel

Die finanziellen Berichte stellen spezielle Auswertungen der finanziellen Konsequenzen von Ereignissen dar. Jeder Bericht repräsentiert eine Teilmenge der Informationen aus den Ereignissen. Zudem bestehen zwischen den Berichten Zusammenhänge über die abgebildeten Rechengrößen. In wirklichen Unternehmen wird man so viele Ereignisse vorfinden, dass eine Zusammenfassung der finanziellen Konsequenzen von Ereignissen erforderlich wird. Dafür gibt es Vorgaben von Standard-Setzern, welche Posten in den finanziellen Berichten mindestens aufzuführen sind. In unserem Beispiel setzen wir uns über solche Vorgaben hinweg, um besser aufzeigen zu können, wie die Berichte mit den finanziellen Konsequenzen von Ereignissen zusammen hängen. Der Sachverhalt ist sogar so übersichtlich, das wir die finanziellen Berichte direkt aus den Daten der Abbildung 3.3 zusammenstellen können.

Eine Ergebnisrechnung für unser Beispiel ergibt sich aus Abbildung 3.4. Zur Ermittlung des Ergebnisses wurde lediglich der Ertrag und der Aufwand der Ereignisse aufgelistet und jeweils addiert. Das Ergebnis erhält man, indem man den Aufwand von dem Ertrag abzieht. Dies kann in einer ein- oder mehrspaltigen Darstellung erfolgen. Die abgebildete Ergebnisrechnung stellt einen Kompromiss zwischen einer einspaltigen und einer mehrspaltigen Darstellung dar: die Bezeichnungen sind einspaltig, die Beträge zweispaltig. Eine andere, sicherlich auch aufschlussreiche Darstellung hätte sich ergeben, wenn man die jeweils zusammengehörigen Ertrags- und Aufwandsarten gesondert gegenübergestellt hätte. Dann wäre offensichtlich gewesen, welches Ergebnis die Dienstleistungen erbracht haben und welches der Grundstücksverkauf.

Abbildung 3.4:
Ergebnisrechnung des
K. Gross für den Monat
April 20X1

Unternehmensberatung K. Gross Ergebnisrechnung für den Monat April 20X1		
Erträge		
aus Gutachten	12 000	
	10 000	
aus Grundstücksverkauf	40 000	62 000
Aufwendungen		
für Gutachten	−600	
	−400	
Miete	−4 000	
Gehalt	−3 000	
Sonstiges	−2 000	
für Grundstücksverkauf	−30 000	40 000
Ergebnis		22 000

Die Eigenkapitalrechnung der Unternehmensberatung K. Gross bildet die Entwicklung des Eigenkapitals ab. Es handelt sich um eine Bilanzgleichung der intertemporalen Art für alle Ereignisse, die das Eigenkapital verändert haben. Wir finden sie in Abbildung 3.5. Bei der Aufstellung der Eigenkapitalrechnung ist es hilfreich, zuvor die Ergebnisrechnung aufgestellt zu haben, weil man dann das Ergebnis daraus übernehmen kann. Auch eine Eigenkapitalrechnung kann ein- oder mehrspaltig aufgebaut sein.

Abbildung 3.5:
Eigenkapitalrechnung
der Unternehmens-
beratung K. Gross

Unternehmensberatung K. Gross Eigenkapitalrechnung für den Monat April 20X1	
Kapital K. Gross, 1. April 20X1	0 GE
Zugang:	
Einlage K. Gross (inkl. stille Teilhabe) am 2. April 20X1	+150 000 GE
Ergebnis des Monats April 20X1	+ 22 000 GE
	=172 000 GE
Abgang:	
Entnahme K. Gross im April 20X1	−15 000 GE
Kapital K. Gross, 30. April 20X1	157 000 GE

Die Bilanz lässt sich einfach aus den Endbeständen der Vermögensgüter und Kapitalbeträge nach dem letzten Ereignis aufstellen. Abbildung 3.6 enthält die Bilanz der Unternehmensberatung K. Gross in der traditionellen zweispaltigen Darstellungsart.

Abbildung 3.6:
Bilanz der Unter-
nehmensberatung
K. Gross

Unternehmensberatung K. Gross Bilanz zum 30. April 20X1			
Zahlungsmittel	122 000 GE	Fremdkapital	
Forderungen	5 000 GE	Verbindlichkeiten	2 000 GE
Büromaterial	2 000 GE	Eigenkapital	
Grundstücke	3 000 GE	Kapital K. Gross	157 000 GE
Vermögensgüter	159 000 GE	Fremd- und Eigenkapital	159 000 GE

Die Zahlungsstromrechnung belegt, durch welche Ein- und Auszahlungen sich der Zahlungsmittelbestand während des April von 0 GE auf 122 000 GE entwickelt hat. Die Gliederung orientiert sich an der allgemein üblichen Darstellung, Zahlungen aus dem operativen Bereich getrennt von den Zahlungen aus dem Investitionsbereich und von denen des Finanzierungsbereichs auszuweisen. Im vorliegenden Fall wurden der Kauf und Verkauf des Grundstücks dem Investitionsbereich zugeordnet. Abbildung 3.7 enthält die entsprechenden Angaben für unser Beispiel.

Abbildung 3.7:
Zahlungsstromrechnung der Unternehmensberatung K. Gross

Unternehmensberatung K. Gross **Zahlungsstromrechnung** **für den Monat April 20X1**		
Zahlungen aus operativen Aktivitäten		
Zufluss:		
von Kunden (12 000 GE + 5 000 GE)	17 000 GE	
Abfluss:		
an Lieferanten (4 000 GE + 2 000 GE + 1 000 GE)	−7 000 GE	
an Beschäftigte	−3 000 GE	
Zahlungsstrom aus operativen Aktivitäten		7 000 GE
Zahlungen aus Investitionsaktivitäten		
Zufluss:		
Verkauf von Grundstücken	40 000 GE	
Abfluss:		
Kauf von Grundstücken	−60 000 GE	
Zahlungsstrom aus Investitionsaktivitäten		−20 000 GE
Zahlungen aus Finanzierungsaktivitäten		
Zufluss:		
Einlagen K. Gross (2. April 20X1)	100 000 GE	
Darlehen der Erbtante	50 000 GE	
Einlagen K. Gross (30. April 20X1)	50 000 GE	
Abfluss:		
Entnahmen K. Gross	−15 000 GE	
Darlehen der Erbtante	−50 000 GE	
Zahlungsstrom aus Finanzierungsaktivitäten		135 000 GE
Zunahme der Zahlungsmittel		122 000 GE
Anfangsbestand an Zahlungsmitteln am 1. April 20X1		0 GE
Endbestand an Zahlungsmitteln am 30. April 20X1		122 000 GE

Der Gewinn aus der Ergebnisrechnung fließt in die Eigenkapitalrechnung (Abbildung 3.5) ein. Der Endbestand des Eigenkapitals aus dieser Rechnung erscheint in der Bilanz (Abbildung 3.6). Der Kassenbestand aus der Bilanz wird für die Zahlungsstromrechnung (Abbildung 3.7) benötigt.

3.4   Übungsmaterial

3.4.1   Fragen mit Antworten

Fragen	Antworten
Was soll im betriebswirtschaftlichen Rechnungswesen abgebildet werden?	Finanzielle Konsequenzen von Ereignissen, die ein Unternehmen betreffen und objektiv gemessen werden können. Ein Unternehmen stellt eine ökonomisch selbstständige Einheit dar, deren Finanzen getrennt von den Finanzen der Eigenkapitalgeber zu sehen sind. Die Finanzberichte juristisch definierter Einheiten können verzerrt sein, wenn die juristische Einheit nicht der ökonomischen Einheit entspricht.
Wie soll man Vermögensgüter und Fremdkapital zum Anschaffungs- bzw. Entstehungszeitpunkt ansetzen, um möglichst verlässliche Zahlen zu erhalten?	In der Regel mit den tatsächlichen Anschaffungsausgaben bzw. mit den Rückzahlungsbeträgen.
Wie verdeutlicht man sich die finanziellen Konsequenzen eines Ereignisses?	Mit der intratemporalen Bilanzgleichung: Vermögensgüter = Fremdkapital + Eigenkapital
Wie ermittelt man das Ergebnis?	Mit der Ergebnisrechnung: Erträge – Aufwendungen = Ergebnis.
Wie ermittelt man, ob das Eigenkapital zu- oder abgenommen hat?	Eigenkapitalrechnung: 　　Anfangsbestand des Eigenkapitals 　+ Einlagen 　± Ergebnis 　– Entnahmen 　= Endbestand des Eigenkapitals.
Wie ermittelt man, wie das Unternehmen finanziell dasteht?	Bilanz: Vermögensgüter = Fremdkapital + Eigenkapital.
Wie ermittelt man, wo die Zahlungsmittel des Unternehmens herkommen und wo sie hinfließen?	Kapitalflussrechnung: 　Operative Aktivitäten: Zuflüsse oder -abflüsse 　+Investitionsaktivitäten: Zuflüsse oder -abflüsse 　+Finanzierungsaktivitäten: Zuflüsse oder -abflüsse 　=Veränderung der Zahlungsmittel.

3.4.2 Verständniskontrolle

1. Wenn *Wert der Vermögensgüter = Fremdkapital + Eigenkapital* gilt, wie kann man dann Fremdkapital ausdrücken?

2. Worin besteht der Unterschied zwischen Forderungen und Fremdkapital?

3. Welche Rolle spielen Ereignisse im Rechnungswesen?

4. Finden Sie eine aussagefähigere Bezeichnung für »Bilanz«!

5. Welche Eigenschaft einer Bilanz ist für die Bezeichnung dieses finanziellen Berichts maßgebend?

6. Finden Sie andere Bezeichnungen für »Ergebnisrechnung«!

7. Welcher finanzielle Bericht ähnelt einem »Schnappschuss« des Unternehmens zu einem Zeitpunkt, welcher einer »Videoaufnahme« der Handlungen des Unternehmens während eines Zeitraumes?

8. Welche Informationen enthält die Eigenkapitalrechnung?

9. Geben Sie ein Synonym für das Eigenkapital eines Unternehmens an!

10. Welcher Bestandteil der Ergebnisrechnung geht in die Eigenkapitalrechnung ein?

11. Welcher Bestandteil der Eigenkapitalrechnung findet sich in der Bilanz?

12. Welcher Bestandteil der Bilanz wird von einer Zahlungsstromrechnung erklärt?

3.4.3 Aufgaben zum Selbststudium

Analyse der Konsequenzen von Ereignissen auf die Bilanzgleichung, Erstellung von Finanzberichten   **Aufgabe 3.1**

Sachverhalt

Eva Schmitz eröffnet einen Zimmervermietungsservice nahe der Hochschule. Sie führt das Einzelunternehmen alleine unter der Firma »Immobilien Schmitz«. Während des ersten Monats ihrer Unternehmenstätigkeit, im Juli 20X1, engagiert sie sich in ihrem Unternehmen. Folgendes ereignet sich:

a. Schmitz investiert 70000 GE privater Barmittel als Startkapital in ihr Unternehmen.

b. Sie kauft Büromaterial für 700 GE auf Rechnung.

c. Sie zahlt 60 000 GE in bar für den Kauf eines Grundstücks neben der Hochschule, auf dem sie dereinst ihr Büro errichten möchte.

d. Schmitz vermittelt Apartments für Studierende und erhält dafür Provisionen in bar in Höhe von 3 800 GE.

e. Sie leistet eine Teilzahlung in Höhe von 200 GE für das (unter Nr. b erwähnte) gekaufte Büromaterial.

f. Sie zahlt 4 000 GE für ihre Urlaubsreise aus der Kasse ihres Unternehmens.

g. Sie zahlt 800 GE für Büromiete und 200 GE für andere Dienstleistungen, die sie in ihrem Unternehmen in Anspruch genommen hat.

h. Sie verkauft Büromaterial gegen bar an ein befreundetes Unternehmen zu Preis von 300 GE: ihr Einkaufspreis hatte 200 GE betragen.

i. Schmitz entnimmt 2 400 GE für private Zwecke.

Teilaufgaben

1. Analysieren Sie die Ereignisse hinsichtlich ihrer Wirkung auf die Bilanzgleichungen von »Immobilien Schmitz«! Zeigen Sie die Salden erst nach dem letzten Ereignis!

2. Erstellen Sie eine Ergebnisrechnung, eine Eigenkapitalrechnung sowie eine Bilanz nach Berücksichtigung der Ereignisse!

Lösung der Teilaufgaben

1. Auswirkungen auf die intratemporale Bilanzgleichung ergeben sich aus der folgenden Übersicht:

	Vermögensgüter					Fremd-kapital + Eigen-kapital			EK-Veränderung
	Zahlungs-mittel	+ Forderung +	Büro-material	+ Grundstück		Fremd-kapital	+	Kapital Schmitz	
(a)	+70 000							+70 000	Einlage
(b)			+700			+700			
(c)	−60 000			+60 000					
(d)	+3 800							+3 800	Ertrag
(e)	−200				=	−200			
(f)	−4 000							−4 000	Entnahme
(g1)	−800							−800	Aufwand
(g2)	−200							−200	Aufwand
(h1)	+300							+300	Ertrag
(h2)			−200					−200	Aufwand
(i)	−2 400							−2 400	Entnahme
EB	6 500		500	60 000		500		66 500	
		67 000					67 000		

2. Die gewünschten Finanzberichte können leicht aus der Antwort auf Frage 1 hergeleitet werden. Die Ergebnisrechnung führt zu einem Gewinn in Höhe von 2900 GE. Die Eigenkapitalrechnung zeigt, wie sich das Eigenkapital durch die Einlagen und Entnahmen (63600 GE) und das Ergebnis (2900 GE) verändert haben. Die Bilanz zeigt die Zusammensetzung der Vermögensgüter sowie des Fremdkapitals. Als Saldo erhält man ein Eigenkapital in Höhe von 66500 GE. Aus der Kapitalflussrechnung ergeben sich drei Zahlungsmittelzuflüsse, deren Höhe insgesamt der Zahlungsmittelveränderung entspricht.

Analyse der Konsequenzen von Ereignissen für die Zahlungsmittel und die Vermögensgüter eines Unternehmens — **Aufgabe 3.2**

Sachverhalt

In einem Unternehmen haben sich während eines Abrechnungszeitraumes die in Abbildung 3.8 dargestellten Ereignisse ergeben.

Ereignisse		
Anfangsbestand an Barmitteln		3000
von Fremden geliehen	1500	
vom Unternehmer eingelegt	1500	
Aufnahme eines Darlehens		600
Barmitteleinlage vom Unternehmer		3000
Kauf eines Grundstücks gegen bar		2500
Kauf einer Aktie gegen bar		500
Verkauf der Aktie gegen bar		100
Wertsteigerung des Grundstücks		3000
Endbestand an Barmitteln		3700

Abbildung 3.8: Ereignisse während eines Zeitraumes

Teilaufgaben

1. Ermitteln Sie für den Zeitraum die Veränderung der Zahlungsmittel durch Gegenüberstellung der Zahlungsmittelbestände am Anfang und Ende des Zeitraumes!

2. Ermitteln Sie für den Zeitraum die Veränderung der Zahlungsmittel durch Gegenüberstellung der Einzahlungen und Auszahlungen!

3. Wie könnte für einen Zeitpunkt (Anfang oder Ende) eine Bestandsrechnung der Zahlungsmittel aussehen, in welcher die Sichtweise aller Kapitalgeber (Fremde und Unternehmer) zum Ausdruck kommt?

4. Wie könnte für einen Zeitpunkt (Anfang oder Ende) eine Bestandsrechnung der Zahlungsmittel aussehen, in welcher die Sichtweise des Unternehmers bzw. der Eigenkapitalgeber zum Ausdruck kommt?

5. Ermitteln Sie für den Zeitraum die Wertveränderung der Vermögens-güter durch Gegenüberstellung der Werte der Vermögensgüterbestände am Anfang und am Ende des Zeitraumes!

6. Ermitteln Sie für den Zeitraum die Veränderung des Wertes der Vermögensgüter und des Fremdkapitals durch Gegenüberstellung der Mehrungen und Minderungen der entsprechenden Werte für den Zeitraum!

7. Wie könnte für das Ende des Zeitraums eine Bestandsrechnung der Vermögensgüter und für den Zeitraum die zugehörige Veränderungs-rechnung der Vermögensgüter aussehen, in welcher die Sichtweise aller Kapitalgeber (Fremde und Eigenkapitalgeber) zum Ausdruck kommt?

8. Wie könnte für das Ende eines Zeitraumes eine Bestandsrechnung der Vermögensgüter mit der zugehörigen Veränderungsrechnung der Vermögensgüter für den Zeitraum aussehen, in welcher die Sichtweise der Eigenkapitalgeber zum Ausdruck kommt?

Lösung der Teilaufgaben

1. Als Beispiel kann man die Zahlungsmittelveränderung durch Vergleich von Zahlungsmittelbeständen ermitteln.

2. Die Zahlungsmittelveränderung lässt sich auch aus einem Vergleich von Einzahlungen und Auszahlungen ermitteln. Dabei kann man die Einzahlungen getrennt von den Auszahlungen aufführen oder chronologisch sortiert mit drei Zahlenspalten arbeiten.

3. Aus Sicht aller Kapitalgeber lässt sich die Veränderung des Zahlungs-mittelbestandes ganz leicht ermitteln: durch Vergleich von Schluss- und Anfangsbestand.

4. Aus Sicht der Eigenkapitalgeber ist es erforderlich, jeweils anzugeben, wieviel von Eignern und wieviel von Fremden stammt.

5. Bei der Ermittlung der Vermögensgüterveränderung erweist sich die Bewertung der Vermögensgüter als Problem. Je nach Bewertung des Grundstücks erhält man 3 200 GE oder 3 700 GE Vermögensgüterver-änderung.

6. Die Vermögensgüterveränderung lässt sich auch mit einer Bewegungs-rechnung ermitteln. Man erhält das gleiche Ergebnis wie bei Frage 5.

7. Aus Sicht aller Kapitalgeber entspricht eine Bestandsrechnung der Vermögens- und Kapitalgüter einer Bilanz, in der nicht zwischen Eigen- und Fremdkapital unterschieden wird.

8. Aus Sicht der Eigenkapitalgeber entspricht eine Bestandsrechnung der Vermögens- und Kapitalgüter einer Bilanz.

Gegenüberstellung von zusammengehörigen Zahlungen, die zu ver- **Aufgabe 3.3**
schiedenen Zeitpunkten anfallen

Sachverhalt

Ein Unternehmen schafft zu Beginn des Jahres 01 eine Maschine an. Der Preis der Maschine beträgt 60000 GE. Sie wird über die Nutzungsdauer von 4 Jahren gleichmäßig benutzt. Der Betrieb der Maschine, deren Kaufpreis zur Hälfte im ersten Nutzungsjahr und zur Hälfte im zweiten Nutzungsjahr zu entrichten ist, führt in den vier Jahren der Nutzung zu einem zahlungswirksamen Umsatz von 100000 GE jährlich. Für Material und Löhne fallen Zahlungen von jährlich 70000 GE an. Außer einer einmaligen Zahlung für Werbung im ersten Jahr in Höhe von 10000 GE fallen keine weiteren Zahlungen an. Von der Werbung verspricht man sich eine vierjährige Wirkung. Es sei unterstellt, dass alle Zahlungen erst zu den jeweiligen Jahresenden stattfinden.

Teilaufgaben

1. In welcher Höhe fallen in den Jahren der Nutzung Überschüsse bzw. Defizite der Einzahlungen über die Auszahlungen an?

2. Besagen die Zahlungssalden der einzelnen Jahre etwas über das Ergebnis?

3. Welche Modifikationen wären an der Rechnung vorzunehmen, wenn man mit dem Saldo der Rechengrößen etwas über die finanzielle Vorteilhaftigkeit der Unternehmenstätigkeit erfahren möchte?

Lösung der Teilaufgaben

1. Die jährlichen Zahlungssalden ergeben sich aus der folgenden Tabelle:

Ein- und Auszahlungen	Jahr 01	Jahr 02	Jahr 03	Jahr 04
Kaufpreis	−30000 GE	−30000 GE		
Umsatz	100000 GE	100000 GE	100000 GE	100000 GE
Lohn u. Material	−70000 GE	−70000 GE	−70000 GE	−70000 GE
Werbung	−10000 GE			
Summe	−10000 GE	0 GE	30000 GE	30000 GE

2. Die Interpretation der Zahlungssalden hat zu berücksichtigen, dass die Zahlungen in anderen Abrechnungszeiträumen anfallen als der Nutzen und dass der Zahlungssaldo daher eine schlechte Messgröße für das Ergebnis darstellt.

3. Eine Modifikation für die Ergebnisanalyse könnte darin bestehen, die einmalig anfallenden Zahlungen anteilig auf die Jahre zu verteilen, in denen die Auszahlungen Nutzen für das Unternehmen versprechen.

Aufgabe 3.4   **Konsequenzen von Ereignissen für die intratemporale Bilanzgleichung**

Sachverhalt

Hinsichtlich der Wirkungen auf die intratemporale Bilanzgleichung werden üblicherweise vier Arten von Ereignissen unterschieden, und zwar

- der Tausch von Vermögensgütern innerhalb der Vermögensseite (Aktivtausch),
- der Tausch innerhalb von Kapitalposten innerhalb der Kapitalseite (Passivtausch),
- die gleich hohe Zunahme der Vermögens- und der Kapitalseite (Bilanzverlängerung) und
- die gleich hohe Abnahme der Vermögens- und Kapitalseite (Bilanzverkürzung).

Teilaufgaben

1. Finden Sie Sachverhalte für jeden der vier Typen von Ereignissen!

2. Welche Erweiterungen sind bei der Kategorisierung von Ereignissen vorzunehmen, wenn man Eigenkapitalveränderungen in Form von Kapitaltransfers getrennt von Komponenten der Ergebnisrechnung erfassen möchte?

Lösung der Teilaufgaben

Die Fragen und Aufgaben sind mit Hilfe des Textes eindeutig zu lösen.

Das System der doppelten Buchführung

Lernziele

Nach dem Studium dieses Kapitels sollten Sie in der Lage sein,

- Kernbegriffe des Rechnungswesens zu definieren und zu erklären: »Konto«, »Buch«, »Soll« und »Haben«,

- die Regeln der doppelten Buchführung zu verstehen,

- einen »Kontenplan« für ein Unternehmen zu erstellen,

- Ereignisse hinsichtlich ihrer finanziellen Konsequenzen zu analysieren,

- Geschäftsvorfälle in einem »Journal« aufzuzeichnen,

- Journaleinträge auf Konten zu übernehmen sowie

- eine »Saldenbilanz« zu erstellen und zu benutzen.

Überblick

Im vorigen Kapitel wurde die Analyse von Geschäftsvorfällen zusammen mit den finanziellen Berichten vorgestellt. Unklar blieb darin, wie die finanziellen Berichte aus den Geschäftsvorfällen hergeleitet wurden. Dieser Prozess wird im vorliegenden Kapitel beschrieben.

Im Vordergrund dieses Kapitels steht die Verarbeitung der für das Rechnungswesen relevanten Informationen. Dabei wird zur Illustration zunächst auf Unternehmen abgestellt, deren Leistungen nicht lagerfähig sind. Auf die Probleme, die mit der Erstellung und Verwertung lagerfähiger Leistungen zusammenhängen, wird später eingegangen.

Wenn Sie das System der doppelten Buchführung durchschaut haben, werden Sie verstehen, wie es zu den in finanziellen Berichten angegebenen Zahlen kommt. Sie werden Vertrauen zu den Zahlen schöpfen und viele Ihrer Entscheidungen im Berufsleben darauf stützen.

4.1   Elemente des Systems

4.1.1   Bilanz- und Ergebnisrechnungsposten

Mindestunterscheidung: Posten der Bilanz und der Ergebnisrechnung

Die finanziellen Konsequenzen von Ereignissen sind in der Praxis meist so zahlreich, dass eine Zusammenfassung erforderlich wird. Da es letztlich um die Erstellung von Finanzberichten geht, sollten die finanziellen Konsequenzen so zusammengefasst werden, wie es diese Berichte erfordern. Es genügt dazu, die Posten der Bilanz und der Ergebnisrechnung zu unterscheiden. Denn die inhaltlichen Anforderungen einer Eigenkapitalrechnung sind darin enthalten; auch eine Kapitalflussrechnung kann man, wie wir in einem folgenden Kapitel sehen werden, aus diesen Informationen zusammenstellen.

Bilanzposten

Die Posten der Bilanz werden üblicherweise in drei große Gruppen eingeteilt, die den Kategorien der intratemporalen Bilanzgleichung entsprechen

- Vermögensposten,
- Fremdkapitalposten und
- Eigenkapitalposten.

Ergebnisrechnungsposten

Die Posten der Ergebnisrechnung kann man als Unterposten der Eigenkapitalposten auffassen. Mindestens zu unterscheiden sind

- Ertragsposten und
- Aufwandsposten.

Eigenkapitalrechnungsposten

Die Posten der Eigenkapitalrechnung ergänzen die Angaben der Ergebnisrechnung sowie die der Bilanz zum Eigenkapital und zu Einlagen und Entnahmen. Dadurch wird die intertemporale Bilanzgleichung für jeden Eigenkapitalposten ersichtlich.

Untergliederung von Posten der Bilanz und Ergebnisrechnung

Je größer ein Unternehmen ist, desto mehr Vermögensgüter unterschiedlicher Art und desto mehr Fremdkapitalposten wird es i.d.R. aufweisen. Je mehr unterschiedliche Arten von Geschäften ein Unternehmen abwickelt, desto mehr Arten von Ertrag und Aufwand werden sich ergeben. Die Untergliederung der Posten, nach der in der Praxis die finanziellen Konsequenzen von Ereignissen zusammengefasst werden, geht i.d.R. weit über das hinaus, was für die oben genannten finanziellen Berichte erforderlich ist. Dadurch eröffnet sich die Möglichkeit zur Erstellung zusätzlicher finanzieller Berichte im Zusammenhang mit Spezialfragen. Zudem wird im Falle von Fehlern deren Suche erleichtert. Wir beschränken uns in diesem Buch auf diejenigen Posten, die aus didaktischen Gründen mindestens zu unterscheiden sind, um alle Formen der Behandlung von Ereignissen im Rechnungswesen zeigen zu können. Über die in der Praxis gebräuchlichen Postenunterscheidungen – Kontenrahmen bzw. Kontenpläne genannt – geben wir nur einen groben Überblick.

Wichtige Postenarten

Zu den wichtigen Vermögensposten gehören diejenigen, die im geschäft-   **Vermögensposten**
lichen Alltag oft berührt werden; tendenziell geordnet nach abnehmender
Liquiditätsnähe kann man unterscheiden:

■ *Zahlungsmittel:* Der Posten »Zahlungsmittel« bildet die Zahlungswirkungen von Geschäftsvorfällen ab. Die Zahlungsmittel umfassen üblicherweise Bargeld, jederzeit verfügbare Guthaben bei Banken, darüber
   hinaus Wechsel und Schecks. Gut geführte Unternehmen besitzen oft
   viele unterschiedliche Arten von Zahlungsmitteln. Ein Mangel an Zahlungsmitteln führt meist zu einem Unternehmenszusammenbruch.

■ *Forderungen aus Verkauf:* Der Posten enthält die Beträge all jener Erträge aus der Abgabe von Leistungen an den Markt, für die noch keine
   Zahlungsmittel zugeflossen sind. Der Posten umfasst damit auch die
   in Kapitel 3 beschriebenen Dienstleistungen von Karl Gross, die dieser im Rahmen von Beratungstätigkeiten erbracht hat, ohne dafür eine
   Zahlung erhalten zu haben. Die meisten Geschäfte zwischen Unternehmen werden nicht sofort bar bezahlt, so dass Forderungen aus dem
   Verkauf entstehen. Der Posten wird in der Bilanzgliederung des HGB
   als »Forderungen aus Lieferungen und Leistungen« bezeichnet. Wir
   verwenden in diesem Buch die kürzere Bezeichnung, weil dies die
   Darstellung verkürzt und erleichtert.

■ *Forderungen aus geleisteten Vorauszahlungen:* Unternehmen leisten
   im Rahmen der Beschaffung von Gütern und Dienstleistungen häufig
   Vorauszahlungen. Sie begründen damit eine bedingte Forderung: Falls
   das Geschäft aus irgend einem Grunde nicht zu Ende geführt wird,
   entsteht ein Anspruch auf Rückzahlung der Vorauszahlung.

■ *Aktive Rechnungsabgrenzungsposten:* Wenn Unternehmen Vorauszahlungen für die künftige Inanspruchnahme von Dienstleistungen oder
   Gütern erbringen, dann ist es im Rahmen eines leistungsabgabeorientierten Rechnungswesens erforderlich, einen Posten für diejenigen
   Beträge einzurichten, die zwar schon bezahlt, aber noch nicht als
   Aufwand verrechnet wurden. Dieser Posten wird im deutschen
   Rechtskreis als »Aktive Rechnungsabgrenzungsposten« bezeichnet,
   wenn es um eine Dienstleistung geht. Ein aktiver Rechnungsabgrenzungsposten ist beispielsweise für den Teil der Vorauszahlung einer
   Miete durch das Unternehmen zu bilden, der nicht den laufenden, sondern zukünftige Abrechnungszeiträume betrifft. Ein anderes Bespiel
   liegt bei der Vorauszahlung eines Versicherungsbeitrags vor, soweit
   sich die Vorauszahlung auf zukünftige Abrechnungszeiträume
   bezieht. Der Teil der Vorauszahlungen, der jeweils den laufenden
   Abrechnungs-zeitraum betrifft, wird als Aufwand verrechnet, der Teil,
   der den folgenden betrifft, verbleibt auf dem Konto »Aktive
   Rechnungsabgrenzungsposten«. Im Folgejahr wird dann der Rechnungsabgrenzungsposten um den Teil gemindert, der im Folgejahr als

Aufwand verrechnet wird. Die englische Bezeichnung »prepaid expense« kommt dem Inhalt des Postens deutlich näher als die deutsche Bezeichnung.

- *Betriebs- und Geschäftsausstattung:* Der Posten »Betriebs- und Geschäftsausstattung« wird für Sachanlagen verwendet, die mit der Einrichtung eines Unternehmens zusammenhängen. In der Regel besteht für jede Art von Betriebs- und Geschäftsausstattung ein eigener Posten, etwa für Möbel und Inneneinrichtungen, für Computer und Schreibmaschinen etc.

- *Grundstücke:* Der Posten »Grundstücke« nimmt alle Grundstücke eines Unternehmens auf. Üblicherweise fasst man die Grundstücke, die vom Unternehmen genutzt werden, getrennt von jenen zusammen, die zur Weiterveräußerung gehalten werden.

- *Gebäude:* Der Posten »Gebäude« enthält die Gebäude, die vom Unternehmen genutzt werden, getrennt von jenen, die der Weiterveräußerung dienen. In der Regel erfolgt der Ausweis zusammen mit den Grundstücken.

Notwendigkeit zur Ergänzung des Postenkataloges

Hat man es – anders als bei Karl Gross in Kapitel 3 – nicht nur mit einem Dienstleistungsunternehmen zu tun, so kommen noch andere Posten hinzu. Im Handelsunternehmen sind es mindestens die »Handelswaren«. Im industriellen Produktionsunternehmen ist an Posten für Maschinen, für Roh-, Hilfs- und Betriebsstoffe sowie für unfertige und fertige Erzeugnisse zu denken. Darüber hinaus sind i.d.R. auch Posten für finanzielle Vermögensgüter, wie Aktien oder Anleihen, notwendig. Diese Postenarten werden eingeführt, wenn sie benötigt werden.

Fremdkapitalposten

Fremdkapital umfasst Posten für die Ansprüche von Gläubigern des Unternehmens, im deutschen HGB vor allem Verbindlichkeiten und Rückstellungen. Für das Fremdkapital werden im allgemeinen weniger Posten benötigt als für Vermögensgüter, weil es in den meisten Unternehmen weniger Arten von Fremdkapitalposten als Arten von Vermögensgütern gibt. Wichtige Arten werden im Folgenden, tendenziell gegliedert nach abnehmender Liquiditätsnähe, skizziert:

- *Verbindlichkeiten aus Kauf von Gütern und Dienstleistungen:* Verbindlichkeiten umfassen solche aus Lieferungen und Leistungen sowie andere Verbindlichkeiten. Diejenigen aus Lieferungen und Leistungen können beim Kauf von Gütern und Dienstleistungen entstehen. Dann wird das Versprechen des Unternehmens, auf Grund der Beschaffung von Gütern künftig Zahlungen an den Lieferanten zu leisten, unter dem Posten erfasst. Erfolgt ein Kauf von Gütern oder Dienstleistungen nicht gegen Zahlung von Barmitteln, so spricht man auch von einer Beschaffung »auf Ziel«. Nahezu alle Unternehmen gehen solche Verpflichtungen ein.

- *Verbindlichkeiten aus erhaltenen Vorauszahlungen:* Hinter erhaltenen Vorauszahlungen verbergen sich Geldeingänge, die im Zusammenhang mit Verkaufsgeschäften stehen und eintreffen, bevor das Unternehmen seine Leistungsverpflichtung erfüllt hat. Bis zur Leistungsabgabe sind die erhaltenen Anzahlungen mit einer Rückzahlungsverpflichtung für den Fall verbunden, dass die Lieferung doch nicht erfolgt. Verbindlichkeiten aus Vorauszahlungen stehen in engem Zusammenhang mit zukünftigen Erträgen aus dem Verkauf von Lieferungen oder Leistungen, weil das Unternehmen sie i.d.R. dafür erhält, dass es in Zukunft seine Verpflichtung aus einem Verkaufsgeschäft erfüllt.

- *Passive Rechnungsabgrenzungsposten:* Wenn Unternehmen Vorauszahlungen für eine künftige Lieferung oder Leistung erhalten, die anteilig in mehrere Ergebnisrechnungen als Ertrag einfließen sollen, dann ist es sinnvoll, einen Posten für diejenigen Beträge einzurichten, die man zwar erhalten hat, die jedoch noch nicht als Ertrag verrechnet wurden. Dieses Konto wird im deutschen Rechtskreis als »Passive Rechnungsabgrenzungsposten« bezeichnet, wenn eine Dienstleistungsverpflichtung entsteht. Als Beispiel kann eine Mietzahlung herhalten, die das Unternehmen im laufenden Abrechnungszeitraum mit Ergebniswirkung für den folgenden Abrechnungszeitraum erhält. Der Anteil der Zahlungen, der jeweils den laufenden Abrechnungszeitraum betrifft, wird als Ertrag verrechnet, der Teil, der dem folgenden Abrechnungszeitraum zuzuordnen ist, verbleibt unter dem Posten »Passive Rechnungsabgrenzungsposten«. Die englische Bezeichnung »unearned revenue« kommt dem Inhalt des Postens intuitiv näher als die deutsche Bezeichnung.

- *Verbindlichkeiten aus Darlehen:* Unter diesem Posten sind alle Zahlungsverpflichtungen zu vermerken, die aus Darlehen herrühren.

- *Sonstige Verbindlichkeiten:* Über die genannten Verbindlichkeiten hinaus sind noch weitere Verbindlichkeiten zu nennen, die im Rahmen der Unternehmenstätigkeit entstehen, beispielsweise für Steuern, Zinsen usw.

- *Rückstellungen:* Bei den Rückstellungen handelt es sich traditionell um rechtliche oder wirtschaftliche Verpflichtungen des Unternehmens gegenüber Dritten. Gegenüber den Verbindlichkeiten ist bei Rückstellungen nicht sicher, ob eine Verpflichtung tatsächlich besteht bzw. welche betragsmäßige Höhe sie annimmt. Erstgenanntes gilt etwa für Gewährleistungen, von denen man nicht weiß, ob sie in Anspruch genommen werden, letztgenanntes für Pensionsverpflichtungen und drohende Verluste aus schwebenden Geschäften, weil – wegen der Ungewissheit – nicht klar ist, in welcher Höhe künftig Zahlungen zu entrichten sind. Die Problematik von Rückstellungen ergibt sich aus dem Ungewissheitsgrad der Verpflichtung. Um »Schummeln« des Managements bei der Ergebnisermittlung zu vermeiden, sind an den Ansatz von Rückstellungen gewisse Objektivierungsanforderungen zu stellen. Dazu zählt, dass sich die entsprechende Verpflichtung mit

einer gewissen, nicht zu niedrigen Eintrittwahrscheinlichkeit abzeich-
net. Neben den Rückstellungen für Verpflichtungen gegenüber Dritten
dürfen nach HGB auch Rückstellungen für bestimmte Arten von Aufwand gebildet werden, die bereits entstanden sind und erst später
Maßnahmen nach sich ziehen.

Eigenkapitalposten   Mit dem Eigenkapital wird der Teil des Wertes der Vermögensgüter
gemessen, der nach Begleichung der Ansprüche Fremder für den Unternehmer bzw. für die Eigenkapitalgeber übrig bliebe. In Personen- und
Kapitalgesellschaften entfällt das Eigenkapital auf mehrere Personen. In
Personengesellschaften werden für jeden Gesellschafter gesonderte
Eigenkapitalposten eingerichtet, und zwar für das jeweilige Eigenkapital
und für die jeweiligen Einlagen und Entnahmen.

- *Eigenkapital:* Unter den Eigenkapitalposten erscheint die Differenz,
  auch der Saldo genannt, aus Vermögensgütern und Fremdkapital. Der
  Bestand des Eigenkapitals zum Ende eines Abrechnungszeitraumes
  ergibt sich aus dem Bestand dieses Postens zu Beginn des Abrechnungszeitraumes zuzüglich des positiven Ergebnisses und der Einlagen des abgelaufenen Abrechnungszeitraumes abzüglich eines
  negativen Ergebnisses und der Entnahmen.

- *Einlagen:* Einzahlungen der Eigenkapitalgeber in das Unternehmen,
  sogenannte Einlagen, werden oft direkt beim Eigenkapitalposten erfasst, sollten jedoch zur Erhöhung der Übersichtlichkeit unter einem
  gesonderten Posten erfasst werden. Bei Kapitalgesellschaften spricht
  man nicht von Einlagen, sondern von Kapitalerhöhungen.

- *Entnahmen:* Entnahmen stellen Minderungen des Eigenkapitals durch
  die Eigenkapitalgeber dar. Sie sollten unter einem gesonderten Posten
  gesammelt werden, um die Veränderung des Eigenkapitals durch die
  Entscheidungen der Eigenkapitalgeber herauszustellen. Bei Kapitalgesellschaften spricht man nicht von Entnahmen, sondern von Kapitalherabsetzungen und Dividenden.

- *Ertrag:* Die Steigerung des Eigenkapitals durch einen Vorgang, der
  keine Einlage darstellt, wird Ertrag genannt. Erträge entstehen hauptsächlich aus dem Verkauf von Gütern und Dienstleistungen, aber auch
  aus Investitions- und u.U. auch aus Finanzierungsmaßnahmen. Unternehmen unterscheiden i.d.R. viele Ertragsposten, um leicht nachvoll-
  ziehen zu können, welche Lieferungen oder Leistungen wie viel
  Ertrag gebracht haben. Für Karl Gross bot es sich beispielsweise im
  ersten Monat seiner Selbstständigkeit an, für jeden Mandanten einen
  eigenen Ertragsposten zu führen.

- *Aufwand:* Minderungen des Eigenkapitals durch einen Vorgang, der
  keine Entnahme darstellt, werden Aufwand genannt. Aufwand entsteht, wenn Vermögensgüter abnehmen oder Fremdkapital zunimmt,
  ohne dass diese Abnahme bzw. Zunahme durch eine gegenläufige
  Zunahme bzw. Abnahme der Vermögensgüter oder des Fremdkapitals

kompensiert wird. Aufwand kommt hauptsächlich im Zuge des Abschlusses von Geschäften zu Stande. Unternehmen führen i.d.R. für jede Aufwandsart einen gesonderten Posten. Sie bemühen sich, die Höhe des Aufwandes c.p. so gering wie möglich zu halten, um ein möglichst hohes Ergebnis zu erzielen.

Kontenrahmen und Kontenplan

Wenn man die finanziellen Konsequenzen relevanter Ereignisse zusammenfasst, muss man entscheiden, für welche Vermögensgüter, Fremdkapital- und Eigenkapitalposten man separate Posten unterscheidet und wie man diese bezeichnet. Viele Vermögensgüter, Fremd- und Eigenkapitalposten sind sich so ähnlich, dass keine wichtige Information verloren geht, wenn man mehrere Posten zu einem einzigen Posten zusammenfasst. Manche sind aber auch so verschieden voneinander, dass eine Zusammenfassung zu einem einzigen Posten den Einblick in den Inhalt des Postens erschwert. Karl Gross hatte beispielsweise Bargeld und sein jederzeit verfügbares Guthaben bei der Bank ohne nennenswerten Informationsverlust zum Vermögensgut »Zahlungsmittel« zusammengefasst. In großen Unternehmen kann die Vielfalt der Vermögensgüter und Fremdkapitalposten jedoch so groß sein, dass man leicht die Übersicht verliert. Es ist daher unumgänglich, zunächst viele einzelne (Unter-) Posten vorzusehen, sich eine Aufstellung über die letztlich in den finanziellen Übersichten zu verwendenden (Ober-) Posten zu verschaffen, und schließlich die vielen einzelnen Unterposten zu ihrem jeweiligen Oberposten zusammenzufassen, bevor man mit der Analyse der Ereignisse beginnt.

Notwendigkeit von Übersichten über die verwendeten Posten

In der Praxis werden die finanziellen Konsequenzen von Ereignissen, die den gleichen Posten betreffen, jeweils auf einem gesonderten Datenträger erfasst, der als »Konto« bezeichnet wird. Der Begriff stammt aus dem Italienischen und bedeutet soviel wie Abrechnung. So wird für jedes einzelne Vermögensgut und für jedes Fremdkapitalelement zunächst ein eigenes Konto eingerichtet. Wenn beispielsweise Forderungen entstehen, wird für jeden einzelnen Schuldner, u.U. sogar für jede einzelne Geschäftsart mit diesem Schuldner, ein eigenes Konto eingerichtet. Die Salden der Konten der einzelnen Schuldner werden zur Erstellung der finanziellen Berichte auf dem Oberkonto zusammengefasst.

Kontenvielfalt

Um den Überblick über die große Zahl möglicher Konten nicht zu verlieren, legen Unternehmen sich ein Verzeichnis an, in dem alle zulässigen Konten mit ihren Beziehungen zu anderen Konten aufgeführt sind. Die Übersicht eines Unternehmens über die bei ihm verwendeten Konten und die jeweiligen Erweiterungsmöglichkeiten um zusätzliche Konten wird »Kontenplan« genannt. Kontenpläne stellen darauf ab, eine systematische Übersicht über die Konten und ihre Zusammenhänge zu geben, die für die Abbildung von Ereignissen in einem Unternehmen verwendet werden.

Kontenpläne und Kontenrahmen

Für die Aufstellung von Kontenplänen existieren umfangreiche Empfehlungen von Verbänden. Diese werden als »Kontenrahmen« bezeichnet.

Kontenplan: in einem Unternehmen verwendete Konten

Kontenpläne enthalten neben den Namen der Konten häufig kontenspezifische Nummern. Durch die Verwendung von Nummern anstatt von Kontennamen verringert sich die mit Aufzeichnungen verbundene Schreibarbeit. Ein Kontenplan, der den Buchungen des Beispiels aus dem dritten Kapitel hätte zugrunde liegen können, mag wie derjenige in Abbildung 4.1 ausgesehen haben. Der Kontenplan des Beispiels wurde so aufgebaut, dass die inhaltliche Zusammengehörigkeit von Konten aus ihrer Position im Plan und aus ihrer Nummer deutlich werden. Anstatt der dargestellten Kontonummern, hätte man auch andere Nummern vergeben können. Die hier gewählte Art der Nummerierung lässt an der Nummer eines Kontos erkennen, welche Rolle das Konto für die finanziellen Berichte spielt.

Bilanzkonten		
Vermögenskonten	Fremdkapitalkonten	Eigenkapitalkonten
101 Zahlungsmittel	201 Verbindlichkeiten	301 Kapital K. Gross
111 Forderungen (Verkauf)	(Einkauf)	311 Entnahme K. Gross
141 Büromaterial		
151 Büromöbel		
191 Grundstücke		

	Ergebnisrechnungskonten (Teil des Eigenkapitals)	
	Ertrag	Aufwand
	321 Ertrag (Verkauf)	331 Aufwand (Miete)
		332 Aufwand (Gehalt)
		333 Aufwand (Sonstiges)

Abbildung 4.1: Möglicher Kontenplan der »Unternehmensberatung K. Gross«

Ober- und Unterkonten

Benötigt man eine detailliertere Untergliederung von Konten als im Kontenrahmen oder Kontenplan angegeben, so kann man zu jedem der angeführten Konten sogenannte Unterkonten bilden. Im Beispiel könnte man ihnen dann eine vierstellige Nummer geben, die sich nur in der letzten Stelle von der Nummer des jeweiligen Oberkontos unterscheide. Hätte Karl Gross beispielsweise zwei Grundstücke gekauft, eines auf der Hauptstraße 31 zu 20000 GE und eines auf der Hauptstraße 33 zu 10000 GE, so hätte es sich angeboten, zum Oberkonto »191 Grundstücke« ein Unterkonto »1911 Grundstück Hauptstraße 31« und ein weiteres Unterkonto »1912 Grundstück Hauptstraße 33« anzulegen. Selbstverständlich könnte man den Unterkonten auch andere als die hier gewählten Nummern zuweisen. Soll in den finanziellen Berichten nur das Oberkonto »191 Grundstücke« erscheinen, dann sind vor Erstellung der finanziellen Berichte die Salden der Unterkonten auf das Oberkonto zu übertragen.

Die Übertragung der Salden von Unterkonten auf Oberkonten erfordert es erstens, die Höhe des jeweiligen Saldos festzustellen, und zweitens die Bestände des Ober- und Unterkontos in Höhe dieses Saldos so zu verändern, dass sich danach auf dem Unterkonto ein Saldo von 0 GE ergibt. Im Beispiel hätte man dann auf dem Oberkonto Zugänge von 20000 GE und 10000 GE stehen und auf den Unterkonten die entsprechenden Abgänge. Erfasst man die finanziellen Konsequenzen von Ereignissen auf Unter- anstatt auf Oberkonten, so muss man zur Erstellung der finanziellen Berichte die Information von den Unterkonten auf die Oberkonten übertragen. Diese Übertragung ist einfach. Man überträgt den Endbestand eines Unterkontos so auf das zugehörige Oberkonto, wie wenn der Endbestand auf dem Oberkonto entstanden wäre. Dabei unterstellt man, die Vermögensgüter, das Fremdkapital oder das Eigenkapital nähmen auf dem Oberkonto im gleichen Maße zu wie die Beträge auf den jeweiligen Unterkonten abnähmen.

Der Kontenplan von Karl Gross enthält nur Konten für Posten, die in seiner Bilanz und Ergebnisrechnung vorkommen. Aus dem Kontenplan von Karl Gross ist ersichtlich, dass die Konten der Ergebnisrechnung als Unterkonten des Eigenkapitalkontos betrachtet werden. In der Praxis arbeitet man mit wesentlich umfangreicheren Kontenplänen als dem des Beispiels. In Unternehmen mit sehr vielen Vermögens- und Fremdkapitalarten genügt es normalerweise nicht, nur – wie bei Karl Gross – Konten für die Posten der Bilanz und Ergebnisrechnung vorzusehen. Konteninhalte wären dann meist zu heterogen. Deswegen sehen Kontenpläne zu den Bilanz- und Ergebnisrechnungskonten noch viele Unterkonten vor. Das hat zur Folge, dass in Unternehmen mit vielen Vermögens-, Fremdkapital-, Ertrags- und Aufwandsarten das vorgestellte System der dekadischen Kontonummern schnell zu Problemen führt. So ist es möglich, dass man mehr als zehn Unterkonten zu einem Oberkonto bilden möchte. Es kann auch vorkommen, dass man aus systematischen Gründen eine neue dekadische Ebene eröffnet, obwohl man deutlich weniger als zehn Unterkonten benötigt. Um das Nummernsystem nicht unnötig aufzublähen, haben sich große Unternehmen seit langem von einem System inhaltlich aussagefähiger Kontonummern verabschiedet. Statt dessen werden bei ihnen Inhalt und Funktion von Konten in Listen ähnlich einem Telefonbuch dokumentiert.

In Deutschland gibt es einige Vorschläge für Kontenrahmen: den Gemeinschaftskontenrahmen der Industrie (GKR), den Industriekontenrahmen (IKR), die verschiedenen Kontenrahmen der »Datenverarbeitungsorganisation des steuerberatenden Berufs in der Bundesrepublik Deutschland eG« (DATEV) sowie Kontenrahmen für Handelsbetriebe, um nur einige zu nennen. Die Kontenrahmen unterscheiden sich durch die Art der Gruppierung von Konten zu sogenannten Kontenklassen. Abbildung 4.2 vermittelt eine Vorstellung von den Aufbauunterschieden der genannten Kontenrahmen.

Konten-klasse	Gemeinschafts-kontenrahmen der Industrie (GKR)	Industrie-kontenrahmen (IKR)	DATEV-Spezial-kontenrahmen 03 (SKR 03)	DATEV-Spezial-kontenrahmen 04 (SKR 04)	Kontenrahmen für Handelsbetriebe
0	Anlagevermögen und langfristiges Kapital	Vermögensbestand: Sach- und immat. Anlagen	Anlage- und Kapital-konten, Rechnungs-abgrenzung	Vermögensbestände: Anlagevermögen	Anlage- und Kapital-konten
1	Finanzumlauf-vermögen und kurzfristiges Fremdkapital	Vermögensbestand: Finanzanlagen	Finanz- und Privat-konten	Vermögensbestand: Umlaufvermögen, akt. Rechnungs-abgrenzung	Finanzkonten
2	Abgrenzungskonten (neutraler Ertrag und Aufwand)	Vermögensbestand: Umlaufvermögen, akt. Rechnungs-abgrenzung	Abgrenzungskonten (neutrale, finanzielle und sonstiger Ertrag/Aufwand)	Kapitalbestand: Eigenkapital, Sonderposten mit Rücklageanteil	Abgrenzungskonten (neutraler Ertrag und Aufwand)
3	Roh-, Hilfs-, Betriebsstoffe	Kapitalbestand: Eigenkapital und Rückstellungen	Wareneingangs- und Warenbestands-konten	Kapitalbestand: Rückstellungen, Verbindlichkeiten, passive Rechnungs-abgrenzung	Wareneinkaufskonten
4	Kostenarten	Kapitalbestand: Fremdkapital und passive Rechnungs-abgrenzung	betrieblicher Aufwand	Ergebnisrechnung: betriebliche Erträge	Großhandel: Boni und Skonti, Einzel-handel: Kostenarten
5	frei (für Kosten-stellenrechnung)	Ergebnisrechnung: Erträge	frei	Ergebnisrechnung: betriebliche Aufw. (Material)	Großhandel: Kosten-arten, Einzelhandel: frei
6	frei (für Kosten-stellenrechnung)	Ergebnisrechnung: betrieblicher Aufwand	frei	Ergebnisrechnung: betriebliche Aufw. (Personalaufw., Abschreibungen, Sonstiges)	frei
7	fertige und unfertige Erzeugnisse	Ergebnisrechnung: weiterer Aufwand	Erzeugnisbestände	weiterer Aufwand und Ertrag, Einstellungen und Entnahmen aus Rücklagen	frei
8	betriebliche Erträge	Ergebnisrechnung	Erlöskonten	frei	Wareneinkaufskonten
9	Abschlusskonten	frei (für Kosten- und Leistungsrechnung)	Vortragskonten, statistische Konten	Vortragskonten, statistische Konten	Abschlusskonten

Abbildung 4.2: Kontenklassifizierung in gebräuchlichen deutschen Kontenrahmen

Kontenplan und Berichtsschemata für Übungsaufgaben

Zum Verständnis der Buchführungstechnik ist es nicht erforderlich, Kontenrahmen oder Kontenpläne zu kennen, zur Abbildung der finanziellen Konsequenzen von Ereignissen in konkreten Aufgaben hingegen kann es sehr hilfreich sein. Für unsere Übungsaufgaben sollten wir uns daher zunächst einen eigenen Kontenplan erstellen. In die Bilanz und Ergebnisrechnung übernehmen wir bei Bedarf die Kontenbezeichnungen dieses

Planes. Erst in späteren Kapiteln werden wir uns mit Standardisierungen der in Finanzberichten aufgeführten Posten beschäftigen.

4.1.2 Relevante Ereignisse

Ein weiteres Element des Systems der doppelten Buchführung stellen die Ereignisse dar, deren finanzielle Konsequenzen zu erfassen sind. Man muss festlegen, welche Ereignisse zu berücksichtigen sind und welche nicht. Es wurde oben bereits erwähnt, dass es Ereignisse gibt, deren finanzielle Konsequenzen im Rechnungswesen nicht abgebildet werden. Wir haben uns aber bisher nicht näher damit befasst, wie sich die beiden Arten von Ereignissen voneinander unterscheiden. Grundsätzlich richtet sich die Erfassung nach den Bilanzierungs- und Bewertungsregeln des jeweils verwendeten Rechnungslegungssystems. Wir sehen hier von den Feinheiten ab, durch die sich die Definitionen und Bewertungen von Vermögensgütern und Fremdkapitalposten bei den Systemen der verschiedenen Rechtskreise voneinander unterscheiden; wir beschränken unsere Darstellung auf das, was allen Systemen gemeinsam sein dürfte.

Erfassung von Ereignissen im Rechnungswesen abhängig vom Rechnungslegungssystem

Danach kann man Ereignisse zunächst grob danach unterteilen, ob sie sich auf die finanziellen Berichte eines Unternehmens auswirken oder nicht. Diejenigen, die sich nicht auf finanzielle Berichte eines Unternehmens auswirken, z.B. weil sie eine ganze Volkswirtschaft betreffen oder sich ihre Auswirkungen nicht vernünftig quantifizieren lassen, werden hier nicht weiter betrachtet. Wir unterscheiden die für das betriebswirtschaftliche Rechnungswesen irrelevanten Ereignisse von den relevanten. Ereignisse mit Auswirkungen auf finanzielle Berichte (relevante Ereignisse), lassen sich wiederum in solche untergliedern, die mit physischen oder rechtlichen Vorgängen im Unternehmen oder zwischen dem Unternehmen und seiner Umwelt in Verbindung stehen, und in solche, bei denen das nicht der Fall ist.

Beschränkung auf Ereignisse mit Wirkung auf die Finanzberichte

Relevante Ereignisse mit Auswirkungen auf finanzielle Berichte, die mit physischen oder rechtlichen Vorgängen im Unternehmen zusammen hängen, bezeichnen wir als Geschäftsvorfälle. Geschäftsvorfälle lassen sich i.A. zu dem Zeitpunkt im Rechnungswesen erfassen, zu dem die Ereignisse stattfinden. Beispielsweise stellt der Einkauf von Material gegen Barzahlung eine physische Veränderung des Materialbestandes und der Zahlungsmittel dar. Die dazu gehörenden finanziellen Konsequenzen können in engem zeitlichen Zusammenhang zu den physischen Vorgängen im Rechnungswesen erfasst werden. Ähnlich verhält es sich beim Verkauf einer Ware auf Ziel. Der physische Abgang von Waren und der Zugang des Forderungsrechts können zum Anlass für die Erfassung im Rechnungswesen genommen werden.

Geschäftsvorfälle

Die Bilanzierungsregeln sehen i.d.R. vor, auch die finanziellen Konsequenzen einiger Ereignisse im Rechnungswesen zu erfassen, bei denen im

Andere zu berücksichtigende Ereignisse

Unternehmen keine physischen oder rechtlichen, sondern nur wertmäßige Veränderungen stattfinden. So ist der Wertansatz eines Vermögensgutes z. B. regelmäßig zu verändern, wenn das Vermögensgut im Unternehmen genutzt wird oder wenn der Marktwert des Gutes unter dessen Anschaffungsausgaben sinkt. Ob solche Ereignisse eingetreten und zu berücksichtigen sind, lässt sich nicht so einfach wie bei Geschäftsvorfällen feststellen. Es bedarf i. A. sorgfältiger Analysen und Beurteilungen des Bilanzierenden, nicht zuletzt auch, weil der Zeitpunkt, zu dem solche Ereignisse stattfinden, oft nur schwierig zu ermitteln ist. Wir bezeichnen derartige Ereignisse nicht als Geschäftsvorfälle, weil sie i. A. nicht zu dem Zeitpunkt aufgezeichnet werden, zu dem sie stattfinden, sondern erst zu dem Zeitpunkt, zu dem der finanzielle Bericht aufgestellt wird. Bilanzierende erhalten dann zunächst einen vorläufigen finanziellen Bericht, der sämtliche Geschäftsvorfälle enthält, und müssen sich auf dessen Basis Gedanken darüber machen, ob die jeweiligen Kontostände auch alle relevanten Ereignisse berücksichtigen, die in den endgültigen finanziellen Berichten enthalten sein sollen.

4.1.3   Konten

T-Konto Die in Lehrbüchern häufigst verwendete Art, die finanziellen Konsequenzen von Geschäftsvorfällen aufzuzeichnen, besteht in der Benutzung eines sogenannten T-Kontos. Der Name kommt von den für dieses Konto verwendeten Linien, welche die Form des Großbuchstabens »T« annehmen. Die horizontale Linie trennt den »Kopf« des Kontos vom Rest, die senkrechte Linie die linke Seite, die auch Soll(-Seite) oder Debit(-Seite) genannt wird, von der rechten Seite, für die sich die Bezeichnungen Haben(-Seite) oder Credit(-Seite) eingebürgert haben. Das Zahlungsmittelkonto eines Unternehmens besitzt beispielsweise die folgende T-Form:

Zahlungsmittel	
Soll-Seite (Debit)	Haben-Seite (Credit)

Tatsächlich besitzen sogenannte T-Konten mehr als zwei Spalten. Sie enthalten nicht nur Wertangaben, sondern i. d. R. noch Verweise darüber, wann und warum ein Eintrag erfolgte, beispielsweise die Angabe des Datums und des der Eintragung zu Grunde liegenden Geschäftsvorfalls bzw. sonstigen relevanten Ereignisses mit Hinweis darauf, welches andere Konto noch betroffen wurde. Das kann man sich ungefähr wie folgt vorstellen:

Soll		Zahlungsmittel	Haben
Verweistext (Ereignis X)	Betrag (X)	Verweistext (Ereignis Y)	Betrag (Y)
Verweistext (Ereignis Z)	Betrag (Z)		

Inhaltlich gleichwertig – länger, aber dafür transparenter – ist eine Form, bei der man alle Verweistexte in einer Spalte untereinander schreibt und nur die jeweiligen Beträge in unterschiedlichen Spalten aufnimmt:

Zahlungsmittel		
Text	Soll	Haben
Verweistext (Ereignis X)	Betrag (X)	
Verweistext (Ereignis Y)		Betrag (Y)
Verweistext (Ereignis Z)	Betrag (Z)	

Meist interessiert man sich nicht nur für die Eintragung der finanziellen Konsequenzen von Ereignissen auf dem Konto, sondern auch für den Wert, der sich jeweils nach einer Eintragung als neuer Kontostand, als Saldo, ergibt. Dieser Wissenswunsch lässt sich im Sinne einer laufenden Bestandsangabe bei der erstgenannten Form des T-Kontos nicht erfüllen. Man kann nur denjenigen Kontostand zusätzlich zum Konto, gewissermaßen nachrichtlich, angeben, der sich unter Berücksichtigung aller auf dem Konto eingetragenen Buchungen ergibt. Das könnte z.B. dadurch geschehen, dass man ihn jeweils unter das Konto schreibt. Zur Verdeutlichung, dass die Soll-Seite die Haben-Seite übersteigt, könnte man ihn unter die Soll-Seite schreiben, für den umgekehrten Fall bietet sich die Haben-Seite an.

Laufende Angabe des Kontostands?

Bei der zuletzt aufgeführten Kontoform bereitet der Ausweis des Kontostandes im Zeitablauf dagegen keine Probleme: Man ergänzt das Konto einfach um eine oder zwei weitere Spalten zur Aufnahme des jeweiligen Kontostandes. Bei nur einer Spalte gibt man, beispielsweise durch ein Vorzeichen, an, welche Kontoseite um wieviel höher ist als die andere; bei zwei Spalten kann man direkt ausdrücken, um welchen Wert die Soll-Spalte oder die Haben-Spalte höher ist.

Kontostandsangabe auf Zusatzspalten

Zahlungsmittel				
	Veränderungen		Kontostand	
Text	Soll	Haben	Soll	Haben
Verweistext (Ereignis X)	Betrag (X)			
Verweistext (Ereignis Y)		Betrag (Y)		
Verweistext (Ereignis Z)	Betrag (Z)			

Warum haben wir bisher nur Konten beschrieben, die mindestens zwei Spalten aufweisen? Ein Grund ist darin zu sehen, dass die Rechenarbeit vereinfacht wird. Hat man weder Computer noch Taschenrechner oder Rechenmaschine zur Verfügung, können die auf einem Konto abzubildenden Veränderungen besonders leicht zusammengefasst werden, wenn man alle Zugänge in der einen und alle Abgänge in der anderen Spalte aufschreibt. Die Erleichterung besteht darin, dass man die Posten jeder Seite jeweils durch Addition leicht zusammenfassen kann, um dann den Saldo beider Seiten, die gesamte Veränderung, errechnen zu können. Wenn man sich hingegen vorstellt, Tausende von Zahlen mit unterschiedlichen Vorzeichen stünden untereinander und sollten addiert werden, wird die Vereinfachung klar, die das T-Konto mit sich bringt. Mit dem Aufkommen von Rechenhilfen hat sich dieses Argument für die Verwendung von T-Konten allerdings überholt. Wir werden aber weiter unten noch sehen, dass auch ein anderer wichtiger Grund für die Verwendung von T-Konten zur Aufzeichnung von Ereignissen spricht.

Kontostandsangabe und Abschluss eines Kontos sind zwei unterschiedliche Sachverhalte

Es sei ausdrücklich darauf hingewiesen, dass es sich bei der Angabe des Kontostandes nicht um einen Buchungsvorgang handelt. Die Kontostandsangabe hat nichts mit Buchungen zu tun. Allerdings lassen sich Konten durch Buchungen in Höhe des Kontostandes auf null bringen. Viele Konten – in den Übungsaufgaben mancher Lehrbücher alle – werden zum Ende des Abrechnungszeitraumes »abgeschlossen«, indem man eine Buchung vornimmt, nach der sich ein Kontostand von null ergibt. Der Betrag der letzten Buchung entspricht der Höhe des vorletzten Kontostandes.

4.2   Zusammenhang zwischen den Elementen des Systems

4.2.1   Grundlagen

Abbildung von Ereignissen i.d.R. auf mindestens zwei Konten

Im Kapitel 3 wurde anhand der intratemporalen Bilanzgleichung gezeigt, dass jedes abzubildende Ereignis i.A. mindestens zwei Konten berührt. Zum Beispiel bewirkte die Investition von Karl Gross in sein Unternehmen eine Zunahme der Zahlungsmittel des Unternehmens sowie eine Zunahme des Eigenkapitals, jeweils um den gleichen Betrag. Stellen Sie sich den Kauf von Büromaterial gegen Barzahlung vor: Der Wert der Zahlungsmittel nimmt ab, der Wert des Büromaterials erhöht sich. Wäre nicht bar bezahlt worden, hätte der Wert des Büromaterials genau so zugenommen, jedoch hätte anstatt der Bargeldabnahme eine Zunahme von Verbindlichkeiten stattgefunden.

Dokumentation von Veränderungen auf Konten und in Buchungssätzen

Sollen die finanziellen Konsequenzen eines Ereignisses auf Konten abgebildet werden, so ist zunächst festzulegen, welche Konten betroffen sind und wie der jeweilige Konteninhalt zu verändern ist. Danach können die Eintragungen auf den Konten vorgenommen werden. Möchte man später einmal nachprüfen können, ob das Ereignis richtig abgebildet wurde, so sind nicht nur Eintragungen auf den Konten vorzunehmen, sondern man hat zusätzlich die Überlegungen zu dokumentieren, aus denen hervorgeht, welche Konten in welcher Höhe zu verändern waren. Verwendet man zweispaltige Konten, so ist für jedes Konto anzugeben, auf welcher Kontenseite der Betrag zu vermerken ist. Eine solche Dokumentation erfolgt in Form von sogenannten Buchungssätzen.

Die Dokumentation in Form von Buchungssätzen gestaltet sich besonders kurz und damit effizient, wenn man einige der notwendigen Angaben nicht explizit macht, sondern implizit durch die Struktur des Buchungssatzes ausdrückt. Mit so einer impliziten Struktur haben wir es beispielsweise zu tun, wenn wir immer zuerst dasjenige Konto nennen, auf dem eine Zunahme zu verzeichnen ist, und erst anschließend dasjenige, auf dem eine Abnahme ansteht. Eine Vereinbarung, die genau das Umgekehrte vorsieht, ist der gerade genannten gleichwertig. Eine solche Vereinbarung würde allerdings diejenigen Fälle nicht abdecken, bei denen Zunahmen oder Abnahmen für jeweils beide Konten zu berücksichtigen wären. Das Problem lässt sich jedoch dadurch lösen, dass man nicht nur die Buchungssätze, sondern auch die Konteninhalte standardisiert. Im System der doppelten Buchführung findet die Standardisierung der Buchungssätze und Konteninhalte so geschickt statt, dass im Normalfall die Angabe einer ersten Art von Konten mit den jeweiligen Beträgen und die einer zweiten Art von Konten mit den jeweiligen Beträgen für alles Weitere ausreicht. Wir unterstellen zunächst, wir hätten es bei jeder Art nur mit einem einzigen Konto zu tun und beschreiben im folgenden Abschnitt die inhaltliche Normierung von Buchungssätzen.

Vereinfachung von Buchungssätzen durch Standardisierung

Zur Vereinfachung des Zugriffs auf die Informationen wurden die Konten früher zu Gruppen sortiert und in einem gebundenen Buch – bei Bedarf auch in mehreren Büchern – geführt. Diese Bücher nennt man Haupt- und Nebenbücher. Offensichtlich leitet sich der Ausdruck »Buchführung« hiervon ab. Obwohl sich die Technik sehr gewandelt hat – inzwischen dürfte der Computer das bevorzugte Dokumentationsinstrument sein – spricht man noch immer von Buchführung sowie von Haupt- und Nebenbüchern.

Grundbuch, Haupt- und Nebenbücher

Heutzutage verarbeiten Unternehmen die Geschäftsvorfälle mit Hilfe der elektronischen Datenverarbeitung. Anwendungsprogramme zur Durchführung von Buchführungen sind zahlreich. Sie dürften überwiegend spezielle Anwendungen von Datenbanksystemen sein. Der Vorteil der Durchführung von Buchführungen mit Hilfe der elektronischen Datenverarbeitung besteht darin, dass die erforderlichen Additionen und Subtraktionen sehr schnell und zudem rechnerisch richtig durchgeführt werden. Der Benutzer hat einmalig nach Installation des Programms die in seiner Buchführung vorzusehenden Konten anzulegen und deren Beziehungen untereinander sowie zu den finanziellen Berichten festzulegen. Anschließend muss er nur noch für jeden Geschäftsvorfall den Buchungssatz angeben. Letztgenannte Tätigkeit vereinfacht sich erheblich, wenn man die abzubildenden Geschäftsvorfälle zunächst nach gleichartigen Buchungssätzen sortiert. Dann reicht es innerhalb der Vorgänge mit gleichartigen Buchungssätzen aus, mit jedem Geschäftsvorfall nur noch diejenigen Informationen einzugeben, um die sich die gleichartigen Buchungssätze voneinander unterscheiden.

Buchführungsorganisation bei Computereinsatz

**Traditionelle Buch-
führungsorganisation**

Ohne Einsatz des Computers hat man all diese Schritte auf konventionelle Art zu erledigen. Je nach Zahl der verwendeten Konten kann man eine große Tabelle anlegen, in deren Zeilen chronologisch die Geschäftsvorfälle aufgeführt werden und in deren Spalten zunächst die Ereignisbeschreibung und danach die Konten mit jeweils einer Soll-Seite und einer Haben-Seite stehen. Diese Art, die Bücher zu führen ist nur für kleine Unternehmen oder für einfache Übungsaufgaben geeignet. Für Unternehmen, die viele Konten verwenden, hat sich die sogenannte Loseblatt-Buchführung bewährt, bei der man neben einer Ereignisbeschreibung, die als Journal bezeichnet wird, für jedes Konto ein loses Blatt anlegt. Die Arbeit lässt sich erleichtern, wenn man den Teil der Journalinformation, der das Konto betrifft, beim Eintrag in das Journal auf das Konto durchschreibt. Man spricht in diesem Falle von Durchschreibebuchführungen.

4.2.2 Normierung des Inhalts von Konten mit getrennten Spalten für »Zugang« und »Abgang«

**Trennung von Zugän-
gen und Abgängen
auf T-Konten**

Das System der doppelten Buchführung zeichnet sich dadurch aus, dass die Art und Weise genormt ist, in der die Aufzeichnungen auf den mindestens zweispaltigen Konten vorgenommen werden. Für jedes Konto werden alle Zugänge auf der einen und alle Abgänge auf der anderen Seite des Kontos aufgezeichnet.

**Normierung der
Konteninhalte**

Die spezielle Normierung der Konteninhalte im System der doppelten Buchführung besteht in zwei Vorgaben:

1. Die Zugänge von Vermögensgütern sind jeweils auf der linken Kontoseite, der Soll-Seite, zu vermerken und die Abgänge dementsprechend auf der rechten, der Haben-Seite.

2. Die Zugänge auf Kapitalkonten werden auf der Haben-Seite und Abgänge auf der Soll-Seite vermerkt.

Dieses für Vermögens- und Kapitalkonten spiegelbildliche Vorgehen ist der intratemporalen Bilanzgleichung nachempfunden, in deren Grundform Vermögensgüter links des Gleichheitszeichens und Fremd- sowie Eigenkapitalposten rechts davon vermerkt sind.

**Erläuterung der Nor-
mierung am Beispiel**

Die Normierung sei kurz am Beispiel der ersten Geschäftsvorfälle des Karl Gross aus dem vorigen Kapitel erläutert. Bei Gründung des Unternehmens investiert Gross 100 000 GE. Das Unternehmen hat also 100 000 GE erhalten und diese Karl Gross als Eigenkapital gutgeschrieben. Welche Konten des Unternehmens werden berührt? Welche Beträge sind auf welcher Kontenseite einzutragen (Soll oder Haben)? Die Antwort ist einfach: Das Vermögenskonto *Zahlungsmittel* und das Eigenkapitalkonto *Kapital K.*

Gross haben jeweils um 100 000 GE zugenommen. Die Zunahme wird auf dem Zahlungsmittelkonto entsprechend der Normung auf der Soll-Seite – man sagt auch »im Soll« – und auf dem Eigenkapitalkonto auf der Haben-Seite, »im Haben«, erfasst. Die folgende Darstellung zeigt die intratemporale Bilanzgleichung sowie die durch die Einlage berührten Konten. Aus Platzgründen wird hier auf den Konten sowohl auf die Angabe des Ereignisses als auch auf einen Verweistext verzichtet. Nachrichtlich wird zusätzlich unter den Konten jeweils der Kontostand angegeben.

Vermögensgüter	=	Fremdkapital	+	Eigenkapital
Zahlungsmittel				*Kapital K. Gross*
Soll-Seite wegen Zunahme 100000				Haben-Seite wegen Zunahme 100000
Kontostand 100000				Kontostand 100000

Beim Kauf des Grundstücks für 60 000 GE nehmen die Zahlungsmittel, deren Bestand sich ja vor dem Kauf auf 100 000 GE beläuft, um 60 000 (Haben) ab und es entsteht ein Vermögenswert »Grundstück« (Soll) im Wert von 60 000 GE. Man erhält das in Abbildung 4.3 wiedergegebene Ergebnis.

Vermögensgüter	=	Fremdkapital	+	Eigenkapital
Zahlungsmittel				*Kapital K. Gross*
Soll-Seite Bestand 100000	Haben-Seite wegen Abnahme 60000			Haben-Seite Bestand 100000
Kontostand 40000				Kontostand 100000
Grundstück				
Soll-Seite wegen Zunahme 60000				
Kontostand 60000				

Abbildung 4.3: Finanzielle Konsequenzen des Grundstückskaufs

Bei der Beschaffung des Büromaterials für 3 000 GE wird ein Kredit beim Lieferanten aufgenommen; denn K. Gross hatte das Büromaterial ja auf Ziel gekauft. Bis zur ganzen oder teilweisen Bezahlung der Rechnung bestehen *Verbindlichkeiten,* zunächst in Höhe von 3 000 GE. Das Ergebnis sehen wir in Abbildung 4.4.

Für jeden Vermögens-, Fremdkapital- und Eigenkapitalposten ein neues Konto!

Bei Bedarf eröffnet man für jedes neue Vermögensgut und für jeden neuen Fremdkapitalposten ein neues Konto. Möchte man den Wert aller Vermögensgüter, den des Fremdkapitals oder den des Eigenkapitals, ermitteln, so genügt es, die Kontostände der jeweiligen Konten zu addieren.

Vermögensgüter	=	Fremdkapital	+	Eigenkapital
Zahlungsmittel		*Verbindlichkeiten (Einkauf)*		*Kapital K. Gross*

Soll-Seite Bestand 40000		Haben-Seite wegen Zunahme 3000	Haben-Seite Bestand 100000
Kontostand 40000		Kontostand 3000	Kontostand 100000

Büromaterial

Soll-Seite
wegen Zunahme
3000

Kontostand
3000

Grundstück

Soll-Seite
Bestand
60000

Kontostand
60000

Abbildung 4.4:   Finanzielle Konsequenzen des Büromaterialkaufs

4.2.3   Normierung der Dokumentation im Journal

Journal, Grundbuch: chronologische Aufzeichnung

Die Aufzeichnung der finanziellen Konsequenzen von Ereignissen auf Konten muss nachvollziehbar sein, um eventuelle Aufzeichnungsfehler nachträglich identifizieren und korrigieren zu können. Um die Nachvollziehbarkeit zu gewährleisten, verwendet man zusätzlich zu Konten ein Journal, auch Grundbuch genannt, in dem zunächst alle Geschäftsvorfälle chronologisch mit Verweisen auf diejenigen Konten aufgezeichnet werden, auf denen die Geschäftsvorfälle abzubilden sind. Zusätzlich wird angegeben, ob die Soll- oder die Haben-Seite des jeweiligen Kontos berührt wird. Um auch einen Rückverweis von den Konten auf das Journal zu ermöglichen, wird auf den Konten zusätzlich zu den Beträgen ein Hinweis auf den zugehörigen Journaleintrag gegeben. Ein Verweis auf das durch den Buchungssatz ebenfalls veränderte Konto erhöht die Übersichtlichkeit nochmals.

Der Arbeitsablauf bei der Erstellung von Buchungssätzen im System der doppelten Buchführung besteht dann aus den folgenden vier Schritten:

Arbeitsablauf

1. ANALYSE der Quellbelege: Untersuchung, ob es sich um ein relevantes Ereignis handelt. Als Quellbelege dienen beispielsweise Rechnungen, Zahlungsquittungen, Kontoauszüge, Warenausgangs- und Wareneingangsscheine.

2. KONTENBESTIMMUNG: Zur Vorbereitung des Journaleintrages sind die Konten zu bestimmen, die von dem relevanten Ereignis betroffen sind. Dabei kommt es nicht nur darauf an, die Namen der Konten auszumachen; die Konten müssen auch nach ihrer Art (Vermögensgüter, Fremdkapital, Eigenkapital) klassifiziert werden.

3. Ermittlung der Konsequenzen im Modell der intratemporalen BILANZGLEICHUNG: Bestimmung für jedes identifizierte Konto, ob der Geschäftsvorfall eine Zunahme oder eine Abnahme auf dem Konto auslöst und wie diese Veränderung gemäß der oben beschriebenen Normierung der Kontenseiten zu behandeln sind (Modifikation der Soll- oder Habenseite jedes Kontos).

4. JOURNALEINTRAG: Eintragung der gewonnenen Erkenntnisse in das Journal nach dem Schema (für nur zwei Konten):
   – Datum
   – Kurzbeschreibung des Geschäftsvorfalls
   – Name des Kontos oder der Konten, dessen oder deren Soll-Seite betroffen ist, und Betrag, um den die Soll-Seite zu verändern ist
   – Name des Kontos oder der Konten, dessen oder deren Haben-Seite betroffen ist, und Betrag, um den die Haben-Seite zu verändern ist.

Bei mehr als einem Konto für jede der beiden Kontenarten sind entsprechende Erweiterungen vorzusehen.

Angewandt auf den ersten Geschäftsvorfall des Unternehmens von Karl Gross bedeuten die ersten vier Schritte:

1. ANALYSE: Laut Kontoauszug der Bank für das Girokonto des Unternehmens wurden 100000 GE durch eine Einzahlung von Karl Gross auf dem Girokonto verbucht. Weil das Guthaben des Vermögensgutes »Girokonto« sich verändert hat, handelt es sich um ein relevantes Ereignis.

2. KONTENBESTIMMUNG: Durch den Geschäftsvorfall nimmt das Vermögensgut »Zahlungsmittel« zu. Der Zunahme diese Vermögensgutes steht eine gleich hohe Abnahme anderer Vermögensgüter nicht gegenüber. Das Fremdkapital wird von dem Vorgang nicht berührt. Der Geschäftsvorfall betrifft das Eigenkapital. Folglich sind das Vermögenskonto *Zahlungsmittel* und das Eigenkapitalkonto *Kapital K. Gross* zu verändern.

3. BILANZGLEICHUNG: Beide Konten nehmen jeweils um 100000 GE zu. Zunahmen eines Vermögenskontos sind auf dessen Soll-Seite zu berücksichtigen, Zunahmen eines Eigenkapitalkontos auf dessen Haben-Seite.

4. Der JOURNALEINTRAG müsste mindestens enthalten:

Beleg	Datum	Geschäftsvorfall und Konten	Soll	Haben
1	2.4.	Einlage von K. Gross Zahlungsmittel Kapital K. Gross	100000	100000

Journalinhalt Journale können in ihrer Form unterschiedlich aufgebaut sein. Das Wesentliche ist, dass alle Informationen darin enthalten sind, die man für die Übernahme der Informationen auf Konten benötigt. Die Auswertung des Journaleintrags fällt umso leichter, je standardisierter die Aufschreibungen sind. Bei nur zwei Konten ist es üblich, zuerst dasjenige Konto zu nennen, dessen Soll-Seite zu verändern ist und dann dasjenige, dessen Haben-Seite modifiziert werden muss. Bei mehr als einem einzigen Konto in einer oder beiden Arten werden zuerst diejenigen Konten genannt, deren Soll-Seiten zu verändern sind und dann diejenigen, deren Haben-Seiten berührt werden. Einen in diesem Sinne standardisierten und vollständigen Journaleintrag nennt man auch einen Buchungssatz im Sinne der doppelten Buchführung.

Zur Vermeidung von Missverständnissen werden die Kontennennungen (für ein einziges Konto in jeder der beiden Kontenarten) in die Satzstruktur »(per) Konto 1 an Konto 2« oder »Konto 1 an Konto 2« gepackt, wobei »Konto 1« immer dasjenige ist, dessen Soll-Seite modifiziert wird, und »Konto 2« dasjenige, dessen Haben-Seite betroffen ist. Man bucht also immer »(per) Soll an Haben«. Wenn beide Konten um den gleichen Betrag verändert werden, vereinfacht man die Schreibweise durch einmalige Betragsnennung. Hieraus folgt z.B. »am 2. April (per) *Zahlungsmittel* an *Kapital K. Gross* 100000 GE«. Obiger Buchungssatz würde im Journal dann lauten:

Beleg	Datum	Geschäftsvorfall	Konto, dessen Soll-Seite verändert wird	Betrag		Konto, dessen Haben-Seite verändert wird	Betrag
1	2.4.	Einlage von K. Gross	*Zahlungsmittel*	100000	an	*Kapital K. Gross*	100000

Alle Buchungssätze haben im Prinzip die gleiche Struktur, wenn man sich an die Normung hält.

Diejenigen relevanten Ereignisse, die sich nicht in Geschäftsvorfällen niederschlagen, sind ebenfalls in das Journal einzutragen. Dabei sind wiederum die vier geschilderten Schritte zu unternehmen. Dies geschieht allerdings erst zu dem Zeitpunkt, zu dem die Buchungen erfolgen. Wie bereits oben erwähnt, wird dieser Zeitpunkt regelmäßig im Zeitraum der Aufstellung der finanziellen Berichte sein.

4.2.4 Ausführung des Buchungssatzes auf Konten

Steht der Buchungssatz fest, gibt es keine großen Probleme mehr. Auf den Konten sind die durch den Buchungssatz vorgegebenen Veränderungen der Soll- bzw. der Habenseite vorzunehmen. Der Arbeitsablauf besteht aus einem einzigen (fünften) Schritt:

Arbeitsablauf (Fortsetzung)

5. KONTENEINTRAG: Übertragung des Journaleintrages auf die Konten unter Angabe eines Verweises auf den Journaleintrag.

In einer guten EDV-Buchführung genügt bereits die Angabe des Buchungssatzes: der Eintrag auf die Konten erfolgt dann mit einem Programm, das die Buchungssätze auswertet. Bei manuellen Buchführungen in Büchern oder auf losen Blättern sind die entsprechenden Eintragungen mit der Hand oder mit einem »Buchungsautomaten« vorzunehmen. In einigen Unternehmen ist es heutzutage sogar erreicht, dass Geschäftsvorfälle automatisch erfasst und ins Journal sowie auf den Konten vermerkt werden. Die Scanner-Kasse macht so etwas beispielsweise möglich.

4.2.5 Stichtagsorientierte Übernahme der Kontostände in Finanzberichte

Nach der Buchung der Geschäftsvorfälle lässt sich auf den Konten jeweils die Veränderung der einzelnen Werte der Vermögensgüter, des Fremdkapitals und des Eigenkapitals ermitteln. Subtrahiert man die Abnahmen von den Zunahmen, so erhält man als Saldo die Veränderung des Bestandes, von dem das Konto handelt. Ergänzt man den Kontoinhalt um den Bestand zu Beginn des Abrechnungszeitraumes, so entspricht der Saldo des Kontos zum Ende des Abrechnungszeitraumes dem Endbestand; denn es gilt ja entsprechend der intertemporalen Bilanzgleichung:

Inhalt von Konten nach Buchungen

$$\text{Endbestand} = \text{Anfangsbestand} + \text{Zugänge} - \text{Abgänge}.$$

4.3   Veranschaulichung des Systems am Beispiel

Die Informationsverarbeitung im Rechnungswesen beruht auf den oben beschriebenen Schritten: der Analyse des Geschäftsvorfalls, der Kontenbestimmung, der Verdeutlichung der intratemporalen Bilanzgleichung, dem Eintrag ins Journal und dem Eintrag auf den Konten. Zur Verdeutlichung werden die ersten sechs Geschäftsvorfälle im Unternehmen des Karl Gross ausführlich behandelt. Dabei wird aus Platzgründen auf den Konten auf die Angabe eines konkreten Datums zu Gunsten der laufenden Nummer des Geschäftsvorfalls verzichtet. Aus Platzgründen ist der Verweistext ebenfalls auf die Nummer des Buchungssatzes beschränkt. Kontostandsangaben werden auch nicht gemacht.

4.3.1   Analyse, Journal- und Konteneintrag von Geschäftsvorfällen

Geschäftsvorfall 1

ANALYSE: Das Unternehmen erhält am 2. April 100 000 GE Zahlungsmittel von seinem Gründer Karl Gross. Es handelt sich um eine Einlage, also um eine Eigenkapitalmehrung.

KONTENBESTIMMUNG: Der Geschäftsvorfall berührt die Vermögensgüter und das Eigenkapital. Das Vermögenskonto *Zahlungsmittel* und das Eigenkapitalkonto *Kapital K. Gross* sind zu verändern.

BILANZGLEICHUNG: Die Zahlungsmittel nehmen zu. Daher ist die Soll-Seite des Vermögenskontos *Zahlungsmittel* zu verändern. Das Eigenkapital nimmt ebenfalls zu. Deswegen ist die Haben-Seite des Eigenkapitalkontos *Kapital K. Gross* zu verändern.

Vermögensgüter	=	Fremdkapital	+	Eigenkapital
Zahlungsmittel		*Verbindlichkeiten*		*Kapital K. Gross*
+ 100 000	=	0	+	+ 100 000

JOURNALEINTRAG: Aufzeichnung des Geschäftsvorfalles »Kapitaleinlage von K. Gross« mit identifizierendem Verweis auf Kontoangaben (z. B. laufender Nummer und Datum), Art des Geschäftsvorfalls, Name des Kontos, dessen Soll-Seite berührt wird, Betrag, um den das Konto zu verändern ist, Name des Kontos, dessen Haben-Seite berührt wird, und Betrag, um den das Konto zu verändern ist:

Beleg	Datum	Geschäftsvorfall und Konten	Soll	Haben
1	2.4.	Einlage von K. Gross		
		Zahlungsmittel	100000	
		Kapital K. Gross		100000

KONTENEINTRAG:

Zahlungsmittel		*Kapital K. Gross*	
(1) 100000			(1) 100000

Geschäftsvorfall 2

ANALYSE: Gross zahlt am 2. April 60000 GE für die Anschaffung eines Grundstücks, auf dem er ein Haus für sein Büro bauen möchte. Es handelt sich um einen Kauf gegen Abnahme der Zahlungsmittel.

KONTENBESTIMMUNG: Durch den Kauf gegen Abnahme der Zahlungsmittel ändert sich die Zusammensetzung der Vermögensgüter des Unternehmens. Das Vermögenskonto *Grundstück* und das Vermögenskonto *Zahlungsmittel* werden berührt.

BILANZGLEICHUNG: Auf dem Vermögenskonto *Grundstück* ist eine Zunahme um 60000 GE zu berücksichtigen. Deswegen muss man die Soll-Seite verändern. Die Zahlungsmittel verringern sich. Folglich ist auf dem Vermögenskonto *Zahlungsmittel* die Haben-Seite zu modifizieren:

Vermögensgüter		=	Fremdkapital	+	Eigenkapital
Zahlungsmittel	*Grundstück*		*Verbindlichkeiten*		*Kapitel K. Gross*
− 60000	+ 60000	=	0	+	0

JOURNALEINTRAG: Aufzeichnung des Geschäftsvorfalles »Grundstückskauf« mit identifizierendem Verweis auf Kontoangaben (z.B. laufender Nummer und Datum), Art des Geschäftsvorfalls, Name des Kontos, dessen Soll-Seite berührt wird, Betrag, um den das Konto zu verändern ist, Name des Kontos, dessen Haben-Seite berührt wird und Betrag, um den das Konto zu verändern ist:

Beleg	Datum	Geschäftsvorfall und Konten	Soll	Haben
2	2.4.	Grundstückskauf gegen Abnahme der Zahlungsmittel		
		Grundstück	60000	
		Zahlungsmittel		60000

KONTENEINTRAG:

Zahlungsmittel			*Grundstück*	
(1) 100000	(2) 60000		(2) 60000	

Geschäftsvorfall 3

ANALYSE: Kauf von Büromaterial am 3. April zum Preis von 3000 GE »auf Rechnung« (synonym: »auf Ziel«).

KONTENBESTIMMUNG: Durch den Kauf verändern sich die Vermögensgüter und das Fremdkapital. Das Vermögenskonto *Büromaterial* und das Fremdkapitalkonto *Verbindlichkeiten (Einkauf)* werden berührt.

BILANZGLEICHUNG: Das Vermögenskonto *Büromaterial* ist wegen der Zunahme auf seiner Soll-Seite, das Fremdkapitalkonto *Verbindlichkeiten (Einkauf)* wegen seiner Zunahme auf der Haben-Seite zu verändern:

Vermögensgüter	=	Fremdkapital	+	Eigenkapital
Büromaterial		*Verbindlichkeiten (Eink.)*		*Kapital K. Gross*
+ 3000	=	+ 3000	+	0

JOURNALEINTRAG: Aufzeichnung des Geschäftsvorfalles »Kauf von Büromaterial« mit identifizierendem Verweis auf Kontoangaben (z.B. laufender Nummer und Datum), Art des Geschäftsvorfalls, Name des Kontos, dessen Soll-Seite berührt wird, Betrag, um den das Konto zu verändern ist, Name des Kontos, dessen Haben-Seite berührt wird, und Betrag, um den das Konto zu verändern ist:

Beleg	Datum	Geschäftsvorfall und Konten	Soll	Haben
3	3.4.	Kauf von Büromaterial auf Ziel		
		Büromaterial	3000	
		Verbindlichkeiten (Einkauf)		3000

KONTENEINTRAG:

Büromaterial		*Verbindlichkeiten (Einkauf)*	
(3) 3000			(3) 3000

Geschäftsvorfall 4

ANALYSE: Es handelt sich um die Abgabe einer Dienstleistung gegen Barzahlung am 4. April. Bei der Erstellung der Dienstleistung war Büromaterial mit einem Anschaffungswert von 600 GE verbraucht worden.

KONTENBESTIMMUNG: Durch die Abgabe der Dienstleistung gegen Barzahlung nehmen die Vermögensgüter und das Eigenkapital um den gezahlten Preis der Dienstleistung zu. Zugleich nehmen die Vermögensgüter und das Eigenkapital wegen des Einsatzes des Büromaterials ab. Das Vermögenskonto *Zahlungsmittel* und das Eigenkapitalkonto *Kapital K. Gross* nehmen zu. Gleichzeitig nehmen das Vermögenskonto *Büromaterial* und das Eigenkapitalkonto *Kapital K. Gross* ab. Ihrer Art nach handelt es sich bei der Eigenkapitalmehrung um einen Ertrag, bei der Eigenkapitalminderung und einen Aufwand.

BILANZGLEICHUNG: Die Zunahme des Kontos *Zahlungsmittel* ist auf der Soll-Seite des Kontos, die Zunahme des Kontos *Kapital K. Gross* auf der Haben-Seite zu berücksichtigen:

Vermögensgüter	=	Fremdkapital	+	Eigenkapital
Zahlungsmittel		*Verbindlichkeiten*		*Kapital K. Gross*
+ 12 000	=	0	+	+12 000

Die Abnahme des Büromaterials ist auf der Haben-Seite des Kontos, die Abnahme des Eigenkapitals auf der Soll-Seite zu berücksichtigen:

Vermögensgüter	=	Fremdkapital	+	Eigenkapital
Büromaterial		*Verbindlichkeiten*		*Kapital K. Gross*
– 600	=	0	+	–600

JOURNALEINTRAG: Aufzeichnung des Geschäftsvorfalles »Erbringung einer Dienstleistung« mit identifizierendem Verweis auf Kontoangaben (z. B. laufender Nummer und Datum), Art des Geschäftsvorfalls, Name des Kontos, dessen Soll-Seite berührt wird, Betrag, um den das Konto zu verändern ist, Name des Kontos, dessen Haben-Seite berührt wird, und Betrag, um den das Konto zu verändern ist:

Beleg	Datum	Geschäftsvorfall und Konten	Soll	Haben
4a	4.4.	Abgabe eines Gutachtens (Ertragsbuchung)		
		Zahlungsmittel	12 000	
		Kapital K. Gross		12 000
4b	4.4.	Abgabe eines Gutachtens (Aufwandsbuchung)		
		Kapital K. Gross	600	
		Büromaterial		600

KONTENEINTRAG:

Zahlungsmittel				*Büromaterial*				*Kapital K. Gross*			
(1)	100 000	(2)	60 000	(3)	3 000	(4b)	600	(4b)	600	(1)	100 000
(4a)	12 000									(4a)	12 000

Geschäftsvorfall 5

ANALYSE: Es handelt sich um die Abgabe einer Dienstleistung am 5. April zu einem Preis von 10 000 GE mit späterer Bezahlung. Bei der Erstellung der Dienstleistung war Büromaterial mit einem Anschaffungswert von 400 GE verbraucht worden.

KONTENBESTIMMUNG: Durch die Abgabe der Dienstleistung gegen spätere Bezahlung werden die Vermögensgüter und das Eigenkapital um den Preis der Dienstleistung erhöht. Zugleich nehmen die Vermögensgüter und das Eigenkapital wegen des Einsatzes des Büromaterials ab. Das Vermögenskonto *Forderungen (Verkauf)* und das Eigenkapitalkonto *Kapital K. Gross* nehmen zu. Gleichzeitig nehmen das Vermögenskonto *Büromaterial* und das Eigenkapitalkonto *Kapital K. Gross* ab.

BILANZGLEICHUNG: Die Zunahme des Kontos *Forderungen (Verkauf)* ist auf der Soll-Seite des Kontos, die Zunahme des Kontos *Kapital K. Gross* auf der Haben-Seite zu berücksichtigen:

Vermögensgüter	=	Fremdkapital	+	Eigenkapital
Forderungen		*Verbindlichkeiten*		*Kapital K. Gross*
+ 10000	=	0	+	+10000

Die Abnahme des Büromaterials ist auf der Haben-Seite des Kontos, die Abnahme des Eigenkapitals auf der Soll-Seite zu berücksichtigen:

Vermögensgüter	=	Fremdkapital	+	Eigenkapital
Büromaterial		*Verbindlichkeiten*		*Kapital K. Gross*
− 400	=	0	+	−400

JOURNALEINTRAG: Aufzeichnung des Geschäftsvorfalles »Erbringung einer weiteren Dienstleistung« mit identifizierendem Verweis auf Kontoangaben (z.B. laufender Nummer und Datum), Art des Geschäftsvorfalls, Name des Kontos, dessen Soll-Seite berührt wird, Betrag, um den das Konto zu verändern ist, Name des Kontos, dessen Haben-Seite berührt wird, und Betrag, um den das Konto zu verändern ist:

Beleg	Datum	Geschäftsvorfall und Konten	Soll	Haben
5a	5.4.	Abgabe eines Gutachtens (Ertragsbuchung)		
		Forderungen (Verkauf)	10000	
		Kapital K. Gross		10000
5b	5.4.	Abgabe eines Gutachtens (Aufwandsbuchung)		
		Kapital K. Gross	400	
		Büromaterial		400

KONTENEINTRAG:

Forderungen (Verkauf)			Büromaterial			Kapital K. Gross		
(5a) 10000		(3) 3000	(4b) 600	(4b) 600	(1) 100000
			(5b) 400	(5b) 400	(4a) 12000
					(5a) 10000

Geschäftsvorfall 6

ANALYSE: Karl Gross zahlt Miete (4000 GE), Gehalt (3000) und Sonstiges (2000) für den ersten Monat.

KONTENBESTIMMUNG: Durch die Zahlung nehmen die Vermögensgüter und das Eigenkapital des Unternehmens ab. Das Vermögenskonto *Zahlungsmittel* und das Eigenkapitalkonto *Kapital K. Gross* werden berührt. Möchte man die Veränderungen des Eigenkapitals als Ertrag und Aufwand getrennt erfassen, so kann man entsprechende Unterkonten zum Eigenkapitalkonto bilden. Dann wäre anstatt des Eigenkapitalkontos *Kapital K. Gross* das Aufwandskonto zu verändern. Hier wird die erstgenannte Variante dargestellt.

BILANZGLEICHUNG: Weil das Eigenkapital durch den Aufwand abnimmt, ist die Soll-Seite des Eigenkapitalkontos *Kapital K. Gross* zu verändern. Die Abnahme des Vermögenskontos *Zahlungsmittel* ist auf der Haben-Seite zu erfassen.

Vermögensgüter	=	Fremdkapital	+	Eigenkapital
Zahlungsmittel		*Verbindlichkeiten*		*Kapital K. Gross*
− 4000				− 4000
−3000	=	0	+	−3000
−2000				−2000

JOURNALEINTRAG: Aufzeichnung des Geschäftsvorfalles »Ausgaben für Miete, Gehalt und Sonstiges« mit identifizierendem Verweis auf Kontoangaben (z. B. laufender Nummer und Datum), Art des Geschäftsvorfalls, Name des Kontos, dessen Soll-Seite berührt wird, Betrag, um den das Konto zu verändern ist, Name des Kontos, dessen Haben-Seite berührt wird, und Betrag, um den das Konto zu verändern ist:

Beleg	Datum	Geschäftsvorfall und Konten	Soll	Haben
6	6.4.	Ausgaben für Miete, Gehalt und Sonstiges		
		Kapital K. Gross	9000	
		Zahlungsmittel		9000

KONTENEINTRAG:

Zahlungsmittel				Kapital K. Gross			
(1)	100000	(2)	60000	(4b)	600	(1)	100000
(4a)	12000	(6)	9000	(5b)	400	(4a)	12000
				(6)	9000	(5a)	10000

4.3.2   Ermittlung der Kontensalden

Inhalt von Konten nach Buchungen

Nach der Buchung der Geschäftsvorfälle lässt sich jeweils die Veränderung der einzelnen Werte der Vermögensgüter, des Fremdkapitals und des Eigenkapitals ermitteln. Im Beispiel zeigt das Zahlungsmittelkonto nach den sechs Geschäftsvorfällen die einlagenbedingte Zunahme um 100 000 GE, die Abnahme für den Grundstückskauf (60 000 GE), die Zunahme durch die Abgabe einer Leistung an den ersten Kunden (12 000 GE) sowie Ausgaben für Miete, Gehalt und Sonstiges (9000 GE). Subtrahiert man die Abnahmen von den Zunahmen, so erhält man als Saldo die Veränderung der Zahlungsmittel. Weil es zu Beginn der Betrachtung, d.h. vor dem ersten Geschäftsvorfall, keine Zahlungsmittel im Unternehmen gab, entspricht der Saldo von Einzahlungen und Auszahlungen im Beispiel dem Endbestand des Zahlungsmittelkontos. Normalerweise stellt der Saldo der Soll- und der Haben-Seite nur dann den Endbestand der jeweiligen Vermögensgüter-, Fremdkapital- oder Eigenkapitalwerte dar, wenn auch die jeweiligen Anfangsbestände in die Betrachtung einbezogen werden; denn es gilt ja entsprechend der intertemporalen Bilanzgleichung:

$$\text{Endbestand = Anfangsbestand + Zugänge – Abgänge}$$

Darstellung des Kontostandes

Im Folgenden wird der Kontostand, der sich nach Berücksichtigung der auf dem Konto angegebenen Werte ergibt, durch das Kürzel »S« angedeutet und nachrichtlich unter das Konto geschrieben, wenn dieser Kontostand ungleich 0 GE ist. Übersteigt die Summe der Werte der Soll-Seite diejenige der Haben-Seite, so tragen wir den Kontostand auf der Soll-Seite unter dem T-Konto ein; im umgekehrten Fall benutzen wir die Haben-Seite. Bei einem Kontostand von 0 GE interessiert uns das Konto nicht mehr und wir deuten dies durch doppeltes Unterstreichen an. Dies hat den Vorteil, dass wir den Kontostand jeweils auf derjenigen Kontenseite sehen, auf der wir normalerweise die Zugänge abbilden, solange noch ein positiver Bestand vorhanden ist, und dass Konten, die uns nicht mehr interessieren gleich auffallen. Das Zahlungsmittelkonto sähe folgendermaßen aus:

Zahlungsmittel			
(1)	100 000	(2)	60 000
(4)	12 000	(6)	9000
S	43 000		

Im Journal müssten sich für die ersten sechs Ereignisse die Buchungssätze der Abbildung 4.5 befinden. Die von den ersten sechs Geschäftsvorfällen angesprochenen Konten sehen unter Berücksichtigung der Information über den Kontostand so wie in Abbildung 4.6 aus.

BS	Soll-Konto		Haben-Konto	Betrag
1	Zahlungsmittel	an	Kapital K. Gross	100000
2	Grundstück	an	Zahlungsmittel	60000
3	Büromaterial	an	Verbindlichkeiten (Einkauf)	3000
4a	Zahlungsmittel	an	Kapital K. Gross	12000
4b	Kapital K. Gross	an	Büromaterial	600
5a	Forderungen (Verkauf)	an	Kapital K. Gross	10000
5b	Kapital K. Gross	an	Büromaterial	400
6	Kapital K. Gross	an	Zahlungsmittel	9000

Abbildung 4.5: Buchungssätze zu den ersten sechs Ereignissen im Unternehmen K. Gross

	Vermögensgüter			=	Fremdkapital		+	Eigenkapital		
	Zahlungsmittel				*Verbindlichkeiten (Einkauf)*			*Kapital K. Gross*		
(1)	100000	(2)	60000		(3)	3000	(4)	600	(1)	100000
(4)	12000	(6)	9000		S	3000	(5)	400	(4)	12000
S	43000						(6)	9000	(5)	10000
									S	112000

	Forderungen (Verkauf)	
(5)	10000	
S	10000	

	Büromaterial		
(3)	3000	(4)	600
		(5)	400
S	2000		

	Grundstück	
(2)	60000	
S	60000	

Abbildung 4.6: Darstellung der Konten mit Angabe von Kontoständen nach den ersten sechs Geschäftsvorfällen des Beispiels

4.4   Vorläufige Saldenbilanz

4.4.1   Grundlagen

**Vorläufige Salden-
bilanz: Liste der
Kontostände aller
Konten nach Buchung
der Geschäftsvorfälle**

Die vorläufige Saldenbilanz repräsentiert eine Liste aller Konten mit den jeweiligen Kontoständen nach Berücksichtigung aller Geschäftsvorfälle, jedoch vor Erfassung derjenigen Ereignisse, die zwar berücksichtigt werden müssen, aber nicht zu den Geschäftsvorfällen zählen. Sie dient nicht nur der Übersicht über die Kontostände, sondern auch der Prüfung, bei welchen Konten weitere Ereignisse zu erfassen sind. Sie ist darüber hinaus beim Aufspüren von Buchungsfehlern hilfreich.

**Getrennte Auflistung
von Soll- und Haben-
salden**

In einer vorläufigen Saldenbilanz werden die Kontostände getrennt danach aufgeführt, ob sie auf der Soll- oder auf der Haben-Seite eines Kontos entstanden sind. Die Summe der Kontostände der rechten Seite der Saldenbilanz muss der Summe der Kontostände der linken Seite entsprechen. Ist dies nicht der Fall, so hat sich ein Fehler eingeschlichen. Trägt man Kontostände, die sich auf den Konten auf der Haben-Seite ergeben, auf der Haben-Seite der Saldenbilanz ein (Haben-Salden) und entsprechende Soll-Salden der Konten auf der Soll-Seite der Saldenbilanz, so erscheint diese besonders aussagefähig: Für das Unternehmen stehen Aktivposten wie in einer Bilanz auf der linken und Passivposten auf der rechten Seite. Im Englischen wird für die vorläufige Saldenbilanz der Begriff »trial balance« verwendet.

**Zeitpunkt der
Erstellung**

Eine Saldenbilanz kann man jederzeit erstellen, um die Richtigkeit der Journal- und Konteneinträge zu prüfen. Zur Analyse, bei welchen Konten weitere Ereignisse zu buchen sind, wird sie allerdings erst zum Ende eines jeden Abrechnungszeitraumes erstellt. Für die ersten sechs Geschäftsvorfälle der Unternehmensberatung Karl Gross hat die vorläufige Saldenbilanz das Aussehen der Abbildung 4.7.

Unternehmensberatung K. Gross Vorläufige Saldenbilanz nach den ersten sechs Geschäftsvorfällen des April 20X1		
	Kontostand	
	Soll	Haben
Zahlungsmittel	43000	
Forderungen (Verkauf)	10000	
Büromaterial	2000	
Grundstück	60000	
Verbindlichkeiten (Einkauf)		3000
Kapital K. Gross		112000
Summe	115000	115000

Abbildung 4.7:   Vorläufige Saldenbilanz des Unternehmens K. Gross nach den ersten sechs Geschäftsvorfällen

4.4.2 Fehlersuche mit Hilfe der vorläufigen Saldenbilanz

Durch die Verwendung von Computern werden im Rahmen der Buchführung viele Fehler von vornherein ausgeschlossen. Dennoch kann es durch menschliches Versagen vorkommen, dass die Soll- und die Haben-Seite der vorläufigen Saldenbilanz nicht übereinstimmen. Eine Möglichkeit, Fehler zu finden, besteht darin, die Abbildung sämtlicher Geschäftsvorfälle nachzuvollziehen. Das wird umso mühsamer, je mehr Geschäftsvorfälle vorliegen.

Rechenfehler bei Computereinsatz unwahrscheinlich

Viele Fehler lassen sich bei nicht ausgeglichener Saldenbilanz schnell finden, wenn man eine oder mehrere der folgenden vier Operationen durchführt:

Fehlerhinweise bei unausgeglichener Saldenbilanz

1. Suche danach, ob ein Konto bei Aufstellung der Saldenbilanz vergessen wurde: Wären im Beispiel die Ausgaben für Mieten, Gehälter und Sonstiges vergessen worden, so hätte sich eine Differenz zwischen der Soll- und der Haben-Seite der Saldenbilanz in Höhe von 9000 GE ergeben. Nochmalige Durchsicht aller Konten und Suche nach einem Konto mit einem Endbestand von 9000 GE hätte sicherlich zu dem fehlenden Konto geführt.

Übertragung eines Kontos vergessen?

2. Suche nach unvollständigen Buchungen: Es kann sein, dass eine Buchung, die im Journal steht, auf einem der Konten vergessen wurde. Dann weist die Saldenbilanz eine Differenz auf, die dem Betrag eines Geschäftsvorfalls entspricht. Durch Suche nach dem Betrag im Journal identifiziert man den Eintrag und kann den vergessenen Buchungsteil nachholen.

Buchungssatz nur teilweise auf Konten übertragen?

3. Suche nach einer Buchung, bei welcher der Betrag irrtümlich auf der falschen Seite eines Kontos verbucht wurde: Dividiere den Saldo der Saldenbilanz durch 2 und suche im Journal nach dem Betrag! Folgende Begründung lässt sich dafür heranziehen. Hat man eine Soll-Buchung versehentlich auf der Haben-Seite eines Kontos vorgenommen, weist das Konto einen Endbestand auf, der doppelt so hoch ist wie die aus dem Geschäftsvorfall folgende Buchung. Hätte man 300 GE im Soll buchen sollen, hat man sie tatsächlich jedoch im Haben gebucht, dann beträgt die Differenz 600 GE. Die Suche nach 600 GE/2 = 300 GE im Journal könnte den Fehler vielleicht aufdecken.

Ein Betrag auf der falschen Seite eines Kontos eingetragen?

4. Suche nach Buchungen, bei denen auf den Konten Beträge mit unterschiedlichen Dezimalgrößenordnungen verbucht wurden: Dividiere die Differenz durch 9! Ist das Resultat eine ganze Zahl, so kann ein Größenordnungsfehler vorliegen (statt 61 hat man 610 geschrieben) oder ein »Zahlendreher« (man hat 16 anstatt 61 geschrieben). Im Falle eines Größenordnungsfehlers um eine Dezimalstelle beispielsweise liefert die Division der Differenz durch 9 den Betrag, der falsch verbucht wurde. Hat man etwa 61 anstatt 610 gebucht, ergibt sich eine Differenz von 549. Durch Suche im Journal nach 549/9 = 61 lässt sich der fehlerhaft verarbeitete Geschäftsvorfall identifizieren.

Kommafehler oder bestimmte Zahlendreher bei Übertragung?

Natürlich lassen sich mit Hilfe der Saldenbilanz nicht alle denkbaren Fehler finden. Selbst wenn die Saldenbilanz ausgeglichen ist, kann es vorkommen, dass man einen Geschäftsvorfall falsch analysiert hat, dass die Kontenbestimmung fehlerhaft war, dass die Zugänge und Abgänge eines Geschäftsvorfalls jeweils auf der falschen Kontenseite vermerkt wurden oder dass man beim Konteneintrag falsche, jedoch in ihrer Höhe gleiche Beträge übernommen hat.

4.4.3   »Normale« Salden von Konten

Endbestände von Bestandskonten sollten i. d. R. positiv sein

Der Endbestand eines Kontos ergibt sich aus dem Anfangsbestand zuzüglich der Zugänge abzüglich der Abgänge. Für die meisten Vermögens- und Fremdkapitalposten wird der Endbestand der Konten positiv sein. Dem Vorratslager oder der Kasse kann man nicht mehr Güter oder Geld entnehmen als darin vorhanden sind. Auch Grundstücke und Gebäude lassen sich nur verkaufen, wenn man sie besitzt. Fremdkapital erlischt, sobald es zurückgezahlt ist. Ein negativer Bestand eines Vermögens- oder Fremdkapitalkontos kann sich zwar rechnerisch ergeben, ist aber faktisch unmöglich.

Endbestände von Eigenkapitalkonten

Der Endbestand des Eigenkapitalkontos wird ebenfalls meist positiv sein. Ergibt sich ein negativer Bestand, so übersteigt der Wert des Fremdkapitals den Wert der Vermögensgüter. Es liegt dann eine Situation vor, in der sich die Gläubiger verstärkt um die Rückführung ihrer Mittel bemühen werden. Die meisten Rechtsordnungen sehen in solchen Situationen vor, dass der Unternehmer keine Geschäfte mehr tätigen darf. Zu den Unterkonten des Eigenkapitals, die Eigenkapitalmehrungen aufnehmen, gehören die Ertrags- und Einlagekonten. Eine Mehrung solcher Konten zeigt sich in einem Überschuss der Haben-Seite über die Soll-Seite. Bei den Eigenkapitalkonten, welche zur Abbildung von Eigenkapitalminderungen vorgesehen sind, zeigen sich die gesamten Minderungen in einem Überschuss der Soll-Seite über die Haben-Seite. Zu diesen Konten zählen die Entnahmekonten und die Aufwandskonten.

Abbildung 4.8 zeigt grafisch, auf welcher Kontenseite der Endbestand bei verschiedenen Kontentypen normalerweise erscheint.

Vermögensgüter		Fremdkapital		Eigenkapital	
normaler Saldo			normaler Saldo		normaler Saldo

Abbildung 4.8:   Kontenseiten für den Ausweis »normaler« Endbestände

In der Praxis werden auch Konten geführt, deren Endbestände rechts oder links stehen können. Dies gilt beispielsweise für Girokonten, wenn beispielsweise Banken den Unternehmen auf solchen Konten Anlage- und Kreditbeziehungen einräumen. Übersteigen die Einzahlungen auf ein solches Konto die Auszahlungen, liegt also aus Sicht des Unternehmens ein positiver Endbestand auf der Soll-Seite des Kontos vor, so handelt es sich um ein Vermögenskonto. Ist der Kontostand dagegen negativ bzw. erfolgt der Endbestandsausweis auf der Haben-Seite des Kontos, handelt es sich um eine Rückzahlungsverpflichtung, beispielsweise gegenüber der Bank und damit um ein Fremdkapitalkonto.

Konten mit Endbeständen, die positiv oder negativ sein können

4.5 Berücksichtigung von relevanten »anderen« Ereignissen in der Saldenbilanz

Die vorläufige Saldenbilanz ist weiterhin sehr hilfreich bei der Berücksichtigung von Ereignissen, die zwar im Rechnungswesen abzubilden sind, aber nicht den Geschäftsvorfällen zugeordnet werden können. Beispielsweise verlangt das deutsche HGB, Vermögensgegenstände u.U. abweichend von deren Anschaffungsausgaben anzusetzen, wenn am Bilanzstichtag der Börsen- oder Marktpreis oder der »beizulegende« Wert niedriger als die Anschaffungsausgaben sind. Für das Fremdkapital gilt aus Vorsichtsgründen Entsprechendes in umgekehrter Richtung. Das erfordert vom Bilanzaufsteller, dass er alle Vermögensgüter und alle Fremdkapitalposten zum Bilanzstichtag daraufhin überprüft, ob derartige Wertminderungen eingetreten sind. Gegebenenfalls ist eine Buchung vorzunehmen. Für eine solche Überprüfung genügt es i.d.R. nicht, nur auf die Konten zu schauen. Man benötigt auch andere Informationen, im Beispiel solche über die Börsen-, Marktpreise oder über beizulegende Werte. Wenn man auf die Zusammenfassung der Konteninhalte in Form einer vorläufigen Saldenbilanz zurückgreifen kann, verfügt man über eine vollständige Checkliste für derartige Arbeiten.

Vorläufige Saldenbilanz als Zusammenfassung von Konteninhalten

Mit der Berücksichtigung anderer Ereignisse als den Geschäftsvorfällen nimmt man Buchungen vor, die als Korrekturbuchungen bezeichnet werden. Denn mit ihnen korrigiert man die vorläufigen Endbestände von Konten (nach Berücksichtigung der Geschäftsvorfälle) so, wie es für eine leistungsabgabeorientierte Ergebnismessung unter Berücksichtigung von Periodisierungen und Ergebnisvorwegnahmen erforderlich ist. Das nächste Kapitel wird sich eingehend mit solchen Korrekturbuchungen und der Erstellung einer korrigierten Saldenbilanz beschäftigen.

Korrekturbuchungen

Planungsinstrument für ermessensabhängige Buchungen

Oftmals lassen sich die finanziellen Konsequenzen solcher Ereignisse, die nicht zu den Geschäftsvorfällen zählen, nicht zweifelsfrei feststellen. Es ist dann unvermeidlich, dass der Bilanzierende ein gewisses Ermessen ausüben kann oder muss. Durch das Ermessen beeinflusst er möglicherweise das Eigenkapital und das Ergebnis positiv oder negativ. Die vorläufige Saldenbilanz, ergänzt um weitere Spalten für die Korrekturbuchungen, ist das ideale Instrument, sich die Auswirkungen des Ermessens auf Eigenkapital und Ergebnis zu verdeutlichen, bevor man Buchungen vornimmt. Hat man sich für eine bestimmte Art der Ermessensausübung entschieden und die Konsequenzen mit Hilfe der Saldenbilanz verdeutlicht, kann man die entsprechenden Buchungen und Journaleinträge vornehmen.

4.6 Aufspaltung des Eigenkapitals in Unterkonten

4.6.1 Grundlagen

Für Ergebnis- und Eigenkapitalrechnung ist es erforderlich, Unterkonten für das Eigenkapital einzuführen

Wir haben gesehen, dass die für das Eigenkapital relevanten Ereignisse aus Sicht des Unternehmers unterschiedliche Eigenschaften aufweisen. Wir haben Eigenkapitaltransaktionen, die zwischen dem Unternehmen und den Kapitalgebern stattfinden, unterschieden von anderen relevanten Ereignissen, die zwischen dem Unternehmen und anderen Wirtschaftseinheiten als den Eigenkapitalgebern stattfinden. Für die Erstellung einer Ergebnisrechnung ist es erforderlich, Ertrag und Aufwand getrennt von den anderen Eigenkapitalveränderungen zu erfassen. Die Aufstellung einer Eigenkapitalrechnung verlangt darüber hinaus die Kenntnis von Einlagen und Entnahmen. Insofern lässt sich die bisherige Darstellungsweise der intratemporalen Bilanzgleichung genauer gestalten. Unterstellt man, dass Eigenkapitalveränderungen während eines Zeitraumes nur als Einlagen, Entnahmen, Ertrag und Aufwand berücksichtigt werden, so ergibt sich das gesamte Eigenkapital zum Ende des Zeitraumes aus dem Eigenkapital zu Beginn des Zeitraumes zuzüglich der Einlagen, abzüglich der Entnahmen, zuzüglich des Ertrags und abzüglich des Aufwands.

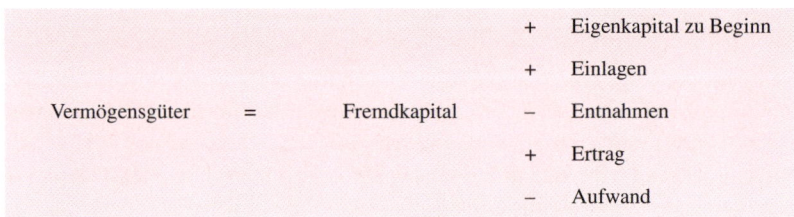

				+	Eigenkapital zu Beginn
				+	Einlagen
Vermögensgüter	=	Fremdkapital		–	Entnahmen
				+	Ertrag
				–	Aufwand

Bei Darstellung der Zusammenhänge auf Konten ergibt sich der aus Abbildung 4.9 ersichtliche Zusammenhang. Darin wird zugleich angegeben, auf welcher Seite der Konten jeweils Mehrungen und Minderungen abzubilden sind.

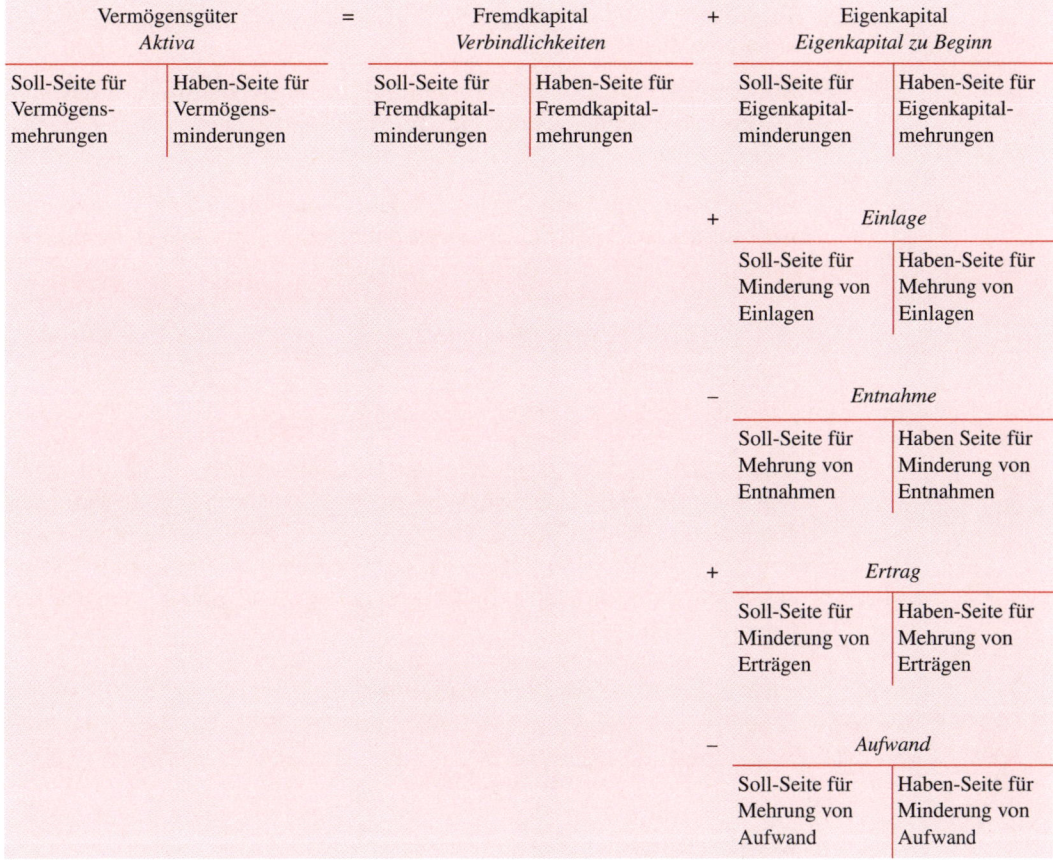

Abbildung 4.9: In Konten ausgedrückte intratemporale Bilanzgleichung bei detaillierter Darstellung des Eigenkapitals, jeweils mit Angabe der für Mehrungen und für Minderungen zu benutzenden Kontenseiten

4.6.2 Verdeutlichung am Beispiel

Im Folgenden werden wir den Ertrag und Aufwand der Notarin Eva Meier für den Monat Juli 20X1 näher betrachten. Wir führen dazu die Analyseschritte durch, die weiter oben in diesem Kapitel bereits illustriert wurden, und erstellen anschließend eine Saldenbilanz. Hierbei wird aus Platzgründen auf den Konten auf eine konkrete Datumsangabe zu Gunsten der laufenden Belegnummer verzichtet.

Verbuchung von Geschäftsvorfällen

Geschäftsvorfall 1

ANALYSE: Eva Meier investiert am 1. Juli 100000 GE Bargeld in ihr Unternehmen, um eine Rechtsanwaltskanzlei zu eröffnen. Es handelt sich um eine Einlage.

KONTENBESTIMMUNG: Durch eine Einlage von Bargeld werden das Vermögenskonto *Zahlungsmittel* und das Eigenkapitalkonto *Einlage E. Meier* angesprochen.

BILANZGLEICHUNG: Ein Zugang auf dem Vermögenskonto *Zahlungsmittel* wird auf dessen Soll-Seite, ein Zugang auf dem Eigenkapitalkonto *Einlage E. Meier* auf der Haben-Seite berücksichtigt:

Vermögensgüter	=	Fremdkapital	+	Eigenkapital
Zahlungsmittel		*Verbindlichkeiten*		*Einlage E. Meier*
+ 100000	=	0	+	+ 100000

JOURNALEINTRAG: Aufzeichnung des Geschäftsvorfalles »Einlage von E. Meier« mit identifizierendem Verweis auf Kontoangaben (z.B. laufender Nummer und Datum), Art des Geschäftsvorfalls, Name des Kontos, dessen Soll-Seite berührt wird, Betrag, um den das Konto zu verändern ist, Name des Kontos, dessen Haben-Seite berührt wird, und Betrag, um den das Konto zu verändern ist:

Beleg	Datum	Geschäftsvorfall und Konten	Soll	Haben
1	1.7.	Einlage von E. Meier		
		Zahlungsmittel	100000	
		Einlage E. Meier		100000

KONTENEINTRAG:

Zahlungsmittel		*Einlage E. Meier*	
(1) 100000		(1)	100000

Geschäftsvorfall 2

ANALYSE: Meier erbringt am 2. Juli eine Beratung für einen Mandaten und erhält dafür 2000 GE Beratungshonorar in bar. Es handelt sich um die Erbringung einer Dienstleistung.

KONTENBESTIMMUNG: Bei Erbringung einer Dienstleistung gegen Barzahlung werden die Vermögensgüter des Kontos *Zahlungsmittel* und das Eigenkapital berührt. Da es sich nicht um einen Eigenkapitaltransfer handelt, liegt eine Erhöhung des Kontos *Ertrag (Verkauf)* vor. Bestünde die

Dienstleistung nicht nur aus immateriellen, sondern aus Sachgütern, so wären mit dem Verkauf auch noch andere Vermögensgüter berührt, und zwar die Waren und Erzeugnisse, die verkauft wurden.

BILANZGLEICHUNG: Auf dem Vermögenskonto *Zahlungsmittel* ist wegen des Zugangs die Soll-Seite zu verändern, auf dem Eigenkapitalkonto *Ertrag (Verkauf)* wegen eines Zugangs die Haben-Seite:

Vermögensgüter	=	Fremdkapital	+	Eigenkapital
Zahlungsmittel		*Verbindlichkeiten*		*Ertrag (Verkauf)*
+ 2000	=	0	+	+ 2000

JOURNALEINTRAG: Aufzeichnung des Geschäftsvorfalles »Barverkauf von Dienstleistungen« mit identifizierendem Verweis auf Kontoangaben (z.B. laufender Nummer und Datum), Art des Geschäftsvorfalls, Name des Kontos, dessen Soll-Seite berührt wird, Betrag, um den das Konto zu verändern ist, Name des Kontos, dessen Haben-Seite berührt wird, und Betrag, um den das Konto zu verändern ist:

Beleg	Datum	Geschäftsvorfall und Konten	Soll	Haben
2	2.7.	Barzahlung des Honorars		
		Zahlungsmittel	2000	
		Ertrag (Verkauf)		2000

KONTENEINTRAG:

Zahlungsmittel		Ertrag (Verkauf)	
(1) 100000		(2)	2000
(2) 2000			

Geschäftsvorfall 3

ANALYSE: Meier erbringt am 3. Juli eine weitere Beratung für einen Mandanten und sendet diesem eine Rechnung über 3000 GE. Es handelt sich um die Erbringung einer Dienstleistung, die nicht sofort bar bezahlt wird.

KONTENBESTIMMUNG: Bei einem Verkauf ohne Barzahlung werden die Vermögensgüter auf dem Konto *Forderungen (Verkauf)* und das Eigenkapital auf dem Konto *Ertrag (Verkauf)* berührt.

BILANZGLEICHUNG: Das Vermögenskonto *Forderungen (Verkauf)* nimmt zu und ist deswegen auf seiner Soll-Seite zu modifizieren. Das Eigenkapitalkonto *Ertrag (Verkauf)* nimmt ebenfalls zu und ist daher auf seiner Haben-Seite zu verändern.

Vermögensgüter	=	Fremdkapital	+	Eigenkapital
Forderungen (Verkauf)		*Verbindlichkeiten*		*Ertrag (Verkauf)*
+ 3000	=	0	+	+ 3000

JOURNALEINTRAG: Aufzeichnung des Geschäftsvorfalles »Verkauf einer Dienstleistung auf Ziel« mit identifizierendem Verweis auf Kontoangaben (z.B. laufender Nummer und Datum), Art des Geschäftsvorfalls, Name des Kontos, dessen Soll-Seite berührt wird, Betrag, um den das Konto zu verändern ist, Name des Kontos, dessen Haben-Seite berührt wird, und Betrag, um den das Konto zu verändern ist:

Beleg	Datum	Geschäftsvorfall und Konten	Soll	Haben
3	3.7.	Versand einer Rechnung über Beratungshonorare		
		Forderungen (Verkauf)	3000	
		Ertrag (Verkauf)		3000

KONTENEINTRAG:

	Forderungen (Verkauf)			*Ertrag (Verkauf)*	
(3)	3000			(2)	2000
				(3)	3000

Geschäftsvorfall 4

ANALYSE: Meier berechnet am 4. Juli 4000 GE für die Vertretung eines Mandanten vor Gericht. Der Mandant zahlt sofort 2000 GE in bar. Die restlichen 2000 GE fordert sie per Rechnung ein. Es handelt sich um die Erbringung einer Dienstleistung, teilweise gegen Barzahlung, teilweise »auf Ziel«.

KONTENBESTIMMUNG: Es werden die Vermögensgüter *Zahlungsmittel* und *Forderungen (Verkauf)* sowie das Eigenkapital *Ertrag (Verkauf)* berührt.

BILANZGLEICHUNG: Die Zahlungsmittel und die Forderungen nehmen zu, ebenfalls das Eigenkapital.

Vermögensgüter		=	Fremdkapital	+	Eigenkapital
Zahlungsmittel	*Forderungen (Verkauf)*		*Verbindlichkeiten*		*Ertrag (Verkauf)*
+ 2000	+ 2000	=	0	+	+ 4000

JOURNALEINTRAG: Aufzeichnung des Geschäftsvorfalles »Verkauf einer Dienstleistung, teils in bar, teils »auf Ziel« mit identifizierendem Verweis auf Kontoangaben (z.B. laufender Nummer und Datum), Art des Geschäftsvorfalls, Name des Kontos, dessen Soll-Seite berührt wird, Betrag, um den das Konto zu verändern ist, Name des Kontos, dessen Haben-Seite berührt wird, und Betrag, um den das Konto zu verändern ist:

Beleg	Datum	Geschäftsvorfall und Konten	Soll	Haben
4	4.7.	Dienstleistungsertrag 4000 GE, von denen 2000 GE bar bezahlt wurden		
		Zahlungsmittel	2000	
		Forderungen (Verkauf)	2000	
		Ertrag (Verkauf)		4000

KONTENEINTRAG:

	Zahlungsmittel			*Forderungen (Verkauf)*			*Ertrag (Verkauf)*	
(1)	100000		(3)	3000			(2)	2000
(2)	2000		(4)	2000			(3)	3000
(4)	2000						(4)	4000

Geschäftsvorfall 5

ANALYSE: Meier tätigt am 5. Juli die folgenden Barauszahlungen: Büromiete 5100 GE, Angestelltengehalt 5200 GE, Sonstiges 5300 GE. Den Auszahlungen stehen weder Aktivzunahmen in gleicher Höhe noch Passivabnahmen in gleicher Höhe gegenüber. Die Veränderungen berühren das Eigenkapital und sind weder Einlagen noch Entnahmen. Sie stellen daher Aufwand dar.

KONTENBESTIMMUNG: Durch den Geschäftsvorfall nimmt das Vermögensgut *Zahlungsmittel* ab. Zugleich wird das Eigenkapital auf den Konten *Aufwand (Miete)*, *Aufwand (Gehalt)* und *Aufwand (Sonstiges)* berührt.

BILANZGLEICHUNG: Das Eigenkapital nimmt durch den Geschäftsvorfall ab. Die Aufwandskonten *Aufwand (Miete)*, *Aufwand (Gehalt)* und *Aufwand (Sonstiges)* sind daher jeweils auf ihrer Soll-Seite zu verändern. Weil das Vermögensgut *Zahlungsmittel* abnimmt, ist dessen Haben-Seite zu modifizieren:

Vermögensgüter	=	Fremdkapital	+	Eigenkapital		
Zahlungsmittel		*Verbindlichkeiten*		*Aufwand (Miete)*	*Aufwand (Gehalt)*	*Aufwand (Sonst.)*
− 15600	=	0	+	− 5100	−5200	− 5300

JOURNALEINTRAG: Aufzeichnung des Geschäftsvorfalles »Auszahlung wegen Aufwands« mit identifizierendem Verweis auf Kontoangaben (z.B. laufender Nummer und Datum), Art des Geschäftsvorfalls, Name des Kontos, dessen Soll-Seite berührt wird, Betrag, um den das Konto zu verändern ist, Name des Kontos, dessen Haben-Seite berührt wird, und Betrag, um den das Konto zu verändern ist:

Beleg	Datum	Geschäftsvorfall und Konten	Soll	Haben
5	5.7.	Auszahlungen wegen Aufwands		
		Aufwand (Miete)	5 100	
		Aufwand (Gehalt)	5 200	
		Aufwand (Sonstiges)	5 300	
		Zahlungsmittel		15 600

KONTENEINTRAG:

	Zahlungsmittel				*Aufwand (Miete)*	
(1)	100 000	(5)	15 600	(5)	5 100	
(2)	2 000					
(4)	2 000					

		Aufwand (Gehalt)	
	(5)	5 200	

		Aufwand (Sonstiges)	
	(5)	5 300	

Geschäftsvorfall 6

ANALYSE: Meier lässt am 6. Juli ein Gutachten erstellen. Der Rechnungsbetrag beläuft sich auf 6 000 GE. Frau Meier beschließt, diese in der nächsten Woche zu bezahlen. Es handelt sich um den Kauf einer Dienstleistung ohne Barzahlung.

KONTENBESTIMMUNG: Der Geschäftsvorfall berührt das Fremdkapital auf dem Konto *Verbindlichkeiten (Einkauf)* und das Eigenkapital auf dem Konto *Aufwand (Sonstiges)*.

BILANZGLEICHUNG: Durch den Geschäftsvorfall nimmt das Fremdkapital auf dem Konto *Verbindlichkeiten (Einkauf)* zu. Die Zunahme ist auf der Haben-Seite zu berücksichtigen. In gleicher Höhe nimmt das Eigenkapital in der Form von *Aufwand (Sonstiges)* ab. Der Eintrag hat auf der Soll-Seite zu erfolgen.

Vermögensgüter	=	Fremdkapital	+	Eigenkapital
Aktiva		*Verbindlichkeiten (Eink.)*		*Aufwand (Sonstiges)*
0	=	+ 6 000	+	– 6 000

JOURNALEINTRAG: Aufzeichnung des Geschäftsvorfalles »Eingang einer Rechnung für ein Gutachten« mit identifizierendem Verweis auf Kontoangaben (z. B. laufender Nummer und Datum), Art des Geschäftsvorfalls,

Name des Kontos, dessen Soll-Seite berührt wird, Betrag, um den das Konto zu verändern ist, Name des Kontos, dessen Haben-Seite berührt wird, und Betrag, um den das Konto zu verändern ist:

Beleg	Datum	Geschäftsvorfall und Konten	Soll	Haben
6	6.7.	Gutachterbestellung		
		Aufwand (Sonstiges)	6000	
		Verbindlichkeiten (Einkauf)		6000

KONTENEINTRAG:

Verbindlichkeiten (Einkauf)		*Aufwand (Sonstiges)*	
	(6) 6000	(5) 5300	
		(6) 6000	

Geschäftsvorfall 7

ANALYSE: Meier erhält am 7. Juli 2000 GE Bargeld von dem Mandanten aus Geschäftsvorfall 3. Es handelt sich um die Teilbegleichung der ausstehenden Forderung.

KONTENBESTIMMUNG: Der Geschäftsvorfall betrifft die Vermögensgüter *Zahlungsmittel* und *Forderungen (Verkauf)*.

BILANZGLEICHUNG: Durch den Geschäftsvorfall nimmt der Bestand an Zahlungsmitteln zu (Konto *Zahlungsmittel*, Soll-Seite) und der Bestand an Forderungen ab (Konto *Forderungen (Verkauf)*, Haben-Seite):

Vermögensgüter		=	Fremdkapital	+	Eigenkapital
Zahlungsmittel	*Forderungen (Verkauf)*		*Verbindlichkeiten*		*Kapital E. Meier*
+ 2000	− 2000	=	0	+	0

JOURNALEINTRAG: Aufzeichnung des Geschäftsvorfalles »Bargeldeingang zum Teilausgleich einer Forderung« mit identifizierendem Verweis auf Kontoangaben (z.B. laufender Nummer und Datum), Art des Geschäftsvorfalls, Name des Kontos, dessen Soll-Seite berührt wird, Betrag, um den das Konto zu verändern ist, Name des Kontos, dessen Haben-Seite berührt wird, und Betrag, um den das Konto zu verändern ist:

Beleg	Datum	Geschäftsvorfall und Konten	Soll	Haben
7	7.7.	Bargeldeingang zum Teilausgleich der Forderung aus Geschäftsvorfall 3		
		Zahlungsmittel	2000	
		Forderungen (Verkauf)		2000

KONTENEINTRAG:

Zahlungsmittel				Forderungen (Verkauf)			
(1)	100 000	(5)	15 600	(3)	3 000	(7)	2 000
(2)	2 000			(4)	2 000		
(4)	2 000						
(7)	2 000						

Geschäftsvorfall 8

ANALYSE: Meier bezahlt das Gutachten aus Geschäftsvorfall 6 am 8. Juli.

KONTENBESTIMMUNG: Der Geschäftsvorfall beeinflusst die Vermögensgüter und das Fremdkapital, und zwar die *Verbindlichkeiten (Einkauf)* und
die *Zahlungsmittel*.

BILANZGLEICHUNG: Weil das Fremdkapital abnimmt, sind die *Verbindlichkeiten (Einkauf)* auf der Soll-Seite zu verändern. Da das Vermögensgut
Zahlungsmittel abnimmt, ist die Haben-Seite dieses Kontos zu modifizieren.

Vermögensgüter	=	Fremdkapital	+	Eigenkapital
Zahlungsmittel		*Verbindlichkeiten (Eink.)*		*Kapital E. Meier*
– 6000	=	– 6000	+	0

JOURNALEINTRAG: Aufzeichnung des Geschäftsvorfalles »Bezahlung
eines Gutachtens« mit identifizierendem Verweis auf Kontoangaben
(z. B. laufender Nummer und Datum), Art des Geschäftsvorfalls, Name des
Kontos, dessen Soll-Seite berührt wird, Betrag, um den das Konto zu verändern ist, Name des Kontos, dessen Haben-Seite berührt wird und Betrag,
um den das Konto zu verändern ist:

Beleg	Datum	Geschäftsvorfall und Konten	Soll	Haben
8	8.7.	Bezahlung des Gutachtens		
		Verbindlichkeiten (Einkauf)	6000	
		Zahlungsmittel		6000

KONTENEINTRAG:

Zahlungsmittel				Verbindlichkeiten (Einkauf)			
(1)	100 000	(5)	15 600	(8)	6000	(6)	6000
(2)	2 000	(8)	6000				
(4)	2 000						
(7)	2 000						

Geschäftsvorfall 9

ANALYSE: Meier entnimmt der Kasse ihres Unternehmens am 9. Juli 9000 GE für private Zwecke. Es handelt sich um eine Entnahme.

KONTENBESTIMMUNG: Durch den Geschäftsvorfall reduzieren sich das Vermögensgut *Zahlungsmittel* sowie das Eigenkapital in der Form von *Entnahme E. Meier.*

BILANZGLEICHUNG: Die Abnahme von Eigenkapital wird auf der Soll-Seite des Eigenkapitalkontos, hier der *Entnahme E. Meier* berücksichtigt, die Abnahme des Vermögensgutes *Zahlungsmittel* auf der Haben-Seite:

Vermögensgüter	=	Fremdkapital	+	Eigenkapital
Zahlungsmittel		*Verbindlichkeiten*		*Entnahme E. Meier*
– 9000	=	0	+	– 9000

JOURNALEINTRAG: Aufzeichnung des Geschäftsvorfalles »Privatentnahme von Bargeld durch E. Meier« mit identifizierendem Verweis auf Kontoangaben (z.B. laufender Nummer und Datum), Art des Geschäftsvorfalls, Name des Kontos, dessen Soll-Seite berührt wird, Betrag, um den das Konto zu verändern ist, Name des Kontos, dessen Haben-Seite berührt wird, und Betrag, um den das Konto zu verändern ist:

Beleg	Datum	Geschäftsvorfall und Konten	Soll	Haben
9	9.7.	Bargeldentnahme von E. Meier für private Zwecke		
		Entnahme E. Meier	9000	
		Zahlungsmittel		9000

KONTENEINTRAG:

Zahlungsmittel				*Entnahme E. Meier*	
(1)	100000	(5)	15600	(9)	9000
(2)	2000	(8)	6000		
(4)	2000	(9)	9000		
(7)	2000				

Konteninhalte und Kontenstände nach den Buchungen

Nach den neun Geschäftsvorfällen sehen die angesprochenen Konten so wie in Abbildung 4.10 aus. Zusätzlich zu den Buchungen sind die Kontostände nachrichtlich unter den Konten anzugeben. Für den Fall, dass sich ein Kontostand von 0 GE ergibt, interessiert uns das Konto für weitere Rechnungen nicht mehr. Wir vermerken so einen Kontostand, indem wir das Konto doppelt unterstreichen.

Vermögensgüter				=	Fremdkapital			+	Eigenkapital	
Zahlungsmittel					*Verbindlichkeiten (Einkauf)*				*Einlage E. Meier*	
(1)	100000	(5)	15600		(8) 6000	(6)	6000		(1)	100000
(2)	2000	(8)	6000						S	100000
(4)	2000	(9)	9000							
(7)	2000									
S	75400									

Forderungen (Verkauf)					*Entnahme E. Meier*	
(3)	3000	(7)	2000		(9)	9000
(4)	2000				S	9000
S	3000					

Ertrag (Verkauf)	
(2)	2000
(3)	3000
(4)	4000
S	9000

Aufwand (Miete)	
(5)	5100
S	5100

Aufwand (Gehalt)	
(5)	5200
S	5200

Aufwand (Sonstiges)	
(5)	5300
(6)	6000
S	11300

Abbildung 4.10:   Darstellung der Konten nach den neun Geschäftsvorfällen mit nachrichtlicher Angabe des jeweiligen Saldos

Vorläufige Saldenbilanz

Die vorläufige Saldenbilanz für das Unternehmen Eva Meier sieht wie in Abbildung 4.11 aus. Da die Summen der Salden von Soll- und Haben-Seite der vorläufigen Saldenbilanz übereinstimmen, ergibt sich kein Hinweis auf einen Fehler im Rahmen der Verbuchung der Geschäftsvorfälle. Der Sachverhalt ist so einfach »gestrickt«, dass nur Geschäftsvorfälle vorliegen. Die vorläufige Saldenbilanz wird daher hier nicht für weitere Zwecke benötigt.

Abbildung 4.11:
Vorläufige Saldenbilanz der Kanzlei E. Meier

Kanzlei Eva Meier Vorläufige Saldenbilanz der Geschäftsvorfälle des Monats Juli 20X1	Endbestand	
	Soll	Haben
Zahlungsmittel	75 400	
Forderungen (Verkauf)	3 000	
Verbindlichkeiten (Einkauf)		0
Einlage E. Meier		100 000
Entnahme E. Meier	9 000	
Ertrag (Verkauf)		9 000
Aufwand (Miete)	5 100	
Aufwand (Gehalt)	5 200	
Aufwand (Sonstiges)	11 300	
Summe	109 000	109 000

4.7   Übungsmaterial

4.7.1   Fragen mit Antworten

Fragen	Antworten	
Wann liegt ein Geschäftsvorfall vor?	Falls durch eine Transaktion oder ein Ereignis die finanzielle Situation des Unternehmens berührt wird und dies verlässlich festgestellt werden kann.	
Wo wird der Geschäftsvorfall aufgezeichnet?	Im Journal, der chronologischen Übersicht über die Geschäftsvorfälle.	
Was wird bei jedem Geschäftsvorfall aufgezeichnet?	Identifikation des Geschäftsvorfalls und seiner Konsequenzen für die Konten: Zugänge oder Abgänge auf allen Konten, die von dem Geschäftsvorfall berührt werden.	
Auf welcher Kontenseite bildet man einen Zugang/Abgang ab auf einem	Zugang	Abgang
Vermögenskonto?	Soll	Haben
Fremdkapitalkonto?	Haben	Soll
Eigenkapitalkonto?	Haben	Soll
Ertragskonto?	Haben	Soll
Aufwandskonto?	Soll	Haben
Entnahmekonto?	Soll	Haben
Einlagenkonto?	Haben	Soll
Wo befindet sich die Information über alle Konten?	In den Haupt- und Nebenbüchern.	
Wo werden alle Konten mit ihren Endbeständen aufgelistet?	In der Saldenbilanz.	
Welchem Zweck dient die Saldenbilanz?	Übersicht über Kontenstände und Plausibilitätsprüfung.	
Wo wird über die Ergebnisse der Geschäftstätigkeit berichtet?	In der Ergebnisrechnung.	
Wo wird über die finanzielle Lage des Unternehmens berichtet?	In der Bilanz.	

4.7.2 Verständniskontrolle

1. Skizzieren Sie die Bedeutung und Funktion des für das Rechnungs-wesen grundlegenden T-Kontos!

2. Wie lautet die intratemporale Bilanzgleichung unter Berücksichtigung der Unterkonten des Eigenkapitals?

3. Ist die folgende Aussage richtig oder falsch: »Buchung auf Soll-Seite bedeutet Zunahme, Buchung auf Haben-Seite bedeutet Abnahme«?

4. Unterstellen Sie, dass Sie der Buchhalter des Kurierunternehmens »Rainers Radkurier« sind. Skizzieren Sie den dualen Effekt einer Investition von Rainer Müller in sein Unternehmen im Sinne der dop-pelten Buchführung!

5. Skizzieren Sie die Schritte der Informationsverarbeitung im Rechnungs-wesen!

6. Auf was bezieht sich der »normale Endbestand« eines Kontos?

7. Geben Sie für die folgenden Konten an, auf welcher Seite sich norma-lerweise der Endbestand ergibt:

	Seite des »normalen« Endbestandes
Vermögenskonto	
Fremdkapitalkonto	
Eigenkapitalkonto	
Ertragskonto	
Aufwandskonto	

8. Was beendet man mit dem Eintrag auf einem Konto? Wozu ist der Eintrag wichtig? Erfolgt er vor oder nach dem Eintrag ins Journal?

9. Kennzeichnen Sie die Wirkung jeder der folgenden Geschäftsvorfälle auf das Eigenkapital mit (+) für eine Zunahme, (–) für eine Abnahme und (0), falls das Eigenkapital nicht berührt wird:

Geschäftsvorfall	*Kennzeichnung*
Investition des Unternehmers	
Ertragswirksamer Geschäftsvorfall	
Kauf von Vorräten auf Ziel	
Aufwandswirksamer Geschäftsvorfall	

Begleichung von Schulden

Entnahme des Unternehmers

Aufnahme eines Darlehens

Verkauf einer Dienstleistung auf Ziel

10. Was bedeutet die Feststellung »Die Verbindlichkeiten weisen auf der Soll-Seite einen Saldo von 1700 GE auf.« für die finanzielle Lage eines Unternehmens?

11. Warum erstellt man eine Saldenbilanz?

12. Der Buchhalter von »Rainers Radkurier« verbuchte den Kauf von Verpackungsmaterial im Wert von 500 GE auf Ziel irrtümlich mit einem Betrag von 5000 GE. Er buchte auf der Soll-Seite des Kontos *Verpackungsmaterial* und auf der Haben-Seite des Kontos *Verbindlichkeiten (Einkauf)* jeweils 5000 GE. Wird dieser Fehler durch die Saldenbilanz aufgedeckt? Begründen Sie Ihre Antwort!

13. Welcher Effekt resultiert für die Summe der Vermögensgüter und für das Eigenkapital daraus, dass Kunden ihre Verbindlichkeiten bezahlen?

14. Worin besteht der Vorteil, Geschäftsvorfälle ohne Benutzung eines Journals zu analysieren? Beschreiben Sie, wie eine »journal-freie« Analyse funktioniert!

15. Skizzieren Sie Ähnlichkeiten von und Unterschiede zwischen traditionellen und computerbasierten Buchführungssystemen im Hinblick auf Journaleinträge, Buchung auf Konten und Erstellung der Saldenbilanz!

4.7.3   Aufgaben zum Selbststudium

Aufgabe 4.1 **Analyse der Konsequenzen von Geschäftsvorfällen für Journal, intratemporale Bilanzgleichung, Konten und Saldenbilanz ohne explizite Berücksichtigung der Ergebnisrechnung**

Sachverhalt

Am 1. Mai des Jahres 20X1 eröffnet Karla Braun ihren »Forschungsdienst«. Während der ersten 10 Tage werden die folgenden Geschäftsvorfälle abgeschlossen:

a. Braun zahlt am 1. Mai 100000 GE auf ein Bankkonto mit der Bezeichnung »Brauns Forschungsdienst« ein. Das Konto ist Bestandteil der Vermögensgüter ihres Unternehmens.

b. Sie kauft am 2. Mai ein kleines Gebäude, in dem sie ihr Büro einrichtet, für 50 000 GE und zahlt den Betrag sofort.

c. Braun kauft am 3. Mai Büromaterial für 10 000 GE auf Ziel.

d. Sie zahlt am 4. Mai für den Kauf von Büromöbeln 9 000 GE.

e. Sie überweist am 5. Mai 8 000 GE an den Verkäufer des Büromaterials aus Geschäftsvorfall 3.

f. Sie entnimmt am 6. Mai der Kasse 7 000 GE für private Zwecke.

Teilaufgaben

1. Erstellen Sie das Journal für die Geschäftsvorfälle!

2. Übertragen Sie die Journaleinträge auf die Konten!

3. Erstellen Sie eine vorläufige Saldenbilanz für »Brauns Forschungsdienst« am 10. Mai 20X1!

Lösung der Teilaufgaben

1. Das Journal enthält für jeden Geschäftsvorfall die Buchungssätze. Es könnte so wie die folgende Tabelle aussehen.

Beleg	Datum	Geschäftsvorfall und Konten	Soll	Haben
a	1. Mai	Einlage Zahlungsmittel		
		Zahlungsmittel	100 000	
		Einlage (EK)		100 000
b	2. Mai	Kauf Gebäude		
		Grundstück und Gebäude	50 000	
		Zahlungsmittel		50 000
c	3. Mai	Kauf Büromaterial auf Ziel		
		Büromaterial	10 000	
		Verbindlichkeiten (Einkauf)		10 000
d	4. Mai	Kauf Büromöbel		
		Büromöbel	9 000	
		Zahlungsmittel		9 000
e	5. Mai	Teilrückzahlung Verbindlichkeiten		
		Verbindlichkeiten (Einkauf)	8 000	
		Zahlungsmittel		8 000
f	6. Mai	Entnahme		
		Entnahme (EK)	7 000	
		Zahlungsmittel		7 000

2. Die Übertragung der Journaleinträge auf die Konten bereitet keine Schwierigkeiten.

3. Die Saldenbilanz hat das folgende Aussehen:

Brauns Forschungsdienst Saldenbilanz der ersten sechs Geschäftsvorfälle (10. Mai 20X1)				
	Summe Soll	Summe Haben	Salden	
			Soll	Haben
Zahlungsmittel	100000	74000	26000	
Grundstück u. Gebäude	50000		50000	
Büromaterial	10000		10000	
Büromöbel	9000		9000	
Verbindlichkeiten (Einkauf)	8000	10000		2000
Kapital K. Braun	0	0		
Einlage K Braun		100000		100000
Entnahme K. Braun	7000		7000	
Summe	184000	184000	102000	102000

Aufgabe 4.2   **Analyse von Geschäftsvorfällen hinsichtlich der Art der Bilanzwirkung**

Sachverhalt

In einem Unternehmen ereignen sich die folgenden Geschäftsvorfälle:

1. Für den Erwerb eines neuen Firmenwagens werden zwei alte Firmenwagen in Zahlung gegeben.

2. Kauf eines Gebäudes für das Unternehmen, Bezahlung durch Hingabe einer Finanzanlage in Höhe von 300000 GE.

3. Ein Kunde begleicht seine Verbindlichkeiten über 400 GE in bar.

4. Ware im Wert von 1500 GE wird vom Unternehmen verkauft. Der Kunde zahlt bar.

5. Für das Büro wird ein Computer gekauft. Der Kaufpreis in Höhe von 3000 GE wird überwiesen.

6. Ein Unternehmensgrundstück wird auf Ziel verkauft.

7. Der Unternehmer und Hauptanteilseigner einer Gesellschaft nimmt seinen Sohn in das Unternehmen auf, indem er ihm einen Teil der Unternehmeranteile überträgt.

8. Ein Mitunternehmer scheidet unter Verzicht auf seinen Eigenkapitalanteil aus dem Unternehmen aus.

9. Zur Bezahlung einer Verbindlichkeit aus Lieferungen wird der Überziehungskredit bei der Bank in Anspruch genommen.

10. Um die Zinslast zu vermindern, wird ein in Anspruch genommener Überziehungskredit in ein reguläres Darlehen umgewandelt.

11. Eine Verbindlichkeit gegenüber einem Lieferanten wird durch Überweisung vom Girokonto beglichen.

12. Der Hauptanteilseigner und Geschäftsführer zahlt ein von dem Unternehmen bei einer Bank aufgenommenes Darlehen aus seinem privaten Vermögen zurück.

13. Ein anderer Anteilseigner kommt mit den übrigen Anteilseignern überein, seinen Eigenkapitalanteil in Fremdkapital umzuwandeln.

14. Das Unternehmen erwirbt ein Grundstück. Zur Bezahlung des Kaufpreises in Höhe von 150 000 GE wird ein Darlehen aufgenommen, das mit einer Hypothek besichert wird.

15. Es werden Rohstoffe im Wert von 800 GE auf Ziel gekauft.

16. Ein Kunde leistet eine Baranzahlung auf noch nicht gelieferte Waren in Höhe von 250 GE.

17. Der Hauptanteilseigner bringt Bargeld in Höhe von 8 000 GE in das Unternehmen ein.

18. Der Hauptanteilseigner bringt ein bisher privat gehaltenes Aktienpaket in das Unternehmen ein.

19. Mangelhafte Ware, welche das Unternehmen noch nicht bezahlt hat, wird an den Lieferanten zurückgegeben.

20. Ein Darlehen des Unternehmens wird teilweise durch Abbuchung vom Bankkonto des Unternehmers getilgt.

21. Der Hauptanteilseigner entnimmt der Unternehmenskasse zu Lasten seines Kapitalanteils Bargeld in Höhe von 500 GE für private Zwecke.

22. Durch einen Brand wird ein Gebäude des Unternehmens zerstört.

23. Das Unternehmen beabsichtigt, im folgenden Jahr ein weiteres Darlehen bei der Bank aufzunehmen.

Teilaufgaben

Ermitteln Sie für sämtliche Geschäftsvorfälle die Art der Wirkung auf die intratemporale Bilanzgleichung! Berücksichtigen Sie explizit Wirkungen auf das Eigenkapital!

Lösung der Teilaufgaben

1. Das Journal enthält die Buchungssätze der Geschäftsvorfälle. Bezogen auf die ersten vier Geschäftsvorfälle sieht es folgendermaßen aus:

Beleg	Datum	Geschäftsvorfall und Konten	Soll	Haben
1		Erwerb Firmenwagen (Problem Bewertung) *Fuhrpark* *Fuhrpark*	?	?
2		Gebäudekauf mit Wertpapieren *Gebäude* *Finanzanlage*	300000	300000
3		Begleichung von Verbindlichkeiten *Zahlungsmittel* *Forderungen*	400	400
4a		Verkauf von Waren (Ertragsbuchung) *Zahlungsmittel* *Ertrag (Verkauf)*	1500	1500
4b		Verkauf von Waren (Aufwandsbuchung) *Aufwand (Verkauf)* *Handelswaren*	?	?

Der Rest kann leicht selbst erstellt werden.

Aufgabe 4.3   Analyse der Konsequenzen von Geschäftsvorfällen für Journal, intra-temporale Bilanzgleichung, Konten und Saldenbilanz ohne explizite Berücksichtigung der Ergebnisrechnung

Sachverhalt

Die Bilanz zum 1.1.20X1 eines Unternehmens hat folgendes Aussehen:

Aktiva		Eröffnungsbilanz zum 1.1.20X1	Passiva
Nicht abnutzbare Sachanlagen	200000	Eigenkapital	180000
Abnutzbare Sachanlagen	50000	Verbindlichkeiten (Einkauf)	70000
Ware	50000	davon gegen X: 20000	
Forderungen (Verkauf)	40000	davon gegen Y: 20000	
davon gegen A: 25000		davon gegen Z: 30000	
davon gegen B: 15000		Verbindlichkeiten (Sonstiges)	100000
Zahlungsmittel	10000		
Gesamtes Vermögen	350000	Gesamtes Kapital	350000

Während des sich anschließenden Geschäftsjahres haben sich die folgenden Geschäftsvorfälle ereignet:

a. Verkauf eines Grundstücks, das mit 35 000 GE »zu Buche steht«, für 50 000 GE gegen sofortige Barzahlung.

b. Verkauf von Ware, die für 10 000 GE eingekauft worden war, für 20 000 GE auf Ziel an den Kunden B.

c. Tilgung der Verbindlichkeiten gegenüber dem Lieferanten Y durch Barmittel.

d. Erhalt einer Lieferung von Ware im Wert von 20 000 GE vom Lieferanten X; die Hälfte des Rechnungsbetrages wird bar bezahlt.

e. Kauf eines Computers für 5 000 GE gegen Barzahlung. Man schätzt, der Computer könne 5 Jahre lang genutzt werden.

f. Kunde B begleicht Forderungen in Höhe von 15 000 GE in bar.

g. Verkauf von Waren, die für 12 000 GE eingekauft worden waren, an A für 10 000 GE gegen Barzahlung.

h. Zahlung von 500 GE Zinsen an Z und Tilgung der Verbindlichkeiten gegenüber Z.

i. Zahlung von 18 000 GE Dividende an die Anteilseigner.

Teilaufgaben

1. Erstellen Sie das Journal für die Geschäftsvorfälle!

2. Legen Sie T-Konten für die Geschäftsvorfälle an!

3. Verbuchen Sie die Geschäftsvorfälle auf den Konten!

4. Erstellen Sie eine vorläufige Saldenbilanz zum Ende des Geschäftsjahres!

Lösung der Teilaufgaben

1. Die Darstellung im Journal umfasst alle Buchungssätze.

2. Die anzulegenden T-Konten ergeben sich aus den Buchungssätzen. Neben denen für die Bilanz sind diejenigen einer Ergebnisrechnung anzulegen.

3. Die Verbuchung der Geschäftsvorfälle folgt den Buchungssätzen.

4. Die vorläufige Saldenbilanz hat das folgende Aussehen:

vorläufige Saldenbilanz zum 31.12.20X1		
	Salden	
	Soll	Haben
Nicht abn. Sachanlagen	165 000	
Abnutzbare Sachanlagen	55 000	
Ware	48 000	
Forderungen (Verkauf) g. A	25 000	
Forderungen (Verkauf) g. B	20 000	
Zahlungsmittel	1 500	
Verbindlichkeiten (Einkauf) g. X		30 000
Verbindlichkeiten (Einkauf) g. Y		0
Verbindlichkeiten (Einkauf) g. Z		0
Verbindlichkeiten (Sonstiges)		100 000
Eigenkapital		180 000
Ertrag		80 000
Aufwand	57 500	
Entnahme	18 000	
Summe	390 000	390 000

5 Von der vorläufigen zur korrigierten Saldenbilanz

Lernziele

Nach dem Studium dieses Kapitels sollten Sie in der Lage sein,

- ein leistungsabgabeorientiertes (accrual-based) Rechnungswesen von einem zahlungsorientierten (cash-based) Rechnungswesen zu unterscheiden,

- das Realisationsprinzip und den Grundsatz der sachlichen Abgrenzung im Sinne des deutschen HGB anzuwenden,

- künftig ergebniswirksame Vorauszahlungen entsprechend dem deutschen HGB zu berücksichtigen,

- eine Zahlung richtig zu verbuchen, die zum Ergebnis mehrerer Abrechnungszeiträume beiträgt,

- die Korrekturbuchungen zum Ende des Abrechnungszeitraumes vorzunehmen und

- die finanziellen Berichte aus der korrigierten Saldenbilanz zu erstellen.

Überblick

Das Kapitel dient hauptsächlich der Beschreibung, wie das Ergebnis im Rechnungswesen ermittelt wird. Sie werden erfahren, welche Konzepte und Prinzipien dazu angewendet werden. Danach werden Sie in der Lage sein, Angaben über das Ergebnis von Unternehmen sinnvoll zu interpretieren. Zugleich wird Ihnen klar werden, welche Bedeutung das Ergebnis eines Unternehmens für die Motivation der Eigenkapitalgeber und der Unternehmensleitung besitzt.

5.1 Konzepte zur Ergebnismessung

5.1.1 Grundlagen

Eigenkapitalgeber sind an Steigerung ihres Eigenkapitals durch Ergebniserzielung interessiert

Eigenkapitalgeber besitzen in einer marktwirtschaftlich orientierten Rechtsordnung keinen Zahlungsanspruch gegenüber ihrem Unternehmen. Auf sie entfällt, was vom Vermögen nach Abzug des Fremdkapitals übrig bleibt. Ihr Interesse besteht i. A. darin, das Eigenkapital durch die Geschäfte des Unternehmens zu mehren und so ein positives Ergebnis zu erzielen. Man sagt auch, Eigenkapitalgeber wollen positives Ergebnis erzielen oder »Gewinn machen«. Damit sie das erreichen, müssen die Geschäfte entsprechend gesteuert werden.

Ergebnisse lassen sich nicht beobachten, sondern nur errechnen

Zahlungen, die in die Kasse oder aus der Kasse eines Unternehmens fließen, lassen sich beobachten. Das Ergebnis, das ein Unternehmen während eines Abrechnungszeitraumes erwirtschaftet, lässt sich dagegen nicht beobachten. Es ist das Resultat einer zielgerichteten Zusammenfassung der finanziellen Konsequenzen von Geschäftsvorfällen. Um ein positives Ergebnis zu erzielen, muss der Ertrag den Aufwand übersteigen. Während der Ertrag meistens aus den Verkaufserlösen besteht, bereitet die Bestimmung des Aufwands oft Schwierigkeiten: Auszahlungen aus der Unternehmenskasse sind nicht in jedem Fall und auch nicht immer in vollem Umfang Aufwand, wie die vorangehenden Kapitel bereits gezeigt haben.

Ergebnisrechnung misst Einkommen

Woher weiß man, ob ein Unternehmen profitabel arbeitet? Eine erste Antwort ist einfach: Man schaut auf die zum Ende eines Abrechnungszeitraumes erstellten finanziellen Berichte, insbesondere auf die Ergebnisrechnung. Dabei spielt es keine Rolle, ob der Abrechnungszeitraum einen Monat, ein Quartal, ein Halbjahr, ein Jahr oder einen anderen Zeitraum umfasst; man muss sich nur der Länge des Zeitraums bewusst sein, für den man eine Aussage macht.

Ergebnisrechnungen beziehen sich immer auf einen Abrechnungszeitraum

Finanzielle Berichte lassen sich für beliebig lange Abrechnungszeiträume erstellen. Eine bedeutende Größe dieser Berichte ist das Ergebnis des Unternehmens während eines Abrechnungszeitraumes. Das Ergebnis stellt den Saldo allen Ertrags und Aufwands während des Abrechnungszeitraumes dar. Ein Unternehmen, das ein positives Ergebnis erzielt, erhöht seinen Wert, nicht nur für die Eigenkapitalgeber, sondern i. A. auch für die anderen Interessierten, z. B. für die Beschäftigten, die Kunden sowie u. U. auch für die Volkswirtschaft.

Ein wichtiger Schritt für die Erstellung der finanziellen Berichte ist die Saldenbilanz. Zur Ergebnisermittlung sind jedoch bei einigen Konten wegen »anderer relevanter Ereignisse« zusätzliche Buchungen vorzunehmen, um die Konten auf den Stand zum Ende des Abrechnungszeitraumes zu bringen: es sind sogenannte Korrekturbuchungen zu tätigen für Ereignisse, die keine Geschäftsvorfälle darstellen. Diese Korrekturbuchungen bilden den Gegenstand des vorliegenden Kapitels.

Notwendigkeit von Korrekturbuchungen: Aktualisierung der vorläufigen Saldenbilanz

Wer das Ergebnis ermitteln möchte, benötigt eine Vorstellung davon, was er unter dem Ergebnis verstehen will. Erst dann kann er Regeln für dessen Ermittlung aufstellen. In nahezu allen Ländern der Welt haben sich im externen Rechnungswesen von Unternehmen Konzepte und Prinzipien für die Ergebnisermittlung herausgebildet. Diese stellen den Kern des externen Rechnungswesens dar. Dazu gehören vor allem die Konzepte der leistungsabgabeorientierten Messung (»accrual-basis«) sowie das der Zeitraumbezogenheit (»accounting period«). Als weitere bedeutende Prinzipien sind das Realisationsprinzip (»revenue principle«) und das im englischsprachigen Ausland gebräuchliche »matching principle«, das die Prinzipien der sachlichen, zeitlichen und zeitraumbezogenen Abgrenzung umfasst, zu nennen. Das vorliegende Kapitel führt in diese weltweit üblichen Konzepte und Prinzipien des Rechnungswesens ein.

Bei Ergebnisermittlung sind Konzepte und Prinzipien zu beachten.

5.1.2   Leistungsabgabeorientierung oder Zahlungsorientierung?

Man kann mehrere Konzepte zur Ergebnismessung unterscheiden. Als wichtigste sind diejenigen der Leistungsabgabeorientierung (accrual-basis) sowie der Zahlungsorientierung (cash-basis) zu erwähnen.

Bei leistungsabgabeorientierter Messung berücksichtigt man die Ergebniskonsequenzen von Geschäftsvorfällen, bei denen eine Leistung am Markt abgegeben wird, zu dem Zeitpunkt, zu dem die Leistungsabgabe erfolgt. Dabei spielt es nahezu keine Rolle, wann die dazugehörigen Zahlungen stattfinden, wenn sie überhaupt stattfinden. Bei zahlungsorientierter Messung werden die Ergebniskonsequenzen von Geschäftsvorfällen dagegen genau zu dem Zeitpunkt abgebildet, zu dem entsprechende Zahlungen erfolgen. In einem zahlungsorientierten Rechnungswesen besteht aller Ertrag aus Einzahlungen und aller Aufwand aus Auszahlungen; unberücksichtigt bei der Ergebnismessung bleiben lediglich Zahlungen, die mit Einlagen und Entnahmen zusammen hängen.

Zeitpunkt der Berücksichtigung von Ergebniswirkungen: Erfüllungszeitpunkt vs. Zahlungszeitpunkt

Ein Beispiel

Der Unterschied zwischen den beiden Messkonzepten sei an einem Beispiel erläutert: Ein Kunde zahle einem Hotel am 1. Oktober 18 000 GE für einen dreimonatigen Aufenthalt, der am 1. November beginne. Während des Monats Oktober handelt es sich bei leistungsabgabeorientierter Betrachtung lediglich um eine Vorauszahlung, die nach der Zahlungsorientierung bereits als Ergebnis aufzufassen ist. Ab dem Monat November erbringt das Hotel die Gegenleistung für den erhaltenen Geldbetrag. Damit wird in den Monaten November bis Januar bei Leistungsabgabeorientierung die Ergebnisrechnung des Hotels betroffen. Abbildung 5.1 zeigt, wie man den Betrag von 18 000 GE in Ergebnisrechnungen nach den beiden Konzepten behandeln würde. Bei der zahlungsorientierten Ergebnismessung würde der Ertrag schon zum Zahlungszeitpunkt, nämlich Anfang Oktober, angesetzt; bei der leistungsabgabeorientierten Messung hingegen wird in jedem der Monate November bis Januar ein Ertrag ausgewiesen. Da der mit der Zimmervermietung zusammen hängende Aufwand zwischen November und Januar anfällt, lässt sich das Ergebnis bei leistungsabgabeorientierter Messung für jeden einzelnen Monat sinnvoll ermitteln, bei zahlungsorientierter Messung gelingt dies dagegen nur gemeinsam für die Monate Oktober bis Januar.

Abbildung 5.1:
Ergebniswirkung bei Leistungsabgabe- und bei Zahlungsorientierung

Ergebniswirkung	Oktober	November	Dezember	Januar	Summe
leistungsabgabeorientiert		6000	6000	6000	18000
zahlungsorientiert	18000		0	0	18000

Leistungsabgabeorientierung als weltweit übliches Konzept

Unabhängig vom zugrunde liegenden Rechtskreis verlangen Rechnungslegungsregeln weltweit für Leistungen an Marktpartner eine am Leistungsabgabezeitpunkt orientierte Ergebnismessung. Damit wird Ertrag verbucht, sobald er »verdient« ist und Aufwand, sobald er »angefallen« ist. Diese Zeitpunkte können, müssen aber nicht mit den Zeitpunkten der zugehörigen Ein- oder Auszahlungen überein stimmen. Es kommt lediglich darauf an, dass inhaltlich zusammengehöriger Ertrag und Aufwand im gleichen Abrechnungszeitraum verrechnet werden. Im englischsprachigen Ausland spricht man vom »matching principle«. Unser Unternehmensberater Karl Gross verbucht den Ertrag aus der Beratung eines Mandanten, sobald er die Beratung abgeschlossen hat. Dieser Zeitpunkt ist es, ab dem seine Aktivitäten zur Entstehung einer Forderung führen. Hätte Gross sein Ergebnis zahlungsorientiert gemessen, gäbe es keine Forderung und die Ergebniswirkung seiner Beratung wäre erst zu dem Zeitpunkt aus seinem Rechnungswesen ersichtlich, zu dem sein Mandant zahlt.

Grund für Leistungsabgabeorientierung

Aus welchen Gründen verlangen die Rechnungslegungsregeln eine leistungsabgabeorientierte Ergebnismessung? Die Antwort liegt vermutlich darin, dass eine derartige Messung tendenziell ein vollständigeres Bild der Geschäftstätigkeit, des Ergebnisses und der finanziellen Lage eines Unternehmens zulässt. Angenommen Karl Gross hätte eine zahlungsorientierte Ergebnismessung vorgenommen, dann wären aus seinem Rechnungswesen Leistungen nicht ersichtlich, die zwar erbracht, jedoch noch nicht bezahlt wären. Das eigentlich erwirtschaftete Ergebnis würde in der Ergebnisrechnung ebenso fehlen wie die entsprechende einklagbare Forderung in der Bilanz. Die finanziellen Berichte könnten so einen von der Unternehmensleitung ausgeschlossenen Leser in die Irre führen, weil dieser aus der fehlenden Angabe nicht erkennen kann, ob etwas geleistet wurde ober nicht. Die Auswirkung dieses Mangels ist offensichtlich. Man denke etwa an eine zu negative Einschätzung der Kreditwürdigkeit des Unternehmens durch Außenstehende. Die Aussagen zur Vorteilhaftigkeit einer Leistungsabgabeorientierung bei der Messung des Ergebnisses gelten analog für den dazu gehörigen Aufwand.

Im Rahmen der leistungsabgabeorientierten Messung des Ergebnisses sind einige Konzepte und Prinzipien bedeutsam: das Konzept der Zeitraumbezogenheit und der Zeitabschnittsbetrachtung, daneben Prinzipien wie das Realisationsprinzip, die Prinzipien der sachlichen, zeitlichen und zeitraumbezogenen Abgrenzung sowie der Abgrenzung erwarteter Ergebnisbestandteile. Die genannten Prinzipien lassen sich dem sogenannten »matching principle« unterordnen. Je nachdem, wie man das Realisationsprinzip interpretiert, kommt man zu einer unterschiedlichen Behandlung von Aufträgen, die über mehrer Zeiträume hinweg erstellt und anschließend »geliefert« werden.

5.1.3 Totalbetrachtung oder Partialbetrachtung?

Um aus Sicht der Eigenkapitalgeber genau bestimmen zu können, welches Ergebnis ein Unternehmen erwirtschaftet hat, müsste man die Unternehmenstätigkeit beenden, alle Vermögensgüter verkaufen und das gesamte Fremdkapital zurückzahlen. Was übrig bliebe oder fehlte, stellt das Ergebnis der Eigenkapitalgeber dar. Dieses Vorgehen wird als Liquidierung bezeichnet. Hinsichtlich der Messung des Ergebnisses spricht man auch von einer Totalbetrachtung des Ergebnisses von Unternehmen bzw. von dessen Totalergebnis. Außer in speziellen Situationen handelt es sich bei der Liquidierung um ein sehr unpraktisches Verfahren zur Ergebnismessung.

Totalbetrachtung

Tatsächlich ermittelt man das Ergebnis von Unternehmen in der Praxis jeweils nur für einen Teilzeitraum der gesamten Unternehmenstätigkeit, man stellt in zeitlicher Hinsicht Partialbetrachtungen an (»accounting period concept«). Viele Unternehmen ermitteln ihr Ergebnis für den Zeitraum eines Jahres. Ein Großteil orientiert sich dabei am Kalenderjahr.

Partialbetrachtung

Problematik von Partialbetrachtungen

Problematisch erscheint die Beschränkung auf einen Zeitraum, wenn die Anzahl und wertmäßige Bedeutung der Geschäftsvorfälle, die über das Geschäftsjahr hinausragen, groß ist oder im Zeitablauf variieren. Wenn man sich dennoch auf einen bestimmten Zeitraum beschränkt, spielt die Lage des Zeitraums in der Kalenderzeit möglicherweise eine Rolle. In der Regel dürfte diejenige Lage des Geschäftsjahres im Kalenderjahr die aussagefähigsten Berichte zulassen, bei der am Geschäftsjahresende möglichst wenige und wertmäßig niedrige Geschäftsvorfälle vorliegen, die in den nächsten Abrechnungszeitraum hinüberreichen. Unternehmen, deren Aktien an einer Börse notiert werden, haben seit einiger Zeit auch über kürzere als jährliche Zeiträume extern zu berichten. Für Unternehmensleitungen ist es im Rahmen des internen Rechnungswesens geradezu unerlässlich, das Ergebnis für kürzere als jährliche Zeiträume zu ermitteln, wenn sie das Unternehmen verantwortungsvoll steuern wollen. Allerdings kann die Wahl unterjähriger Betrachtungszeiträume zu dem Problem führen, dass das Ergebnis verschiedener Zeiträume im Zeitablauf nur schwer miteinander vergleichbar ist. Man denke etwa an Geschäfte, die saisonabhängig stark divergierende Ergebniserzielungen erwarten lassen, z. B. eine Eisdiele oder eine Printenbäckerei. Manager, Investoren und Gläubiger treffen häufig Entscheidungen und benötigen dazu Informationen über das Unternehmen. Zeitabschnittsbetrachtungen sind zur Informationsvermittlung unerlässlich. Gleiches gilt für alle finanziellen Berichte, die vor Ende des Totalzeitraumes angefertigt werden.

Notwendigkeit zur Aktualisierung von Konteninhalten bei Zeitabschnittsbetrachtung

Das Zeitabschnittskonzept (»time-period concept«) stellt sicher, dass finanzielle Berichte in regelmäßigen Zeitabschnitten angefertigt werden. Dies ist erforderlich, um Ertrag und Aufwand als die auf einen Abrechnungszeitraum bezogenen, nicht aus Einlagen oder Entnahmen resultierenden Wertveränderungen des Eigenkapitals bestimmen zu können. Um das Ergebnis genau zu messen, ist es nötig, dass sämtliche Konten den Stand zum Ende des Abrechnungszeitraumes widerspiegeln. Das erfordert bei einer leistungsabgabeorientierten Messung mehr Sorgfalt als bei einer zahlungsorientierten Messung: Oft sind Sachverhalte zu verbuchen, die bereits begonnen haben, für die es jedoch noch keine Belege von oder für Dritte gibt. Man denke z. B. an bereits im Abrechnungszeitraum erbrachte Arbeitsleistungen der Belegschaft, die ihren Lohn erst im darauffolgenden Abrechnungszeitraum ausgezahlt bekommt. Eine leistungsabgabeorientierte Aktualisierung des Kontos »Lohn und Gehalt« bewirkt dann, dass die Lohn- und Gehaltszahlungen in den Zeiträumen zu Aufwand werden, in denen die Arbeitsleistung erbracht wurde. Dadurch wird eine Verzerrung des Ergebnisses und Eigenkapitals zweier Abrechnungszeiträume vermieden. Darüber hinaus bewirkt die Aktualisierung den Ausweis einer Verbindlichkeit und damit eine vollständigere Darstellung der finanziellen Lage zum Ende des Abrechnungszeitraumes.

5.2 Prinzipien zur leistungsabgabeorientierten Ergebnismessung

5.2.1 Realisationsprinzip

Das Realisationsprinzip *(»revenue principle«)* regelt den Zeitpunkt und die Höhe der Berücksichtigung von Vermögensmehrungen und Fremdkapitalminderungen, die mit der Abgabe von Gütern und Dienstleistungen an andere Marktteilnehmer verbunden sind. Es bestimmt in zeitlicher Hinsicht, dass der Ertrag aus Geschäften zu demjenigen Zeitpunkt zu erfassen ist, zu dem das liefernde Unternehmen seine Verpflichtungen erfüllt hat. Ab diesem Zeitpunkt gilt der Ertrag als »realisiert« oder, wie es auch heißt, als »verdient«. Oben wurde dieser Zeitpunkt als Zeitpunkt der Abgabe der Leistung an den Marktpartner bezeichnet. Juristisch gilt die Leistungsabgabe zu demjenigen Zeitpunkt als erbracht, zu dem das Risiko des zufälligen Untergangs der Leistung vom Verkäufer auf den Käufer übergeht. Dieser Zeitpunkt hängt wiederum davon ab, welche Vereinbarungen der Verkaufsvertrag enthält. Bei der Lieferung einer Ware »frei Haus«, beispielsweise, geht das Risiko des zufälligen Untergangs erst vom Verkäufer auf den Käufer über, wenn die Leistung die Schwelle des Hauses des Leistungsempfängers überschritten hat. Bei einer Lieferung »ab Werk« reicht es dagegen zur Ertragsbuchung beim Lieferanten, dass dieser die Ware auf dem Werksgelände zur Abholung bereit stellt. In der Praxis unterscheidet man für Verträge eine Vielzahl unterschiedlich möglicher Realisationszeitpunkte, die in den sogenannten »terms of trade« zusammengefasst sind.

Gilt für Einnahmen, die mit der Abgabe von Gütern und Dienstleistungen an Marktpartner zusammenhängen

Üblicherweise verbindet man mit dem Realisationsprinzip auch eine Regel für die Bewertung dessen, was man bei der Leistungsabgabe erhält. Es wird derjenige Betrag angesetzt, den man in Form von Bargeld, anderen Vermögensgütern oder durch Erlass von Fremdkapital erhält bzw. erhalten wird. Angenommen, Karl Gross verlange, um einen neuen Mandanten zu gewinnen, für eine Leistung anstatt der marktüblichen 800 GE einen Betrag von 500 GE, dann hat er einen Ertrag von 500 GE zu verbuchen und nicht einen von 800 GE. Der Grund hierfür: Er wird aus der Beratung 500 GE und nicht 800 GE einnehmen.

Bewertung

Die nach Berücksichtigung des Realisationsprinzips verbleibenden Einnahmen lassen sich in zwei Gruppen einteilen: in solche, deren Wirkung sich über einen Zeitraum erstreckt, und in solche, bei denen das nicht der Fall ist. Auf die letztgenannten Gruppen wird weiter unten noch eingegangen.

5.2.2   Prinzip der sachlichen Abgrenzung

Gilt für Ausgaben, die sachlich zu Einnahmen gehören, auf die das Realisationsprinzip angewendet wird

Das Prinzip der sachlichen Abgrenzung bestimmt, dass Ausgaben, die sachlich mit der Abgabe von Gütern oder Dienstleistungen an Marktpartner zusammenhängen, in dem Augenblick als Aufwand zu verrechnen sind, in dem die sachlich zugehörigen Erträge zu verbuchen sind. Davon betroffen sind alle zur Erzielung von Erträgen eingesetzten Minderungen von Vermögensgütern und Zunahmen von Fremdkapital, beispielsweise solche, die für die Beschaffung und die Herstellung der verkauften Güter oder Dienstleistungen angefallen sind. Dazu können etwa Mietausgaben, Gehaltsausgaben oder Wertminderungen von Maschinen zählen, soweit sie für verkaufte Güter angefallen sind.

Andere Behandlung von Vertriebsausgaben

Eigentlich gehören dazu auch die für den Vertrieb angefallenen Ausgaben. Meist – so auch in Deutschland – werden sie aber von der Behandlung entsprechend dem Prinzip der sachlichen Abgrenzung ausgenommen. Sie werden im Rahmen des noch zu beschreibenden Prinzips der zeitlichen Abgrenzung diskutiert werden.

Beispiele

Im Rechnungswesen befolgt man das Prinzip der sachlichen Abgrenzung dadurch, dass man diejenigen Vermögensminderungen oder Fremdkapitalzunahmen, die sachlich mit dem Ertrag verknüpft sind, zu demjenigen Zeitpunkt als Aufwand behandelt, zu dem der Ertrag aus der Leistungsabgabe verbucht werden. Aller anderer Aufwand wird nicht nach dem Prinzip der sachlichen Abgrenzung behandelt. Zum Beispiel wird ein Unternehmen, das seinem Verkaufspersonal Umsatzprovisionen bezahlt, wegen des Prinzips der sachlichen Abgrenzung die Provisionsausgaben als Aufwand bei der Ergebnisermittlung berücksichtigen, und zwar unabhängig davon, wann die Provisionen tatsächlich gezahlt werden. Wird hingegen in einem Abrechnungszeitraum nichts verkauft, gibt es keinen Umsatzertrag und damit auch keinen Provisionsaufwand. Die Ausgaben für Beschaffung und Herstellung der verkauften Erzeugnisse bilden ein anderes Beispiel: Solange nur hergestellt und nichts verkauft wird, entsteht kein Aufwand, sondern es findet nur eine ergebnisneutrale Vermögensumwandlung von Rohstoffen etc. und Geld (für Beschäftigte) in fertige Erzeugnisse statt.

Zeitliche Abgrenzung, falls sachliche Abgrenzung versagt

Für viele Vermögensminderungen und Fremdkapitalzunahmen lässt sich der Bezug zu bestimmten Erträgen nicht leicht herstellen. So fallen die monatliche Miete für das Büro von Karl Gross und das Gehalt für eine Bürokraft unabhängig davon an, ob Erträge erwirtschaftet werden oder nicht. Definiert man in solchen Fällen eine Beziehung zwischen Erträgen und Vermögensminderungen oder Fremdkapitalzunahmen, so werden auch sie nach dem Prinzip der sachlichen Abgrenzung behandelt. Verneint man dagegen für bestimmte Vermögensminderungen oder Fremdkapitalzunahmen eine Beziehung zu Erträgen, so kann man das Prinzip der sachlichen Abgrenzung nicht dazu heranziehen, die in Frage stehenden Vermögensminderungen und Fremdkapitalzunahmen nach dem Prinzip der sachlichen Abgrenzung als Aufwand zu behandeln.

Die nach Berücksichtigung des Prinzips der sachlichen Abgrenzung verbleibenden Ausgaben lassen sich in zwei Gruppen einteilen: in solche, die sich über einen Zeitraum erstrecken, und in solche, bei denen das nicht der Fall ist. Auf diese beiden Gruppen wird weiter unten noch eingegangen.

5.2.3 Prinzip der zeitlichen Abgrenzung

Nach dem Prinzip der zeitlichen Abgrenzung werden bestimmte Arten von Einnahmen und Ausgaben behandelt. Bei den Einnahmen kann es sich nur um solche handeln, die nicht aus der Abgabe von Leistungen an den Markt resultieren, bei den Ausgaben nur um solche, die den an Marktpartner abgegebenen oder dazu vorgesehenen Leistungen nicht sachlich zugerechnet werden. Ferner dürfen die Einnahmen und Ausgaben, die nach dem Prinzip der zeitlichen Abgrenzung zu behandeln sind, nicht als streng zeitraumbezogen zu klassifizieren sein. Solche Einnahmen und Ausgaben stellen Ertrag bzw. Aufwand desjenigen Abrechnungszeitraumes dar, in dem sie anfallen. Einnahmen aus Schenkungen oder aus Versicherungsleistungen werden beispielsweise in dem Abrechnungszeitraum zu Ertrag, in dem man die rechtsverbindliche Zusage erhält. Ausgaben für Reparaturen oder Spenden werden in dem Abrechnungszeitraum zu Aufwand, in dem der Reparateur seine Leistung erbracht hat oder die Spende getätigt bzw. rechtsverbindlich zugesagt wurde.

Gilt für Einnahmen, die nicht unter das Realisationsprinzip fallen, und Ausgaben, die nicht sachlich abgegrenzt werden, soweit keine Zeitraumbezogenheit vorliegt

5.2.4 Prinzip der zeitraumbezogenen Abgrenzung

Unter Einnahmen und Ausgaben, die als streng zeitraumbezogen klassifiziert werden, kann man sich beispielsweise Mieten, Versicherungsprämien oder Gehälter vorstellen. Derartige Einnahmen und Ausgaben zeichnen sich z. B. dadurch aus, dass ihre Höhe i. A. von der Länge des Zeitraumes abhängt, den sie betreffen. Nach dem Prinzip der zeitraumbezogenen Abgrenzung werden zeitraumbezogene Einnahmen oder Ausgaben anteilig in einem Abrechnungszeitraum zu Ertrag oder Aufwand, soweit sie sich auf diesen Abrechnungszeitraum beziehen. Für die noch nicht als Aufwand oder Ertrag verrechneten Teile der Einnahmen und Ausgaben sind Aktiv- oder Passivposten anzusetzen.

Gilt für Einnahmen, die nicht unter das Realisationsprinzip fallen, und Ausgaben, die nicht sachlich abgegrenzt werden, soweit Zeitraumbezogenheit vorliegt

Das gilt beispielsweise für die Anschaffungsausgabe eines zur Nutzung bestimmten abnutzbaren Vermögensgutes ab dem Zeitpunkt des Nutzungsbeginns. Wird das Gut dann über mehrere Geschäftsjahre hinweg genutzt, so geht die Ausgabe in jedem der Geschäftsjahre zeitanteilig als Aufwand in die Ergebnismessung ein, soweit sie nicht nach dem Prinzip der sachlichen Abgrenzung zu behandeln ist.

Abnutzbares Vermögen als Beispiel

5.2.5   Prinzip der Berücksichtigung erwarteter Verluste

Imparitätsprinzip in Deutschland: ungleiche Behandlung erwarteter Ergebnisminderungen und erwarteter Ergebnismehrungen

An das im externen Rechnungswesen von Unternehmen ermittelte Ergebnis sind in den meisten Ländern rechtliche Konsequenzen gebunden. So darf beispielsweise das Eigenkapital von Kapitalgesellschaften durch Ausschüttungen an Eigenkapitalgeber (Dividenden) nicht unter einen Wert fallen, der bei den oder knapp über den Einlagen liegt. Die rechtlichen Konsequenzen können auch erwartete Verluste treffen. Nicht nur in Deutschland wird beispielsweise – abweichend von den obengenannten Prinzipien – verlangt, einen absehbaren Verlust nicht erst in dem Abrechnungszeitraum auszuweisen, in dem er sich nach den oben genannten Prinzipien ergibt, sondern bereits in dem Abrechnungszeitraum, in dem man ihn erkennt. Buchungstechnisch geschieht das dadurch, dass man im Falle eines absehbaren Verlustes aus einem Vermögensgut dessen Wert und den des Eigenkapitals entsprechend verringert. Man spricht auch von der Vornahme einer verlustfreien Bewertung. Resultiert der Verlust aus Fremdkapital, so hat man den Wert des Fremdkapitals zu erhöhen und den des Eigenkapitals zu verringern. Die Berücksichtigung erwarteter Verluste bedeutet letztlich eine Ungleichbehandlung im Vergleich zu erwarteten Gewinnen, die erst berücksichtigt werden, wenn sie eingetreten sind. Das Prinzip der Berücksichtigung erwarteter Verluste wird daher als Imparitätsprinzip bezeichnet.

Gläubigerschutz als Ziel

Die aus der Sicht von Eigenkapitalgebern wichtigste Konsequenz einer solchen Vorwegnahme dürfte darin zu sehen sein, dass sie die Höhe des dem Unternehmen maximal entziehbaren Betrages beeinflusst; denn je niedriger das Ergebnis ist, desto niedriger ist der Betrag, den die Eigenkapitalgeber nach bestehendem Gesellschaftsrecht dem Unternehmen entnehmen können. Aus der Sicht von Fremdkapitalgebern ist eine solche Vorwegnahme zukünftiger Verluste dagegen positiv zu beurteilen; denn jede Entnahme mindert das Kapital, mit dem das Unternehmen haftet. Die Vorteilhaftigkeit für Gläubiger ist unmittelbar einsichtig, wenn man sich Entnahmen der Eigenkapitalgeber vorstellt: Durch die Vorwegnahme erwarteter Verluste reduzieren sich die Entnahmemöglichkeiten der Eigenkapitalgeber, so dass für mögliche Risiken bis zur Rückzahlung an die Fremdkapitalgeber mehr Geld im Unternehmen bleibt.

Problematik des Imparitätsprinzips

Im Zuge der Entwicklung von Sicherungsgeschäften erweist sich das Imparitätsprinzip zunehmend als problematisch, weil es im Zusammenhang mit dem Prinzip der Einzelbewertung die Ergebniskonsequenzen derartiger Geschäfte nur unvollständig abbildet. Wenn Karl Gross z.B. zum Kauf eines Grundstücks ein Darlehen in Schweizer Franken aufnimmt, weil dort die Zinsen gerade günstig sind, so muss er dieses auch in Schweizer Franken zurückzahlen. Möchte er die Rückzahlung aus Beratungserlösen vornehmen, die er in Euro erzielt, so hat er Euro in Schweizer Franken zu wechseln. Entwickelt sich der Wechselkurs zwischen Euro und Schweizer Franken vom Zeitpunkt der Kreditaufnahme an bis zum Zeitpunkt der Kreditrückzahlung so, dass bei der Rückzahlung für einen Schweizer Franken mehr Euros hinzugeben sind als bei der Kreditaufnahme, so kann es sein, dass der Wechselkursverlust den Zinsvorteil »auffrisst«. Im umgekehrten Fall steigert der Wechselkursgewinn den Vorteil aus der Aufnahme einer Verbindlichkeit in Schweizer Franken. Gross trägt so ein Wechselkursrisiko.

Um das Wechselkursrisiko zu vermeiden, bieten Finanzinstitute Sicherungsgeschäfte an. So kann Gross bespielsweise bei Kreditaufnahme bereits den für die Rückzahlung benötigten Betrag an Schweizer Franken für einen bestimmten Betrag an Euro »auf Termin« kaufen. Alternativ kann er eine Option erwerben, zum Rückzahlungszeitpunkt die benötigte Menge Schweizer Franken kaufen zu können. In beiden Fällen wird heute ein Umrechnungskurs für die in Zukunft zu liefernden bzw. erhältlichen Schweizer Franken vereinbart. Schließt Gross einen solchen Termin- oder Optionsvertrag ab, so berühren ihn Wechselkursveränderungen nicht mehr. Wechselkursschwankungen, die einen Verlust aus seinem Kredit erwarten lassen, werden durch den Gewinn aus dem Termin- oder Optionsgeschäft kompensiert.

Sicherungsgeschäfte

Nach einer traditionellen Auslegung der beschriebenen Rechnungslegungsprinzipien hätte Gross das Darlehen in der Bilanz mit dem Rückzahlungsbetrag anzusetzen und neben den Zinsen Aufwand zu berücksichtigen, wenn eine Wechselkursveränderung einen Verlust erwarten lässt. Terminkontrakt oder Option würden (bis auf den Optionskaufpreis) dagegen bei einem erwarteten Wechselkursgewinn als noch nicht realisiert betrachtet, so dass bis zur Rückzahlung ein geringeres Ergebnis ausgewiesen würde als tatsächlich erwirtschaftet wurde. Diese Konsequenz wäre vermieden worden, wenn man die erwarteten Einzahlungen aus dem Terminkontrakt oder der Option als Ertrag hätten ansetzen dürfen.

Ergebnismessproblem bei Imparitätsprinzip

Vor dem Hintergrund der zunehmenden Bedeutung von Sicherungsgeschäften lassen die Regelungen anderer Rechtskreise, beispielsweise die U.S.-GAAP, verstärkt die Berücksichtigung von für zukünftige Abrechnungszeiträume erwarteten Ertrag und Aufwand zu. De facto geschieht dies, indem man bestimmte erwartete Ein- und Auszahlungen als Ertrag oder Aufwand des laufenden Abrechnungszeitraumes definiert.

Tendenz zur symmetrischen Behandlung erwarteter Ergebniskonsequenzen

5.2.6 Zusammenfassende Übersicht

Die dargestellten Prinzipien zur Ergebnisermittlung lassen sich übersichtlich zusammenfassen. Dazu hat man die möglichen Wirkungen von Geschäftsvorfällen auf das Ergebnis nach drei Kriterien zu unterteilen: danach, ob sie das Eigenkapital mehren oder mindern, danach, ob sie aus der Abgabe einer Leistung an Marktteilnehmer resultieren und danach, ob sie zeitpunktbezogen oder zeitraumbezogen sind. Die Verhältnisse nach deutschem Handelsrecht stellt Abbildung 5.2 dar.

		Ergebniswirkung von Einnahmen und Ausgaben		
		aus Abgabe einer Leistung an Marktteilnehmer resultierend	nicht aus Abgabe einer Leistung an Marktteilnehmer resultierend	
			zeitpunktbezogen	zeitraumbezogen
Einnahme	mit Gegenleistung verbunden (zweiseitiger Vorgang)	Ertrag zum Zeitpunkt der Abgabe der Leistung an Markt, evtl. vorher Verbindlichkeit (Risikoübergang): *Realisationsprinzip*		
	nicht mit Gegenleistung verbunden (einseitiger Vorgang)		Ertrag zu dem Zeitpunkt, zu dem die Einnahme anfällt, evtl. vorher Verbindlichkeit: *Grundsatz der zeitlichen Abgrenzung*	Ertrag anteilig in dem Zeitraum, für den die Einnahme erfolgt, evtl. vorher bzw. soweit noch nicht Ertrag Verbindlichkeit: *Grundsatz der zeitraumbezogenen Abgrenzung*
Ausgabe	nicht mit Gegenleistung verbunden (einseitiger Vorgang)		Aufwand zu dem Zeitpunkt, zu dem die Ausgabe anfällt, evtl. vorher Forderung: *Grundsatz der zeitlichen Abgrenzung*	Aufwand anteilig in dem Zeitraum, für den die Ausgabe anfällt, evtl. vorher bzw. soweit noch nicht Aufwand Forderung: *Grundsatz der zeitraumbezogenen Abgrenzung*
	mit Gegenleistung verbunden (zweiseitiger Vorgang) — kein Verlust absehbar	Aufwand zu dem Zeitpunkt, zu dem der sachlich zugehörige Ertrag verrechnet wird, evtl. vorher Forderung: *Grundsatz der sachlichen Abgrenzung*		
	mit Gegenleistung verbunden (zweiseitiger Vorgang) — Verlust absehbar	Aufwand in Höhe des absehbaren Verlustes zum Zeitpunkt des Bekanntwerdens des Verlustes: *Imparitätsprinzip*		

Abbildung 5.2:   Prinzipien zur Erfassung von Einnahmen und Ausgaben als Ertrag und Aufwand entsprechend dem deutschen HGB

5.3 Leistungsabgabeorientierte Ergebnismessung

5.3.1 Grundlagen

Bei zahlungsorientierter Ergebnismessung genügt es, die finanziellen Konsequenzen derjenigen Ereignisse abzubilden, die wir als Geschäftsvorfälle bezeichnet haben. Es ergibt sich keine Notwendigkeit, weitere Ereignisse zu berücksichtigen. Im Zusammenhang mit der Vorstellung der Saldenbilanz wurde jedoch bereits darauf hingewiesen, dass bei leistungsabgabeorientierter Ergebnismessung über die Geschäftsvorfälle hinaus vor Erstellung der finanziellen Berichte »andere relevante Ereignisse« zu berücksichtigen sind. Der Grund dafür liegt darin, dass nicht alle Ereignisse, die im Rahmen einer leistungsabgabeorientierten Rechnungslegung abzubilden sind, den Geschäftsvorfällen zuzurechnen sind. Insofern ist die Saldenbilanz, die sich nach Berücksichtigung der Geschäftsvorfälle ergibt, eine vorläufige Aufstellung, an der noch Korrekturen vorzunehmen sind.

Notwendigkeit von Korrekturbuchungen

Für die folgenden Ausführungen diene das Beispiel der Unternehmensberatung Karl Gross aus den vorhergehenden Kapiteln. Es sei angenommen, Karl Gross habe die vorläufige Saldenbilanz der Abbildung 5.3 aufgestellt. Diese Saldenbilanz ergibt sich weitestgehend aus Abbildung 3.3, Seite 79, sowie als Fortschreibung der Abbildung 4.5, Seite 119. Der Unterschied zu diesen Abbildungen liegt darin, dass zwei zusätzliche Geschäftsvorfälle unterstellt, drei Ereignisse leicht modifiziert und die Aufwandsarten etwas anders gegliedert werden.

Als zusätzliche Geschäftsvorfälle seien genannt:

- Anschaffung von Büromöbeln zum Preis von 12000 GE.
- Erhalt einer Vorauszahlung in Höhe von 20000 GE für einen Auftrag, den Gross erst im Mai bearbeiten wird.
- Der Anstrich der Büroräume erfolgt im April für 1500 GE, die bar bezahlt werden.

Modifikationen werden für die folgenden Geschäftsvorfälle unterstellt:

- Geschäftsvorfall 6a: Bei der Mietzahlung in Höhe von 4000 GE handelt es sich um eine Vorauszahlung für die Monate April und Mai.
- Geschäftsvorfall 6b: Das Gehalt in Höhe von 3000 GE wurde erst zur Hälfte ausgezahlt und verbucht.
- Geschäftsvorfall 8: Gross bezahlt die 50000 GE für die Renovierung seiner Privatwohnung nicht aus seinen privaten Ersparnissen, sondern aus der Unternehmenskasse.

Unternehmensberatung K. Gross Vorläufige Saldenbilanz für April 20X1		
	Endbestand	
	Soll	Haben
Zahlungsmittel	100000	
Forderungen (Verkauf)	5000	
Büromaterial	2000	
Möbel	12000	
Grundstück	30000	
Vorauszahlung von Miete	4000	
Verbindlichkeiten (Einkauf)		2000
Honorarvorauszahlung		20000
Einlagen		150000
Entnahmen	45000	
Erträge		62000
Aufwand (Verkauf Grundstück)	30000	
Aufwand (Verkauf Büromaterial)	1000	
Aufwand (Gehalt)	1500	
Aufwand (Sonstiges)	3500	
Summe	234000	234000

Die Gliederung der Aufwandsarten erfolgt so, dass der mit dem Verkauf von Gütern und Dienstleistungen direkt zusammen hängende Aufwand getrennt von dem übrigen Aufwand aufgeführt wird. Dadurch sind zu unterscheiden:

- Aufwand aus dem Verkauf in Höhe von 31000 GE (30000 GE für das verkaufte Grundstück des Geschäftsvorfalls 10 sowie 600 GE und 400 GE Büromaterial aus den Geschäftsvorfällen 4 und 5).

- übriger Aufwand in Höhe von 5000 GE (1500 GE verbuchter Gehaltsaufwand und 3500 GE sonstiger Aufwand).

Berücksichtigt man diese Veränderungen, so ergibt sich die vorläufige Saldenbilanz der Abbildung 5.3.

Notwendigkeit von Korrekturbuchungen

Es handelt sich um eine vorläufige Saldenbilanz für die Unternehmensberatung K. Gross. In ihr sind zwar der Ertrag und Aufwand abgebildet, der in den Geschäftsvorfällen des April 20X1 Buchungsvorgänge ausgelöst hat, doch sind möglicherweise nicht alle relevanten Ereignisse erfasst, die man hätte berücksichtigen müssen. So ist zu vermuten, dass all jener Ertrag und Aufwand fehlt, der keine Geschäftsvorfälle ausgelöst hat. Man denke beispielsweise an Ertrag oder Aufwand, der aus Einnahmen oder Ausgaben folgt, die eine Ergebniswirkung über mehr als einen einzigen Abrechnungszeitraum entfalten. Es kann aber auch sein, dass der eine oder andere Geschäftsvorfall unbewusst oder bewusst nicht aufgezeichnet wurde. Korrekturbuchungen werden insofern erforderlich. Wurden nicht alle Ereignisse berücksichtigt, die als Geschäftsvorfälle hätten erfasst werden sollen, so muss das zum Bilanzstichtag nachgeholt werden. Eine Erfassung wird z.B. unterbleiben, wenn die Kosten der Erfassung den finanziellen Nutzen einer genauen Aufzeichnung übersteigen und der Fehler zum Geschäftsjahresende leicht behoben werden kann. Diese Situation sei am Beispiel des Postens Büromaterial aus Abbildung 5.3 erläutert.

Gross benötigt in seinem Unternehmen Büromaterial, um seine Beratungsleistungen zu erbringen. Über das Material hinaus, das er einzelnen Aufträgen genau im Rahmen eines Geschäftsvorfalls zuordnet, wird er Papier, Bleistifte und Kugelschreiber, Formulare, Hefthüllen u. ä. verbrauchen, ohne jedoch immer eine Buchung vorzunehmen. Dadurch nimmt der Bestand an Büromaterial anders ab als es aus dem Büromaterialkonto ersichtlich ist. Durch den Verbrauch entsteht Aufwand, genau wie bei der Zahlung von Miete und Gehalt. Gross könnte jeden einzelnen Verbrauch von Büromaterial erfassen und verbuchen. Es ist jedoch fraglich, ob der daraus resultierende Informationsnutzen die Mühe lohnt, die damit verbunden ist. Ist Karl Gross nicht gewillt, jeden einzelnen Verbrauch aufzuzeichnen und zu verbuchen, dann muss er am Geschäftsjahresende die Summe aller Verbräuche ermitteln und buchen. Wie gelangt er zur richtigen Abbildung des Büromaterialverbrauchs im Rechnungswesen?

Korrekturbuchungen wegen unberücksichtigter relevanter Ereignisse

Gross weiß, dass der Endbestand des Kontos Büromaterial in der Saldenbilanz den Verbrauch im Abrechnungszeitraum nicht widerspiegelt und daher fehlerhaft ist. Der bisherige Endbestand zeigt die Summe aus dem Bestand an Büromaterial zu Anfang des Abrechnungszeitraumes – zuzüglich des im Abrechnungszeitraum eingekauften Büromaterials, abzüglich des im Rahmen der getätigten Beratungstätigkeiten verrechneten Büromaterials. Gross erhält den korrekten Endbestand, indem er den weiteren Verbrauch an Büromaterial im Monat April – nehmen wir an, es seien 500 GE – vom Betrag in der Saldenbilanz abzieht. Die Korrektur des Postens Büromaterial in der Saldenbilanz um 500 GE ist erforderlich und führt zum korrekten Kontenabschluss.

Nachträgliche Buchungen

Dies sei am Beispiel verdeutlicht. Am 2. April habe Karl Gross beim Kauf des Büromaterials gebucht:

Beleg	Datum	Geschäftsvorfall und Konten	Soll	Haben
	2.4	Kauf von Büromaterial		
		Büromaterial	3000	
		Verbindlichkeiten		3000

Wir nehmen an, es sei kein weiteres Büromaterial gekauft worden und und 1 000 GE Material sei im Rahmen von Geschäftsvorfällen bereits abgebucht worden. Der Restbetrag in Höhe von 2 000 GE steht nun in der Saldenbilanz. Die Bilanz zum 30. April sollte diesen Betrag jedoch nicht ausweisen. Warum nicht?

Ermittlung des Aufwands durch Vergleich von Bestandswert mit Buchwert

Im April wurde weiteres Büromaterial verbraucht, das jedoch nicht einzelnen Aufträgen zugerechnet wurde – wie dies beispielsweise mit dem Büromaterial für die Geschäftsvorfälle 4 und 5 der Fall war. In Höhe des Wertes dieses (zusätzlich) verbrauchten Materials ist wegen des Prinzips der zeitlichen Abgrenzung ebenfalls Aufwand angefallen. Um den Materialverbrauch wertmäßig zu ermitteln, bestimmt Gross den Materialbestand zum Monatsende, bewertet ihn zu den Anschaffungsausgaben und vergleicht diesen Betrag mit demjenigen, den er auf dem Bestandskonto für Büromaterial vorfindet. Ergibt sich beispielsweise ein Endbestand von 1 500 GE, dann erhält man wegen

$$\text{Abgänge} = \text{Anfangsbestand} - \text{Endbestand} + \text{Zugänge}$$

einen solchen zusätzlichen Verbrauch im Wert von

$$500 = 2000 - 1500 + 0.$$

Zum 30. April ist daher der Bestand an Büromaterial um 500 GE zu verringern; der *Aufwand (Büromaterial)* ist um genau diesen Betrag zu erhöhen:

Beleg	Datum	Geschäftsvorfall und Konten	Soll	Haben
	30.4.	Büromaterialaufwand		
		Aufwand (Büromaterial)	500	
		Büromaterial		500

Aus dem Journaleintrag folgt die Buchung auf den Konten:

	Vermögensgüter				Aufwand	
	Büromaterial				*Aufwand (Büromaterial)*	
2.4.	3 000	4.4.	600	30.4.	500	
		5.4.	400			
		30.4.	500			
S	1 500			S	500	

Der Endbestand an Büromaterial Ende April beläuft sich so auf 1 500 GE und entspricht dem Anfangsbestand an Büromaterial für den Monat Mai.

Korrekturbuchunen wegen Ereignissen, die keine Geschäftsvorfälle auslösen

Neben den Korrekturbuchungen für die Nachholung vernachlässigter Geschäftsvorfälle sind weitere Korrekturbuchungen vorzunehmen. Diese hängen bei leistungsabgabeorientierter Ergebnismessung mit dem Auseinanderfallen von Zahlung und Ergebniswirkung zusammen, soweit sie nicht bereits in der vorläufigen Saldenbilanz berücksichtigt sind.

Man kann zwei grundlegende Arten von Korrekturbuchungen unterscheiden, die aufgrund des Auseinanderfallens von Zahlungen und leistungsabgabeorientierter Ergebniswirkung erforderlich werden: solche, die daraus resultieren, dass die Zahlung schon stattgefunden hat, die Ergebniswirkung aber erst in einem späteren Abrechnungszeitraum erfolgt, und solche, deren Ergebniswirkung schon zu berücksichtigen ist, obwohl noch keine Zahlung stattgefunden hat.

Zwei Arten von Korrekturbuchungen

Beide Gruppen werden in betriebswirtschaftlichen Lehrbüchern des deutschen Sprachraumes seit über hundert Jahren als Rechnungsabgrenzungsposten bezeichnet, die erste Gruppe als transitorische Rechnungsabgrenzungsposten und die zweite Gruppe als antizipative Rechnungsabgrenzungsposten. Die Begriffe sollen zum Ausdruck bringen, dass gegenüber einer Zahlungsrechnung die Ergebniswirkung bei der erstgenannten Gruppe in zukünftige Zeiträume hineinreicht und dass sie bei der letztgenannten Gruppe vorweggenommen wird. Im deutschen Handelsrecht taucht der Begriff Rechnungsabgrenzungsposten ebenfalls auf. Der Gesetzgeber versteht darunter allerdings nur solche Posten, bei denen die Zahlung bereits stattgefunden hat, also die transitorischen Rechnungsabgrenzungsposten. Die andere Gruppe wird nach deutschem HGB als Forderung bzw. als Verbindlichkeit behandelt.

Rechnungsabgrenzungsposten als Ergebnis von Korrekturbuchungen

Inhaltlich lassen sich fünf Fälle unterscheiden, in denen sich Zahlungs- und Ergebniswirkung voneinander unterscheiden:

1. aktive (transitorische) Rechnungsabgrenzungsposten, d.h. geleistete Vorauszahlungen für die künftige Inanspruchnahme von Dienstleistungen, die anteilig in mindestens eine künftige Ergebnisrechnung als Aufwand einfließen sollen. Im Englischen heißt dieser Posten »prepaid expenses«.

2. passive (transitorische) Rechnungsabgrenzungsposten, d.h. erhaltene Vorauszahlungen für die künftige Lieferung von Dienstleistungen, die erst in zukünftigen Abrechnungszeiträumen Erträge generieren (»unearned revenues«).

3. planmäßige Abschreibungen auf das Anlagevermögen, das sich abnutzt.

4. Ertrag, der erst in zukünftigen Abrechnungszeiträumen als Bargeld zufließt; diese antizipativen Rechnungsabgrenzungsposten zeichnen sich durch ihren Forderungscharakter aus.

5. Aufwand, dessen Bezahlung erst in zukünftigen Abrechnungszeiträumen erfolgt; er wird als antizipative Rechnungsabgrenzungsposten bezeichnet und besitzt Verbindlichkeitscharakter.

Soweit die genannten Fälle in einem Unternehmen vorliegen und noch nicht im Rahmen der Verbuchung der Geschäftsvorfälle berücksichtigt wurden, sind sie zum Ende des Abrechnungszeitraumes vorzunehmen.

5.3.2   Aufwandswirkung nach Zahlungswirkung

Aktiver Rechnungs-abgrenzungsposten: geleistete Vorauszah-lungen für Lieferun-gen oder Leistungen, die in späteren Zeit-räumen als Aufwand zu behandeln sind

Hinter dem Posten verbergen sich geleistete Vorauszahlungen für Lieferungen und Leistungen, die in einem späteren Abrechnungszeitraum als Aufwand zu verrechnen sind. Sie werden im deutschen HGB als aktive Rechnungsabgrenzungsposten bezeichnet. Beispiele für solche Posten sind entsprechende Vorauszahlungen für Mieten oder Versicherungen des Unternehmens. Wesentlich ist dabei, dass das Unternehmen Zahlungsmittel abgibt und dafür Nutzungsrechte oder Nutzungsmöglichkeiten erwirbt. Im Kern handelt es sich um Forderungen, die in Deutschland jedoch in einem gesonderten Posten ausgewiesen werden. Die notwendigen Korrekturbuchungen seien am Beispiel von Mietvorauszahlungen erläutert.

Mietvorauszahlungen als Beispiel

Mieten sind oft im Voraus zu bezahlen. Für den Mieter stellt die Vorauszahlung ein Vermögensgut dar, weil er das Recht erworben hat, zukünftig das angemietete Objekt zu nutzen. Der Wert dieses Rechtes nimmt in dem Maße ab, wie die Mietzeit abläuft. Wir nehmen an, Karl Gross habe sein Büro für monatlich 2000 GE – fällig zum Monatsende, jedoch zweimonatlich ab dem 1. April im Voraus zahlbar – angemietet und er benutze ein Mietvorauszahlungskonto zur Verbuchung der Vorauszahlung. Bei Zahlung des Betrages am 1. April wäre ins Journal einzutragen:

Beleg	Datum	Geschäftsvorfall und Konten	Soll	Haben
	1.4.	Mietvorauszahlung April und Mai *Aktiver Rechnungsabgrenzungsposten (Miete)*	4000	
		Zahlungsmittel		4000

Weil bis zum Kontenabschluss am 30. April keine weiteren Vorauszahlungen erfolgen, gäbe es zum 30. April ein Vermögenskonto mit der Bezeichnung »Aktiver Rechnungsabgrenzungsposten (Miete)«, auf dem sich die gesamte Mietvorauszahlung befindet:

Vermögensgüter	
Aktiver RAP (Miete)	
1.4. 4000	
S 4000	

Der Endbestand dieses Kontos geht unter der Bezeichnung *Aktiver Rechnungsabgrenzungsposten (Miete)* in die vorläufige Saldenbilanz ein. Aber die 4000 GE sind nicht der Betrag, der in der Bilanz erscheinen sollte.

Der Betrag sollte zum Monatsende angepasst werden, weil der Teil des Nutzungsrechts, der den Monat April betrifft, inzwischen abgelaufen ist. Ende April erstreckt sich die Vorauszahlung nur noch auf einen und nicht mehr auf zwei Monate. Wird die Vermögensminderung mit einer Leistungsabgabe in Verbindung gebracht, so wird sie nach den Regeln der sachlichen Abgrenzung zu Aufwand. Andernfalls ist sie entsprechend der zeitraumbezogenen Abgrenzung zu behandeln. Dann stellen die 2000 GE, um die der Wert des Vermögensgutes *Aktiver Rechnungsabgrenzungsposten (Miete)* abgenommen hat, per definitionem Aufwand des Abrechnungszeitraumes (hier April 20X1) dar. In Höhe dieser 2000 GE sind demnach die Mietvorauszahlungen im April zu kürzen und als *Aufwand (Miete)* zu verbuchen. Weil Abnahmen von Vermögensgütern auf der Haben-Seite und Abnahmen von Eigenkapital (Aufwand) auf der Soll-Seite der entsprechenden Konten zu verbuchen sind, lautet der Journaleintrag:

Notwendigkeit angepasster Endbestände der Saldenbilanz

Beleg	Datum	Geschäftsvorfall und Konten	Soll	Haben
	30.4.	Büromiete April		
		Aufwand (Miete)	2000	
		Aktiver Rechnungsabgrenzungs-		
		posten (Miete)		2000

Nach der Buchung stellen sich die betroffenen Konten folgendermaßen dar:

Vermögensgüter				Aufwand			
Aktiver RAP (Miete)				*Aufwand (Miete)*			
1.4.	4000	30.4.	2000	30.4.	2000		
S	2000	S		S	2000		

In einer Computerbuchführung kann man derartige Buchungen i.d.R. automatisieren.

5.3.3 Ertragswirkung nach Zahlungswirkung

Erhaltene Vorauszahlungen für die künftige Lieferung von Dienstleistungen stellen Fremdkapital dar und sind auch als solches zu verbuchen. Erst wenn mit der Leistungserbringung begonnen wird, können sie zu passiven Rechnungsabgrenzungsposten und zu Erträgen werden. Solche Posten werden im deutschen HGB als passive Rechnungsabgrenzungsposten bezeichnet. Im Englischen spricht man von »*unearned revenues*«.

Passiver Rechnungsabgrenzungsposten: erhaltene Vorauszahlung für noch zu erbringende Dienstleistung

Der Sachverhalt sei ebenfalls an einem Beispiel erläutert: Ein Mandant hat Gross am 20. April einen Beratungsauftrag erteilt, für den Gross 20000 GE erhält. Das Geld wurde bereits am 20. April überwiesen. In den Monaten Mai und Juni erbringt Gross die Leistung je hälftig. Der dazuge-

Erhaltene Honorarvorauszahlungen als Beispiel

hörige Aufwand beträgt jeweils 5 000 GE. Mit der Honorarvorauszahlung für die künftige Lieferung von Dienstleistungen entsteht im Zahlungszeitpunkt noch kein Ertrag. Erst im Zuge oder nach der Dienstleistungserbringung wird Ertrag erwirtschaftet. Bis dahin hat die erhaltene Vorauszahlung Verbindlichkeitscharakter. Während des Zeitraumes der Leistungserbringung wird ein passiver Rechnungsabgrenzungsposten gebildet, der in den Abrechnungszeiträumen jeweils denjenigen Betrag aufnimmt, der noch nicht als Aufwand verrechnet wurde. Die Verbuchung am 20. April geschieht nach dem Buchungssatz:

Beleg	Datum	Geschäftsvorfall und Konten	Soll	Haben
	20.4.	Vorauszahlung für eine Beratung		
		Zahlungsmittel	20000	
		Vorauszahlung (Honorar)		20000

Fremdkapital		
Vorauszahlung (Honorar)		
	20.4.	20000
	S	20000

Notwendigkeit angepasster Endbestände der Saldenbilanz

Mit Übernahme der Arbeiten an der Beratung wird die Vorauszahlung zu einem passiven Rechnungsabgrenzungsposten und muss umgebucht werden. Als Folge weist die vorläufige Saldenbilanz von Karl Gross danach einen Bestand an entsprechenden als passive Rechnungsabgrenzungsposten bezeichneten Verbindlichkeiten in Höhe von 20000 GE aus. Ende Mai sind allerdings Korrekturbuchungen nötig, wenn Gross dem Mandanten bereits einen Teil seiner Leistungen erbracht haben sollte. Wir unterstellen hier, Gross habe bereits Leistungen für 10000 GE erbracht, geliefert und in Rechnung gestellt, wobei er für die Leistungserstellung Ausgaben in Höhe von 5000 GE tätigen musste. Im Journal und auf den Konten lauten die Buchungen unter Berücksichtigung der vorläufigen Saldenbilanz und der bisherigen Geschäftsvorfälle:

Beleg	Datum	Geschäftsvorfall und Konten	Soll	Haben
	31.5.	vorausbezahltes Honorar		
		Passiver Rechnungsabgrenzungsposten		
		(Honorar)	10000	
		Ertrag (Verkauf)		10000
		Aufwand (Verkauf)	5000	
		Zahlungsmittel		5000

Fremdkapital			Erträge		
Passiver RAP (Honorar)			*Ertrag (Verkauf)*		
31.5. 1000	20.4.	20000		4.4.	12000
	S	10000		5.4.	10000
				10.4.	40000
				31.5.	10000
				S	72000

Vermögensgüter		Aufwand	
Zahlungsmittel		*Aufwand (Verkauf)*	
	31.5. 5000	31.5. 5000	
	S 5000	S 5000	

Die restlichen 10000 GE Umsatz werden mit dem restlichen Aufwand verrechnet, sobald die Leistung nach dem Realisationsprinzip als erbracht gilt.

In der Praxis kommen Vorauszahlungen häufig vor. Fluggesellschaften verlangen die Bezahlung eines Flugtickets i.d.R. vor dem Flug. Bis zum Zeitpunkt des Fluges hat der Käufer eine Forderung gegenüber der Fluggesellschaft. Diese weist eine Verbindlichkeit gegenüber dem Käufer zum Ende ihres Abrechnungszeitraumes in Form einer passiven Rechnungsabgrenzung aus. Erst wenn der Flug stattfindet oder das Ticket verfällt, ist beim Käufer die Vorauszahlung in Reiseaufwand umzubuchen. Erst dann hat die Fluggesellschaft den Ertrag realisiert und löst die passive Rechnungsabgrenzung auf.

Andere Beispiele

5.3.4 Planmäßige Abschreibungen

Abnutzbare Güter des Anlagevermögens verlieren i.A. im Laufe ihres Alterungsprozesses an Nutzen. Es ist daher sinnvoll für die Ergebnismessung, die Anschaffungsausgaben abnutzbarer Anlagegüter über die Abrechnungszeiträume zu verteilen, in denen das Vermögensgut Nutzen stiftet. Der auf einen Abrechnungszeitraum entfallende Teil der Anschaffungsausgaben wird als Abschreibung bezeichnet. Für die Behandlung der Abschreibung als Aufwand sind das Prinzip der sachlichen Abgrenzung oder das Prinzip der zeitraumbezogenen Abgrenzung – eventuell in Verbindung mit dem Prinzip der sachlichen Abgrenzung – verantwortlich.

Abschreibungen auf das abnutzbare Anlagevermögen

Der Behandlung von abnutzbarem Anlagevermögen und Abschreibungen liegt das gleiche Konzept zu Grunde wie der Behandlung von geleisteten Vorauszahlungen, die in zukünftigen Abrechnungszeiträumen zu Aufwand werden, nämlich den aktiven Rechnungsabgrenzungsposten. In beiden Fällen erwirbt das Unternehmen Vermögensgüter, deren Werte im Zeitablauf abnehmen. In Höhe der Abnahmen der Vermögenswerte fällt Aufwand an.

Vergleich von Abschreibungen auf abnutzbares Vermögen mit aktiven Rechnungsabgrenzungsposten

Möbel als Beispiel　Im Unternehmen von Karl Gross stellen die Möbel, die am 13. April für 12 000 GE gekauft wurden, abnutzbares Anlagevermögen dar. Journal und Konten sehen folgendermaßen aus:

Beleg	Datum	Geschäftsvorfall und Konten	Soll	Haben
	13.4.	Möbelkauf		
		Möbel	12 000	
		Verbindlichkeiten (Einkauf)		12 000

Vermögensgüter Möbel			Verbindlichkeiten Möbel		
13.4.	12 000			13.4.	12 000
S	12 000			S	12 000

Gross glaubt, dass die Möbel vier Jahre lang genutzt werden können und dass sie dann wertlos sind. Eine Möglichkeit, den jährlichen Abschreibungsbetrag zu ermitteln, besteht darin, die Anschaffungsausgaben (12 000 GE) durch die Anzahl der Nutzungsjahre zu teilen. Bei dieser als »lineare Abschreibung« bezeichneten Methode ergibt sich ein jährlicher Abschreibungsbetrag in Höhe von

$$12 000 \text{ GE} / 4 \text{ Jahre} = 3 000 \text{ GE je Jahr.}$$

Davon entfallen bei monatlicher Zuordnung auf den Monat April 250 GE (3 000 GE / 12 Monate = 250 GE je Monat).

Direkte Verbuchung von Abschreibungen　Man könnte nun, am 30.4., ins Journal eintragen:

Beleg	Datum	Geschäftsvorfall und Konten	Soll	Haben
	30.4.	Abschreibung Möbel		
		Aufwand (Abschreibung Möbel)	250	
		Möbel		250

und die folgenden Konteneinträge vornehmen:

Vermögensgüter Möbel				Aufwand Aufwand (Abschr. Möbel)	
13.4.	12 000	30.4.	250	30.4.	250
S	11 750			S	250

Bei dieser Vorgehensweise hat man alle für die Erstellung einer Bilanz und einer Ergebnisrechnung aus dem Geschäftsvorfall folgenden Aktualisierungen vorgenommen. Sie wird als direkte Verbuchung von Abschreibungen bezeichnet.

Neben der linearen Abschreibung werden in Literatur und Praxis auch degressive Verfahren diskutiert und angewendet. Am bekanntesten ist die geometrisch degressive Methode, bei der man die Abschreibung immer als einen festen Prozentsatz vom Restbuchwert definiert. Das Verfahren führt bei den üblichen Prozentsätzen zwischen 20% und 30% und bei genügend langer Nutzungsdauer dazu, dass zu Beginn der Abschreibungszeit die Abschreibungsbeträge höher sind als bei der linearen Methode. Dafür sind sie später niedriger. Das Verfahren besitzt den Nachteil, dass man niemals den anfänglichen Buchwert abgeschrieben haben wird: Man ist zum Wechsel der Methode innerhalb der Nutzungsdauer gezwungen. Besonders beliebt ist es, den Zeitpunkt des Methodenwechsels so zu bestimmen, dass sich möglichst früh möglichst hohe Abschreibungsbeträge ergeben.

Geometrisch degressive Abschreibung

Ein anderes degressives Verfahren benutzt einen arithmetischen Ansatz. Dabei vermindert sich der Abschreibungsbetrag jedes Jahr und in der Summe wird der anfängliche Buchwert abgeschrieben. Das Verfahren wird auch als digitales Verfahren bezeichnet. Eine einfache Form besteht darin, den anfänglichen Buchwert durch die Summe über die Nutzungsjahre zu teilen und dann die Abschreibungsbeträge als Vielfache dieses Betrages zu bestimmen.

Arithmetisch degressives Verfahren

In der Praxis hat sich jedoch eingebürgert, die Aktualisierung anders vorzunehmen. Auf dem Vermögenskonto *Möbel* lässt man den Anfangsbestand während der gesamten Nutzungsdauer unverändert; die monatlichen Abschreibungen verbucht man gegen ein Konto namens *Kumulierte Abschreibungen (Möbel)*. Man spricht von der indirekten Verbuchung der Abschreibungen.

Indirekte Verbuchung von Abschreibungen

Bei der indirekten Verbuchung von Abschreibungen lautet der Journaleintrag:

Beleg	Datum	Geschäftsvorfall und Konten	Soll	Haben
	30.4.	Abschreibung Möbel		
		Aufwand (Abschreibung Möbel)	250	
		Kum. Abschreibungen (Möbel)		250

Dadurch, dass die Abschreibungen nicht auf dem Konto *Möbel* gegengebucht werden, ist es möglich, die Anschaffungsausgaben und das Anschaffungsdatum der Möbel in den Büchern zu erhalten. Man kann auf dem Konto *Möbel* jederzeit sehen, welchen Betrag man für die Möbel ausgegeben hat. Durch Vergleich mit den kumulierten Abschreibungen lässt sich auch etwas über das Alter sagen. Aus dem Konto *Kumulierte Abschreibungen (Möbel)* lässt sich erkennen, in welcher Höhe man seit der Anschaffung der Möbel Abschreibungen vorgenommen hat. Beide Konten für sich genommen lassen sich nicht sinnvoll interpretieren. Zusammen erlauben sie jedoch einen tieferen Einblick in das Geschehen als es das Konto *Möbel* bei direkter Verbuchung der Abschreibungen gestattet.

Wertberichtigungs-konten zu Konten abnutzbarer Sachanlage-vermögensgüter

Das Konto *Kumulierte Abschreibungen (Möbel)* stellt ein Gegenkonto zum Konto *Möbel* dar. Man spricht auch von einem Wertberichtigungs-konto zum Konto *Möbel*. Es handelt sich nicht um ein Konto der Ergebnisrechnung, also nicht um ein Aufwandskonto, sondern um ein Korrekturkonto zu einem Aktivum. Mann könnte es daher auch als Aktivkonto betrachten. Die Konten sehen folgendermaßen aus:

Vermögensgüter		Wertberichtigungen		Aufwand	
Möbel		*Kum. Abschreibungen (Möbel)*		*Aufwand (Abschr. Möbel)*	
13.4.	12 000		30.4. 50	30.4. 50	
S	12 000		S 250	S 250	

Buchwert abnutzbarer Anlagevermögens-güter

Aus der Bilanz muss der Buchwert von Vermögensgütern zum Ende des Abrechnungszeitraumes ersichtlich sein. Dies kann im Falle der Verwendung einer indirekten Abschreibungsmethode entweder dadurch geschehen, dass man den Buchwert des jeweiligen indirekt abgeschriebenen Vermögensgutes vor Übernahme in die Bilanz errechnet oder dadurch, dass man die Höhe der erforderlichen Wertberichtigung zusätzlich zu den Anschaffungsausgaben mit angibt. Üblich ist es, den aktuellen Buchwert auszuweisen. Um diesen zu ermitteln, subtrahiert man zu jedem Bilanzstichtag die kumulierten Abschreibungen vom Anschaffungswert. Bei Karl Gross ergibt sich zum 30. April bei linearer Abschreibungsmethode für die Möbel:

Wert des Vermögensguts Möbel am 30. April 20X1	
Anschaffungsausgaben für Möbel	12 000
– kumulierte Abschreibungen (Möbel)	250
= Buchwert (Möbel)	11 750

Um dem Bilanzleser diese Information über den Buchwert der Möbel zu vermitteln, bietet es sich an, die Anschaffungsausgaben und die kumulierten Abschreibungen in einer eigenen Spalte der Bilanz, und zwar vor der eigentlichen Wertangabe, aufzuführen.

5.3.5   Aufwandswirkung vor Zahlungswirkung

Antizipative Rechnungs-abgrenzungsposten mit Verbindlichkeits-charakter

Es gehört zum Unternehmensalltag, dass Geschäftsvorfälle zu Ertrag und zu Aufwand führen, bevor eine Zahlung stattfindet, z.B. wenn man ein Vermögensgut verkauft. Im Folgenden geht es um solche Fälle von Aufwands- und Ertragsentstehung, in denen keine Vermögensänderungen stattfinden. Bei einigen Aufwandsarten tritt dies besonders häufig auf. Zu den wichtigsten dieser Aufwandsarten gehören Lohn- und Gehalts- sowie Zinsaufwand. Solche Posten werden in der Betriebswirtschaftslehre als antizipative Rechnungsabgrenzungsposten bezeichnet. Nach deutschen HGB sind sie unter den Verbindlichkeiten anzugeben.

Gehaltsaufwand lässt sich als typisches Beispiel anführen. Wir nehmen an, Karl Gross habe mit seiner Bürokraft ein monatliches Gehalt von 3 000 GE vereinbart, das zur Hälfte jeweils am 15. und am letzten Kalendertag des Monats ausgezahlt wird – es sei denn, diese Tage fallen auf ein Wochenende. In einem solchen Fall findet die Zahlung am darauffolgenden Montag statt. Für die weitere Analyse gehen wir davon aus, dass der 15. April auf einen Freitag und der 30. April auf einen Samstag fällt. Von der ursprünglich einmaligen Gehaltszahlung im Gesamtwert von 3 000 GE im Beispiel von Kapitel 3 sei daher abgesehen. Am 15. April finden folgende Einträge im Journal und auf den Konten statt:

Gehaltsaufwand als Beispiel

Beleg	Datum	Geschäftsvorfall und Konten	Soll	Haben
	15.4.	Gehaltszahlung		
		Aufwand (Gehalt)	1 500	
		Zahlungsmittel		1 500

Vermögensgüter			Aufwand		
Zahlungsmittel			*Aufwand (Gehalt)*		
	15.4.	1 500	15.4.	1 500	
	S	1 500	S	1 500	

Weil die Gehaltszahlung zum Monatsende erst am Montag, den 2. Mai stattfindet, taucht die zweite Hälfte der Gehaltszahlung für den Monat April in der Saldenbilanz zum 30. April nicht auf. Um das Ergebnis für den Monat April richtig zu ermitteln, ist es jedoch erforderlich, die zweite Hälfte des April-Gehaltes noch in der Ergebnisrechnung des April zu erfassen. Da Karl Gross seiner Bürokraft am 30. April die zweite Hälfte des Gehaltes schuldet, sind auch die Verbindlichkeiten, die daraus erwachsen, in der Bilanz anzusetzen, obwohl sie sich nicht aus der Saldenbilanz ergeben. Gross bucht:

Notwendigkeit angepasster Endbestände der Saldenbilanz

Beleg	Datum	Geschäftsvorfall und Konten	Soll	Haben
	30.4.	Gehaltszahlung		
		Aufwand (Gehalt)	1 500	
		Verbindlichkeiten (Gehalt)		1 500

Aufwand			Fremdkapital		
Aufwand (Gehalt)			*Verbindlichkeiten (Gehalt)*		
15.4.	1 500			30.4.	1 500
30.4.	1 500			S	1 500
S	3 000				

Diese Buchung bewirkt erst, dass sowohl der Aufwand als auch das Fremdkapital richtig ausgewiesen werden. Da der Zahlungsmittelabgang der Gehaltszahlung am 2. Mai gegen die *Verbindlichkeiten (Gehalt)* zu buchen ist, ergibt sich daraus keine Wirkung für das Ergebnis des Monats Mai.

Buchungsprinzip   Auch anderer Aufwand, der den Zahlungen vorausgehen, z.B. Zinsaufwand, wird auf die gleiche Art behandelt: Man belastet die Soll-Seite eines Aufwandskontos und gleichzeitig die Haben-Seite eines Verbindlichkeitskontos. Bei der Zahlung bucht man dann die Verbindlichkeitsreduzierung gegen den Zahlungsmittelabgang.

5.3.6   Ertragswirkung vor Zahlungswirkung

Antizipative Rechnungsabgrenzungsposten mit Forderungscharakter   Hier geht es darum, Ertrag zu verbuchen, bevor die zugehörigen Zahlungen stattgefunden haben (»*accrued revenues*«). Solche Sachverhalte stellen das Gegenstück zu dem eben behandelten Aufwand dar, der erst später zu Auszahlungen führt. Man bezeichnet sie in der Betriebswirtschaftslehre auch als antizipative Rechnungsabgrenzunsposten. Nach deutschem HGB sind sie den Forderungen zuzurechnen.

Ausstehende Honorarzahlung als Beispiel   Als Beispiel stellen wir uns vor, Karl Gross habe am 15. April gegen ein Honorar von monatlich 1 000 GE die Buchführung eines Mandanten übernommen. Selbst wenn die Honorarzahlung erst am 15. Mai beginnt, hat Gross Ende April für den abgelaufenen Monat 50 % eines Monatshonorars als *Ertrag (Verkauf)* anzusetzen. Da noch keine Zahlung erfolgt ist, liegt kein Sachverhalt vor, der bereits im Rahmen der Geschäftsvorfälle berücksichtigt worden wäre. Die Buchung lautet:

Beleg	Datum	Geschäftsvorfall und Konten	Soll	Haben
	30.4.	Honorarforderung		
		Forderung (Verkauf)	500	
		Ertrag (Verkauf)		500

Unter Berücksichtigung der Zahlen aus der vorläufigen Saldenbilanz für die Konten *Forderungen (Verkauf)* sowie *Ertrag (Verkauf)* zeigen die Konten das Aussehen:

Vermögensgüter		Erträge	
Forderungen (Verkauf)		*Ertrag (Verkauf)*	
S 5 000			S 72 000
30.4. 500			30.4. 500
S 5 500			S 72 500

Ohne diese Korrekturbuchung wären sowohl das Ergebnis als auch das Vermögen falsch ausgewiesen.

5.3.7 Zusammenfassung des Korrekturprozesses

Mit den Korrekturbuchungen im Sinne dieses Buches werden zwei Zwecke angestrebt: der richtige Ausweis des Vermögens bzw. des Fremdkapitals und der richtige Ausweis von Ertrag und Aufwand. Alle Korrekturbuchungen verändern jeweils ein Konto der Ergebnisrechnung (Ertrag und Aufwand) und eines der Bilanz (Vermögensgüter oder Fremdkapital). Zahlungsmittel werden von keiner Korrekturbuchung berührt, weil die Zahlungsmittel entweder bereits früher verändert wurden oder weil ihre Veränderung erst später stattfindet. Abbildung 5.4 fasst die Struktur der möglichen Buchungssätze zusammen.

Zwecke des Korrektur- prozesses

Zahlung vor Ergebniswirkung (transitorischer RAP)					
	anfängliche Buchung			spätere Buchung	
aktiver RAP	Zahle bar und buche gegen Vermögenszunahme:			Buche Aufwand gegen Vermögensabnahme:	
	Vermögensgut (akt. RAP)	XXX		Aufwand	XXX	
	Zahlungsmittel		XXX	Vermögensgut (akt. RAP)		XXX
passiver RAP	Empfange bar und buche gegen Fremdkapitalzunahme:			Buche Ertrag gegen Fremdkapitalabnahme:	
	Zahlungsmittel	XXX		Fremdkapital (pass. RAP)	XXX	
	Fremdkapital (pass. RAP)		XXX	Ertrag		XXX
Ergebniswirkung vor Zahlung (antizipativer RAP)					
	anfängliche Buchung			spätere Buchung	
noch nicht bezahlte Auf- wendungen	Buche Aufwand gegen Verbindlichkeit:			Zahle bar und buche gegen Verbindlichkeitsabnahme:	
	Aufwand	XXX		Verbindlichkeit	XXX	
	Verbindlichkeit		XXX	Zahlungsmittel		XXX
noch nicht gezahlte Erträge	Buche Ertrag gegen Forderung:			Empfange bar und buche gegen Forderungsabnahme:	
	Forderung	XXX		Zahlungsmittel	XXX	
	Ertrag		XXX	Forderung		XXX

Abbildung 5.4: Korrekturbuchungen: Abweichen der Leistungsorientierung von der Zahlungsorientierung

5.4 Korrigierte Saldenbilanz und Finanzberichte

5.4.1 Korrektur der vorläufigen Saldenbilanz

Schritte zur korrigierten Saldenbilanz

In Abbildung 5.3, Seite 158, wurde eine vorläufige Saldenbilanz der Unternehmensberatung K. Gross vorgestellt. Im Laufe des Kapitels wurde gezeigt, dass die Zahlen dieser Übersicht nicht notwendigerweise den aktuellen Endbestand der jeweiligen Konten aufweisen müssen. Dazu wurden beispielhaft einige Geschäftsvorfälle angenommen, auf Grund derer die Saldenbilanz zu aktualisieren wäre. Im Folgenden werden diese Sachverhalte nochmals zusammenfassend dargestellt. Abbildung 5.5 enthält die Ausgangsinformationen für die Korrekturbuchungen, Abbildung 5.6 die Buchungssätze und Abbildung 5.7 die Konteninhalte. Mit Hilfe dieser Informationen lässt sich die korrigierte Saldenbilanz erstellen. Der Informationsgehalt der Übersicht wird erhöht, wenn man nicht nur die korrigierte Saldenbilanz selbst aufstellt, sondern eine Tabelle anfertigt, welche die Korrekturen der vorläufigen Saldenbilanz gesondert ausweist. Abbildung 5.8 enthält eine entsprechende Übersicht. Zur besseren Lesbarkeit sind Vermögensgüterkonten getrennt von Kapitalkonten sowie Ertragskonten getrennt von Aufwandskonten angegeben.

Abbildung 5.5:
Informationen, die bei Karl Gross zu Korrekturbuchungen am 30. April 20X1 führen

Informationen zu den Korrekturbuchungen zum 30. April 20X1
(a)   Büromaterial-Endbestand 1 500 GE
(b)   »abgewohnte« Mietvorauszahlung 2 000 GE
(c)   gegen Vorauszahlung erbrachter Service 10 000 GE
(d)   Abschreibung auf Möbel 250 GE
(e)   noch nicht gezahlter Ertrag (Verkauf) 500 GE
(f)   noch nicht gezahlter Aufwand (Gehalt) 1 500 GE

Beleg	Datum	Soll-Konto		Haben-Konto	Betrag
a	30.4.	Aufwand (Büromaterial)	an	Büromaterial	500
b	30.4.	Aufwand (Miete)	an	Aktiver Rechnungsabgrenzungsposten	2000
c	30.4.	Passiver Rechnungsabgrenzungsposten	an	Ertrag (Verkauf)	10000
d	30.4.	Aufwand (Abschreibung Möbel)	an	Kum. Abschreibung (Möbel)	250
e	30.4.	Forderung (Verkauf)	an	Ertrag (Verkauf)	500
f	30.4.	Aufwand (Gehalt)	an	Verbindlichkeit (Gehalt)	1500

Abbildung 5.6: Buchungssätze für die Korrekturbuchungen zum 30. April 20X1 im Unternehmen K. Gross

Vermögensgüter	=	Fremdkapital	+	Eigenkapital

Zahlungsmittel   **Verbindlichkeiten (Einkauf)**   **Einlage K. Gross**

S	100000			S	2000			S	150000

Forderungen (Verkauf)   **Verbindlichkeiten (Gehalt)**   **Entnahme K. Gross**

S	5000					(f)	1500	S	45000
(e)	500					S	1500		
S	5500								

Büromaterial   **Passiver RAP (Honorar)**   **Ertrag (Verkauf)**

S	2000	(a)	500	(c)	10000	S	20000		S	62000
S	1500					S	10000		(c)	10000
									(e)	500
									S	72500

Aktiver RAP (Miete)   **Aufwand (Miete)**

S	4000	(b)	2000		(b)	2000	
S	2000				S	2000	

Möbel   **Aufwand (Gehalt)**

S	12000			S	1500	
				(f)	1500	
				S	3000	

Kum. Abschreibungen (Möbel)   **Aufwand (Verkauf)**

		(d)	50		S	31000	
		S	50				

Grundstücke   **Aufwand (Büromaterial))**

S	30000			(a)	500	
				S	500	

Aufwand (Abschr. Möbel)

(d)	50	
S	50	

Aufwand (Sonstiges)

S	3500	

Abbildung 5.7: Konten mit den Kontensalden der vorläufigen Saldenbilanz und den Korrekturbuchungen zum 30. April 20X1

Unternehmensberatung K. Gross
Vorläufige Saldenbilanz, Korrekturen und korrigierte Saldenbilanz zum 30. April 20X1

	Vorläufige Saldenbilanz		Korrekturen		Korrigierte Saldenbilanz	
	Soll	Haben	Soll	Haben	Soll	Haben
Zahlungsmittel	100000				100000	
Forderungen (Verkauf)	5000		e: 500		5500	
Aktiver Rechnungsabgrenzungsposten	4000			b: 2000	2000	
Büromaterial	2000			a: 00	1500	
Möbel	12000				12000	
Kum. Abschreibungen (Möbel)				d: 250		250
Grundstück	30000				30000	
Verbindlichkeiten (Einkauf)		2000				2000
Verbindlichkeiten (Gehalt)				f: 1500		1500
Passiver Rechnungsabgrenzungsposten		20000	c: 10000			10000
Einlage K. Gross		150000				150000
Entnahme K. Gross	45000				45000	
Ertrag (Verkauf)		62000		c: 10000		
				e: 500		72500
Aufwand (Verkauf)	31000				31000	
Aufwand (Miete)			b: 2000		2000	
Aufwand (Gehalt)	1500		f: 1500		3000	
Aufwand (Büromaterial)			a: 500		500	
Aufwand (Abschreibung Möbel)			d: 250		250	
Aufwand (Sonstiges)	3500				3500	
Summe	234000	234000	14750	14750	236250	236250

Abbildung 5.8: Vorläufige Saldenbilanz, Korrekturen und korrigierte Saldenbilanz der Unternehmensberatung K. Gross zum 30. April 20X1

5.4.2   Aufstellung von Finanzberichten aus der korrigierten Saldenbilanz

Korrigierte Salden-bilanz als Dateninput für Finanzberichte

Die korrigierte Saldenbilanz enthält alle Informationen, die zur Aufstellung der drei erstgenannten Finanzberichte benötigt werden. Die Ergebnisrechnung wird aus den Ertrags- und Aufwandskonten hergeleitet. Die Eigenkapitalrechnung zeigt, auf welche Weise sich das Eigenkapital während des Abrechnungszeitraumes verändert hat. Sie enthält somit die Informationen der Ergebnisrechnung sowie die Eigenkapitaltransfers. Die Bilanz enthält schließlich die Vermögensgüter, das Fremdkapital sowie das Eigenkapital. Da für die Bilanz das Eigenkapital benötigt wird, dieses sich aus der Eigenkapitalrechnung ergibt und für letztgenannte das Ergebnis bekannt sein muss, bietet es sich an, zuerst die Ergebnisrechnung, dann die Eigenkapitalrechnung und schließlich die Bilanz aufzustellen. Abbildung 5.9 enthält eine Zuordnung der im Beispiel verwendeten Konten zu den jeweiligen finanziellen Berichten. Die Eigenkapitalrechnung stellt einen Finanzbericht dar, der Elemente der Bilanz mit Elementen der Ergebnisrechnung verknüpft.

Unternehmensberatung K. Gross Korrigierte Saldenbilanz zum 30. April 20X1			
Kontobezeichnung	Korrigierte Saldenbilanz		
	Soll	Haben	
Zahlungsmittel	100000		Bilanz
Forderungen (Verkauf)	5500		Bilanz
Aktiver Rechnungsabgrenzungsposten	2000		Bilanz
Büromaterial	1500		Bilanz
Möbel	12000		Bilanz
Kum. Abschreibungen (Möbel)		250	Bilanz
Grundstück	30000		Bilanz
Verbindlichkeiten (Einkauf)		2000	Bilanz
Verbindlichkeiten (Gehalt)		1500	Bilanz
Passiver Rechnungsabgrenzungsposten		10000	Bilanz
Einlage K. Gross		150000	Eigenkap.-Re.
Entnahme K. Gross	45000		Eigenkap.-Re.
Ertrag (Verkauf)		72500	Ergebnis-Re.
Aufwand (Verkauf)	31000		Ergebnis-Re.
Aufwand (Miete)	2000		Ergebnis-Re.
Aufwand (Gehalt)	3000		Ergebnis-Re.
Aufwand (Büromaterial)	500		Ergebnis-Re-
Aufwand (Abschreibung Möbel)	250		Ergebnis-Re.
Aufwand (Sonstiges)	3500		Ergebnis-Re.
Summe	236250	236250	

Abbildung 5.9:
Zuordnung der Konten der Saldenbilanz zu den finanziellen Berichten am Beispiel der Unternehmensberatung K. Gross zum 30. April 20X1

Formale Eigenschaften finanzieller Berichte

Die finanziellen Berichte selbst sollten mit dem Namen des Unternehmens, der Bezeichnung des Berichts und dem Datum bzw. dem Zeitraum überschrieben sein, auf den sie sich beziehen. Darunter werden die Beträge aufgelistet, die aus den Konten für die jeweiligen Posten der finanziellen Berichte resultieren. Oftmals verwendet man dazu eine Reihenfolge mit abnehmender Größenordnung der Posten. Für das Beispiel ergeben sich die in Abbildung 5.10, Abbildung 5.11 und Abbildung 5.12 angegebenen Berichte.

Unternehmensberatung K. Gross
Ergebnisrechnung für den Monat April 20X1

Ertrag		
Ertrag (Verkauf)		72 500 GE
Aufwand		
Aufwand (Verkauf)	–31 000 GE	
Aufwand (Miete)	–2 000 GE	
Aufwand (Gehalt)	–3 000 GE	
Aufwand (Büromaterial)	–500 GE	
Aufwand (Sonstiges)	–3 500 GE	
Aufwand (Abschreibungen)	–250 GE	
Summe Aufwand		–40 250 GE
Ergebnis		32 250 GE

Abbildung 5.10: Ergebnisrechnung der Unternehmensberatung K. Gross

Unternehmensberatung K. Gross
Eigenkapitalrechnung für den Monat April 20X1

Kapital K. Gross, 1. April 20X1	0 GE
Zugang:	
Einlage von K. Gross	150 000 GE
Ergebnis	32 250 GE
Summe Zugänge	182 250 GE
Abgang:	
Entnahme von K. Gross	–45 000 GE
Kapital K. Gross, 30. April 20X1	137 250 GE

Abbildung 5.11: Eigenkapitalrechnung der Unternehmensberatung K. Gross

Unternehmensberatung K. Gross
Bilanz zum 30. April 20X1

Aktiva			Passiva	
Vermögensgüter			Fremdkapital	
Zahlungsmittel		100 000 GE	Verbindlichkeiten (Einkauf)	2 000 GE
Forderungen (Verkauf)		5 500 GE	Verbindlichkeiten (Gehalt)	1 500 GE
Aktiver Rechnungsabgrenzungsposten		2 000 GE	Passiver Rechnungsabgrenzungsposten	10 000 GE
Büromaterial		1 500 GE		
Möbel	12 000 GE		Eigenkapital	
– kumulierte Abschrei-			Kapital K. Gross	137 250 GE
bungen (Möbel)	–250 GE	11 750 GE		
Grundstück		30 000 GE		
Gesamte Vermögensgüter		150 750 GE	Gesamtes Fremd- und Eigenkapital	150 750 GE

Abbildung 5.12: Bilanz der Unternehmensberatung K. Gross

5.5 Ethische Probleme bei leistungsabgabeorientiertem Rechnungswesen

Die Anfertigung von Finanzberichten stellt für manchen Ersteller eine ethische Herausforderung dar. Die Ersteller müssen ehrlich sein und alle Informationen vollständig liefern. Sonst eignet sich das Zahlenwerk nicht für Entscheidungen.

Notwendigkeit ehrlicher Informationsvermittlung

Im Rahmen eines leistungsabgabeorientierten Rechnungswesens werden eine Reihe von Buchungen vorgenommen, deren Grundlage nur geschätzt werden kann. So erfordert die Ermittlung der Abschreibung die Schätzung der Nutzungsdauer des Vermögensgutes. Je nach dem, ob man eine pessimistische oder eine optimistische Schätzung abgibt, ändert sich die Höhe der jährlichen Abschreibungsbeträge und mit ihnen auch das Ergebnis. Je kürzer c.p. die Nutzungsdauer geschätzt wird, desto niedriger wird das Ergebnis in den betroffenen Abrechnungszeiträumen ausgewiesen; bei Schätzung einer langen Nutzungszeit wird dementsprechend ein höheres Ergebnis dargestellt. Bei anderen Korrekturbuchungen sind oftmals ebenso Schätzungen erforderlich. Je nach der Situation, in der sich der Ersteller befindet, kann er versucht sein, die Korrekturbuchungen in seinem Sinne zu gestalten. Insbesondere zur Darstellung der Kreditwürdigkeit und zur Zufriedenstellung von Aktionären macht sich ein hohes Ergebnis gut. Was geschieht aber, wenn ein solches Ergebnis nur aus einer entsprechenden Gestaltung der Korrekturbuchungen resultiert? Werden Gläubiger und Aktionäre nicht getäuscht, wenn die Ergebnissituation ohne die gezielte Ausnutzung des Ermessens deutlich schlechter ist?

Beispiel für Ermessen im Rahmen der Korrekturbuchungen

Bei der Ausnutzung von Ermessensspielräumen zur Gestaltung der Höhe des Ergebnisses hat man immer zu bedenken, dass der Effekt, den man heute zeigt, sich in nachfolgenden Abrechnungszeiträumen ins Gegenteil verkehrt. Wer die Nutzungsdauer eines Vermögensgutes optimistisch mit zehn Jahren anstatt realistischer fünf Jahre angibt, ermittelt sich zwar eine niedrigere jährliche Abschreibung; spätestens nach dem fünften Jahr muss er jedoch damit rechnen, dass das Vermögensgut unbrauchbar wird und er dann den restlichen Buchwert in nur einem einzigen Zeitraum abzuschreiben hat.

Umkehreffekt von Ergebnisbeeinflussungen in späteren Abrechnungszeiträumen

5.6   Übungsmaterial

5.6.1   Fragen mit Antworten

Fragen	Antworten
Auf welcher Basis misst man das Ergebnis eines Unternehmens (Ertrag und Aufwand) am besten?	Auf Basis der Leistungsabgabeorientierung, weil man ein vollständigeres Bild der Unternehmensaktivität zeichnet als bei einer Messung auf Zahlungsbasis.
Wie misst man Ertrag?	Mit Hilfe des Realisationsprinzips und der Prinzipien der zeitlichen und zeitraumbezogenen Abgrenzung.
Wie misst man Aufwand in Deutschland?	Mit Hilfe der Prinzipien der sachlichen, zeitlichen und zeitraumbezogenen Abgrenzung sowie des Imparitätsprinzips.
Womit beginnt man die Ergebnismessung am Ende eines Abrechnungszeitraumes?	Mit der vorläufigen Saldenbilanz.
Wie aktualisiert man die Konten zur Aufstellung der finanziellen Berichte?	Durch Korrektur der Kontenendbestände, so dass sie den Stand zum Ende des Abrechnungszeitraumes angeben.
Welche Kategorien sollte man bei der Aktualisierung der Konten unterscheiden?	Geleistete Vorauszahlungen für Verkäufe, die in späteren Abrechnungszeiträumen zu Aufwand werden,
	Abschreibungen abnutzbaren Anlagevermögens,
	Aufwand für bezogene Lieferungen, die noch bezahlt werden müssen,
	Ertrag aus erbrachten Lieferungen und Dienstleistungen, deren Bezahlung noch aussteht,
	Erhaltene Vorauszahlungen für Lieferungen, die in späteren Abrechnungszeiträumen zu Ertrag werden.
Wodurch unterscheiden sich Korrekturbuchungen von anderen Buchungen?	Sie werden gewöhnlich erst am Ende des Abrechnungszeitraumes vorgenommen,
	Korrekturbuchungen verändern nie die Zahlungsmittel,
	Alle Korrekturbuchungen betreffen jeweils mindestens ein Konto der Ergebnisrechnung und mindestens ein Konto der Bilanz (Vermögens- oder Fremdkapitalkonto).
Wo werden die Konten mit ihren korrigierten Endbeständen zusammen gefasst?	In der korrigierten Saldenbilanz, die als Grundlage für Ergebnisrechnung, Eigenkapitalrechnung und Bilanz dient.
Was versteht man unter zeitraumbezogenen Vorgängen?	Vorgänge, die während eines Zeitraumes zeitraumproportional stattfinden und einem Zeitpunkt nicht ohne Willkür zugeordnet werden können.
Was versteht man unter zeitpunktbezogenen Vorgängen?	Vorgänge, die zwar während eines Zeitraumes stattfinden, die sich jedoch ohne Probleme einem Zeitpunkt zuordnen lassen.

Fragen	Antworten
Wie unterscheidet sich grundsätzlich die Erfassung der finanziellen Konsequenzen zeitpunktbezogener Vorgänge von der Erfassung zeitraumbezogener?	Zeitpunktbezogene Vorgänge: Erfassung zu dem Zeitpunkt im Rechnungswesen, zu dem der Vorgang stattfindet. Zeitraumbezogene Vorgänge: zeitanteilig zu erfassen, d.h. Vorgänge sind den Zeiträumen zuzurechnen, die von den Vorgängen berührt werden. Gemäß GoB: zeitraumbezogene Vorgänge sind zumindest mit ihren Konsequenzen für das Eigenkapital zeitanteilig zu verrechnen.
Unter welchen Umständen spricht man von antizipativer Rechnungsabgrenzung?	In einem Abrechnungszeitraum wurden Leistungen bereits erbracht oder empfangen, ohne dass im Abrechnungszeitraum bereits eine Zahlung stattgefunden hätte.
Unter welchen Umständen spricht man von transitorischer Rechnungsabgrenzung?	In einem Abrechnungszeitraum finden zeitraumbezogene Zahlungen statt, deren Gegenleistungen im aktuellen Abrechnungszeitraum nur zum Teil erbracht werden.

5.6.2   Verständniskontrolle

1. Erklären Sie den Unterschied zwischen einem leistungsabgabeorientierten und einem zahlungsorientierten Rechnungswesen!

2. Was versteht man unter einem Abrechnungszeitraum, was unter einem Geschäftsjahr und was unter einem »Zwischenzeitraum«?

3. Welche beiden Fragen hilft das Realisationsprinzip zu beantworten?

4. Erklären Sie kurz die Abgrenzungsprinzipien zur Ermittlung des Ergebnisses!

5. Welche Rolle spielt der Grundsatz der zeitraumbezogenen Abgrenzung im Rahmen der Abgrenzungsgrundsätze?

6. Wodurch zeichnen sich Vorgänge aus, die im betriebswirtschaftlichen Rechnungswesen nach der zeitraumbezogenen Abgrenzung behandelt werden?

7. Werden alle zeitraumbezogenen Vorgänge nach deutschem Handelsrecht als Rechnungsabgrenzungsposten ausgewiesen?

8. Werden aktive Rechnungsabgrenzungsposten im betriebswirtschaftlichen Sinne als Forderungen ausgewiesen oder als gesonderte Posten?

9. Was verbirgt sich inhaltlich hinter einem passiven Rechnungsabgrenzungsposten im betriebswirtschaftlichen Sinne?

10. Was hat ein antizipativer Rechnungsabgrenzungsposten mit Aufwand bzw. Ertrag zu tun?

11. Was hat ein transitorischer Rechnungsabgrenzungsposten mit Aufwand bzw. Ertrag zu tun?

12. Zu welchem Zweck nimmt man »Korrekturbuchungen« vor?

13. Warum nimmt man »Korrekturbuchungen« zum Ende und nicht während des Abrechnungszeitraumes vor?

14. Nennen Sie fünf Kategorien von »Korrekturbuchungen« und geben Sie jeweils ein Beispiel!

15. Beeinflussen alle »Korrekturbuchungen« das Ergebnis des Abrechnungszeitraumes? Wie lassen sich »Korrekturbuchungen« definieren?

16. Warum muss der vorläufige Endbestand des Büromaterials im Beispiel von Karl Gross angepasst werden?

17. Ein Unternehmen zahlt 1 800 GE im Voraus für eine Versicherung, die über drei Jahre läuft. Welche buchhalterischen Elemente erwachsen daraus in welcher Höhe für das Ende des ersten Jahres bei einjährigem Abrechnungszeitraum?

18. Was für ein Kontentyp verbirgt sich hinter *aktiven Rechnungsabgrenzungsposten* nach deutschem HGB? Begründen Sie Ihre Antwort!

19. Was ist ein Wertberichtigungskonto und wozu dient es?

20. In der Bilanz eines Unternehmens finden sich die Posten *Buchwert des abnutzbaren Vermögens 135 000 GE* und *Kumulierte Abschreibungen auf das abnutzbare Vermögen 65 000 GE*. Wie hoch ist der aktuelle tatsächliche Buchwert des abnutzbaren Vermögens? Wie hoch waren die Anschaffungsausgaben?

21. Wie lautet der Buchungssatz zur Berücksichtigung von fälligen, aber noch nicht gezahlten Zinserträgen?

22. Warum ist eine erhaltene Vorauszahlung für noch zu erbringende Lieferungen im betriebswirtschaftlichen Sinne eine Verbindlichkeit?

23. Identifizieren Sie für jeden Typ von »Korrekturbuchungen« die Buchungssätze!

24. Welchem Zweck dient die korrigierte Saldenbilanz?

25. Erklären Sie den Zusammenhang zwischen einer Ergebnisrechnung, einer Eigenkapitalrechnung und einer Bilanz!

26. Die Bellevue GmbH verzichtete am 31. Dezember auf die folgenden »Korrekturbuchungen«: (a) Aufwand, der noch bezahlt werden muss, in Höhe von 500 GE, (b) Ertrag, dessen Bezahlung noch aussteht, in Höhe von 850 GE und (c) Abschreibungen in Höhe von 1 000 GE. Bewirkte der Verzicht, dass das Ergebnis zu niedrig oder zu hoch ausgewiesen wurde?

5.6.3   Aufgaben zum Selbststudium

Korrekturbuchungen: von der vorläufigen zur korrigierten Saldenbilanz   **Aufgabe 5.1**

Sachverhalt

Das Unternehmen ABC erstellt zum 31. Dezember, dem Ende seines Geschäftsjahres, die in Abbildung 5.13 angegebene vorläufige Saldenbilanz.

ABC
Vorläufige Saldenbilanz zum 31. Dezember 20X1

	Salden	
	Soll	Haben
Zahlungsmittel	99000	
Forderungen	185000	
Büromaterial	3000	
Möbel	50000	
Kumulierte Abschreibungen (Möbel)		20000
Gebäude	125000	
Kumulierte Abschreibungen (Gebäude)		65000
Verbindlichkeiten (Einkauf)		190000
Verbindlichkeiten (Gehalt)		
passiver Rechnungsabgrenzungsposten		22500
Kapital		146500
Entnahme	32500	
Ertrag (Verkauf)		143000
Aufwand (Gehalt)	86000	
Aufwand (Büromaterial)		
Aufwand (Abschreibung Möbel)		
Aufwand (Abschreibung Gebäude)		
Aufwand (Sonstiges)	6500	
Summe	587000	587000

Für die Durchführung der Korrekturbuchungen liegen die folgenden Informationen vor:

a. Der Wert des Büromaterials beläuft sich zum Ende des Geschäftsjahres auf 1500 GE.

b. Die jährliche Abschreibung auf Möbel beträgt 12500 GE.

c. Die jährliche Abschreibung auf das Gebäude beträgt 2500 GE.

d. Es stehen noch Gehaltszahlungen in Höhe von 9000 GE für das Geschäftsjahr aus.

e. Noch nicht verbuchtes, aber bereits erbrachtes Gutachten im Wert von 6000 GE wurde dem Kunden in Rechnung gestellt.

f. In Anrechnung auf die 22500 GE Vorauszahlungen wurden Leistungen in Höhe von 15000 GE erbracht.

Teilaufgaben

1. Eröffnen Sie die Konten mit den Beständen aus der Saldenbilanz! Geben Sie die Buchungssätze für die Korrekturbuchungen an, die sich aus den oben genannten Informationen ergeben!

2. Nehmen Sie die Buchungen auf den Konten vor!

3. Übernehmen Sie die vorläufige Saldenbilanz sowie die Veränderungen durch die Korrekturbuchungen in eine Kalkulationstabelle und ermitteln Sie die korrigierte Saldenbilanz!

4. Erstellen Sie aus den Zahlen eine Ergebnisrechnung, eine Eigenkapitalrechnung und eine Bilanz!

Nehmen Sie an, es gäbe keine Umsatzsteuer!

Lösung der Teilaufgaben

1. Die Übertragung der Bestände aus der Saldenbilanz auf die Konten bereitet keine Schwierigkeit.

2. Die Buchungssätze der »Korrekturbuchungen« ergeben sich aus den oben genannten Informationen:

Beleg	Datum	Geschäftsvorfall und Konten	Soll	Haben
a	31.12.	Wertminderung Büromaterial		
		Aufwand (Büromaterial)	1 500	
		Büromaterial		1 500
b	31.12.	Abschreibung Möbel		
		Aufwand (Abschreibung Möbel)	12 500	
		Kumulierte Abschreibung (Möbel)		12 500
c	31.12.	Abschreibung Gebäude		
		Aufwand (Abschreibung Gebäude)	2 500	
		Kumul. Abschreibung (Gebäude)		2 500
d	31.12.	Gehaltsbuchung		
		Aufwand (Gehalt)	9 000	
		Verbindlichkeiten (Gehalt)		9 000
e1	31.12.	Erbrachte Lieferung (Ertragsbuchung)		
		Forderungen (Verkauf)	6 000	
		Ertrag (Verkauf)		6 000
e2	31.12.	Erbrachte Lieferung (Aufwandsbuchung)		
		Aufwand (Verkauf)	0	
		Ware		0
f1	31.12.	Vorauszahlung Lieferung (Ertragsbuchung)		
		passiver Rechnungsabgrenzungsposten	15 000	
		Ertrag (Verkauf)		15 000
f2	31.12.	Erbrachte Lieferung (Aufwandsbuchung)		
		Aufwand (Verkauf)	0	
		Ware		0

Die Darstellung auf Konten bereitet danach keine Schwierigkeiten.

3. Übernahme der Buchungen in die vorläufige Saldenbilanz sowie der Veränderungen durch die »Korrekturbuchungen« und Ermittlung der korrigierten Saldenbilanz ist ebenfalls unproblematisch.

4. Die Ergebnisrechnung zeigt das Ergebnis in Höhe von 46 TGE, die Eigenkapitalrechnung die Entwicklung des Eigenkapitals von 146,5 TGE auf 160 TGE und die Bilanz nach Ausführung der »Korrekturbuchungen« das Eigenkapital in Höhe von 160 TGE.

Aufgabe 5.2   **Abgrenzung zeitraumbezogener von zeitpunktbezogenen Vorgängen**

Sachverhalt

Gegeben seien die folgenden Ereignisse bzw. Geschäftsvorfälle in einem Unternehmen, dessen Geschäftsjahr dem Kalenderjahr entspricht:

1. Zinserträge für den Zeitraum vom 1. Mai bis 31. Oktober

2. Totalverlust eines PKW durch einen Verkehrsunfall

3. Spekulationsgewinne aus Wertpapiergeschäften

4. Wertverlust einer Maschine

5. Ertrag aus dem Verkauf einer Maschine über Buchwert

6. Gehaltsaufwand für September am 9.10.

7. Gehaltszahlung für September

8. Lagermiete wird für 1 Jahr im Voraus bezahlt.

9. Reparaturkosten für einen Firmenwagen

Teilaufgaben

Ordnen Sie die angegebenen Ereignisse bzw. Geschäftsvorfälle den Begriffen »zeitraumbezogen« und »zeitpunktbezogen« zu!

Lösung der Teilaufgaben

1. Zinserträge für den Zeitraum vom 1. Mai bis   zeit*raum*bezogen
   31. Oktober:

2. Totalverlust eines PKW durch einen Verkehrsunfall: zeit*punkt*bezogen

3. Spekulationsgewinn aus Wertpapiergeschäften: zeit*punkt*bezogen

4. Wertverlust einer Maschine durch Abnutzung: zeit*raum*bezogen

5. Ertrag aus dem Verkauf einer Maschine über   zeit*punkt*bezogen
   Buchwert:

6. Gehaltsaufwand für September: zcit*raum*bezogen

7. Gehaltszahlung für September am 9.10.:   zeit*punkt*bezogen

8. Lagermiete wird für 1 Jahr im Voraus bezahlt: zeit*raum*bezogen

9. Reparaturkosten für einen Firmenwagen: zeit*punkt*bezogen

Abgrenzung zeitraumbezogener transitorischer von zeitraumbezogenen antizipativen Vorgängen   **Aufgabe 5.3**

Sachverhalt

In einem Unternehmen, dessen Geschäftsjahr dem Kalenderjahr entspricht, seien die folgenden Ereignisse bzw. Geschäftsvorfälle gegeben:

a. Ein Zahlungseingang wegen halbjährlicher, zum Teil das Geschäftsjahr betreffender Mietvorauszahlungen.

b. Die Gutschrift der zum Kalenderjahresende fälligen Zinsen aus einer Wertpapieranlage steht noch aus.

c. Das Abonnement für die Tageszeitung wird auf 1 Jahr im Voraus bezahlt und betrifft teilweise das folgende Geschäftsjahr.

d. Einem Angestellten wird ein Gehaltsvorschuss gewährt, der erst im folgenden Geschäftsjahr zurückzuzahlen ist.

e. Die Provisionserträge von Dezember gehen erst im Januar des Folgejahres ein.

f. Für ein Darlehen werden im Dezember 01 die Zinsen für das Jahr 02 im Voraus abgebucht.

g. Die Telefonrechnung von Dezember muss im Januar des Folgejahres beglichen werden.

h. Die Kfz-Steuer wird am 01.07. für 1 Jahr im Voraus entrichtet.

Teilaufgaben

1. Was ist unter »transitorischen« Vorgängen zu verstehen, was unter »antizipativen«?

2. Ordnen Sie die oben genannten Ereignisse bzw. Geschäftsvorfälle den Begriffen »antizipativ« und »transitorisch« zu!

Lösung der Teilaufgaben

1. Die Begrifflichkeiten ergeben sich aus dem Lehrtext.

2. Klassifikation der Geschäftsvorfälle:
    a) Teilweise transitorischer Vorgang
    b) Antizipativer Vorgang
    c) Teilweise transitorischer Vorgang
    d) Keine Ergebniswirkung
    e) Antizipativer Vorgang
    f) Transitorischer Vorgang
    g) Antizipativer Vorgang
    h) Teilweise transitorischer Vorgang

Aufgabe 5.4　**Buchmäßige Behandlung zeitraumbezogener transitorischer Vorgänge**

Sachverhalt

Das Personenunternehmen Schmidt&Co, das kalenderjahresweise eine Bilanz und eine Ergebnisrechnung erstellt, verwendet dazu die folgenden Gliederungsschemata:

Aufwand	Schmidt&Co Ergebnisrechnung vom ... bis ...	Ertrag
Materialaufwand	Umsatzertrag (Verkauf)	
Personalaufwand	Ertrag aus Wertpapier- und	
Abschreibungsaufwand	Finanzanlagen	
Steueraufwand	Zinsertrag	
Zinsaufwand	Zuschreibungsertrag	
Sonstiger Aufwand	Sonstiger Ertrag	

Aktiva	Schmidt&Co Bilanz zum ...	Passiva
Ausstehende Einlagen	Eigenkapital vor Ergebnisverrechnung	
Immaterielle Vermögensgüter	Rückstellungen	
Nicht abnutzbare Sachanlagen	Ergebnis	
Abnutzbare Sachanlagen	Erhaltene Anzahlungen	
Geleistete Anzahlungen auf Sachanlagen	Verbindlichkeiten aus Einkauf	
Finanzanlagen	Sonstige Verbindlichkeiten	
Roh-, Hilfs- und Betriebsstoffe	Passiver Rechnungsabgrenzungsposten	
Waren		
Geleistete Anzahlungen auf Vorräte		
Forderungen aus Verkauf		
Sonstige Forderungen		
Vermögensgüter (Sonstige)		
Zahlungsmittel		
Aktiver Rechnungsabgrenzungsposten		
Bilanzfehlbetrag		

Während der Geschäftsjahre X1 bis X3 seien die folgenden Ereignisse bzw. Geschäftsvorfälle im Rechnungswesen zu berücksichtigen:

a. Die Kraftfahrzeug-Steuer in Höhe von 5 800 GE wird am 2. Januar X1 vorab für das Geschäftsjahr bezahlt.

b. Das Unternehmen gewährt einem Mitarbeiter am 1. März X1 einen Gehaltsvorschuss in Höhe von 1 500 GE. Der Vorschuss wird bei der folgenden Gehaltszahlung am 1. April X1 mit dem Nettogehalt in Höhe von 2 800 GE verrechnet.

c. Aus der Vermietung von Büroräumen entstehen dem Unternehmen jährlich Mieterträge in Höhe von 18 000 GE. Am 1. September X1 überweist der Mieter die Miete für ein 1/2 Jahr im Voraus.

d. Das Abonnement für eine Fachzeitung wurde am 1. Oktober X1 für den Bezug zwischen dem 1.10.X1 und dem 30.9.X2 bezahlt. Die Zeitung kostet monatlich 20 GE.

e. Am 25. Juli X1 wird die Jahresprämie für die Brandschutzversicherung in Höhe von 480 GE per Verrechnungsscheck bezahlt. Der Versicherungszeitraum läuft vom 1.8.X1 bis zum 31.7.X2.

f. Das Unternehmen mietet am 30. Oktober mit Wirkung ab 1. November X1 für fünf Jahre eine Lagerhalle an. Die Mietzahlung für die ersten beiden Jahre in Höhe von 7 200 GE wird noch am 30. Oktober X1 entrichtet.

g. Am 1. November X1 gehen die Zinsen für einen Kredit ein, der einem Kunden gewährt wurde. Die Zinszahlung über 900 GE erfolgt vorab für ein Quartal.

Unterstellen Sie, das Geschäftsjahr entspreche dem Kalenderjahr und es gebe keine Umsatzsteuer!

Teilaufgaben

Ermitteln Sie die Zeitpunkte, für welche die Buchungen vorzunehmen sind und geben Sie jeweils die Buchungssätze an!

Lösung der Teilaufgaben

Bei der Erstellung der Buchungssätze ist darauf zu achten, dass für Verkaufsvorgänge immer zwei Buchungen vorgenommen werden. Die Buchungssätze selbst ergeben sich ohne weitere Probleme.

Aufgabe 5.5   Rückstellungen und Rechnungsabgrenzungsposten

Teilaufgaben

1. Aus welchem Grund ist es notwendig, am Ende des Geschäftsjahres Rechnungsabgrenzungsposten im betriebswirtschaftlichen Sinne zu bilden? Denken Sie dabei an grundlegende Prinzipien des Rechnungswesens bzw. nach deutschem Handelsrecht an die Grundsätze ordnungsmäßiger Buchführung!

2. Erläutern Sie den Begriff der Rückstellung! Grenzen Sie dabei Rückstellungen gegenüber den Rechnungsabgrenzungsposten ab!

3. Handelt es sich bei den im folgenden genannten Vorgängen um Rückstellungen, Rechnungsabgrenzungsposten oder um keinen der beiden genannten Fälle? Geben Sie die zugehörigen Buchungssätze für den 31.12.X1 an!

    a. Ein Unternehmen leistet eine Mietzahlung für eine angemietete Werkshalle in Höhe von 12 000 GE am 1.10.X1 vorab für ein halbes Jahr.

    b. Aus einem laufenden Gerichtsverfahren rechnet das Unternehmen am Jahresende mit Schadensersatzverpflichtungen in Höhe von 4 200 GE. Am 28.2.X2 wird es zur Zahlung von 2 400 GE verurteilt. Die Zahlung erfolgt noch am gleichen Tag.

    c. Für eine Maschine, die am 20. Januar X2 mit einer Rechnung über 100 000 GE geliefert wird, leistet das Unternehmen am 9.12.X1 eine Anzahlung in Höhe von 15 000 GE. Die Restzahlung erfolgt am 1.2.X2.

    d. Während des Geschäftsjahres X1 werden 5 000 Stück eines Produktes Y hergestellt. In die Herstellungsausgaben gehen nur die Ausgaben für die Arbeitsleistungen von Mitarbeiter A ein, die das Unternehmen mit 10 000 GE belasten. Von den hergestellten Erzeugnissen wird die Hälfte noch in X1 am Markt abgesetzt, die andere Hälfte im Februar X2. Die jeweiligen Umsatzerlöse betragen 7 500 GE. Die am Ende von X1 noch nicht verkaufte Menge befindet sich am 31.12.X1 noch im Lager.

Unterstellen Sie, das Geschäftsjahr entspreche dem Kalenderjahr und es gebe keine Umsatzsteuer!

Lösung der Teilaufgaben

1. Rechnungsabgrenzungsposten im betriebswirtschaftlichen Sinne sind erforderlich, um ein »zahlungsbezogenes Ergebnis« in ein »leistungsabgabebezogenes Ergebnis« umzurechnen.

2. Eine Rückstellung stellt eine der Ursache oder Höhe nach unsichere, aber ansonsten bestimmbare rechtliche oder wirtschaftliche Verpflichtung gegenüber Dritten dar. Ein Rechnungsabgrenzungsposten im Sinne des HGB ist dagegen nicht mit Unsicherheiten behaftet.

3. Die Beschreibung der Vorgänge in Buchungssätzen lautet:

Beleg	Datum	Geschäftsvorfall und Konten	Soll	Haben
a1	1.10.X1	Mietvorauszahlung für sechs Monate		
		Aktiver RAP	12 000	
		Zahlungsmittel		12 000
a2	31.12.X1	Korrekturbuchung für X1: Mietaufwand in X1 und Anpassung des aktiven Rechnungsabgrenzungspostens		
		Mietaufwand	6 000	
		Aktiver RAP		6 000
a3	31.3.X2	Mietaufwand in X2 und Auflösung des aktiven Rechnungsabgrenzungspostens		
		Mietaufwand	6 000	
		Aktiver RAP		6 000
b1	31.12.X1	Rückstellung wegen ungewisser Schadenersatzleistungen		
		Sonstiger Aufwand	4 200	
		Rückstellungen		4 200
b2	28.2.X2	Schadensersatzleistung		
		Rückstellungen	4 200	
		sonstiger Ertrag		1 800
		Zahlungsmittel		2 400
c1	9.12.X1	Anzahlung Maschine		
		Geleistete Anzahlung auf Sachanlagen	15 000	
		Zahlungsmittel		15 000
c2	20.1.X2	*Erhalt Maschine*		
		Maschine	100 000	
		Geleistete Anzahlung auf Sachanlagevermögen		15 000
		Verbindlichkeiten aus Einkauf		85 000
c3	1.2.X2	Restzahlung Maschine		
		Verbindlichkeiten (Einkauf)	85 000	
		Zahlungsmittel		85 000

d1	Jahr X1	Herstellung Produkt Y		
		Erzeugnis Y	10000	
		Zahlungsmittel		10000
d2	Jahr X1	Verkauf von Erzeugnissen Y in X1		
		Zahlungsmittel	7500	
		Umsatzertrag (Verkauf)		7500
		Aufwand (Verkauf)	5000	
		Erzeugnis Y		5000
d3	Jahr X2	Verkauf von Erzeugnissen Y in X2		
		Zahlungsmittel	7500	
		Umsatzertrag (Verkauf)		7500
		Aufwand (Verkauf)	5000	
		Erzeugnis Y		5000

Kapitel

6

Buchführung und Finanzberichte ohne Warenverkehr

Lernziele

Nach dem Studium dieses Kapitels sollten Sie in der Lage sein,

- eine korrigierte Saldenbilanz zur Erstellung von Finanzberichten zu verwenden,
- die Konten für Finanzberichte auszuwerten,
- typische Buchführungsfehler zu korrigieren,
- Vermögensgüter und Fremdkapital zu klassifizieren und
- Kennzahlen der Struktur der Vermögensgüter und des Kapitals zur Beurteilung von Unternehmen zu verwenden.

Überblick

In den bisherigen Kapiteln wurden die Finanzberichte (mit Ausnahme der Kapitalflussrechnung) direkt aus der Buchführung ermittelt. In der Praxis geht man jedoch anders vor. Zum Ende jeden Abrechnungszeitraumes erstellt und prüft man zunächst eine (korrigierte) Saldenbilanz und »schließt« danach einige oder alle »Bücher« oder Konten »ab«. Dieser Prozess kann auf zwei grundsätzlich unterschiedliche Arten durchgeführt werden. Er ist Gegenstand des vorliegenden Kapitels.

6.1   Grundlagen

Arbeitsschritte der Buchführung für einen Abrechnungszeitraum

Wir befassen uns in diesem Buch mit dem Prozess der Erstellung finanzieller Berichte für einen bestimmten Zeitpunkt bzw. Zeitraum. In einem neu gegründeten Unternehmen beginnt dieser Prozess mit der Gestaltung eines Kontenplanes. Danach werden diesem Plan entsprechend die benötigten Konten eingerichtet. In einem bereits bestehenden Unternehmen werden nur die Konten eingerichtet, die neu benötigt werden. Während des Abrechnungszeitraumes werden die finanziellen Konsequenzen von Geschäftsvorfällen in einem Journal und auf den Konten abgebildet. Zum Ende eines Abrechnungszeitraums sind die Endbestände der Vermögensgüter, des Fremd- sowie des Eigenkapitals zu ermitteln. Dazu kann es nötig sein, weitere Buchungen zu unternehmen, sogenannte Korrekturbuchungen. Die endgültigen Endbestände der Konten sind danach so zusammenzufassen, wie es die finanziellen Berichte erfordern. Konten, die man nicht mehr benötigt, schließt man ab, indem man den Saldo auf das zugehörige Oberkonto überträgt. Wenn man z.B. die auf dem Einlage- und auf dem Entnahmekonto vorhandenen Informationen aus dem April im Mai nicht mehr benötigt, bietet es sich an, die Salden beider Konten auf ein Konto »Kapital K. Gross« zu übertragen. Die Konten »Einlagen (April)« und »Entnahmen (April)« braucht man dann nicht mehr weiter zu betrachten, sie können im Archiv gelagert werden.

Abschlussbuchungen

Eine Buchung, mit der man den Stand eines Kontos auf null setzt, bewirkt, dass der Kontostand auf dem Gegenkonto erscheint. Man überträgt damit den Kontensaldo auf ein anderes Konto. Auch derartige Übertragungen von Kontensalden sind im Journal aufzuzeichnen und wie »andere relevante Ereignisse« zu verbuchen. Derartige Buchungen nennt man Abschlussbuchungen.

Abschluss aller Konten

In Lehrbüchern des betriebswirtschaftlichen Rechnungswesens wird häufig vorgeschlagen, zum Ende eines Abrechnungszeitraumes nicht nur Unterkonten, sondern alle Konten abzuschließen: die Konten der Ergebnisrechnung über das Eigenkapitalkonto und die Konten der Bilanz über ein sogenanntes »Schlussbilanzkonto«. Zu Beginn des nachfolgenden Abrechnungszeitraumes müssen dann diese Informationen wieder auf die neuen Konten übertragen werden, welche die Bilanz betreffen. Man spricht von »Eröffnungsbuchungen«.

Permanente und temporäre Konten

In der Praxis geht man dagegen meistens anders vor. Man schließt nur Konten ab, wenn (bzw. weil) man sie im Folgezeitraum nicht mehr benötigt. Das ist beispielsweise für die Konten der Ergebnisrechnung der Fall. Die Bilanzkonten behält man deswegen bei. So kann man auch in nachfolgenden Abrechnungszeiträumen noch ohne Gang ins Archiv feststellen, was früher gebucht wurde. Bei so einem Vorgehen unterscheidet man temporäre Konten von permanenten Konten. Temporäre Konten verwendet man nur für einen einzigen Abrechnungszeitraum, permanente so lange, wie das

Vermögensgut oder der Kapitalposten existiert. Die temporären Konten schließt man ab, die permanenten behält man bei.

Sieht man von der Einrichtung der Konten ab, so kann man den ersten Schritt der Buchführung für einen bestimmten Abrechnungszeitraum darin sehen, die Endbestände des vorangegangenen Abrechnungszeitraumes weiterzuführen bzw. auf die Konten des neuen Abrechnungszeitraumes zu übertragen. Weitere Schritte, die teils während und teils zum Ende des Abrechnungszeitraums vorgenommen werden, ergeben sich aus Abbildung 6.1. Wir befassen uns in diesem Kapitel hauptsächlich mit den beiden letzten Arbeitsschritten.

Arbeitsschritte

Arbeitsschritte während des Abrechnungszeitraumes	Arbeitsschritte zum Ende des Abrechnungszeitraumes
1. Übernahme der Anfangsbestände für jedes Konto, das eventuell im vorhergehenden Zeitraum abgeschlossen wurden.	4. Ermittlung der vorläufigen Kontenstände für jedes Konto zum Ende des Abrechnungszeitraumes
2. Aufstellung der Buchungssätze von Geschäftsvorfällen mit Eintrag ins Journal	5. Erstellung der vorläufigen Saldenbilanz und Ergänzung dieser Saldenbilanz um die Korrekturen
3. Eintrag der Geschäftsvorfälle auf die Konten	6. Benutzung der korrigierten Saldenbilanz zur Vorbereitung von Abschlussbuchungen sowie zur Erstellung von Finanzberichten
	7. Übernahme der Abschlussbuchungen ins Journal und auf die Konten

Abbildung 6.1: Arbeitsschritte im Rahmen der Buchführung für einen Abrechnungszeitraum

6.2 Korrigierte Saldenbilanz als Basis

6.2.1 Vorgehen

Die angesprochene Saldenbilanz ist eine Übersicht, um Daten für die finanziellen Berichte aufzubereiten. Man sieht für jedes Konto eine Zeile und mehrere Spalten vor. Jeweils zwei benachbarte Spalten dienen dazu, die Salden vor bzw. nach bestimmten Arbeitsschritten aufzulisten. So können nebeneinander die Zahlen der vorläufigen Saldenbilanz, der Korrekturbuchungen, der korrigierten Saldenbilanz, der Ergebnisrechnung und der Bilanz dargestellt werden. Eine solche Übersicht ist zwar kein Bestandteil der Buchführung im engen Sinn, weder des Journals noch der Konten, sie erhöht jedoch die Übersicht und erleichtert die Abschlussarbeiten. Aus Platzgründen beschränken wir uns hier auf eine Saldenbilanz mit einer Textspalte und drei Doppelspalten für Zahlen. Wir unterstellen, dass die Korrekturbuchungen bereits vorgenommen wurden. Dementsprechend gehen wir von einer korrigierten Saldenbilanz aus.

Saldenbilanz als Hilfsmittel für Abschlussarbeiten

Fünf Arbeitsschritte zur Bildung einer Saldenbilanz

Abbildung 6.2 enthält die uns bereits aus vorangehenden Kapiteln bekannte Übersicht der »Unternehmensberatung K. Gross« für den April 20X1, ergänzt um jeweils zwei Spalten für Ergebnisrechnung und Bilanz sowie eine Zeile für die Ergebnisermittlung.

Unternehmensberatung K. Gross Saldenbilanz zum 30. April 20X1					
	Korrigierte Saldenbilanz		Ergebnis-rechnungskonten		Bilanzkonten
	Soll	Haben	Soll	Haben	Soll	Haben
Zahlungsmittel	100000				100000	
Forderungen (Verkauf)	5500				5500	
Aktiver Rechnungsabgrenzungsposten	2000				2000	
Büromaterial	1500				1500	
Möbel	12000				12000	
Kum. Abschreibungen (Möbel)		250				250
Grundstück	30000				30000	
Verbindlichkeiten (Einkauf)		2000				2000
Verbindlichkeiten (Gehalt)		1500				1500
Passiver Rechnungsabgrenzungsposten		10000				10000
Einlage K. Gross		150000				150000
Entnahme K. Gross	45000				45000	
Ertrag (Verkauf)		72500		72500		
Aufwand (Verkauf)	31000		31000			
Aufwand (Miete)	2000		2000			
Aufwand (Gehalt)	3000		3000			
Aufwand (Büromaterial)	500		500			
Aufwand (Abschreibung Möbel)	250		250			
Aufwand (Sonstiges)	3500		3500			
Summe	236250	236250	40250	72500	196000	163750
Ergebnis			32250			32250
			72500	72500	196000	196000

Abbildung 6.2: Korrigierte Saldenbilanz mit Ergebnisrechnung und Bilanz der »Unternehmensberatung K. Gross« zum 30. April 20X1

Zur Erstellung der Übersicht bedarf es einiger Arbeitsschritte, von denen ein Teil bereits im vorangehenden Kapitel vorgestellt wurde. Die für die Ergebnisermittlung notwendigen fünf Arbeitsschritte werden im Folgenden näher beschrieben.

Arbeitsschritt 1:
Übernahme von Kontenbezeichnungen und vorläufigen Kontensalden, Ermittlung der Spaltensummen

Die Informationen zur Erstellung der Übersicht kommen direkt von den Konten. Der Überblick über diese wird erleichtert, wenn man die Konten in einer aussagefähigen Reihenfolge übernimmt, z.B. in der Reihenfolge Vermögenskonten, Fremdkapital- und Eigenkapitalkonten, Ertragskonten und Aufwandskonten. Für jedes Konto ist jeweils in der Übersicht eine Zeile vorzusehen. Ein Konto ist auch dann zu übernehmen, wenn es einen Endbestand von 0 GE aufweist Nur dann kann man die Saldenbilanz als Checkliste aller Konten betrachten und jeweils überlegen, ob Korrekturen vorzunehmen sind. Zu einer gewissen Kontrolle der Richtigkeit sind die Summen der Zahlenspalten zu ermitteln und auf Gleichheit zu prüfen.

Erstellung und Prüfung vorläufiger Saldenbilanzspalte

Arbeitsschritt 2:
Eintrag der Korrekturen und Bildung der Spaltensummen über die Korrekturen

Bei Durchsicht der vorläufigen Saldenbilanz kann man die Konten identifizieren, die aufgrund der angestrebten leistungsabgabeorientierten Ergebnisermittlung für eine Korrektur in Frage kommen. Das Zahlungsmittelkonto bedarf keiner Korrektur, weil alle zahlungswirksamen Geschäftsvorfälle bereits richtig berücksichtigt sind. Bei den anderen Konten hilft das Wissen um die Geschäftstätigkeit bei der Frage, ob Korrekturen vorzunehmen sind oder nicht.

Erstellung und Prüfung der Korrekturspalte

Im Beispiel von Karl Gross betrifft das den Zahlungsmitteln folgende Konto die *Forderungen (Verkauf)*. Hat Karl Gross Erträge erwirtschaftet, die noch nicht verbucht wurden? Die Frage ist zu bejahen. Er hat 500 GE im Rahmen einer Dienstleistung erbracht, die aber erst im Mai bezahlt wird (vgl. S.170 unten). Wegen dieses Sachverhalts sind die Soll-Seite des Forderungskontos und die Haben-Seite des Ertragskontos um 500 GE zu erhöhen. Dabei dient es der Nachvollziehbarkeit, wenn man zusammengehörige Korrekturen jeweils kennzeichnet, z.B. wie in der Übersicht durch einen Buchstaben. So ergibt sich beispielsweise aus einem Betrag von 5000 GE für *Forderungen (Verkauf)* in der vorläufigen Saldenbilanz ein Betrag von 5500 GE in der korrigierten Saldenbilanz.

Korrekturbuchungen im Beispiel

Als Nächstes wird Gross das Konto *Büromaterial* korrigieren, weil er Büromaterial bei der Durchführung seiner Aufträge verbraucht hat. Die Abnahme des Büromaterials stellt einen Aufwand dar. Wir können uns leicht vorstellen, wie die anderen Konten auf Grund des Wissens um die Geschäftstätigkeit entsprechend der Sachverhalte aus dem vorangehenden Kapitel korrigiert werden.

Hat man in der Saldenbilanz versehentlich vergessen, Konten aufzuführen, so werden die Spaltensummen nicht ausgeglichen sein. Handelt es sich nur um ein einziges Konto und sind sonst keine anderen Fehler unterlaufen, so kann man aus der Spaltendifferenz den vorläufigen Endbestand des fehlenden Kontos ablesen. Hätte man beispielsweise das Konto für Büromaterialaufwand unberücksichtigt gelassen, so hätte sich eine Differenz von 500 GE ergeben. Erkennt man solche Fehler, trägt man das Konto nachträglich noch ein.

Für die Korrekturspalten sind wiederum die Spaltensummen zu ermitteln und auf Gleichheit zu prüfen.

Arbeitsschritt 3:
Ermittlung der korrigierten Saldenbilanz und deren Spaltensummen

Erstellung und Prüfung der korrigierten Saldenbilanzspalten

Aus den Korrekturen und der vorläufigen Saldenbilanz ist die korrigierte Saldenbilanz zu ermitteln. Sind die Spaltensummen der Korrekturen und der vorläufigen Saldenbilanz jeweils ausgeglichen, so müssen sich auch die Spaltensummen der korrigierten Saldenbilanz entsprechen.

Diesen drei bekannten Arbeitsschritten schließen sich die beiden folgenden an.

Arbeitsschritt 4:
Übernahme der korrigierten Kontensalden in getrennte Spalten für Bilanz und Ergebnisrechnung

Extrahieren der Bilanz- und der Ergebnisspalte

Wurden die Geschäftsvorfälle entsprechend der oben beschriebenen Vorgehensweise verarbeitet, so stellt jedes Konto entweder ein Konto der Bilanz oder ein Konto der Ergebnisrechnung dar. Jedes Konto kann nur einer der beiden Rechnungen zugeordnet werden. Nach Durchführung des vierten Arbeitsschrittes sehen wir die Salden der Konten der Ergebnisrechnung in anderen Spalten als die Salden der Bilanzkonten.

Ergebnisermittlung

Wir stellen in unserem Beispiel weiter fest, dass die Summe der Soll-Spalte weder bei der Ergebnisrechnung noch bei der Bilanz der Summe der jeweiligen Haben-Spalte entspricht. In der Ergebnisrechnung des Beispiels übersteigt der Summenwert der Haben-Spalte (die Summe des Ertrags) den Summenwert der Soll-Spalte (die Summe des Aufwands). Die Differenz beträgt im Beispiel 32 250 GE. Bei den Bilanzkonten entsprechen sich die Spaltensummen auch nicht. Die Differenz zwischen der Summe der Konten mit Soll-Salden (im Beispiel Vermögens- und Entnahmekonten) und der Summe der Konten mit Haben-Salden (im Beispiel Fremd- und Eigenkapital sowie Kumulierte Abschreibungen) beträgt ebenfalls 32 250 GE. Dieser Betrag entspricht dem Ergebnis. Es kann offensichtlich auf zwei Arten ermittelt werden: erstens als Differenz zwischen der Summe des Ertrags und der Summe des Aufwands sowie zweitens als Differenz zwischen der Wertesumme der Vermögensgüter und der Summe des (Fremd- und Eigen-)Kapitals.

Dass sich die jeweiligen Spaltensummen der beiden Rechnungen entsprechen, ist i. A. unwahrscheinlich: bedeutet es doch, dass die Geschäftstätigkeit ein Ergebnis von 0 GE erbracht hätte, so dass weder Gewinn noch Verlust entstanden wären.

Ergebnisbezeichnung

Arbeitsschritt 5:
Ermittlung des Ergebnisses

Der Vergleich des Ertrags mit dem Aufwand erlaubt die Errechnung des Ergebnisses. Im Beispiel lautet die Rechnung:

Ertrag (Haben-Seite der Ergebnisrechnung)	72 500 GE
– Aufwand (Soll-Seite der Ergebnisrechnung)	–40 250 GE
= Ergebnis (= Gewinn)	32 250 GE

Übersteigt der Aufwand den Ertrag, so nennt man das Ergebnis Verlust.

Man fügt das Ergebnis in einer der Spalten für die Ergebnisrechnung so hinzu, dass sich die Spaltensummen danach entsprechen. Weil ein Überschuss des Ertrags über den Aufwand das Eigenkapital erhöht und ein Defizit dieses senkt, sind auch die Spalten der Bilanz um den Gewinn bzw. den Verlust zu verändern. Eine Mehrung des Eigenkapitals ist auf der Haben-Seite und eine Minderung auf der Soll-Seite anzusetzen. Im Verlauf der Abschlussbuchungen ist dann noch dafür zu sorgen, dass ein Gewinn dem Kapital hinzugerechnet und ein Verlust von ihm abgezogen wird.

Ergebnisverrechnung

Man erkennt an den letzten vier Spalten der Übersicht, dass sich Ergebnisrechnung und Bilanz im Sinne der intertemporalen Bilanzgleichung ergänzen. Das Ergebnis kann aus beiden ermittelt werden, denn die Differenz der Soll- und der Haben-Spalte der Bilanz ergibt ebenfalls das Ergebnis, wenn man das Eigenkapital noch mit dem Bestand vom Anfang des Abrechnungszeitraumes ausweist.

6.2.2 Storno fehlerhafter Journal- und Konteneinträge

Bei der Abbildung von Geschäftsvorfällen, etwa bei Korrekturbuchungen, kann es zu Fehlern kommen. Weiter oben wurde dargestellt, welche Art von Fehlern man mit welchen Techniken erkennen kann. Hier geht es darum, wie man einmal erkannte Fehler im Journal und auf den Konten korrigiert.

Auftreten von Fehlern

Bei unseren Übungsaufgaben liegt es nahe, Fehler dadurch zu korrigieren, dass man jeweils die falschen Einträge durchstreicht oder ausradiert und statt dessen die richtigen vornimmt. Je nach der Menge der unterlaufenen Fehler und je nachdem, zu welchem Zeitpunkt ein Fehler erkannt wurde, ist dieses Vorgehen sehr mühsam; insbesondere gilt dies, wenn die Zahl

Probleme herkömmlicher Fehlerkorrekturen

von Journaleinträgen und Konten groß ist. In der Praxis verbietet sich ein solches Vorgehen, weil Buchführungsunterlagen Dokumente darstellen, die ihre Beweiskraft verlieren, wenn sie nachträglich verändert werden.

Fehlerkorrekturen durch Storno-Buchungen

Für die Korrektur fehlerhafter Einträge im Journal und auf Konten hat sich die Technik herausgebildet, eine oder mehrere zusätzliche Buchungen vorzunehmen, mit denen man die fehlerhafte(n) korrigiert. Man nennt solche Buchungen »Storno-Buchungen«. Nehmen wir an, Karl Gross hätte beim Kauf von Büromöbeln für 12 000 GE irrtümlich das Konto *Büromaterial* anstatt des Kontos *Möbel* angesprochen. Der falsche Journaleintrag hätte gelautet:

Beleg	Datum	Geschäftsvorfall und Konten	Soll	Haben
	13.5.	Kauf von Büromöbeln		
		Büromaterial	12 000	
		Zahlungsmittel		12 000

Die Buchung auf der Soll-Seite des Kontos Büromaterial ist falsch. Die Fehlerkorrektur erfordert zusätzlich die folgende Storno-Buchung:

Beleg	Datum	Geschäftsvorfall und Konten	Soll	Haben
	15.Mai	Korrektur der Buchung vom 13.5.		
		Büromöbel	12 000	
		Büromaterial		12 000

Im Ergebnis wurde der Kauf dann richtig verbucht und man kann zusätzlich den Fehler erkennen, der gemacht wurde. Storno-Buchungen sind nicht nur auf den Konten, sondern auch im Journal zu vermerken.

6.3   Abschluss von Konten

Abschluss aller Konten

In vielen Lehrbüchern über die Technik des betriebswirtschaftlichen Rechnungswesens wird vorgeschlagen, die Daten für finanzielle Berichte nicht nur aus einer Saldenbilanz abzulesen, sondern im Rahmen eines formalen mehrstufigen Prozesses auf einem »Ergebniskonto« – dem Oberkonto für Ertrag und Aufwand – sowie auf einem »Schlussbilanzkonto« zu sammeln, das als Oberkonto zu allen Bilanzkonten fungiert. Dieser Prozess besteht darin, die Salden aller Konten durch entsprechende Buchungen von diesen auf die beiden angesprochenen Oberkonten zu übertragen, so dass die Unterkonten danach einen Stand von null aufweisen. Die dazugehörigen Buchungssätze sind im Journal zu dokumentieren.

Konsequenterweise wird weiterhin vorgeschlagen, zu Beginn eines Abrechnungszeitraumes die Bilanzkonten durch Buchungen gegen ein »Eröffnungsbilanzkonto« – ein Spiegelbild der Bilanz – mit dem Endbestand zu füllen und die Konten der Ergebnisrechnung leer anzulegen.

Dieses Vorgehen führt dazu, dass die (neu eröffneten) Bilanzkonten zu Beginn des neuen Abrechnungszeitraumes wesentlich weniger Information enthalten als die entsprechenden Bilanzkonten zum Ende des vorangegangenen Abrechnungszeitraumes. Die ganze Historie von Vermögensgütern, der Anschaffungspreis, Abschreibungen, Zuschreibungen u.ä. bleibt verborgen, solange man keinen zusätzlichen Zugriff auf das Konto des vorangegangenen Abrechnungszeitraumes hat. Bei den Konten der Ergebnisrechnung ist ein solcher Informationsverlust im Regelfall geringer als bei den Bilanzkonten oder sogar unerheblich.

Gefahr des Informationsverlustes

In der Praxis geht man in vielen Fällen anders vor. Man untersucht die Konten daraufhin, ob man sie dauerhaft zur Verfügung haben möchte oder ob man auf ihnen nur die Ereignisse eines einzigen Abrechnungszeitraumes abbilden will. Hierfür unterscheidet man »permanente Konten« von »temporären Konten«. Die Salden von temporären Konten überträgt man formal durch Abschluss auf Oberkonten, z.B. auf das Ergebniskonto; die Salden der permanenten Konten liest man ab und übernimmt die Konten danach formlos in zukünftige Rechenwerke.

Abschluss temporärer und Ablesen der Salden permanenter Konten

6.3.1   Vorgehen bei Abschluss aller Konten

Eine häufig vorgestellte Variante der Erstellung finanzieller Berichte besteht darin, alle Konten zum Ende des Abrechnungszeitraumes abzuschließen. Dementsprechend werden die Bilanzkonten für den neuen Abrechnungszeitraum wieder mit den Endbeständen der entsprechenden Konten des vorangegangenen Abrechnungszeitraumes gefüllt. Dabei ist allerdings zu bedenken, dass die Konten, welche die Ergebnisrechnung betreffen, anders abzuschließen sind als die Bilanzkonten. Zum Abschluss der Konten der Ergebnisrechnung richtet man ein »Ergebniskonto« ein, für den Abschluss der Bilanzkonten ein »Schlussbilanzkonto«. Den Endbestand des Ergebniskontos schließt man über das Eigenkapitalkonto ab oder führt ihn als gesonderten Posten in das Schlussbilanzkonto. Wie bereits erwähnt, lässt sich der Aussagegehalt des Ergebniskontos erhöhen, wenn man den Ertrag und den Aufwand nicht jeweils in einem einzigen Betrag verbucht, sondern wenn man ihn getrennt nach einzelnen Arten aufführt.

Abschluss aller Konten: temporäre Konten über Einkommenskonto, dieses über Eigenkapital; permanente Konten über Bilanzkonto

Beispiel Die folgende Darstellung bezieht sich auf die Zahlen der Abbildung 6.2. Sie geht von einem solchen Ergebniskonto aus, das zunächst nicht über das Eigenkapitalkonto verrechnet wird, sondern gesondert auf das Schlussbilanzkonto übernommen werden kann. Die Journaleinträge der Abschlussbuchungen, die das Ergebnis-, Kapital-, Einlage- und Entnahmekonto betreffen, lauten:

Beleg	Datum	Konten	Soll	Haben
A1a	30.4.	Abschlussbuchung Ertrag (Verkauf)		
		Ertrag (Verkauf)	72 500	
		Ergebniskonto		72 500
A1b	30.4.	Abschlussbuchung Aufwand (Verkauf)		
		Ergebniskonto	31 000	
		Aufwand (Verkauf)		31 000
A2a	30.4.	Abschlussbuchung Aufwand (Miete)		
		Ergebniskonto	2 000	
		Aufwand (Miete)		2 000
A2b	30.4.	Abschlussbuchung Aufwand (Gehalt)		
		Ergebniskonto	3 000	
		Aufwand (Gehalt)		3 000
A2c	30.4.	Abschlussbuchung Aufwand (Büromaterial)		
		Ergebniskonto	500	
		Aufwand (Büromaterial)		500
A2d	30.4.	Abschlussbuchung Aufwand (Abschreibung)		
		Ergebniskonto	250	
		Aufwand (Abschreibung Möbel)		250
A2e	30.4.	Abschlussbuchung Aufwand (Sonstiges)		
		Ergebniskonto	3 500	
		Aufwand (Sonstiges)		3 500
A4	30.4.	Abschlussbuchung Entnahme		
		Kapital K. Gross	45 000	
		Entnahme K. Gross		45 000
A5	30.4.	Abschlussbuchung Einlage		
		Einlage K. Gross	150 000	
		Kapital K. Gross		150 000

Dementsprechend sehen die Konten wie in Abbildung 6.3 aus. Der mit S gekennzeichnete Betrag stellt den Saldo aller Buchungen auf den Konten vor Durchführung der Abschlussbuchungen dar. Da es sich bei den Buchungen um Abschlussbuchungen handelt, werden die Eintragungen auf den Konten jeweils mit der laufenden Nummer des entsprechenden Typs der Abschlussbuchung – ergänzt um den Buchstaben »A« für Abschlussbuchung – gekennzeichnet. Doppelstriche unter den Konten indizieren, dass danach ein abgeschlossenes Konto vorliegt.

Aufwandskonten			Ergebniskonto			restliche Konten		
Aufwand (Verkauf)			*Ergebniskonto*			*Ertrag (Verkauf)*		
S	31000	(A1b) 31000	(A1b)	31000	(A1a) 72500	(A1a) 72500	S	72500
			(A2a)	2000				
Aufwand (Miete)			(A2b)	3000		*Einlage K. Gross*		
S	2000	(A2a) 2000	(A2c)	500		(A5) 150000	S	150000
			(A2d)	250				
Aufwand (Gehalt)			(A2e)	3500		*Entnahme K. Gross*		
S	3000	(A2b) 3000			S 32250	S 45000	(A4)	45000
Aufwand (Büromaterial)						*Kapital K. Gross*		
S	500	(A2c) 500				(A4) 45000	(A5)	150000
							S	105000
Aufwand (Abschreibung Möbel)								
S	250	(A2d) 250						
Aufwand (Sonstiges)								
S	3500	(A2e) 3500						

Abbildung 6.3: Ertrags- und Aufwandskonten sowie Ergebnis- und Kapitalkonto nach den Korrektur- und Abschlussbuchungen bei Abschluss aller Konten

Zum Abschluss der Bilanzkonten auf das Schlussbilanzkonto sind die Buchungen der Abbildung 6.4 vorzunehmen. Je nach Abschlussbuchungstyp für Vermögens-, Kapitalkonten und Ergebniskonto sind sie mit den laufenden Nummern 6, 7 und 8 gekennzeichnet. Der Abschluss der Vermögens- und Kapitalkonten auf dem Bilanzkonto sieht wie in Abbildung 6.5 aus.

Abbildung 6.4:
Abschlussbuchungen
der Bilanzkonten

Beleg	Datum	Konten	Soll	Haben
A6a	30.4.	Abschlussbuchung Zahlungsmittel		
		Bilanzkonto	100000	
		Zahlungsmittel		100000
A6b	30.4.	Abschlussbuchung Forderungen (Verkauf)		
		Bilanzkonto	5500	
		Forderungen (Verkauf)		5500
A6c	30.4.	Abschlussbuchung Aktiver RAP		
		Bilanzkonto	2000	
		Aktiver RAP		2000
A6d	30.4.	Abschlussbuchung Büromaterial		
		Bilanzkonto	1500	
		Büromaterial		1500
A6e	30.4.	Abschlussbuchung Möbel		
		Bilanzkonto	12000	
		Möbel		12000
A6f	30.4.	Abschlussbuchung Grundstück		
		Bilanzkonto	30000	
		Grundstück		30000
A7a	30.4.	Abschlussbuchung Kumulierte Abschreibung (Möbel)		
		Kum. Abschreibungen (Möbel)	250	
		Bilanzkonto		250
A7b	30.4.	Abschlussbuchung Verb. (Einkauf)		
		Verbindlichkeiten (Einkauf)	2000	
		Bilanzkonto		2000
A7c	30.4.	Abschlussbuchung Verbindlichkeiten (Gehalt)		
		Verbindlichkeiten (Gehalt)	1500	
		Bilanzkonto		1500
A7d	30.4.	Abschlussbuchung Passiver Rechnungsabgrenzungsposten		
		Passiver RAP	10000	
		Bilanzkonto		10000
A7e	30.4.	Abschlussbuchung Kapital K. Gross		
		Kapital K. Gross	105000	
		Bilanzkonto		105000
A8	30.4.	Abschlussbuchung Ergebniskonto		
		Ergebniskonto	32250	
		Bilanzkonto		32250

Vermögensgüter		Ergebnis- und Bilanzkonto		Fremd- und Eigenkapital	
Zahlungsmittel		**Ergebniskonto**		**Verbindlichkeiten (Einkauf)**	
S 100000	(A6a) 100000	(A1b) 31000	(A1) 72500	(A7b) 2000	S 5500
Forderungen (Verkauf)		(A2a) 2000			
S 5500	(A6b) 5500	(A2b) 3000		**Verbindlichkeiten (Gehalt)**	
		(A2c) 500		(A7c) 1500	S 1500
Aktiver RAP		(A2d) 250			
S 2000	(A6c) 2000	(A2e) 350		**Passiver RAP**	
		(A8) 32250		(A7d) 10000	S 10000
Büromaterial		**Bilanzkonto**		**Kum. Abschreibung (Möbel)**	
S 1500	(A6d) 1500	(A6a) 100000	(A7a) 250	(A7a) 250	S 250
		(A6b) 5500	(A7b) 2000		
Möbel		(A6c) 2000	(A7c) 1500	**Kapital K. Gross**	
S 12000	(A6e) 12000	(A6d) 1500	(A7d) 10000	(A7e) 105000	S 105000
		(A6e) 12000	(A7e) 105000		
Grundstück		(A6f) 30000	(A8) 32250		
S 30000	(A6f) 30000				

Abbildung 6.5: Vermögens-, Ergebnis-, Kapital- und Bilanzkonto nach den Korrektur- und Abschlussbuchungen bei Abschluss aller Konten

Neueröffnung von Konten

Bei Verwendung dieser Methode, bei der man alle Konten abschließt, sind die permanenten Konten zu Beginn des neuen Abrechnungszeitraumes mit den Endbeständen des vorhergehenden Abrechnungszeitraumes neu zu eröffnen. Dazu sind im neuen Abrechnungszeitraum sogenannte Eröffnungsbuchungen vorzunehmen, welche bis auf die Kontenseiten den Abschlussbuchungen auf dem Bilanzkonto entsprechen. Bei den Eröffnungsbuchungen ist noch zu berücksichtigen, dass das Ergebnis zusammen mit dem Eigenkapital ausgewiesen wird. Spätestens bei den Eröffnungsbuchungen ist demnach das Ergebnis dem Kapital hinzu zu rechnen. Die Aufstellung der entsprechenden Buchungssätze bleibt dem Leser überlassen.

Aussagelosigkeit der endgültigen Saldenbilanz

Würde man nach Abschluss der Konten eine Saldenbilanz erstellen, so wäre diese zunächst um ein »Schlussbilanzkonto« zu erweitern. Bis auf dieses Konto nähmen alle Kontensalden den Wert 0 an.

6.3.2   Vorgehen bei Abschluss nur der temporären Konten

Behandlung der temporären Konten

Abschlussprozess und Abschlussbuchungen zur Vorbereitung der Konten für den nachfolgenden Abrechnungszeitraum

Der Abschluss der Konten ist der Prozess, mit dem man zum Ende eines Abrechnungszeitraumes die Konten für den nachfolgenden Abrechnungszeitraum vorbereitet. Die im Zuge des Prozesses erforderlichen Abschlussbuchungen sind – wie alle anderen Buchungen auch – im Journal und auf Konten zu dokumentieren. Im Rahmen der Abschlussbuchungen schließt man die Konten der Ergebnisrechnung so ab, dass sie einen Endbestand von 0 GE aufweisen, um das Ergebnis jedes Abrechnungszeitraumes getrennt von dem anderer Abrechnungszeiträume ermitteln zu können.

Temporäre Konten: ihre Endbestände beziehen sich nur auf einen einzigen Abrechnungszeitraum und werden zu dessen Ende auf Null gesetzt

Weil sich die Endbestände der Ertrags- und Aufwandskonten jeweils nur auf einen einzigen Abrechnungszeitraum beziehen, werden sie zu dessen Ende »geschlossen«, auf »Null gesetzt«. Weil man die Kontoinformation nur für einen einzigen Zeitraum benötigt, werden solche Konten als »temporäre Konten« bezeichnet. Das Einlage- und das Entnahmekonto stellen ebenfalls temporäre Konten dar, weil sie nur zur Aufzeichnung der Einlagen bzw. Entnahmen des Unternehmers während eines einzigen Abrechnungszeitraumes dienen.

Permanente Konten: ihre Endbestände werden zum Anfangsbestand des folgenden Abrechnungszeitraumes

In diesem Zusammenhang sei kurz auf die Unterschiede der Eigenschaften permanenter und temporärer Konten eingegangen. Wie erwähnt, stellen Vermögens- und Fremdkapitalkonten sowie das Eigenkapitalkonto permanente Konten dar. Solche Konten werden – im Gegensatz zu den temporären Konten – nicht zum Ende eines Abrechnungszeitraumes auf Null gesetzt. Ihr Bestand zum Ende des Abrechnungszeitraumes entspricht vielmehr dem Anfangsbestand des folgenden Abrechnungszeitraums. Zusätzlich zum Bestand enthalten sie die gesamte vorausgegangene Information dieses Kontos.

Nur Abschluss temporärer Konten

Zurück zu den temporären Konten: Mit den Abschlussbuchungen wird der Endbestand von Ertrags-, Aufwands-, Einlage- und Entnahmekonten auf das Eigenkapitalkonto übertragen. Ertrag und Einlagen stellen Mehrungen, Aufwand und Entnahmen Minderungen des Eigenkapitals dar. Erst nach dem Übertrag von Ertrag, Einlagen, Aufwand und Entnahmen zeigt das Eigenkapitalkonto den aktuellen Stand des Eigenkapitals an.

Abschlussbuchungen auf Ergebniskonto

In einem ersten Zwischenschritt werden die Endbestände der Ertrags- und Aufwandskonten auf ein neues (ebenfalls temporäres) Konto übertragen, das man als Ergebniskonto bezeichnen könnte. Im angelsächsischen Sprachraum ist der Begriff »*Income Summary*« für dieses Konto gebräuchlich. Die Übertragung geschieht bei einem Ertragskonto dadurch, dass man auf der Soll-Seite des Kontos in Höhe des Endbestandes eine »Ertragsminderung« bucht, deren Gegenbuchung auf der Haben-Seite des Ergebniskontos eine

»Ergebnismehrung« kennzeichnet. Bei einem Aufwandskonto verhält es sich genau umgekehrt. Man bucht den Endbestand aus, indem man auf der Haben-Seite des Aufwandskontos eine »Aufwandsminderung« zu Gunsten einer »Ergebnisminderung« auf der Soll-Seite des Ergebniskontos vermerkt.

Ein weiterer Zwischenschritt besteht darin, den Endbestand des Ergebniskontos zu ermitteln. Es gibt an, wie sich das Eigenkapital durch die Gesamtheit des Ertrags und der Aufwendungen geändert hat. Das Ergebnis ist auf das Eigenkapitalkonto zu übertragen. Auch dieser Vorgang lässt sich mit einer Buchung analog zu den oben genannten abbilden. In einem anderen Zwischenschritt wird der Endbestand des Einlage- und des Entnahmekontos auf das Eigenkapitalkonto übertragen. Danach kann man schließlich den Endbestand des Eigenkapitals ermitteln.

Übertragung des Ergebnisses und der Endbestände von Einlage- und Entnahmekonto auf Eigenkapitalkonto

Der Prozess des Abschlusses der temporären Konten sei am Beispiel der »Unternehmensberatung K. Gross« für den 30. April 20X1 erläutert. Die Buchungssätze lauten:

Beispiel für Abschlussprozess

Beleg	Datum	Konten	Soll	Haben
A1a	30.4.	Abschlussbuchung Ertrag (Verkauf)		
		Ertrag (Verkauf)	72 500	
		Ergebniskonto		72 500
A1b	30.4.	Abschlussbuchung Aufw. (Verkauf)		
		Ergebniskonto	31 000	
		Aufwand (Verkaufe)		31 000
A2	30.4.	Abschlussbuchung Aufwandskonten		
		Ergebniskonto	9 250	
		Aufwand (Miete)		2 000
		Aufwand (Gehalt)		3 000
		Aufwand (Büromaterial)		500
		Aufwand (Abschreibung Möbel)		250
		Aufwand (Sonstiges)		3 500
A3	30.4.	Abschlussbuchung Ergebniskonto		
		Ergebniskonto	32 250	
		Kapital K. Gross		32 250
A4	30.4.	Abschlussbuchung Entnahmekonto		
		Kapital K. Gross	45 000	
		Entnahme K. Gross		45 000
A5	30.4.	Abschlussbuchung Einlagekonto		
		Einlage K. Gross	150 000	
		Kapital K. Gross		150 000

Im Falle eines Verlustes erforderte nur die Abschlussbuchung Nr. 3 ein anderes Vorgehen. Weil dann das Ergebniskonto auf seiner Haben-Seite auszugleichen wäre, müsste die Gegenbuchung auf der Soll-Seite des Kapitalkontos erfolgen.

Kontenabschluss Abbildung 6.6 zeigt die Konten nach den Abschlussbuchungen, die jeweils mit der laufenden Nummer des entsprechenden Typs der ersten fünf Abschlussbuchungen gekennzeichnet sind. S gibt auch hier den Kontostand nach allen vorausgegangenen Buchungen wieder. Unter Berücksichtigung der Abschlussbuchungen errechnet sich für alle temporären Konten ein neuer Endbestand von Null, weil sich der vorherige Endbestand und die Abschlussbuchung betragsmäßig entsprechen. Wenn man im nachfolgenden Abrechnungszeitraum Ertrag, Einlagen, Aufwand oder Entnahmen zu verbuchen hat, kann man ohne Bedenken jeweils neue Konten eröffnen. Der Endbestand für den nachfolgenden Abrechnungszeitraum ist selbst dann richtig, wenn man die Geschäftsvorfälle des neuen Abrechnungszeitraumes nach wie vor auf den alten, allerdings am Ende von früheren Abrechnungszeiträumen abgeschlossenen Konten verbucht. Mit den Doppelstrichen unter den jeweiligen Konten sei auch hier wieder angedeutet, dass wir ein abgeschlossenes Konto vorliegen haben.

Aufwandskonten

Aufwand (Verkauf)

S	31000	(A1b)	31000

Aufwand (Miete)

S	2000	(A2a)	2000

Aufwand (Gehalt)

S	3000	(A2b)	3000

Aufwand (Büromaterial)

S	500	(A2c)	500

Aufwand (Abschreibung Möbel)

S	250	(A2d)	250

Aufwand (Sonstiges)

S	3500	(A2e)	3500

Ergebniskonto

Ergebniskonto

(A1b)	31000	(A1a)	72500
(A2a)	2000		
(A2b)	3000		
(A2c)	500		
(A2d)	250		
(A2e)	3500		
(A3)	32250		

restliche Konten

Ertrag (Verkauf)

(A1a)	72500	S	72500

Einlage K. Gross

(A5)	150000	S	150000

Entnahme K. Gross

S	45000	(A4)	45000

Kapital K. Gross

(A4)	45000	(A5)	150000
		(A3)	32250
		S	137250

Abbildung 6.6: Ertrags- und Aufwandskonten sowie Ergebnis- und Kapitalkonto nach den Korrektur- und Abschlussbuchungen bei Abschluss nur der temporären Konten

Selbstverständlich hätte man auf das Ergebniskonto verzichten können, wenn man die Ertrags- und Aufwandskonten direkt auf das Eigenkapitalkonto gebucht hätte. In der Praxis findet man auch das Vorgehen, nur die Einlagen und Entnahmen mit dem Eigenkapital zu verrechnen. In diesem Fall werden weder das Kapitalkonto noch das Ergebniskonto abgeschlossen.

Wird die Buchführung mit Hilfe eines Computers durchgeführt, so ist einmalig anzugeben, wie die Verrechnung der temporären Konten erfolgen soll; danach kann der gesamte Prozess automatisiert ablaufen, Journaleinträge und Veränderung sowie Abschluss (=Nullsetzen) der Konten eingeschlossen.

Varianten des Abschlusses von Konten

Abschlussprozess mit Hilfe des Computers

Behandlung der permanenten Konten

Die Buchführung für einen Abschlusszeitraum endet mit der Aufstellung einer Saldenbilanz, die sich ausschließlich auf die nach dem Abschlussprozess noch offenen Konten bezieht; die Salden der abgeschlossenen Konten sind ja gleich 0. Diese Saldenbilanz sei als endgültige Saldenbilanz bezeichnet. Sie enthält nur noch von null abweichende Salden für die permanenten Konten und weist daher große Ähnlichkeit mit einer Bilanz auf. Für das Beispiel zeigen wir in Abbildung 6.7 die – allerdings zugleich auf die permanenten Konten beschränkte – korrigierte Saldenbilanz.

Unternehmensberatung K. Gross Korrigierte Saldenbilanz zum 30. April 20X1		
	Saldenbilanz	
	Soll	Haben
Zahlungsmittel	100000	
Forderungen (Verkauf)	5500	
Aktiver Rechnungsabgrenzungsposten	2000	
Büromaterial	1500	
Möbel	12000	
Kumulierte Abschreibungen (Möbel)		250
Grundstück	30000	
Verbindlichkeiten (Einkauf)		2000
Verbindlichkeiten (Gehalt)		1500
Passiver Rechnungsabgrenzungsposten		10000
Kapital K. Gross		137250
Summe	151000	151000

Abbildung 6.7:
Korrigierte Saldenbilanz (nach Abschluss aller temporären Konten) für die »Unternehmensberatung K. Gross« zum 30. April 20X1

6.4   Gestaltung von Bilanz und Ergebnisrechnung

6.4.1   Gestaltung der Bilanz

Klassifikations-möglichkeiten

Es gibt viele Möglichkeiten, die Posten von Bilanzen zu sortieren. Das deutsche HGB sieht beispielsweise für Industrieunternehmen eine Klassifizierung nach der Beteiligung am kurzfristigen Wertekreislauf (Anlage- und Umlaufvermögen) vor. Innerhalb jeder dieser Klassen spielt die Liquidierbarkeit eine Rolle. Andere Rechtssysteme gliedern nur nach der Liquidierbarkeit in »current assets« und in »noncurrent assets«. De facto ergeben sich aus den Unterschieden aber keine nennenswerten Differenzen.

Inhaltliche Gestaltung: Postenstruktur

Klassifikation nach relativer Liquidität

Die Posten von Bilanzen werden i.d.R. als kurz- oder langfristig klassifiziert, um ihre relative Liquidität anzuzeigen. Liquidität gilt als eine Maßgröße dafür, wie schnell man einen Posten in Zahlungsmittel umwandeln kann. Forderungen aus Verkäufen gelten als ziemlich liquide, weil man ihren Ausgleich in naher Zukunft erwartet. Büromaterial ist hingegen weniger liquide als Forderungen; Möbel oder Gebäude sind nur unter besonderen Anstrengungen in Zahlungsmittel zu verwandeln; ihr Liquiditätsgrad gilt daher als sehr gering.

Nutzen von Information über Liquidität

Die Nutzer finanzieller Berichte sind an solchen Informationen über die Liquidität interessiert, weil Unternehmen häufig in Probleme geraten, wenn die Zahlungsmittel knapp werden. Sie möchten wissen, wie schnell ein Unternehmen Vermögensgüter in Zahlungsmittel umwandeln kann oder wie schnell Fremdkapital zurück zu führen ist. Bilanzen listen die Vermögensgüter und das Fremdkapital im Regelfall geordnet nach ihrer relativen Liquidität auf.

Vermögensgüter

Klassifikation nach Wirtschaftskreislauf-gedanken

Eine häufig anzutreffende Unterscheidung ist diejenige nach kurz- und langfristig zu Geld werdenden Vermögensgütern (»current assets«, »long-term assets«) oder die nach Anlage- und Umlaufvermögen. Beide Arten der Klassifizierung hängen miteinander zusammen, wenngleich sich die Begriffe nicht decken. Als »kurzfristig liquide« oder »kurzfristig« werden Vermögensgüter bezeichnet, die innerhalb eines Abrechnungszeitraumes oder innerhalb des normalen Wirtschaftskreislaufes eines Unternehmens (»operating cycle«) zu Zahlungsmitteln werden. Forderungen aus dem Verkauf von Gütern und Dienstleistungen, Forderungen aus Vorauszahlungen, Aktive Rechnungsabgrenzungsposten und Büromaterial gehören i.d.R. zu solchen Vermögensgütern. Alle übrigen

Vermögensgüter, z.B. die Gebäude, in denen ein Unternehmen betrieben wird, gelten als langfristig. Für die Unterteilung nach kurz- und langfristigen Vermögensgütern sowie nach Anlage- und Umlaufvermögen ist das Verständnis des Wirtschaftskreislaufes eines Unternehmens ausschlaggebend. Es sei kurz erläutert. Beide Klassifikationen stellen darauf ab, welche Rolle die Vermögensgüter im Rahmen der Tätigkeiten eines Unternehmens einnehmen. Vermögensgüter, die direkt in den Absatz- und Wiederbeschaffungskreislauf eingebunden sind, werden unterschieden von solchen, die es nur indirekt sind, die gewissermaßen dazu dienen, den Absatz- und Wiederbeschaffungskreislauf aufrecht zu erhalten.

Umlaufvermögen

Der direkte Wirtschaftskreislauf besteht darin, dass beispielsweise Geld zur Beschaffung von Roh-, Hilfs- und Betriebsstoffen oder Handelswaren verwendet wird oder auch zur Bezahlung von Beschäftigten, die daraus Erzeugnisse herstellen bzw. Handelswaren verkaufen. Mit dem Verkauf verschwinden die Erzeugnisse oder Handelswaren und man erhält dafür entweder Bargeld oder Forderungen auf zukünftige Zahlung von Bargeld. Geht das Bargeld auf eine Forderung ein, so erlischt die Forderung. Das Bargeld kann dann erneut in den Kreislauf gesteckt werden. Alle Vermögensgüter, die direkt mit dem Kreislauf zu tun haben, werden im deutschen HGB als Vermögensgüter des Umlaufvermögens bezeichnet. Im angelsächsischen Sprachraum bezeichnet man sie als »*current assets*«.

Anlagevermögen

Die andere Art von Vermögensgütern umfasst diejenigen, die nicht oder nur indirekt in den Kreislauf eingebunden sind. Grundstücke, Gebäude, Maschinen und die Büro- und Geschäftsausstattung zählen i.d.R. zu solchen Vermögensgütern, die direkt nichts mit dem oben genannten Kreislauf zu tun haben. Wenn sie nicht zum Verkauf bestimmt sind, dienen sie langfristig dem Unternehmen. Deswegen bezeichnet man sie im deutschen HGB als Vermögensgüter des Anlagevermögens; im englischsprachigen Raum bezeichnet man sie als »*noncurrent assets*«.

Zuordnung zu Anlage- oder Umlaufvermögen hängt nicht von Art des Vermögensgutes, sondern von seiner Funktion im Unternehmen ab

Die Unterteilung von Vermögensgütern in Anlage- und Umlaufvermögen erschwert die Analyse von Geschäftsvorfällen, weil nicht mehr nur der Name des Vermögensgutes zur Sammlung ausreicht; man muss auch die Funktion des Vermögensgutes bezüglich des oben genannten Kreislaufes kennen. Das sei an einigen einfachen Beispielen erläutert: Sie betreiben eine Schreibwarenhandlung. Ein Kugelschreiber gehört zum Umlaufvermögen, wenn Sie gedenken, ihn zu verkaufen. Er gehört zum Anlagevermögen, wenn Sie ihn zum Schreiben von Rechnungen, Quittungen oder für andere Tätigkeiten in Ihrem Unternehmen verwenden. Ähnliche Überlegungen sind für die Autos einer Spedition, die auch mit gebrauchten LKWs handelt, oder für die Maschinen einer Maschinenfabrik anzustellen.

Fremdkapital

Klassifikation nach relativer Liquidität im Sinne der Fristigkeit

Das Fremdkapital wird ebenso wie die Vermögensgüter nach Liquiditätsnähe unterteilt, und zwar in kurz- und langfristig fälliges Kapital. Als kurzfristig fällig gilt es, wenn es innerhalb eines Abrechnungszeitraumes oder innerhalb eines Wirtschaftskreislaufes zurück zu zahlen ist. Verbindlichkeiten aus dem Einkauf, Gehaltsverbindlichkeiten, erhaltene Vorauszahlungen für noch zu erbringende Leistungen oder passive Rechnungsabgrenzungsposten stellen beispielsweise kurzfristig fälliges Fremdkapital dar. Alle übrigen Fremdkapitalposten, deren Rückzahlung über einen Abrechnungszeitraum bzw. über den Zeitraum eines normalen Wirtschaftskreislaufes hinausgeht, gelten als langfristig fällig.

Beispiele

Die Bilanz der »Unternehmensberatung K. Gross« wurde bis jetzt ohne Bezug zu einer spezifischen Gliederung oder Gruppierung von Vermögensgütern und Fremdkapitalposten angegeben. Eine Darstellung, in der die gerade beschriebene Klassifikation nach abnehmender Liquiditätsnähe berücksichtigt wird, ist aus Abbildung 6.8 ersichtlich. Auf der rechten Bilanzseite wird hier das Eigenkapital nach dem Fremdkapital aufgeführt, weil Eigenkapitalgeber keinen Rückzahlungsanspruch besitzen und das Eigenkapital daher dem Unternehmen »am langfristigsten« zur Verfügung steht.

Aktiva	Unternehmensberatung K. Gross Bilanz zum 30. April 20X1		Passiva
Kurzfristig liquide Vermögensgüter		Kurzfristig fälliges Fremdkapital	
Zahlungsmittel	100 000 GE	Verbindlichkeiten (Einkauf)	2 000 GE
Forderungen (Verkauf)	5 500 GE	Verbindlichkeiten (Gehalt)	1 500 GE
Akt. Rechnungsabgrenzungsp.	2 000 GE	Pass. Rechnungsabgrenzungsp.	10 000 GE
Büromaterial	1 500 GE	(Summe	13 500 GE)
(Summe	109 000 GE)		
		Langfristig fälliges Fremdkapital	
Langfristig liquide Vermögensgüter		(Summe	0 GE)
Möbel	12 000 GE		
– Kumulierte Abschrei-		Eigenkapital	
bungen (Möbel) –250 GE	11 750 GE	Kapital K. Gross	137 250 GE
Grundstück	30 000 GE		
(Summe	41 750 GE)		
Gesamte Vermögensgüter	150 750 GE	Gesamtes Fremd- und Eigenkapital	150 750 GE

Abbildung 6.8: Bilanz der »Unternehmensberatung K. Gross« mit Klassifikation der Vermögensgüter und des Fremdkapitals nach abnehmender Liquiditätsnähe

Eine Unterteilung der Vermögensgüter nach dem Wirtschaftskreislaufgedanken mit zunehmender Liquidität hingegen hätte für Karl Gross beispielsweise zur Unterscheidung von Anlage- und Umlaufvermögen und damit beispielsweise zur Abbildung 6.9 geführt.

Aktiva	Unternehmensberatung K. Gross Bilanz zum 30. April 20X1		Passiva	
Güter des Anlagevermögens			Eigenkapital	
Grundstück		30000 GE	Kapital K. Gross	137250 GE
Möbel	12000 GE			
– Kumulierte Abschrei-			Langfristiges Fremdkapital	0 GE
bungen (Möbel)	–275 GE	11750 GE		
(Summe		41750 GE)	Kurzfristig fälliges Fremdkapital	
			Verbindlichkeiten (Einkauf)	2000 GE
Güter des Umlaufvermögens			Verbindlichkeiten (Gehalt)	1500 GE
Zahlungsmittel		100000 GE	Pass. Rechnungsabgrenzungsp.	10000 GE
Forderungen (Verkauf)		5500 GE	(Summe	13500 GE)
Akt. Rechnungsabgrenzungsp.		2000 GE		
Büromaterial		1500 GE		
(Summe		109000 GE)		
Gesamte Vermögensgüter		150750 GE	Gesamtes Fremd- und Eigenkapital	150750 GE

Abbildung 6.9: Bilanz der »Unternehmensberatung K. Gross« mit Klassifikation der Vermögensgüter und des Fremdkapitals nach Wirtschaftskreislauf sowie nach zunehmender Liquiditätsnähe

Die Angabe des Eigenkapitals vor dem Fremdkapital folgt aus der Gliederung nach zunehmender Liquidität der aufgeführten Posten.

Bilanzschema

Das deutsche Bilanzrecht fordert für Kapitalgesellschaften eine detaillierte Bilanzgliederung. Für Personengesellschaften und Einzelunternehmen werden deutlich weniger Details verlangt. Die linke Bilanzseite wird im deutschsprachigen Raum mit dem Begriff »Aktiva« überschrieben, die rechte mit »Passiva«; in den USA wird die linke Bilanzseite mit »*assets*«, die rechte mit »*liabilities and stockholders' equity*« bezeichnet.

Beispiel der Bilanz der Deutschen Telekom

Im ersten Kapitel wurde bereits die tatsächliche Bilanz eines deutschen Unternehmens vorgestellt. Diese Bilanz hieß »Konzern-Bilanz«, weil sie nicht nur die Vermögensgüter und das Kapital der Deutsche Telekom AG umfasst, sondern die Vermögensgüter und das Kapital der als ökonomische Einheit aufgefassten Deutschen Telekom. Dazu gehören auch die Vermögensgüter und das Fremdkapital der Tochtergesellschaften. Mit den meisten Postenbezeichnungen dieser Bilanz sind Sie bereits vertraut, zumindestens können Sie sich etwas darunter vorstellen. Lediglich zum Eigenkapital sind einige Anmerkungen zu machen. Der Posten »Konzernüberschuss« entspricht der Größe, die wir bisher als Ergebnis bezeichnet haben. Sie stellt in der Bilanz der Deutschen Telekom das Ergebnis dar, das für die Eigenkapitalgeber der Deutsche Telekom AG erwirtschaftet wurde. Der Posten »Anteile anderer Gesellschafter« enthält diejenigen Teile des Eigenkapitals von Tochtergesellschaften der Deutsche Telekom AG, die nicht von den Aktionären der Deutsche Telekom AG gehalten werden.

Eigenkapital

Notwendigkeit von Eigenkapitalrechnungen

In der Praxis werden Bilanzen aufgestellt, in denen lediglich das aktuelle Eigenkapital angegeben wird. Für Informationen über die Entwicklung des Eigenkapitals im Zeitablauf ist man über die Bilanz hinaus zusätzlich auf eine Eigenkapitalrechnung, mindestens aber auf eine Ergebnisrechnung, angewiesen.

Quellen von Eigenkapitaländerungen

Aussagefähiger ist es, wenn aus der Bilanz das Eigenkapital zu Beginn des Abrechnungszeitraumes und dessen Veränderungen während des Abrechnungszeitraumes hervorgehen. Der Aussagegehalt wird noch gesteigert, wenn das Eigenkapital zu Beginn des Abrechnungszeitraumes danach unterteilt wird, ob es von den Anteilseignern eingebracht wurde (gezeichnetes Kapital und Kapitalrücklagen) oder ob es sich um ein Ergebnis vergangener Abrechnungszeiträume (Gewinnrücklagen) handelt, das im Unternehmen thesauriert wurde.

Bilanzen nach HGB verlangen für Aktiengesellschaften den gesonderten Ausweis des gezeichneten Kapitals, der Kapital- und Gewinnrücklagen sowie des Teils des aktuellen Ergebnisses, das die Unternehmensleitung den Anteilseignern zur Ausschüttung vorschlägt. Dabei ist der andere Teil des aktuellen Ergebnisses bereits in den Rücklagen enthalten.

Formale Gestaltung: Konto- oder Berichtsform

Konto- und Berichtsform

Bilanzen und Ergebnisrechnungen lassen sich auf zwei Arten darstellen. Bei der einen Art, der »Kontoform«, stellt man die Vermögensgüter und das Kapital wie auf einem T-Konto gegenüber. Diese Form wurde bei den Bilanzen für die »Unternehmensberatung K. Gross« verwendet. Die andere Art besteht darin, die Kapitalposten im Anschluss an die Vermögensgüter aufzulisten. Diese Form einer Bilanz wird als »Berichtsform« bezeichnet; sie liegt der oben angegebenen Bilanz der Deutschen Telekom zu Grunde.

Vorteile beider Gestaltungsformen

Die Berichtsform besitzt gegenüber der Kontoform zwei Vorteile, von denen gewöhnlich nur einer genutzt wird. Der erste besteht darin, dass das Blatt, auf dem die Bilanz gedruckt wird, weniger breit sein muss als bei der Kontoform. Man kann sich für den Druck längere und damit genauere Postenbezeichnungen leisten. Der zweite Vorteil ist der, dass man zusammengehörige Vermögensgüter und Kapitalposten unmittelbar untereinander, evtl. mit Saldenbildung, ausweisen kann. Beispielsweise könnte man daran denken, den Vermögensgütern, für deren Anschaffung ein Kredit aufgenommen wurde, das Fremdkapital gegenüber zu stellen, das aus dieser Kreditaufnahme noch besteht. Dieser zweite Vorteil der Berichtsform wird bislang, vielleicht wegen entsprechender Gliederungsvorschriften, nicht wahrgenommen. Der Vorteil der Kontoform hingegen mag darin bestehen, dass die vom T-Konto gewohnte Übersichtlichkeit erhalten bleibt.

6.4.2 Gestaltung der Ergebnisrechnung

Inhaltliche Gestaltung: Postenstruktur

Der Aussagegehalt einer Ergebnisrechnung hängt wesentlich davon ab, wie man die Ertragsarten und Aufwandsarten eines Unternehmens zu Gruppen zusammenfasst. Die Betriebswirtschaftslehre liefert etliche Anregungen dazu.

Besonders hervorzuheben ist ein Konzept, bei dem man Ertragsarten und Aufwandsarten zunächst jeweils danach unterteilt, ob sie mit der Abgabe von Leistungen an Marktpartner zusammenhängen oder nicht. Ein ebenfalls sehr aussagefähiges Konzept besteht darin, die Größen zunächst jeweils getrennt für den operativen, investiven und finanziellen Bereich auszuweisen. Eine gedankliche Ebene tiefer wird empfohlen, die Aufwandsarten getrennt danach aufzuführen, ob sie mit der Veränderung der Absatzmenge variieren oder nicht.

Betriebswirtschaftliche Anregungen

Hinter solchen betriebswirtschaftlichen Vorschlägen bleibt die Praxis zurück. Insbesondere sucht man Angaben zur Veränderlichkeit mit der Absatzmenge vergeblich. Sehr viele deutsche Unternehmen geben nicht mehr Informationen als die nach der Mindestgliederung des HGB geforderten.

Berichtspraxis

Das HGB gestattet sogar Ergebnisrechnungen, nach denen die Aufwandsarten in dem Sinne, in dem der Begriff in diesem Buch verstanden wird, noch nicht einmal zu untergliedern sind. Dies gilt unter den folgenden, vom Unternehmen beeinflussbaren Bedingungen: Beim sogenannten »Gesamtkostenverfahren« wird immer dann, wenn der Bestand an Gütern sich verändert hat, nicht der Aufwand untergliedert angegeben, sondern die Ausgaben. Den Aufwand erhält man aus einer solchen Ergebnisrechnung in diesem Fall erst, wenn man die Ausgaben um den Wert der Bestandsveränderungen korrigiert. Mangels entsprechender Angaben gelingt dann die Umrechnung von Ausgaben in Aufwand nicht für einzelne Posten, sondern nur für den Gesamtbetrag.

Problematik des »Gesamtkostenverfahrens«

Ergebnisrechnungen nach dem sogenannten »Umsatzkostenverfahren« sind zwar nicht mit diesem Nachteil behaftet, in ihnen wird jedoch der Aufwand meist nur sehr spärlich untergliedert.

Problematik des »Umsatzkostenverfahrens«

Die Ergebnisrechnung der Deutschen Telekom, die wir im ersten Kapitel kennen gelernt haben, stellt eine auf das HGB bezogene Ergebnisrechnung in der Form des Umsatzkostenverfahrens dar.

Formale Gestaltung: Konto- oder Berichtsform

In formaler Hinsicht bieten sich bei einer Ergebnisrechnung die gleichen Möglichkeiten wie bei einer Bilanz. Im Gegensatz zur Kontoform bietet sich bei der Berichtsform – bei Ergebnisrechnungen auch Staffelform genannt – die Möglichkeit, jeweils zusammengehörigen Ertrag und Aufwand zu Zwischenergebnissen zu saldieren. Dieses Vorgehen erhöht den Aussagegehalt.

6.5 Entscheidungsunterstützung: Einige Bilanzkennzahlen

Das Rechnungswesen dient dazu, Informationen zur Entscheidungsunterstützung zu liefern. Ein Kreditgeber muss z. B. einschätzen, ob der Kreditnehmer in der Lage sein wird, den Kredit mit den Zinsen zurück zu zahlen. Hat der Kreditnehmer bereits viele Kredite aufgenommen, so ist die Wahrscheinlichkeit eines Kreditausfalles höher als bei Kreditaufnahme in geringem Umfang. Zur Einschätzung der finanziellen Lage eines Unternehmens benutzen Entscheidungsträger Kennzahlen, die sie aus dem Rechnungswesen des Unternehmens ermittelt haben.

6.5.1 Liquidität

Liquiditätskennzahl, »current ratio«

Eine häufig verwendete Kennzahl ist die Liquiditätskennzahl *(»current ratio«)*, die aus dem Quotienten aus kurzfristig liquiden Vermögensgütern und kurzfristig fälligem Fremdkapital besteht:

Liquidität = (kurzfristig liquide Vermögensgüter)/(kurzfristig fälliges Fremdkapital)

Die Kennzahl soll die Fähigkeit des Unternehmens messen, mit kurzfristig liquiden Vermögensgütern das kurzfristig fällige Fremdkapital zurück zu zahlen. Je größer die Kennzahl ist, desto besser sind die Rückzahlungsaussichten. Bei einem großen Wert der Kennzahl übersteigt der Wert der kurzfristig zu Bargeld werdenden Vermögensgüter das kurzfristig fällige Fremdkapital. In den USA gilt ein Wert zwischen 1,5 und 2,0 als ein guter Wert für die *»current ratio«,* ein Wert kleiner als 1,5 dagegen als Indikator von Liquiditätsrisiko.

6.5.2 Verschuldungsgrad

Verschuldungsgrad

Der Verschuldungsgrad stellt eine zweite wichtige Kennzahl dar. Er ergibt sich aus dem Quotienten von Fremdkapital zu den gesamten Vermögensgütern:

Verschuldungsgrad = Fremdkapital/(Gesamte Vermögensgüter)

Der Verschuldungsgrad gibt an, welcher Anteil der Vermögensgüter fremdfinanziert ist. Je niedriger die Kennzahl bei einem Unternehmen ist, desto weniger riskant erscheint eine Kreditvergabe.

6.6 Übungsmaterial

6.6.1 Fragen mit Antworten

Fragen	Antworten
Mit Hilfe welchen Instruments fasst man die Konsequenzen aller Geschäftsvorfälle und Korrekturbuchungen eines Unternehmens zusammen?	Mit Hilfe einer Saldenbilanz mit Spalten für die vorläufige Saldenbilanz, die Korrekturen, die korrigierte Saldenbilanz, die Ergebnisrechnung und die Bilanz.
Worin besteht der letzte Schritt bei der Buchhaltung für einen Abrechnungszeitraum?	In den Abschlussbuchungen für die (temporären) Konten: Ertrag, Aufwand, Einlagen und Entnahmen.
Warum werden die Ertrags-, Aufwands-, Einlage- und Entnahmekonten beim Abschluss auf Null gesetzt?	Weil sich ihre Endbestände nur auf einen einzigen Abrechnungszeitraum beziehen.
Welche Konten braucht man nicht zu schließen?	Die permanenten Konten: Vermögens- und Fremdkapitalkonten sowie das Eigenkapitalkonto. Diese Konten werden in den neuen Abrechnungszeitraum übernommen.
Wie klassifizieren Unternehmen ihre Vermögensgüter und das Fremdkapital in der Bilanz?	Nach dem Wirtschaftskreislaufgedanken und der relativen Liquidität in kurzfristig (= innerhalb eines Jahres oder innerhalb des Wirtschaftskreislaufes des Unternehmens) liquide und langfristig (= nicht-kurzfristig) liquide.
Auf welche Kennzahlen eines Unternehmens achten Entscheidungsträger oft bei ihren Kreditvergabeentscheidungen?	Auf die »current ratio« und den Verschuldungsgrad.

6.6.2   Verständniskontrolle

1. Identifizieren Sie die Schritte, die bei der Buchführung für einen von mehreren Abrechnungszeiträumen zu beachten sind!

2. Wozu ist eine Saldenbilanz hilfreich?

3. Warum müssen die Korrekturen in der vorläufigen Saldenbilanz auch im Journal und auf den Konten berücksichtigt werden?

4. Warum sind die Korrekturen vor einem eventuellen Abschluss von Konten vorzunehmen?

5. Welcher Typ von Konten sollte abgeschlossen werden?

6. Welchen Zweck verfolgt man mit dem Abschluss der Konten?

7. Skizzieren Sie, inwiefern die Saldenbilanz die Abschlussbuchungen erleichtert!

8. Worin liegt der Unterschied zwischen temporären und permanenten Konten? Geben Sie je fünf Beispiele!

9. Warum werden Vermögensgüter als dem Anlagevermögen oder dem Umlaufvermögen zugehörig klassifiziert?

10. Welche Vorteile bringt eine Klassifikation der Vermögensgüter als kurz- oder als langfristig?

11. Geben Sie an, welche der folgenden Posten Anlagevermögen und welche Umlaufvermögen darstellen: Mietvorauszahlungen, Gebäude, Möbel, Forderungen (Verkauf), Handelswaren, Zahlungsmittel, innerhalb eines Jahres fällige Verbindlichkeiten, nach mehr als einem Jahr fällige Verbindlichkeiten!

12. Kann man erkennen, welche der folgenden Posten kurz- und welche langfristig liquidierbar sind: Mietvorauszahlungen, Gebäude, Möbel, Forderungen (Verkauf), Handelswaren, Zahlungsmittel, innerhalb eines Jahres fällige Verbindlichkeiten, nach mehr als einem Jahr fällige Verbindlichkeiten?

13. Gibt es eine Reihenfolge, in der Bilanzposten aufgelistet werden?

14. Welche von der Unternehmensleitung ausgeschlossene Gruppe könnten an der Information interessiert sein, ob eine Verbindlichkeit kurz- oder langfristig ist? Warum möchte die Gruppe das wissen?

15. Ein Freund erzählt Ihnen, der Unterschied zwischen kurz- und langfristig fälligen Verbindlichkeiten bestehe darin, dass sie gegenüber verschiedenen Gläubigern bestehen. Hat Ihr Freund Recht? Definieren Sie die beiden Typen von Verbindlichkeiten!

16. Zeigen Sie, wie man die »current ratio« und den Verschuldungsgrad berechnet! Skizzieren Sie jeweils, was die Kennzahlen messen sollen und ob hohe oder niedrige Werte mehr Liquiditätssicherheit anzeigen!

17. Das Unternehmen F. Ehler kaufte Büromaterial für 120 GE auf Ziel. Gebucht wurde »*Büromaterial* an *Zahlungsmittel*« 120 GE. Eine Woche später fällt der Fehler auf. Wie sollte er korrigiert werden?

6.6.3 Aufgaben zum Selbststudium

Saldenbilanz: von der vorläufigen über die korrigierte Saldenbilanz zur Ergebnisrechnung und Bilanz

Aufgabe 6.1

Sachverhalt

Das Unternehmen ABC erstellt zum 31. Dezember, dem Ende seines Geschäftsjahres, die in Abbildung 6.10 angegebene vorläufige Saldenbilanz.

ABC Vorläufige Saldenbilanz zum 31. Dezember 20X1	Endbestand	
	Soll	Haben
Zahlungsmittel	99 000	
Forderungen (Verkauf)	185 000	
Büromaterial	3 000	
Möbel	50 000	
Kumulierte Abschreibungen (Möbel)		20 000
Gebäude	125 000	
Kumulierte Abschreibungen (Gebäude)		65 000
Verbindlichkeiten (Einkauf)		190 000
Verbindlichkeiten (Gehalt)		
Verbindlichkeiten (Vorauszahlung Verkauf)		22 500
Kapital		146 500
Entnahmen	32 500	
Ertrag (Verkauf)		143 000
Aufwand (Gehalt)	86 000	
Aufwand (Büromaterial)		
Aufwand (Abschreibung Möbel)		
Aufwand (Abschreibung Gebäude)		
Aufwand (Sonstiges)	6 500	
Summe	587 000	587 000

Abbildung 6.10: Vorläufige Saldenbilanz der ABC zum 31. Dezember 20X1

Für die Durchführung der Abschlussbuchungen liegen die folgenden in der vorläufigen Saldenbilanz noch nicht enthaltenen Information vor:

a. Das Büromaterial beläuft sich zum Ende des Geschäftsjahres auf 1000 GE. Es wurde also Büromaterial mit einem Anschaffungswert von 2000 GE verbraucht.

b. Die Abschreibung auf Büromöbel beträgt 10000 GE.

c. Die Abschreibung auf das Gebäude beträgt 5 000 GE.

d. Es ist noch Gehaltsaufwand in Höhe von 2 500 GE für das Geschäftsjahr angefallen. Die Zahlung steht noch aus.

e. Erbrachtes Gutachten im Wert von 6 000 GE wurde in Rechnung gestellt, jedoch vom Kunden noch nicht bezahlt. Ausgaben für die Herstellung des Gutachtens sind nicht angefallen.

f. Die enthaltenen Vorauszahlungen in Höhe von 22 500 GE für noch nicht erbrachte Beratungsleistungen haben in Folge einer »Lieferung«, die Büromaterial im Wert von 500 GE gekostet hat, im Verkaufswert von 9 000 GE abgenommen.

Keine dieser Informationen wurde bisher im Rechnungswesen verarbeitet.

Teilaufgaben

1. Erstellen Sie die korrigierte Saldenbilanz der ABC für den 31. Dezember 20X1! Kennzeichnen Sie die Korrekturen mit den Sachverhaltsnummern!

2. Erstellen Sie die Korrekturen der vorläufigen Saldenbilanz.

3. Geben Sie den Endbestand des Kapitalkontos nach Abschluss der Konten an!

4. Erstellen Sie die Ergebnisrechnung für das am 31. Dezember 20X1 endende Geschäftsjahr der ABC!

5. Erstellen Sie die Eigenkapitalrechnung für den 31. Dezember 20X1!

6. Erstellen Sie eine strukturierte Bilanz zum 31. Dezember 20X1 in Berichtsform! Nehmen Sie dafür an, alle Verbindlichkeiten seien kurzfristig fällig!

Lösung der Teilaufgaben

1. Die korrigierte Saldenbilanz ergibt sich aus Abbildung 6.11.

2. Die Korrekturbuchungen und die Kontostände lassen sich aus der Korrekturspalte der korrigierten Saldenbilanz herleiten.

3. Die Buchungen zum Abschluss der temporären Konten ergeben sich aus Abbildung 6.12. Die Vornahme der Buchungen bereitet keine Probleme.

4. Die Ergebnisrechnung führt zu einem Ergebnis von 46,5 TGE.

5. Die Eigenkapitalrechnung zeigt die Veränderung des Eigenkapitals von anfänglich 146,5 TGE zu 160,5 TGE.

6. Die Bilanz ergibt ein Eigenkapital von 160,5 TGE.

	Saldenbilanzen der ABC					
	Vorläufige Saldenbilanz		Korrekturen		Korrigierte Saldenbilanz	
	Soll	Haben	Soll	Haben	Soll	Haben
Zahlungsmittel	99 000				99 000	
Forderungen (Verkauf)	185 000		(e) 6000		191 000	
Büromaterial	3 000			(a) 2000		
				(f2) 500	500	
Büromöbel	50 000				50 000	
Kumulierte Abschreibungen (Möbel)		20 000		(b) 10000		30 000
Gebäude	125 000				125 000	
Kumulierte Abschreibungen (Gebäude)		65 000		(c) 5000		70 000
Verbindlichkeiten (Einkauf)		190 000				190 000
Verbindlichkeiten (Gehalt)				(d) 2500		2 500
Verbindlichkeiten (Vorausz. Verkauf)		22 500	(f1) 9000			13 500
Kapital		146 500				146 500
Entnahmen	32 500				32 500	
Ertrag (Verkauf)		143 000		(e) 6000		
				(f1) 9000		158 000
Aufwand (Gehalt)	86 000		(d) 2500		88 500	
Aufwand (Büromaterial)			(a) 2000		2 000	
Aufwand (Verkauf Büromaterial)			(f2) 500		500	
Aufwand (Abschreibung Büromöbel)			(b) 10000		10 000	
Aufwand (Abschreibung Gebäude)			(c) 5000		5 000	
Aufwand (Sonstiges)	6 500				6 500	
Summe	587 000	587 000	35 000	35 000	610 500	610 500

Abbildung 6.11: Vorläufige Saldenbilanz, Korrekturen, und korrigierte Saldenbilanz (Aufgabe 6.1)

Abbildung 6.12: Abschlussbuchungen, Aufgabe 6.1

Beleg	Datum	Konten	Soll	Haben
	31.12.	Abschlussbuchung Ertrag		
		Ertrag (Verkauf)	158 000	
		Ergebniskonto		158 000
	31.12.	Abschlussbuchung Aufwand (Gehalt)		
		Ergebniskonto	88 500	
		Aufwand (Gehalt)		88 500
	31.12.	Abschlussbuchung Aufwand (Büromaterial)		
		Ergebniskonto	2 000	
		Aufwand (Büromaterial)		2 000
	31.12.	Abschlussbuchung Aufwand (Verkauf Büromaterial)		
		Ergebniskonto	500	
		Aufwand (Verkauf Büromaterial)		500
	31.12.	Abschlussbuchung Aufwand (Abschreibung Büromöbel)		
		Ergebniskonto	10 000	
		Aufwand (Abschr. Möbel)		10 000

31.12.	Abschlussbuchung Aufwand (Abschreibung Gebäude) *Ergebniskonto* *Aufwand (Abschr. Gebäude)*	5 000	5 000
31.12.	Abschlussbuchung Aufwand (Sonstiges) *Ergebniskonto* *Aufwand (Sonstiges)*	6 500	6 500
31.12.	Abschlussbuchung Entnahme *Kapital* *Entnahme*	32 500	32 500

Aufgabe 6.2   Eröffnung von T-Konten und Verarbeitung von Geschäftsvorfällen, Abschluss nur der temporären Konten

Sachverhalt

Die finanzielle Lage des Unternehmens A GmbH sei zu Beginn eines Geschäftsjahres durch die folgende Bilanz beschrieben:

Aktiva	A-GmbH Bilanz zum 1.1.20X1 in GE		Passiva
Nicht abnutzb. Sachanl.	200 000	Verbindlichkeiten (Einkauf)	70 000
Abnutzbare Sachanlagen	50 000	davon gegenüber X 20 000	
Handelswaren	50 000	gegenüber Y 20 000	
Forderungen (Verkauf)	40 000	gegenüber Z 30 000	
davon gegenüber A 25 000		Andere Verbindlichkeiten	100 000
gegenüber B 15 000		Eigenkapital	180 000
Flüssige Mittel	10 000		
Bilanzsumme	360 000	Bilanzsumme	360 000

Während des Geschäftsjahres 20X1 ereignen sich die folgenden Geschäftsvorfälle:

a. Verkauf eines Grundstücks mit einem Buchwert von 35 000 GE für 50 000 GE gegen Barzahlung.

b. Verkauf von Handelswaren, die für 10 000 GE eingekauft worden waren, für 20 000 GE auf Ziel an den Kunden B.

c. Tilgung der Verbindlichkeit gegenüber dem Lieferanten Y durch Barmittel.

d. Empfang einer Lieferung von Handelswaren im Wert von 20 000 GE vom Lieferanten X, wovon die Hälfte direkt bar bezahlt wird.

e. Kauf eines Computers für die Buchführung gegen Barzahlung von 5 000 GE. Das Gerät wird voraussichtlich 5 Jahre genutzt werden.

f. Kunde B begleicht Forderungen in Höhe von 15 000 GE in bar.

g. Verkauf von Handelswaren an A für 10 000 GE gegen Barzahlung. Der Buchwert der Handelswaren hatte 12 000 GE betragen.

h. Tilgung der Verbindlichkeit gegenüber dem Lieferanten Z bei gleichzeitiger Entrichtung der Zinsen in Höhe von 500 GE.

Teilaufgaben

1. Stellen Sie die Konten mit ihren Beständen zum Beginn des Geschäftsjahres 20X1 dar!

2. Stellen Sie die Buchungssätze der Geschäftsvorfälle des Geschäftsjahres 20X1 auf! Kennzeichen Sie bei ihren Konten jeweils, ob es sich um ein Vermögenskonto, ein Fremdkapitalkonto oder um ein Ertrags-, Aufwands-, Einlage- oder Entnahmekonto handelt!

3. Führen Sie die Buchungen auf Konten durch und ermitteln Sie die vorläufigen Endbestände der Konten!

4. Unterscheiden Sie die temporären von den permanenten Konten!

5. Erstellen Sie für das Ende des Geschäftsjahres 20X1 eine vorläufige Saldenbilanz und eine auch um den Abschluss temporärer Konten korrigierte Saldenbilanz! Sehen Sie dabei ein Ergebniskonto vor!

6. Stellen Sie die Buchungssätze der Korrektur- und Abschlussbuchungen des Geschäftsjahres 20X1 auf, indem Sie Ertrag und Aufwand über ein Ergebniskonto sowie die Entnahmen direkt auf das Eigenkapitalkonto verrechen! Nehmen Sie dabei die Buchungen auf den Konten vor!

7. Erstellen Sie aus den Unterlagen die Ergebnisrechnung, die Eigenkapitalrechnung und die Bilanz für das Geschäftsjahr 20X1!

8. Stellen Sie die Konten mit ihren Beständen zu Beginn des Geschäftsjahres 20X2 dar!

Lösung der Teilaufgaben

1. Die Konten mit Anfangsbeständen aus der Bilanz zum 1.1.20X1 lassen sich aus der Anfangsbilanz ermitteln.

2. Bei den Buchungssätzen der Geschäftsvorfälle des Geschäftsjahres 20X1 ist darauf zu achten, dass man bei jedem Verkauf zwei Buchungssätze vorsieht, einen für das, was man erhält (Ertragsbuchung) und einen für das, was man hingibt (Aufwandsbuchung).

3. Die Buchungen der Geschäftsvorfälle auf den Konten führen zu den Salden, die aus der vorläufigen Saldenbilanz der Abbildung 6.13, Seite 222 ersichtlich sind.

4. Es bietet sich an, diejenigen Konten als temporär zu bezeichnen, die nur für ein einziges Geschäftsjahr benötigt werden. Dann sind alle anderen Konten permanent.

5. Bei Abschluss nur der temporären Konten im oben beschriebenen Sinne ergeben sich die vorläufige und die korrigierte Saldenbilanz der Abbildung 6.13. Über die Geschäftsvorfälle hinaus ist für die Ermittlung der korrigierten Saldenbilanz zu berücksichtigen, dass der Computer abzuschreiben ist, dass die Konten der Ergebnisrechnung auf dem Ergebniskonto abzuschließen sind und dass das Ergebniskonto über das Eigenkapitalkonto abzuschließen ist.

Abbildung 6.13:
Saldenbilanzen,
Aufgabe 6.2

A GmbH Saldenbilanzen						
	vorläufige Saldenbilanz		Korrekturen		Korrigierte Saldenbilanz	
	Soll	Haben	Soll	Haben	Soll	Haben
Nicht abn. Sachanlagen	165 000				165 000	
Abnutzbare Sachanlagen	55 000			1 000	54 000	
Waren	48 000				48 000	
Forderungen g. A	25 000				25 000	
Forderungen g. B	20 000				20 000	
Zahlungsmittel	19 500				19 500	
Verbindlichkeiten g. X		30 000				30 000
Verbindlichkeiten g. Y		0				0
Verbindlichkeiten g. Z		0				0
Verbindlichkeiten (Sonst.)		100 000				100 000
Eigenkapital		180 000		21 500		201 500
Entnahmen						
Ertrag		80 000	80 000			
Aufwand	57 500		1 000	58 500		
Ergebniskonto			58 500	80 000		
			21 500			
Summe	390 000	390 000	138 500	138 500	331 500	331 500

6. Die Buchungssätze der Korrekturbuchungen und Abschlussbuchungen, bei denen nur die temporären Konten abgeschlossen werden, ergeben sich aus der Abbildung 6.14.

Abbildung 6.14:
Buchungssätze,
Aufgabe 6.2

Beleg	Datum	Geschäftsvorfall und Konten	Soll	Haben
10	31.12.	Korrekturbuchung Computer (Abschreibung)		
		Aufwand (Abschreibung)	1 000	
		Abnutzbare Sachanlagen		1 000
11	31.12.	Abschluss Ertragskonto		
		Ertrag	80 000	
		Ergebniskonto		80 000
12	31.12.	Abschluss Aufwandskonto		
		Ergebniskonto	58 500	
		Aufwand		58 500

13	31.12.	Abschluss Ergebniskonto		
		Ergebniskonto	21 500	
		Eigenkapital		21 500

7. Die Ergebnisrechnung zeigt ein Ergebnis von 21 500 GE, die Eigen-kapitalrechnung die Entwicklung des Eigenkapitals von 180 000 GE auf 201 500 GE. und die Bilanz das Eigenkapital von 201 500 GE.

8. Zum 1.1. des Folgejahres 20X2 ergeben sich die Konten der Abbil-dung 6.15 (UAB = ursprünlicher Anfangsbestand 20X1):

Abbildung 6.15:
Konten, Aufgabe 6.2

Nicht abnutzb. Sachanlagen

UAB	200 000	(a2)	35 000
S	165 000		

Eigenkapital

		UAB	180 000
		(14)	21 500
		S	201 500

Abnutzbare Sachanlagen

UAB	50 000	(10)	1 000
(e)	5 000		
S	54 000		

Verbindlichkeiten g. X

		UAB	20 000
		(d)	10 000
		S	30 000

Waren

UAB	50 000	(b2)	10 000
(d)	20 000	(g2)	12 000
S	48 000		

Verbindlichkeiten g. Y

(c)	20 000	UAB	20 000

Forderungen g. A

UAB	25 000		

Verbindlichkeiten g. Z

(8b)	30 000	UAB	30 000

Forderungen g. B

UAB	15 000	(f)	15 000
(b1)	20 000		
S	20 000		

Verbindlichkeiten (Sonstige)

		UAB	100 000
		S	100 000

Zahlungsmittel

UAB	10 000	(c)	20 000
(a1)	50 000	(d)	10 000
(f)	15 000	(e)	5 000
(g1)	10 000	(h)	30 500
S	19 500		

Ertrag 20X2

Aufwand 20X2

Entnahmen 20X2

Ergebniskonto 20X2

Aufgabe 6.3   Abschluss aller (temporärer und permanenter) Konten

Sachverhalt

Die finanzielle Lage des Unternehmens A GmbH sei zu Beginn eines Geschäftsjahres 20X1 durch die Saldenbilanz der Abbildung 6.16 beschrieben, in der nur die Abschlussbuchungen noch nicht vorgenommen wurden.

A GmbH						
	fast korrigierte Saldenbilanz		Abschlussbuchungen		korrigierte Saldenbilanz	
	Soll	Haben	Soll	Haben	Soll	Haben
Nicht abn. Sachanlagen	165000					
Abnutzbare Sachanlagen	54000					
Waren	48000					
Forderungen g. A	25000					
Forderungen g. B	20000					
Zahlungsmittel	19500					
Verbindlichkeiten g. X		30000				
Verbindlichkeiten g. Y		0				
Verbindlichkeiten g. Z		0				
Verbindlichkeiten (Sonstige)		100000				
Eigenkapital		180000				
Entnahmen						
Ertrag		80000				
Aufwand	58500					
Ergebniskonto						
Summe	390000	390000				

Abbildung 6.16: Fast korrigierte Saldenbilanz, Aufgabe 6.3

Teilaufgaben

1. Erstellen Sie für das Ende des Geschäftsjahres 20X1 eine korrigierte Saldenbilanz, in der auch die Abschlussbuchungen berücksichtigt werden. Schließen Sie die Bilanzkonten und die Eigenkapitaltransferkonten auf ein Schlussbilanzkonto ab und die Ergebniskonten auf ein einziges Ergebniskonto!

2. Stellen Sie die Buchungssätze der Korrektur- und Abschlussbuchungen des Geschäftsjahres 20X1 auf!

3. Ermitteln Sie die Ergebnisrechnung, die Eigenkapitalrechnung und die Bilanz für das Geschäftsjahr 20X1!

4. Eröffnen Sie die Konten mit ihren Beständen zu Beginn des Geschäfts-
    jahres 20X2 und übertragen Sie die Anfangsbestände im Rahmen von
    Buchungssätzen vom sogenannten Bilanzkonto auf die Konten!

Lösung der Teilaufgaben

1. Die Saldenbilanzen ergeben sich wie in Abbildung 6.17:

	fast korrigierte Saldenbilanz		Abschlussbuchungen		korrigierte Saldenbilanz	
A GmbH	Soll	Haben	Soll	Haben	Soll	Haben
Nicht abn. Sachanlagen	165 000			165 000	0	
Abnutzbare Sachanlagen	54 000			54 000	0	
Waren	48 000			48 000	0	
Forderungen g. A	25 000			25 000	0	
Forderungen g. B	20 000			20 000	0	
Zahlungsmittel	19 500			19 500	0	
Verbindlichkeiten g. X		30 000	30 000			0
Verbindlichkeiten g. Y		0				0
Verbindlichkeiten g. Z		0				0
Verbindlichkeiten (Sonstige)		100 000	100 000			0
Eigenkapital		180 000	180 000			0
Entnahmen						
Ertrag		80 000	80 000			0
Aufwand	58 500			58 500		0
Ergebniskonto			58 500	80 000		
			21 500			0
Schlussbilanzkonto			165 000		165 000	
			54 000		54 000	
			48 000		48 000	
			25 000		25 000	
			20 000		20 000	
			19 500		19 500	
				30 000		30 000
				100 000		100 000
				180 000		
				21 500		201 500
Summe	390 000	390 000	801 500	801 500	331 500	331 500

Abbildung 6.17: Korrigierte Saldenbilanz, Aufgabe 6.3

2. Der Abschluss der Konten der Ergebnisrechnung führt zu einem
    Ergebniskonto, der Abschluss der Bilanzkonten zu einem Schluss-
    bilanzkonto. Die Buchungssätze lassen sich anhand der Saldenbilanz
    überprüfen.

3. Die Ergebnisrechnung ergibt ein Ergebnis von 21 500 GE, die Eigen-kapitalrechnung zeigt die Entwicklung des Eigenkapitals von 180 000 GE auf 201 500 GE und die Bilanz das Eigenkapital in Höhe von 201 500 GE.

4. Zum 1.1. des Folgejahres 20X2 ergeben sich nach entsprechenden Eröffnungsbuchungen die Konten der Abbildung 6.18.

Abbildung 6.18:
Konten, Aufgabe 6.3

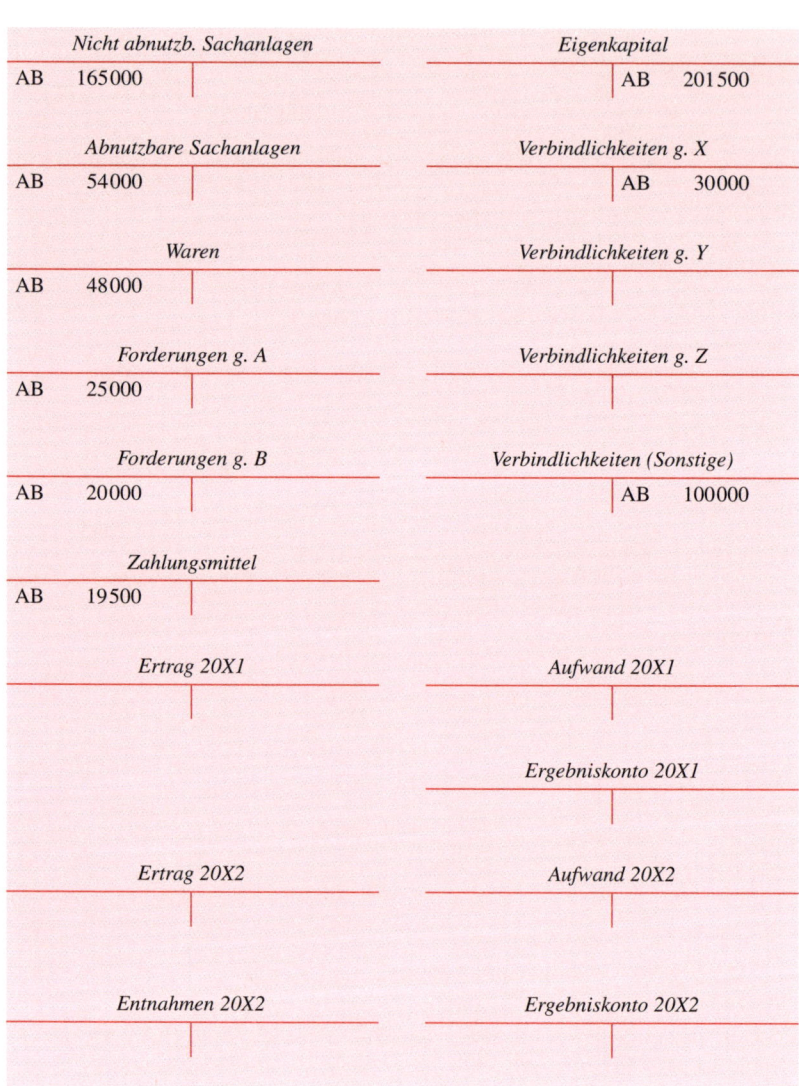

7

Buchführung und Finanzberichte mit Warenverkehr

Lernziele

Nach dem Studium dieses Kapitels sollten Sie in der Lage sein,

- den Einkauf und Verkauf von Ware zu verbuchen,
- die Herstellungsausgaben der verkauften Erzeugnisse zu ermitteln,
- die Grundzüge der deutschen Umsatzsteuer zu verstehen,
- die mit dem Einkauf und Verkauf von Waren zusammenhängenden Umsatzsteuerbuchungen vorzunehmen,
- die Auswirkungen nachträglicher Änderungen von Geschäftsgrundlagen auf die Umsatzsteuer buchhalterisch zu berücksichtigen,
- Skonti, Boni und Preisnachlässe verbuchen zu können,
- die Konten eines Unternehmens, das lagerfähige Ware verkauft, am Ende des Abrechnungszeitraumes zu korrigieren und abzuschließen,
- die finanziellen Berichte für ein solches Unternehmen zu erstellen,
- den prozentualen Rohertrag und den Lagerumschlag zur Beurteilung eines Unternehmens heranzuziehen.

Überblick

Bisher wurde das Rechnungswesen eines Unternehmens am Beispiel eines Dienstleisters, der Unternehmensberatung K. Gross, erklärt. Dienstleistungsunternehmen erzielen ihr Ergebnis hauptsächlich dadurch, dass sie Dienstleistungen erbringen. Zu Dienstleistungsunternehmen gehören Steuerberater, Rechtsanwälte, Ärzte, Architekten sowie Verkehrsunternehmen wie die Deutsche Bahn oder die Deutsche Lufthansa, Beratungs- und Prüfungsgesellschaften wie KPMG oder PricewaterhouseCoopers und Telekommunikationsgesellschaften wie die Deutsche Telekom ebenso wie der Junge aus der Nachbarschaft, der gegen Bezahlung Autos wäscht oder den Rasen seiner Nachbarn schneidet.

Im Gegensatz zu Dienstleistungsunternehmen verdienen viele Unternehmen ihr Ergebnis durch den Verkauf von Waren, seien sie eingekauft oder aus Rohstoffen, Hilfsstoffen und Betriebsstoffen mit Hilfe von Arbeitskräften hergestellt. Einige Unternehmen, beispielsweise Metro, Wal-Mart und C&A, verkaufen Waren, die sie von anderen Unternehmen einge-kauft haben, sogenannte Handelswaren. Andere Unternehmen, z.B. DaimlerChrysler oder Hewlett Packard, stellen viele Waren, die sie verkaufen, selbst her. Man nennt solche selbst hergestellten Waren eines Unternehmens »Erzeugnisse«.

Im vorliegenden Kapitel wird die zentrale Rolle von Waren bei Handels-unternehmen und von Erzeugnissen bei Produktionsunternehmen erläu-tert. Zu den Waren zählen alle Güter, die einem Unternehmen gehören und vermutlich im Rahmen des normalen Geschäftsbetriebs verkauft wer-den. Gegenstand des Kapitels sind nicht nur die beim Einkauf und beim Verkauf von Waren anfallenden Buchungen, sondern auch die Korrektur- und Abschlussbuchungen zum Ende des Abrechnungszeitraumes sowie die Erstellung finanzieller Berichte für Unternehmen, die mit Waren han-deln. Schließlich werden Überlegungen zur Größe des entsprechenden Warenlagers angestellt und Kennzahlen beschrieben, die von Eigen- und Fremdkapitalgebern zur Beurteilung von solchen Unternehmen heran-gezogen werden.

Im weiteren Verlauf des Kapitels werden die buchmäßigen Konsequenzen der Umsatzsteuer vorgestellt.

7.1   Grundlagen

Ereignisse mit lagerfähigen Gütern kommen in allen Unternehmen vor. Auch Karl Gross hält und verbraucht in seinem Dienstleistungsunternehmen lagerfähige Güter, z.B. in Form des Büromaterials. Transaktionen mit solchen Gütern entstehen bei ihm zum Zeitpunkt des Einkaufs sowie zu den Zeitpunkten, zu denen er diese Güter verbraucht oder verkauft.

Lagerfähige Güter kommen in nahezu allen Unternehmen vor

In Unternehmen, die mit lagerfähigen Gütern handeln – sogenannten Handelsunternehmen – und in Unternehmen, die solche Güter im Rahmen eines Produktionsprozesses erstellen – sogenannten Produktionsunternehmen – kommen sehr viele Ereignisse mit lagerfähigen Gütern vor. Sie betreffen bei einem Handelsunternehmen hauptsächlich den Ein- und Verkauf, bei einem Produktionsunternehmen zusätzlich den Fertigungsprozess. Wir befassen uns daher im Folgenden zunächst mit der Abbildung von Einkaufs- und Verkaufsvorgängen, die ja für Handels- wie für Produktionsunternehmen gleichermaßen relevant sind, und erst anschließend mit der Abbildung eines Produktionsprozesses.

Lagerfähige Güter in Handels- und Produktionsunternehmen

Unternehmen, die lagerfähige Güter verkaufen, zeichnen sich gegenüber Dienstleistungsunternehmen u.A. dadurch aus, dass ihre Ergebnisrechnungen andere Posten enthalten als diejenigen von Dienstleistungsunternehmen. Abbildung 7.1, Seite 230, enthält die Ergebnisrechnung der Metro für die Geschäftsjahre 2000, 2001 sowie 2002. Dabei handelt es sich um ein Handelsunternehmen, zu dem u.A. die Läden von Real, Extra, Media Markt, Saturn und Praktiker gehören. Für die im vorliegenden Kapitel zu erläuternden Sachverhalte des Einkaufs und Verkaufs von lagerfähigen Gütern spielt es keine Rolle, ob das Unternehmen die Güter von anderen Unternehmen eingekauft hat oder ob es diese selbst gefertigt hat.

Unternehmen mit Waren

Für Unternehmen, die lagerfähige Güter verkaufen, haben sich unterschiedliche Bezeichnungen für den jeweiligen »Warenvorrat« und den »Aufwand aus dem Verkauf von Waren« herausgebildet. Beim Handelsunternehmen bezeichnet man den Warenvorrat in der Praxis als »Handelswaren« und den Aufwand aus dem Verkauf von Waren »Einstands- oder Anschaffungskosten der verkauften Waren«. Beim produzierenden Unternehmen unterscheidet man »Handelswaren« von solchen, die zur Fertigung verwendet werden, den »Roh-, Hilfs- oder Betriebsstoffen«, und von solchen, die im Unternehmen gefertigt wurden, kurz »unfertige oder fertige Erzeugnisse« genannt. Der »Aufwand aus dem Verkauf von Waren« wird bei produzierenden Unternehmen nach deutschem HGB als »Herstellungskosten der verkauften Erzeugnisse« bezeichnet.

Unterschiedliche Bezeichnungen für den Umsatzaufwand

Der Wirtschaftskreislauf von Unternehmen, die Waren verkaufen, besteht (1) im Einkauf von Waren, (2) evtl. in der Herstellung von Erzeugnissen, (3) im Verkauf der Waren bzw. Erzeugnisse an Kunden und (4) in der Verwendung der Verkaufserlöse zum wiederholten Einkauf von Ware und

Wirtschaftskreislauf von Unternehmen, die Waren verkaufen

Rohstoffen etc. Die im Rechnungswesen berührten Posten hängen davon ab, ob die Geschäfte in bar oder unter Inanspruchnahme bzw. Gewährung kurzfristig fälliger Verbindlichkeiten oder Forderungen getätigt werden.

Metro-Konzern
Gewinn- und Verlustrechnung für das Geschäftsjahr vom 1. Januar bis 31. Dezember
(Werte in Mio. Euro)

	2003	2002	2001
Umsatzerlöse	53 559	51 526	49 522
Einstandskosten der verkauften Waren	–41 687	–40 126	–38 712
Bruttoergebnis vom Umsatz	11 908	11 400	10 810
Sonstige betriebliche Erträge	1 461	1 532	2 022
Vertriebskosten	–10 636	–10 377	–10 197
Allgemeine Verwaltungskosten	–1 031	–1 013	–1 034
Sonstige betriebliche Aufwendungen	–112	–115	–223
Betriebliches Ergebnis vor Firmenwertabschreibungen (EBITA)	1 590	1 427	1 378
Abschreibungen auf Geschäfts- oder Firmenwerte	–272	–261	–248
Betriebliches Ergebnis (EBIT)	1 318	1 166	1 130
Beteiligungsergebnis	–60	38	–56
Zinsergebnis	–425	–378	–398
Übriges Finanzergebnis	–16	4	–3
Finanzergebnis	–501	–336	–457
Ergebnis vor Steuern	817	830	673
Steuern vom Einkommen und vom Ertrag	–246	–328	–224
Konzernjahresüberschuss	571	502	334
Anteile anderer Gesellschafter	–75	–59	–48
Konzerngewinn	496	443	401
Ergebnis je Aktie in Euro	1,52	1,36	1,23

Abbildung 7.1: Ergebnisrechnung der Metro AG für das Geschäftsjahr 2003 sowie Vorjahre

Wirtschaftskreislauf ohne und mit Forderungen und Verbindlichkeiten
Bei Geschäften in bar findet ein Kreislauf zwischen Warenvorräten und Bargeld statt: Mit Bargeld werden Warenvorräte beschafft, durch deren Verkauf fließt Bargeld zu. Wird bei Geschäften die Entstehung von Forderungen und Verbindlichkeiten zugelassen, so findet der Kreislauf unter Einbezug der Forderungen und Verbindlichkeiten statt. Warenvorräte werden auf Ziel beschafft und es entstehen zunächst Verbindlichkeiten aus Einkauf. Später werden die Verbindlichkeiten mit Bargeld beglichen, schließlich werden die Warenvorräte auf Ziel verkauft und es entstehen Forderungen aus dem Verkauf. Danach werden die Forderungen mit Bargeld beglichen und es können neue Warenvorräte beschafft werden.

In der englischsprachigen Literatur werden einheitlich die Begriffe »inventory« für »Warenvorrat« und »costs of goods sold« für »Aufwand aus dem Verkauf von Waren« verwendet.

7.1.1 Ergebnisrechnung bei Verkauf von Ware

Der Ertrag, den ein Unternehmen aus dem Verkauf von Waren erzielt, wird Umsatzerlös, Umsatzertrag oder kurz Umsatz genannt. Er stellt den Hauptertrag eines Handelsunternehmens dar. Der Umsatzertrag wird üblicherweise als Netto-Umsatzertrag definiert und umfasst die Verkaufserlöse nach Abzug von Preisnachlässen, Warenrücknahmen und ähnlichen Korrekturen. Umsatzertrag entsteht, wenn zum Handel bestimmte Waren an den Kunden übergehen. Zur Ergebnisermittlung wird dem Umsatzertrag der Aufwand für verkaufte Waren gegenübergestellt. Dieser Aufwand wird auch als »Umsatzaufwand« bezeichnet.

Umsatzertrag und Aufwand für verkaufte Waren als wesentliche Posten der Ergebnisrechnung

Umsatzaufwand stellt den bedeutendsten Aufwandsposten eines Unternehmens dar, das mit Waren handelt. In der Ergebnisrechnung der Metro wird er als »Einstandskosten der verkauften Waren« bezeichnet. Bei einem Dienstleistungsunternehmen gibt es einen solchen Posten nicht oder er spielt eine untergeordnete Rolle. Die Ergebnisrechnung der Metro enthält neben dem Umsatzertrag und dem Umsatzaufwand weitere Posten, die bisher noch nicht näher erläutert wurden. Weil diese Posten für die Lernziele des vorliegenden Kapitels unbedeutend sind, wird nicht näher darauf eingegangen. Die Ergebnisrechnung der Deutschen Telekom, die wir aus dem ersten Kapitel kennen, war genau so aufgebaut.

Umsatzaufwand

Die Ergebnisrechnung der Metro ist mit »Konzern-Gewinn- und Verlustrechnung« überschrieben. Wir kennen diese Bezeichnung bereits aus Kapitel 1. Damit die folgenden Ausführungen klarer werden, sei an dieser Stelle nochmals kurz auf die Unterschiede von Ergebnisrechnungen aus Konzern- und Einzelsicht eingegangen. Das deutsche HGB verlangt die obige Bezeichnung »Konzern-Gewinn- und Verlustrechnung« bzw. »Konsolidierte Gewinn- und Verlustrechnung« für die Ergebnisrechnung von Unternehmen, die den gesamten Ertrag und Aufwand dieses Unternehmens umfasst, unabhängig davon, ob das Unternehmen nach außen als eine oder als mehrere Rechtpersonen auftritt. Finanzielle Berichte, denen diese ökonomische Sichtweise der Unternehmenseinheit zu Grunde liegt, werden als konsolidierte finanzielle Berichte oder Konzern-Berichte bezeichnet. Wird das Unternehmen nicht als Ganzes, sondern nur als Obergesellschaft (und damit zumindest hinsichtlich seiner Ergebnisrechnung unvollständig) betrachtet, so spricht man bei den entsprechenden finanziellen Berichten von einer Einzelbilanz und von einer Einzel-Ergebnisrechnung mit entsprechend unkonsolidierten Zahlen. Die Ergebnisrechnung des Metro Konzerns

Konzern- und Einzelsicht

umfasst also die Ergebnisrechnungen der einzelnen Tochtergesellschaften Real, Extra usw., korrigiert um sogenannte Konsolidierungen.

Warenvorratsminderung beim Verkauf stellt Aufwand dar

Vorräte an Waren werden in der Bilanz ausgewiesen. Ein Verkauf von Waren mindert den Vorrat. Die Warenvorratsminderung stellt Aufwand dar, weil die Hingabe der Waren in sachlichem Zusammenhang mit dem Umsatzertrag aus dem Verkauf steht. Wenn Sie z.B. bei Saturn eine Compact Disk (CD) kaufen, mindert dies nicht nur den tatsächlichen Bestand an CDs bei Saturn, sondern auch die Angaben darüber »in den Büchern« von Saturn und letztlich auch in den Berichten der Metro. Die wertmäßige Bestandsabnahme erscheint letztlich in der konsolidierten Ergebnisrechnung der Metro zugleich als »Einstandskosten der verkauften Waren«.

Die Differenz zwischen dem Umsatzertrag und dem Umsatzaufwand bildet den »Rohertrag«.

Umsatzertrag – Umsatzaufwand = Rohertrag

In der Ergebnisrechnung der Metro heißt der Rohertrag »Bruttoergebnis vom Umsatz«. Die Kennzahl misst das Ergebnis der Handelstätigkeit. Eine ausreichende Höhe des Rohertrages ist überlebenswichtig für ein Handelsunternehmen.

Das Beispiel einer CD, die Saturn für 10 GE ein- und für 20 GE verkauft habe, veranschauliche den Rohertrag:

	Netto-Umsatzertrag: Einnahme aus Verkauf einer CD	20 GE
−	Umsatzaufwand: Ausgabe für Beschaffung der CD	10 GE
=	Rohertrag beim Verkauf einer CD	10 GE

Das in der Ergebnisrechnung der Metro für das Geschäftsjahr 2003 angegebene Bruttoergebnis vom Umsatz enthält die Summe der Roherträge aller im Geschäftsjahr 2003 zu Gunsten der Metro verkauften Waren. Die Metro wies im Geschäftsjahr 2003 einen hohen Rohertrag aus, gegenüber den Vorjahren eine leichte Steigerung.

7.1.2   Arten der Erfassung des Umsatzaufwands

Warenvorratsveränderungen lassen sich kontinuierlich oder für einen Zeitraum gebündelt (periodisch) erfassen

Für die Ermittlung des Ergebnisses ist es erforderlich, neben dem Verkaufsertrag (Umsatzertrag) den Aufwand für die verkauften Waren (Umsatzaufwand) zu erfassen. Dies geschieht durch die Erfassung der zum Verkauf bestimmten Abnahmen von Warenvorräten. Die Erfassung des Umsatzaufwandes kann kontinuierlich für jeden einzelnen Umsatz geschehen oder periodisch und damit in regelmäßigen, z.B. täglichen oder wöchentlichen Zeitabständen für die während des Zeitraumes jeweils insgesamt getätigten Umsätze.

Die periodische Erfassung des Umsatzaufwandes dürfte hauptsächlich von kleinen Unternehmen angewendet werden, die niedrigpreisige Güter verkaufen. So wird der Lebensmittel- und Gemüsehändler, der nicht über eine »Scanner-Kasse« mit elektronischer Buchführungsunterstützung verfügt, wohl kaum den Umsatzaufwand für jeden einzelnen Verkauf ermitteln. Er wird auch nicht zu jedem Zeitpunkt genau wissen, wie groß sein Warenvorrat und letztlich sein Eigenkapital ist. Statt dessen wird er in regelmäßigen Abständen den Bestand an Ware zählen und unter Berücksichtigung der neu eingekauften Ware sowie der intertemporalen Bilanzgleichung den Wert der verkauften Ware feststellen:

Periodische Erfassung umsatzbezogener Veränderungen des Warenvorrats

Abgang Ware = Anfangsbestand Ware − Endbestand Ware
+ Zugang Ware

Mit der zunehmenden Verbreitung von »Scanner-Kassen« und elektronisch unterstützter Buchführung wird eine solche periodische Erfassung umsatzbezogener Veränderungen des Warenvorrats allerdings zurückgedrängt.

Bei kontinuierlicher Erfassung von Veränderungen des Warenvorrats wird jede Entnahme von Waren aus dem Lager unmittelbar erfasst, insbesondere diejenige, welche im Zusammenhang mit dem Verkauf steht. Der Umsatzaufwand wird so einzeln und nahezu zeitgleich mit dem Umsatzertrag ermittelt. Bei Vernachlässigung von Diebstahl, Schwund oder anderem Verlust sind der Warenvorrat und das Eigenkapital jederzeit aus den Büchern ersichtlich. Ohne Zweifel ist ein solches System der kontinuierlichen Vorratsbuchführung und Erfassung des Umsatzaufwandes viel arbeitsintensiver als ein periodisches System. Die höheren Kosten erscheinen aber gerechtfertigt, wenn es sich um wertvolle Waren handelt, deren Bestand man jederzeit zu überprüfen imstande sein möchte; man denke etwa an Schmuckstücke, große Elektrogeräte, Autos oder Motorräder. Die für die Lagerbuchführung und Umsatzaufwandsermittlung benötigte Zeit kann durch Computerunterstützung verringert werden; darüber hinaus eröffnet die Computerunterstützung vielfach Möglichkeiten für eine bessere Vorratssteuerung. Mindestens einmal jährlich ist allerdings auch bei Computereinsatz eine physische Bestandsaufnahme (Inventur) vorzunehmen, um den exakten Endbestand an Warenvorräten zu ermitteln. Dann kann man die kontinuierlichen Aufzeichnungen über Veränderungen des Warenvorrats auf ihre Richtigkeit hin prüfen; denn selbst Scannerkassen erfassen weder Diebstahl noch Schwund.

Kontinuierliche Erfassung umsatzbezogener Veränderungen des Warenvorrats

Abbildung 7.2 stellt die Eigenschaften beider Systeme gegenüber. In der Abbildung wird von Synergien mit Bilanzierungsvorschriften abgesehen. Tatsächlich werden die Unterschiede geringer, wenn man bedenkt, dass Unternehmen durch die rechtlichen Vorschriften zur Buchführung und zur Berichterstellung gezwungen sind, eine Inventur jährlich vorzunehmen.

Abbildung 7.2:
Gegenüberstellung
kontinuierlicher und
periodischer Erfassung
von Veränderungen des
Warenvorrats

Kontinuierliche Erfassung von Veränderungen des Warenvorrats	Periodische Erfassung von Veränderungen des Warenvorrats
Liefert eine laufende Aufzeichnung über Einkauf und Verkauf.	Liefert keine laufende Aufzeichnung über Einkauf und Verkauf.
	Erfordert jährlich mindestens eine Inventur.

**Nutzen computer-
basierter Systeme
zur Erfassung von
Veränderungen des
Warenvorrats**

Eine computerbasierte kontinuierliche Erfassung von Veränderungen des Warenvorrats stellt aktuelle Informationen über Menge und Wert eingekaufter, verkaufter und vorrätiger Waren zur Verfügung. Diese Informationen werden häufig mit dem Forderungs- sowie dem Umsatzkonto verknüpft. Wenn Sie beispielsweise über Saturn bei Metro eine nicht vorrätige CD bestellen, wendet sich Saturn eventuell an den Hersteller Erato Disques S.A. Erato ermittelt per Computer aus seiner Vorratsbuchführung, ob die gewünschte CD vorhanden ist. Ist dies der Fall, wird Erato per Computer eine Rechnung erstellen, den Versand veranlassen und ebenfalls per Computer den Warenabgang auf dem Warenvorratskonto und auf dem Umsatzaufwandskonto berücksichtigen sowie die Buchung auf dem Umsatzertragskonto und dem Forderungskonto vornehmen. Saturn bucht dann bei Erhalt der CD einen Warenzugang. Bei Abgabe der CD an den Besteller wird – ebenfalls per Computer – neben dem Warenabgang und Zahlungsmittelzugang der Umsatzertrag und der Umsatzaufwand verbucht.

Weil sehr viele Handelsunternehmen ein Computersystem zur kontinuierlichen Erfassung der Veränderungen von Warenvorräten verwenden, wird der Schwerpunkt der folgenden Ausführungen auf ein solches System gelegt.

7.2   Einkauf von Ware

7.2.1   Grundlagen

Der Wirtschaftskreislauf beginnt mit der Beschaffung von Warenvorräten und der Verbuchung dieser Beschaffung. Wenn beispielsweise das Music Equipment Center Aachen (MECA) am 14. Juni zwei CD-Abspielgeräte im Wert von je 200 GE zum Weiterverkauf bei seinem Großhändler einkauft, mehren sich die Warenvorräte und die Verbindlichkeiten nehmen zu oder die Zahlungsmittel nehmen ab. Für den Fall der Zunahme von Verbindlichkeiten lautet der Buchungssatz:

Beleg	Datum	Geschäftsvorfall und Konten	Soll	Haben
	14.6.	Kauf von Handelswaren		
		Warenvorrat (CD-Abspielgeräte)	400	
		Verbindlichkeiten (Einkauf)		400

Der Erhalt der Geräte und die Rechnung des Lieferanten bestimmen diese Buchung. Für das Music Equipment Center Aachen (MECA) eignet sich die Rechnung als Beleg für den Geschäftsvorfall.

Geschäftsdokumente eigenen sich sehr oft als Belege im Rechnungswesen. Das wird deutlich, wenn wir die Schritte verfolgen, welche das MECA bei der Bestellung, Lieferung und Bezahlung der CD-Abspielgeräte unternimmt.

Geschäftsdokumente als Belege

1. MECA setzt ein *Bestellungsschreiben* auf und sendet dies an den Großhändler.

2. Beim Empfang der *Bestellung* schaut der Großhändler nach, ob die gewünschte Ware vorrätig ist. Ist dies der Fall, wird die gewünschte Ware ausgeliefert und zugleich eine *Rechnung* an MECA versandt. Mit der Rechnung macht der Verkäufer seine Forderung auf Bezahlung der Lieferung geltend.

3. Oftmals trifft die Rechnung beim Käufer vor der Ware ein, so auch in unserem Beispiel. MECA zahlt nicht sofort, sondern wartet bis zur Ankunft der Ware, um zu prüfen, ob die richtigen Artikel in der gewünschten Menge und Qualität angekommen sind. Nach Durchsicht und Annahme der Warenlieferung zahlt MECA die Ware.

Eine Rechnung enthält (1) den Namen und die Anschrift des verkaufenden Unternehmens, (2) das Rechnungsdatum (zur Ermittlung der Zahlungsfrist), (3) den Namen des Rechnungsempfängers und die Lieferanschrift, (4) das Datum der Bestellung, (5) die Zahlungsbedingungen, (6) die bestellten Artikel, (7) die gelieferten Artikel, (8) den Rechnungsbetrag. Darüber hinaus kann die Rechnung die Angabe enthalten, welcher Betrag bis zu welchem Datum zu zahlen ist. Eventuell wird der Verkäufer auf seiner Kopie der Rechnung vermerken, wann der Käufer welchen Betrag gezahlt hat. Für MECA stellt die Rechnung einen Einkaufsbeleg dar, für den Großhändler einen Verkaufsbeleg. In beiden Fällen dient die Rechnung für den Buchhalter als Beleg dafür, dass tatsächlich ein Geschäftsvorfall stattgefunden hat.

Rechnungsbestandteile

7.2.2 Rabatt vom Einkaufspreis

Man unterscheidet zwei Arten von Rabatten: Mengenrabatte und Barzahlungsrabatte.

Ein Mengenrabatt wird in Abhängigkeit von der Menge der gekauften Waren gewährt. Je größer die gekaufte Menge ist, desto niedriger wird der Preis je Stück sein. Mengenrabatte dienen der Verkaufsförderung. Sie bestehen oftmals darin, auf den Listenpreis je nach gekaufter Menge unterschiedlich hohe Rabattsätze zu gewähren. Der Großhändler unseres

Mengenrabatt

Beispiels könnte für CD-Abspielgeräte mit einem Listpreis von 200 GE die folgende Rabattstaffel vorgesehen haben:

Menge	Mengenrabatt	Nettopreis je Stück
ab 2 CD-Abspielgeräte	5 %	190 GE (200 GE – 0.05x200 GE)
5-9 CD-Abspielgeräte	10 %	180 GE (200 GE – 0.10x200 GE)
mehr als neun CD-Abspielgeräte	20 %	160 GE (200 GE – 0.20x200 GE)

Angenommen, MECA kaufe am 27. Mai fünf CD-Abspielgeräte, dann läge der Preis für jedes Abspielgerät bei 180 GE. Der Kauf der fünf Geräte erhöhte den Warenvorrat und die Verbindlichkeiten aus Einkauf um 900 GE. Sinnvollerweise gibt es kein Mengenrabattkonto und keinen speziellen Buchungssatz zur Berücksichtigung des Mengenrabattes. Alle Buchungen, beim Verkäufer wie beim Käufer, beziehen sich auf den Nettopreis, der sich nach Abzug des Mengenrabattes vom Listenpreis ergibt.

Barzahlungsrabatt   Viele Unternehmen räumen ihren Kunden einen Barzahlungsrabatt (Skonto) ein. Barzahlungsrabatte stellen eine Belohnung für prompte Zahlung dar. Wird ein Mengenrabatt und ein Barzahlungsrabatt eingeräumt, so berechnet sich der Barzahlungsrabatt von dem Betrag, der nach Abzug des Mengenrabattes verbleibt. Wenn der Großhändler beispielsweise bei einer Lieferung an MECA am 27. Mai die Zahlung innerhalb von 30 Tagen erwartet, bei Zahlung innerhalb von 15 Tagen jedoch 3 % Skonto einräumt, kann MECA bei einem Rechnungsbetrag in Höhe von 900 GE entscheiden, bis zum 11. Juni einen Betrag von 873 GE oder bis zum 26. Juni 900 GE zu überweisen. MECA bucht zum Lieferungszeitpunkt der Ware am 27. Mai:

Beleg	Datum	Geschäftsvorfall und Konten	Soll	Haben
	27.5.	Kauf von Handelswaren		
		Warenvorrat (CD-Abspielgeräte)	900	
		Verbindlichkeiten (Einkauf)		900

MECA zahlt innerhalb der Skontofrist am 10. Juni und korrigiert gleichzeitig den Warenbestand wegen des in Anspruch genommenen Skontos. Es bucht:

Beleg	Datum	Geschäftsvorfall und Konten	Soll	Haben
	10.6.	Zahlung Rechnung v. 27. Mai mit Skonto		
		Verbindlichkeiten (Einkauf)	900	
		Zahlungsmittel		873
		Warenvorrat (CD-Abspielgeräte)		27

Vermögensgüter im Rechnungswesen sind zum Zeitpunkt ihrer Anschaffung mit ihren Anschaffungsausgaben anzusetzen. Daher bedeutet die Inanspruchnahme von Skonto nicht nur, dass weniger als der ausgewiesene Rechnungsbetrag zu überweisen ist, sondern auch, dass der Wert des Warenvorrats niedriger anzusetzen ist als auf der Rechnung ausgewiesen. Das Warenvorratskonto sieht nach den Buchungen folgendermaßen aus:

Warenvorrat (CD-Abspielgeräte)			
27.5.	900	10.6.	27
S	873		

Hätte MECA den Rechnungsbetrag erst nach der Skontofrist am 29. Juni überwiesen, so wären 900 GE fällig geworden. Die Buchung hätte gelautet:

Beleg	Datum	Geschäftsvorfall und Konten	Soll	Haben
	29.6.	Zahlung Rechnung v. 27. Mai		
		Verbindlichkeiten (Einkauf)	900	
		Zahlungsmittel		900

und das Warenvorratskonto hätte nur den Zugang vom 27. Mai ausgewiesen:

Warenvorrat (CD-Abspielgeräte)		
27.5.	900	

7.2.3 Warenrücksendung und nachträglicher Preisnachlass

Die meisten Unternehmen erlauben ihren Kunden, gekaufte Ware zurückzusenden, die defekt, beschädigt oder unpassend ist (auf Englisch »purchase returns«). Versandhäuser nehmen verkaufte Waren sogar i.d.R. ohne Angabe von Gründen zurück. Es kommt auch vor, dass der Verkäufer dem Käufer einen Preisnachlass (auf Englisch »allowance«) gewährt, damit er in einem solchen Fall trotzdem die Ware behält.

Warenrücksendung

Wir nehmen an, die Lieferung an MECA habe ein anderes als das bestellte CD-Abspielgerät zum Preis von 80 GE enthalten. MECA habe das Gerät daher nach Buchung des Wareneingangs am 3. Juni an den Großhändler zurückgesendet. Der entsprechende Buchungssatz lautet:

Beleg	Datum	Geschäftsvorfall und Konten	Soll	Haben
	3.6.	Warenrücksendung an den Großhändler		
		Verbindlichkeiten (Einkauf)	80	
		Warenvorrat (CD-Abspielgeräte)		80

Preisnachlass Unterstellen wir nun, eines der übrigen CD-Abspielgeräte sei leicht verkratzt gewesen und MECA habe sich am 4. Juni gegen einen Preisnachlass von 5 GE bereit erklärt, das Teil dennoch abzunehmen. Als Buchungssatz hätte sich ergeben:

Beleg	Datum	Geschäftsvorfall und Konten	Soll	Haben
.	4.6	vom Großhändler eingeräumter Preisnachlass		
		Verbindlichkeiten (Einkauf)	5	
		Warenvorrat (CD-Geräte)		5

Die Warenrücksendung und der Preisnachlass bewirken, dass die Verbindlichkeit von MECA gegenüber dem Großhändler sowie der Wert des Warenvorrats abnehmen. Auf den Konten von MECA ergeben sich die folgenden Endbestände:

Warenvorrat (CD-Geräte)				*Verbindlichkeiten (Einkauf)*			
27. 5.	900	3.6.	80	3.6	80	27.5.	900
		4.6.	5	4.6.	5		
S	815					S	815

7.2.4   Transportausgaben

Transportausgabenverbuchung in Abhängigkeit von Kaufvertragsvereinbarungen Die Ausgaben für den Transport von Ware vom Verkäufer zum Käufer können erheblich sein. Es hängt von den Kaufvertragsvereinbarungen ab, ob der Verkäufer oder der Käufer die Transportkosten trägt und verbucht. Übliche Vereinbarungen, auch »terms of trade« genannt, sind beispielsweise »frei Haus«, »ab Werk«, »free on board« o.ä. Die Vereinbarungen regeln, wann der Verkäufer seine vertragliche Verpflichtung erfüllt hat und damit, wann eine Leistungsabgabe stattgefunden hat. Daraus resultiert, ob bzw. bis wohin der Verkäufer die Transportausgaben und eventuell eine Transportversicherung übernimmt. Für den Teil des Transports, für den der Verkäufer nicht zuständig ist, hat der Käufer die Ausgaben zu übernehmen. Wie bereits erwähnt, sind nach üblichen Bilanzierungsregeln Vermögensgüter im Rechnungswesen mit ihren Anschaffungsausgaben anzusetzen. Dazu gehören auch alle Anschaffungsnebenausgaben, die bis zur endgültigen Bestimmung des Gutes anfallen. Dementsprechend hat beispielsweise der Käufer von Handelswaren bei Kauf »ab Werk« dem Anschaffungspreis zusätzlich von ihm zu tragende Transport- und Versicherungsausgaben als Beschaffungspreis anzusetzen, um den Buchwert in Form der Anschaffungsausgaben zu erhalten.

Wenn wir unterstellen, dass MECA mit dem Großhändler überein gekommen wäre, die Frachtkosten in Höhe von 50 GE selbst zu übernehmen, dann hätte der Buchungssatz bei Erhalt und Barzahlung der Frachtrechnung am 1. Juni gelautet:

Transportkosten als Beispiel

Beleg	Datum	Geschäftsvorfall und Konten	Soll	Haben
	1.6.	Ausgaben für Fracht		
		Warenvorrat (CD-Abspielgeräte, Fracht)	50	
		Zahlungsmittel		50

Das Warenvorratskonto hätte das folgende Aussehen:

Warenvorrat (CD-Spieler)			
27.5.	900	3.6.	80
1.6.	50	4.6.	5
S	865		

Manchmal sehen die Vereinbarungen vor, dass die Transportausgaben vom Käufer getragen werden, der Verkäufer diese jedoch vorstreckt. In so einem Fall werden die Transportausgaben vom Verkäufer mit der Ware auf die Rechnung gesetzt. Der Käufer kann dann gleich den Rechnungsbetrag dem Vorratskonto gutschreiben.

7.3 Verkauf von Ware

7.3.1 Vorgehen

Grundlagen

Der Verkauf von Ware kann grundsätzlich gegen Barzahlung oder auf Ziel erfolgen.

Einzelhandelsunternehmen verkaufen ihre Waren i.d.R. gegen Barzahlung. Beim Verkauf wird der Zugang an Zahlungsmitteln auf dem Zahlungsmittelkonto und in der Ergebnisrechnung als Umsatzertrag verbucht. Der Verkauf einer Ware am 9. März zum Preis von beispielsweise 7000 GE gegen Barzahlung würde folgenden Buchungssatz nach sich ziehen:

Verkauf gegen Barzahlung

Beleg	Datum	Geschäftsvorfall und Konten	Soll	Haben
	9.3.	Barumsatz		
		Zahlungsmittel	7000	
		Ertrag (Verkauf)		7000

Gleichzeitig wäre der Abgang an Warenvorräten und der damit verbundene Aufwand zu erfassen. Unter der Annahme, die verkauften Waren hätten mit 2 500 GE zu Buche gestanden, hätte der entsprechende Buchungssatz folgendermaßen gelautet:

Beleg	Datum	Geschäftsvorfall und Konten	Soll	Haben
	9.3.	Umsatzaufwand		
		Aufwand (Verkauf)	2500	
		Warenvorrat (CD-Abspielgeräte)		2500

Unterstellt man, dass ursprünglich Waren zum Wert von 50 000 GE eingekauft worden waren, so »wandern« durch den Verkauf auf Grund der sachlichen Abgrenzung Waren im Wert von 2 500 GE vom Warenvorratskonto auf das Konto *Aufwand (Verkauf)*:

Warenvorrat (CD-Spieler)				*Aufwand (Verkauf)*	
Eink.	50000	9.1.	2500 →	9.1. 2 500	

In computerunterstützten Buchführungen werden die beiden Buchungen automatisch vollzogen, sobald der Kassierer die Artikelnummer und Anzahl der verkauften Waren angibt oder der Scanner dies erkennt. Die Information über den zugehörigen Aufwand kann einer Datenbank entnommen werden, die jeweils beim Einkauf aktualisiert wird.

Verkauf auf Ziel In Volkswirtschaften mit einem entwickelten Zahlungsverkehrssystem wird der Verkauf oft auf Ziel getätigt. Dann fallen drei Buchungssätze an: (1) der Forderungszugang mit dem Verkaufsumsatz, (2) der Vorratsabgang mit dem Umsatzaufwand und (3) der Zahlungsmitteleingang mit dem Forderungsausgleich. Bei einem Verkauf von Ware, die man beispielsweise zu 2 500 GE eingekauft und am 9. März zu einem Preis von 7 000 GE verkauft hat, und bei dem am 19. März die erwünschte Zahlung vom Käufer eingeht, bucht man beispielsweise:

Beleg	Datum	Geschäftsvorfall und Konten	Soll	Haben
	9.3.	Umsatz auf Ziel		
		Forderungen (Verkauf)	7000	
		Ertrag (Verkauf)		7000
	9.3.	Aufwand aus Verkauf		
		Aufwand (Verkauf)	2500	
		Warenvorrat (CD-Geräte)		2500
	19.3.	Zahlungseingang		
		Zahlungsmittel	7000	
		Forderungen (Verkauf)		7000

Durch das gleichzeitige Verbuchen des mit dem Verkauf zusammenhängenden Ertrags und Aufwands kann man bei jedem Verkauf den zugehörigen Rohertrag ermitteln. Der Umsatzertrag ist i.d.R. einfach zu ermitteln. Komplikationen ergeben sich lediglich bei Rabatten, Preisnachlässen und Warenrücknahmen. Wie in solchen Fällen zu verfahren ist, sehen wir im folgenden Abschnitt. Die Ermittlung des Umsatzaufwandes ist dagegen weit mühsamer, weil man die Anschaffungsausgaben (und im Falle der Herstellung die Herstellungsausgaben) des verkauften Gutes ermitteln muss. Das ist zwar leicht, wenn man die Güter beim Einkauf mit ihren Einkaufsausgaben oder mit einem klaren Verweis auf die Einkaufsdaten auszeichnet; eine physische Auszeichnung mit dem Einkaufspreis möchte man aber aus Wirtschaftlichkeitsgründen verhindern. Im Zeitalter des Computers und der Scannerkasse mit Datenbanken der Einkaufspreise bereitet das keine Probleme mehr. Ohne diese Hilfsmittel kann man sich die Arbeit dadurch erleichtern, dass man zum Verkaufszeitpunkt jeweils nur die Ertragsbuchung vornimmt und zum Ende des Abrechnungszeitraumes eine einzige Aufwandsbuchung durchführt, welche den Umsatzaufwand aller Umsätze des Abrechnungszeitraumes umfasst.

Ermittlung von Umsatzertrag und Umsatzaufwand

Ermittlung des Umsatzertrags

Im Zusammenhang mit dem Einkauf von Ware wurde gezeigt, dass in Anspruch genommene Rabatte, Warenrücksendungen und nachträgliche Preisnachlässe die Anschaffungsausgaben des Warenvorrats senken. Beim Verkauf verhält es sich ähnlich. Gewährte Rabatte und Preisnachlässe sowie zurückgenommene Waren mindern den Umsatzertrag und die Forderungen bzw. Zahlungsmittel. Weil die Bilanzierungsregeln üblicherweise den Ansatz des Netto-Umsatzertrages in der Ergebnisrechnung verlangen, stellen die Konten, auf denen die Preisnachlässe, Rabatte und Warenrücknahmen erfasst werden, Gegenkonten zum Brutto-Umsatzertrag dar. Es gilt:

Barzahlungsrabatte, Warenrücknahmen und Preisnachlässe beim Verkauf mindern Umsatz

Umsatzertrag = Brutto-Rechnungsbetrag – Rabatt – Warenrücknahme
– nachträglicher Preisnachlass

Unternehmen interessieren sich für die Zahlungsgewohnheiten ihrer Kunden ebenso wie für eigene fehlerhafte oder unpassende Lieferungen. Daher erscheint es sinnvoll, getrennte Konten für Rabatte sowie Warenrücknahmen und Preisnachlässe zu führen.

Erfassung auf getrennten Konten

Die mit dem Verkauf von Ware verbundenen Buchungen seien am Beispiel eines Verkaufs von DVD-Geräten durch einen Großhändler erläutert. Dieser verkauft am 7. Juli DVD-Geräte zum Preis von 14400 GE, zahlbar mit 2% Rabatt innerhalb von 10 Tagen oder ungekürzt innerhalb von 30 Tagen. Die Geräte waren für 9400 GE angeschafft worden. Wir unterstellen, dass eine Forderung entsteht, die zunächst nur den Nettobetrag unter Abzug von Skonto umfasst. Die Buchungssätze für den Verkauf lauten:

Netto-Verbuchung

Beleg	Datum	Geschäftsvorfall und Konten	Soll	Haben
	7.7.	Umsatz auf Ziel		
		Forderungen (Verkauf)	14 112	
		Ertrag (Verkauf)		14 112
	7.7.	Aufwand aus Verkauf		
		Aufwand (Verkauf)	9 400	
		Warenvorrat		9 400

Erfolgt die Zahlung nach dem 17. Juli, so sind der Forderungsbetrag und der Umsatzertrag um 288 GE zu erhöhen. Unklar ist bei diesem Vorgehen zum Verbuchungszeitpunkt noch, ob die 2% Rabatt in Anspruch genommen werden oder nicht. Man muss sicher stellen, dass die Forderung und der Ertrag nicht zu hoch ausgewiesen werden. Daher wäre bis zum 17. Juni ein Betrag von 14 112 GE anzusetzen, danach einer von 14 400 GE.

Warenrücksendung　Es sei weiter angenommen, dass der Käufer am 12. Juli Ware zurück sendet, die zu einem Brutto-Verkaufspreis von 1 200 GE geliefert worden war. Der Einkaufspreis der entsprechenden Ware beim Großhändler hatte 800 GE betragen. Dadurch wird eine Minderung des Umsatzes und der Forderungen sowie eine Erhöhung des Warenvorrats zu Lasten des Aufwandes für verkaufte Waren ausgelöst. Da wir oben eine Verbuchung der Forderung zum Netto-Betrag unterstellt hatten, wird auch bei diesem Sachverhalt nur der Netto-Betrag verbucht:

Beleg	Datum	Geschäftsvorfall und Konten	Soll	Haben
	12.7.	Rücknahme von Waren		
		Ertrag (Verkauf)	1 176	
		Forderungen (Verkauf)		1 176
	12.7.	Rücknahme von Waren		
		Warenvorrat	800	
		Aufwand (Verkauf)		800

Hätte die Warenrücksendung nach dem 17. Juli stattgefunden, so hätte, weil die Werte des *Ertrags (Verkauf)* und der *Forderungen (Verkauf)* hochgesetzt worden wären, die Korrektur 1 200 GE ausgemacht.

Preisnachlass　Es sei weiter angenommen, dass der Großhändler seinem Kunden am 15. Juli einen Preisnachlass von 200 GE wegen beschädigter Ware anbietet, wenn er die Ware behält. Der Käufer geht darauf ein. Der Großhändler bucht dann:

Beleg	Datum	Geschäftsvorfall und Konten	Soll	Haben
	15.7.	Preisnachlass auf fehlerhafte Ware		
		Ertrag (Verkauf)	200	
		Forderungen (Verkauf)		200

Der Preisnachlass wirkt sich im Gegensatz zur Warenrücksendung nicht auf das Warenvorratskonto aus. Zur Erinnerung sei angemerkt, dass ein solcher Preisnachlass im Rechnungswesen des Käufers dazu führt, dass sich dessen Warenvorrat und dessen Verbindlichkeiten gegenüber dem Verkäufer ebenfalls um 200 GE verringern.

Nach Buchung der Vorgänge sind alle Konten aktualisiert. Das Forderungskonto sieht folgendermaßen aus:

Forderungen (Verkauf)			
7.7.	14 400	12.7.	1 200
		15.7.	200
S	13 000		

Am 17. Juli, dem letzten Tag der Skontofrist, erhält der Großhändler Bargeld für einen Anteil seiner Rechnung vom 7. Juli in Höhe von 8 000 GE. Der Käufer überweist 7 840 GE (8 000 GE x 0,98). Dementsprechend lautet die Buchung beim Verkäufer:

Bezahlung in Raten

Beleg	Datum	Geschäftsvorfall und Konten	Soll	Haben
	17.7.	Zahlungseingang mit Barzahlungsrabatt		
		Zahlungsmittel	7840	
		Forderungen (Verkauf)		7840

Das Einhalten der Skontofrist seitens des Käufers führt also dazu, dass auch der ursprünglich verbuchte Ertrag aus dem Verkauf der Waren um 8000 GE – 7840 GE = 160 GE nicht korrigiert werden muss. Die noch ausstehenden 5000 GE der Rechnung gehen am 28. Juli ein und lösen die Buchung aus:

Beleg	Datum	Geschäftsvorfall und Konten	Soll	Haben
	28.7.	Zahlungseingang ohne Barzahlungsrabatt		
		Zahlungsmittel	5000	
		Forderungen (Verkauf)		5000

In der Ergebnisrechnung der Metro nach Abbildung 7.1, Seite 230, wird – wie bei den meisten Unternehmen – nur über den Netto-Umsatzertrag berichtet. Über eingeräumte Barzahlungsrabatte, Warenrücknahmen oder Preisnachlässe erfährt der außenstehende Leser nichts.

Ermittlung des Umsatzaufwandes

Ermittlungsmöglichkeiten

Man unterscheidet die kontinuierliche Erfassung des Umsatzaufwandes von der periodischen Erfassung. Die bisherigen Ausführungen zur Behandlung von Einkauf und Verkauf beruhen auf der kontinuierlichen Erfassung von Veränderungen der Warenvorräte. In der Praxis werden der Umsatzaufwand zur Ergebnisermittlung häufig nicht für jeden Umsatz einzeln, sondern zum Ende des Abrechnungszeitraumes summarisch für alle Umsätze des Abrechnungszeitraumes festgestellt.

Ermittlung des Umsatzaufwands bei periodischer Bestimmung

Bei der periodischen Bestimmung des Umsatzaufwandes eines Unternehmens, das Waren verkauft, geht man davon aus, dass nur die Verringerung des Warenvorrats beim Verkauf nicht verbucht wurde, alle anderen Veränderungen des Warenvorrats jedoch bereits berücksichtigt wurden. Ermittelt man den Endbestand des Warenvorrats durch Inventur, den Anfangsbestand aus dem Endbestand des vorangegangenen Abrechnungszeitraumes und zeichnet man die Zugänge beim Einkauf auf, so lässt sich die Abnahme des Warenvorrats durch Auflösen der intertemporalen Bilanzgleichung:

$$\text{Endbestand} = \text{Anfangsbestand} + \text{Zugang} - \text{Abgang}$$

nach »Abgang« ermitteln. Wenn man Diebstahl, Verlust u. ä. während eines Abrechnungszeitraumes dem Umsatzaufwand zurechnen will, gibt die so ermittelte Abnahme des Warenvorrats den Umsatzaufwand wieder.

Die periodische Ermittlung des Umsatzaufwandes eines Unternehmens kann wie in Abbildung 7.3 aussehen. Für die Abbildung wurde unterstellt, dass alle Größen außer dem Umsatzaufwand aus der Buchführung ersichtlich sind.

Abbildung 7.3: Mögliches Aussehen einer Rechnung zur Ermittlung des Umsatzaufwandes

Ermittlung des Umsatzaufwandes	
Anfangsbestand Handelswaren	38 600 GE
+ Einkauf (netto)	158 200 GE
+ Fracht	5 200 GE
= Ausgaben für verkaufsfähige Handelswaren	202 000 GE
– Endbestand Handelswaren	–54 100 GE
= Umsatzaufwand	147 900 GE
Errechnung des Einkaufs (netto)	
Einkauf (brutto)	164 800 GE
– Barzahlungsrabatte	–5 400 GE
– Warenrücksendungen und Preisnachlässe	–1 200 GE
= Einkauf (netto)	158 200 GE

7.4   Herstellung von Erzeugnissen

Einkauf von Waren nicht nur zum Handel, sondern auch für Produktion

Produzierende Unternehmen tätigen den Einkauf von Waren nicht nur, um diese Waren anschließend zu verkaufen, sondern auch, um sich für die Fertigung von Erzeugnissen mit Rohstoffen und allem Übrigen zu versorgen, was für die Fertigung benötigt wird. Man denke etwa an Schmiermittel für Maschinen oder Mittel zur Reinigung von Erzeugnissen nach deren Fertigstellung. Dementsprechend gibt es in produzierenden Unternehmen neben den Waren, die zum Verkauf gedacht sind, auch Waren, die nicht zum

Verkauf, sondern zur Fertigung vorgesehen sind. Häufig werden solche Waren in Rohstoffe, Hilfsstoffe und Betriebsstoffe unterschieden.

Bei den Waren, die zum Verkauf anstehen, unterscheidet man (einge-kaufte) Handelswaren von (im Unternehmen selbst gefertigten) Erzeug-nissen. Handelt es sich bei der Fertigung um einen mehrstufigen Prozess und werden während eines Abrechnungszeitraumes nicht alle Stufen abgeschlossen, so kommt es auch vor, dass man neben fertigen auch unfertige Erzeugnisse vorfindet.

Zum Verkauf anstehende Waren: Handelswaren und Erzeugnisse

Für die Ergebnisrechnung produzierender Unternehmen wird – wie bei Handelsunternehmen – der »Aufwand für verkaufte Waren bzw. Erzeug-nisse« benötigt. Die Erstellung einer Bilanz erfordert es, neben dem Anschaffungswert der Handelswaren den Anschaffungs- bzw. Her-stellungswert der Vermögensgüter »unfertige Erzeugnisse« und »fertige Erzeugnisse« zu bestimmen. Unter dem Anschaffungswertprinzip ergibt sich der Aufwand für verkaufte Handelswaren aus den Anschaffungs- und Anschaffungsnebenausgaben der Güter, die dem Lager entnommen und verkauft wurden. Man findet sie auf den Einkaufsrechnungen sowie auf dem Warenvorratskonto für Handelswaren. Sie bilden die Grundlage für die Bewertung der Vorräte an Handelswaren. Dagegen ist die Bestim-mung der »Anschaffungsausgaben verkaufter Erzeugnisse« kompliziert: Die Anwendung des Anschaffungswertprinzips erfordert es, in einem ersten Schritt die anteiligen Anschaffungsausgaben all derjenigen Waren, Dienstleistungen und anderen Vermögensgüter sowie die Ausgaben für diejenigen Arbeitsleistungen festzustellen, die bei der Herstellung von Erzeugnissen eingesetzt wurden. Die Summe dieser anteiligen Anschaf-fungsausgaben der Herstellung von Erzeugnissen wird als »Herstellungs-ausgaben« oder »Herstellungskosten« der Erzeugnisse bezeichnet. Die Herstellungsausgaben von Erzeugnissen bilden die Grundlage für die Be-wertung des Vorrats an Erzeugnissen. In einem zweiten Schritt sind dann gemäß dem Prinzip einer leistungsabgabeorientierten Ergebnismessung die für die Ergebnisrechnung benötigten Herstellungsausgaben derjenigen Erzeugnisse zu ermitteln, die verkauft wurden.

Herstellungsausgaben von Erzeugnissen entsprechen anteili-gen Anschaffungs-ausgaben aller an der Herstellung beteiligten Produk-tionsfaktoren

Die Ermittlung der Herstellungsausgaben von Erzeugnissen steckt voller Probleme und ist in hohem Maße ermessensabhängig. Denn in Unterneh-men werden viele Ausgaben getätigt, für die sich nicht eindeutig bestim-men lässt, ob sie der Fertigung eines Erzeugnisses gedient haben oder nicht. In Literatur und Praxis haben sich einige Leitgedanken herausge-bildet, um die Ausgaben für die Herstellung von Erzeugnissen zu iden-tifizieren. Ein Leitgedanke besteht darin, diejenigen Ausgaben zu den Herstellungsausgaben von Erzeugnissen zu zählen, ohne die das Erzeug-nis nicht hätte hergestellt werden können. Nach einer anderen Überlegung werden der Herstellung eines Erzeugnisses nur diejenigen Ausgaben zu-gerechnet, die zunehmen würden, wenn man eine Erzeugniseinheit mehr

Ermittlung der Herstellungsausgaben von Erzeugnissen: Leitgedanken

gefertigt hätte (und die abgenommen hätten, wenn eine Erzeugniseinheit weniger hergestellt worden wäre).

Herstellung als ergebnisneutraler Vorgang

Die Herstellung von Erzeugnissen wirkt sich nur auf die Vermögensseite der intratemporalen Bilanzgleichung aus: Die entsprechenden Vermögensgüter Roh-, Hilfs-, und Betriebsstoffe sowie Bargeld für Lohnzahlungen nehmen ebenso ab wie die Werte von Gebäuden und Maschinen; der Vorrat an Erzeugnissen nimmt hingegen zu. Durch den Herstellungsvorgang werden weder das Fremd- noch das Eigenkapital angesprochen. Das Fremdkapital wird nicht berührt, weil unterstellt wird, die Vorräte, das Bargeld, die Gebäude und Maschinen seien vorhanden. Waren sie allerdings vor der Herstellung nicht vorhanden und wurden sie auf Ziel beschafft, so wurde zwar das Fremdkapital berührt, dies geschah aber in Verbindung mit der Beschaffung bzw. der Einstellung von Personal und nicht in Verbindung mit der Herstellung. Das Eigenkapital wurde nicht berührt, weil die Herstellung keine Leistungsabgabe an den Markt bedeutet. Die Konsequenz dessen, dass wegen der Herstellung kein Aufwand zu verrechnen ist, besteht darin, dass die bei der Herstellung entstandenen Erzeugnisse mit dem Wert der zu ihrer Herstellung eingesetzten Güter und Dienstleistungen bewertet werden. Wird etwa bei der Herstellung eines Gutes eine Maschine eingesetzt, so wird die Wertminderung der Maschine in genau demjenigen Abrechnungszweitraum als ergebnismindernd angesetzt, in dem das Gut verkauft wird. Insofern ist die Herstellung ein egebnisneutraler Vorgang. Ergebniswirkungen ergeben sich erst beim Verkauf der Erzeugnisse.

Ausgaben für die Herstellung von Erzeugnissen, »inventarisierbare« Ausgaben

Aus der Ergebnisneutralität der Herstellung folgt, dass die Ausgaben, die man der Herstellung von Erzeugnissen zurechnet, wegen des Prinzips der sachlichen Abgrenzung zunächst nur den in einem Abrechnungszeitraum hergestellten Erzeugnissen zuzurechnen sind. In der Ergebnisrechnung erscheinen sie erst, wenn die Erzeugnisse verkauft werden. Dies kann im Abrechnungszeitraum der Herstellung, aber auch in einem späteren Zeitraum geschehen.

Behandlung der Herstellung bei kontinuierlicher Erfassung von Bestandsänderungen

So wie man Veränderungen des Vorrats an Handelswaren, insbesondere beim Verkauf, kontinuierlich erfassen kann, ist es auch möglich, Veränderungen des Warenvorrats, des Bargeldes und anderer Anlagegüter, die der Herstellung von Erzeugnissen zugerechnet werden, kontinuierlich zu erfassen und diese den hergestellten Erzeugnissen zuzurechnen. Dafür ist lediglich festzustellen, welche Veränderungen von Erzeugnissen stattgefunden haben. Während bei der kontinuierlichen Erfassung der Veränderungen des Vorrats an Handelswaren im Falle von verkaufsbedingten Abnahmen quasi automatisch die Aufwandsbuchung *Aufwand (Verkauf)* an *Warenvorrat* vorgenommen wird, kann im Falle von Bestandsabnahmen für Herstellungszwecke quasi automatisch die Buchung erfolgen, die zum Ausweis von Erzeugnissen führt.

Nehmen Sie beispielsweise an, ein Computerhändler habe im Monat Juli einen Mitarbeiter für 3000 GE, zahlbar am 31. Juli, für den Zusammenbau von 60 Computern aus vorrätigen Teilen im Wert von je 1500 GE beschäftigt. So wie am 1. Juli wird er täglich einen Herstellungsvorgang von drei Computern buchen, wenn sich die Herstellung gleichmäßig über 20 Arbeitstage erstreckt und er der Herstellung der Computer keine anderen als die oben genannten Ausgaben zurechnet:

Ein Beispiel

Beleg	Datum	Geschäftsvorfall und Konten	Soll	Haben
	1.7.	Herstellung von 3 Computern		
		Warenvorräte (Erzeugnisse: Computer)	4650	
		Warenvorräte (Rohstoffe: Computerteile)		4500
		Verbindlichkeiten (Gehalt)		150

Im Falle eines Verkaufs bilden die Anschaffungsausgaben für die hergestellten Computer, hier 4650 GE für 3 Computer, die Grundlage für die Ermittlung des »Aufwands der verkauften Erzeugnisse«. Für die Herstellung eines Computers wurden im Durchschnitt 1550 GE ausgegeben. Wird nun beispielsweise am 2. Juli einer der am 1. Juli hergestellten Computer zu einem Preis von 2200 GE gegen Barzahlung verkauft, so sind die bereits mit dem Verkauf von Handelswaren vorgestellten Buchungen analog vorzunehmen. Die Buchungssätze lauten:

Beleg	Datum	Geschäftsvorfall und Konten	Soll	Haben
	2.7.	Verkauf eines der Computer vom 1. Juli		
		(Ertragsbuchung)		
		Zahlungsmittel	2200	
		Ertrag (Verkauf)		2200
	2.7.	Verkauf eines der Computer vom 1. Juli		
		(Aufwandsbuchung)		
		Aufwand (Verkauf)	1550	
		Warenvorrat (Erzeugnisse: Computer)		1550

In einem automatisierten System kann entweder die Buchung des Erzeugnisvorrats bei der Entnahme der Computerteile aus dem Lager in Verbindung mit dem Wissen um das Gehalt ausgelöst werden; alternativ kann die Buchung der Rohstoffminderung und Verbindlichkeitszunahme bei Fertigstellung des Computers mit dem Wissen um seine Bestandteile und das angefallene Gehalt erfolgen. In jedem Fall benötigt man genaue Angaben darüber, wie das Unternehmen die Herstellungsausgaben einer Erzeugniseinheit bestimmt.

»Automatische« Buchungen bei kontinuierlicher computerbasierter Erfassung der Herstellung

Behandlung der Herstellung bei periodischer Erfassung von Bestandsänderungen

Neben der kontinuierlichen Erfassung der Bestandsminderungen und Herstellungsausgaben ist die periodische Erfassung gebräuchlich. Dabei wird man alle Ausgaben, die während eines Abrechnungszeitraumes für die Herstellung von Erzeugnissen getätigt werden, auf einem Konto sammeln und zum Ende des Abrechnungszeitraumes eine Inventur der Vorräte an Erzeugnissen durchführen. Kennt man die Herstellungsausgaben der Erzeugnisvorräte zu Beginn des Abrechnungszeitraumes sowie diejenigen aller während eines Abrechnunszeitraumes gefertigten Erzeugnisse und diejenigen der noch auf Lager befindlichen, so lassen sich die Herstellungsausgaben für die im Abrechnungszeitraum verkauften Erzeugnisse leicht ermitteln. Die Erfassung der während eines Abrechnungszeitraumes angefallenen Ausgaben für die Herstellung von Erzeugnissen ist besonders einfach, wenn feststeht, welche Ausgabentypen man der Herstellung zurechnet und wenn es zunächst nicht erforderlich ist, diese den einzelnen Erzeugnissen zuzurechnen. Werden alle in einem Abrechnungszeitraum hergestellten Erzeugnisse (und nur die) verkauft, so entsprechen die Ausgaben für die Herstellung aller in einem Abrechnungszeitraum hergestellten Erzeugnisse den Ausgaben für die verkauften Erzeugnisse.

Beispiel: Verkauf aller im Abrechnungszeitraum hergestellten Erzeugnisse

Nimmt man im Beispiel eine Sammlung der Herstellungsausgaben auf einem temporären Herstellungsausgabenkonto und die periodische Herstellungserfassung in monatlichen Abständen vor, so könnten sich die folgenden Buchungen ergeben, wenn man unterstellt, die Teile seien dem Lager am 1. Juli zur Produktion entnommen und die 60 Computer am 31. Juli gegen Barzahlung zum Preis von je 2 200 GE verkauft worden:

Beleg	Datum	Geschäftsvorfall und Konten	Soll	Haben
	1.7.	Herstellung: Computerteile		
		Herstellungsausgabenkonto (Teile)	90 000	
		Warenvorräte (Rohstoffe: Computerteile)		90 000
	31.7.	Herstellung: Gehalt		
		Herstellungsausgabenkonto (Gehalt)	3 000	
		Zahlungsmittel		3 000
	31.7.	Verkauf von Computern (Ertragsbuchung)		
		Zahlungsmittel	132 000	
		Ertrag (Verkauf)		132 000
	31.7.	Verkauf von Computern (Aufwandsbuchung)		
		Aufwand (Verkauf)	93 000	
		Herstellungsausgabenkonto (Teile)		90 000
		Herstellungsausgabenkonto (Gehalt)		3 000

Selbstverständlich hätte man die Aufwandsbuchung auch ausführlicher darstellen können:

Beleg	Datum	Geschäftsvorfall und Konten	Soll	Haben
	31.7.	Verkauf von Computern (Aufwandsbuchung)		
		Aufwand (Verkauf: Teile)	90000	
		Aufwand (Verkauf: Gehalt)	3000	
		Herstellungsausgabenkonto (Teile)		90000
		Herstellungsausgabenkonto (Gehalt)		3000

Wurden nicht alle in einem Abrechnungszeitraum hergestellten Erzeugnisse auch in diesem verkauft, so wird es erforderlich, die Herstellungsausgaben aller im Abrechnungszeitraum hergestellten Erzeugnisse auf die noch im Lager befindlichen und die bereits verkauften Erzeugnisse aufzuteilen. Soll eine solche Aufteilung nicht willkürlich sein, so hat man die Herstellungsausgaben für jedes einzelne hergestellte Erzeugnis zu ermitteln und festzustellen, ob das Erzeugnis verkauft wurde oder ob es sich noch auf Lager befindet. Die Aufteilung der auf dem temporären Herstellungsausgabenkonto befindlichen Beträge in einen Teil, der die Zunahme des Erzeugnisvorrats betrifft, und in einen Teil, der den Aufwand für die verkauften Erzeugnisse betrifft, bereitet dann keine Schwierigkeit mehr. Für das Beispiel sei unterstellt, nur die Hälfte der hergestellten 60 Computer werde am 31. Juli verkauft, die andere Hälfte befinde sich noch auf Lager. Ferner entsprächen die Herstellungsausgaben eines Computers den durchschnittlichen Herstellungsausgaben in Höhe von 1550 GE. Die erforderlichen Buchungssätze lauten:

Verkauf nur eines Teiles der im Abrechnungszeitraum hergestellten Erzeugnisse

Beleg	Datum	Geschäftsvorfall und Konten	Soll	Haben
	1.7.	Computerteile		
		Herstellungsausgabenkonto (Teile)	90000	
		Warenvorräte (Rohstoffe: Computerteile)		90000
	31.7.	Gehalt		
		Herstellungsausgabenkonto (Gehalt)	3000	
		Zahlungsmittel		3000
	31.7.	Verkauf von Computern (Ertragsbuchung)		
		Zahlungsmittel	66000	
		Ertrag (Verkauf)		66000
	31.7.	Verkauf von Computern (Aufwandsbuchung)		
		Aufwand (Verkauf: Teile)	45000	
		Aufwand (Verkauf: Gehalt)	1500	
		Herstellungsausgabenkonto (Teile)		45000
		Herstellungsausgabenkonto (Gehalt)		1500
	31.7.	Lagerzugang		
		Warenvorrat (Computer)	46500	
		Herstellungsausgabenkonto (Teile)		45000
		Herstellungsausgabenkonto (Gehalt)		1500

Ergebnisrechnungen nach dem »Gesamtkostenverfahren«

Die Vorgehensweise der Ergebnisermittlung bei periodischer Erfassung der Herstellung von Erzeugnissen hat das Format der in Deutschland lange Zeit üblichen Ergebnisrechnungen geprägt. In Ergebnisrechnungen nach dem sogenannten Gesamtkostenverfahren werden u. A. sämtliche in einem Abrechnungszeitraum mit der Herstellung von Erzeugnissen verbundenen Ausgaben angegeben, unabhängig davon, ob sie für verkaufte Erzeugnisse oder für Vorräte von Erzeugnissen angefallen sind. Der durch dieses Vorgehen bei der Ergebnisrechnung im Sinne einer leistungsabgabeorientierten Ergebnismessung gemachte Fehler wird dadurch wieder ausgeglichen, dass man pauschal den Wert der Zugänge bzw. der Abgänge von Erzeugnisvorräten mit angibt. Der Aufbau einer Ergebnisrechnung nach dem »Gesamtkostenverfahren« in Kontoform wird aus Abbildung 7.4 ersichtlich. Der Deutlichkeit halber wurde sowohl für eine Bestandsmehrung als auch für eine Bestandsminderung ein Posten vorgesehen. In der Regel wird man bei einer einzigen Erzeugnisart entweder eine Mehrung oder eine Minderung vorfinden. Die Posten Materialaufwand und Personalaufwand wurden teilweise in Anführungszeichen gesetzt, um zu verdeutlichen, dass die Posten nur dann Aufwand im Sinne der Definitionen dieses Buches darstellen, wenn sich der Erzeugnisbestand während des Abrechnungszeitraumes nicht geändert hat, i.e. wenn die Herstellungsausgaben der im Abrechnungszeitraum hergestellten Menge an Erzeugnissen denjenigen der abgesetzten Menge entsprechen.

Ergebnisrechnung für …	
Aufwand	Ertrag
Material»aufwand«	Umsatzertrag
Personal»aufwand«	Zinsertrag
»Aufwand« für Abschreibungen auf Sachanlagen	Ertrag aus Zuschreibungen
Zinsaufwand	Sonstiger Ertrag
Steueraufwand	
Sonstiger Aufwand	
	Mehrung des Erzeugnisbestandes
	Andere aktivierte Eigenleistungen
Minderung des Erzeugnisbestandes	
	(Verlust)
(Gewinn)	
Summe	Summe

Abbildung 7.4: Ausgabenorientiertes Ergebnisrechnungsschema in Kontoform (Gesamtkostenverfahren)

Abbildung 7.5 enthält das entsprechende Schema bei Verwendung des sogenannten Umsatzkostenverfahrens. Darin wird, wie üblich, der Aufwand für die verkauften Waren nicht weiter unterteilt angegeben.

Ergebnisrechnung für ...	
Aufwand	Ertrag
Aufwand für verkaufte Waren und Erzeugnisse Vertriebsaufwand Verwaltungsaufwand Zinsaufwand Steueraufwand Sonstiger Aufwand (Gewinn)	Umsatzertrag Zinsertrag Ertrag aus Zuschreibungen Sonstiger Ertrag (Verlust)
Summe	Summe

Abbildung 7.5: Aufwandsorientiertes Ergebnisrechnungsschema in Kontoform (Umsatzkostenverfahren)

7.5 Berücksichtigung der Umsatzsteuer in Deutschland

7.5.1 Überblick

Anwendungsbereich und Steuersätze

Bei allen Lieferungen und sonstigen Leistungen, die ein Unternehmen im Inland gegen Entgelt ausführt, bei Eigenverbrauch und bei der Einfuhr von Gegenständen in das Zollgebiet der Bundesrepublik Deutschland unterliegen die Umsätze bis auf wenige Ausnahmen der Umsatzsteuer (§ 1 UStG). Der Regelsatz der Umsatzsteuer beträgt derzeit in Deutschland 16 % auf den Nettowert der Transaktion. Neben dem Regelsatz gibt es einen reduzierten Satz, den sogenannten halben Steuersatz (7 %), der auf Geschäfte mit bestimmten Arten von Waren, z.B. Lebensmittel, angewendet wird. Einige wenige Arten von Umsätzen sind von der Umsatzsteuer befreit.

In den folgenden Beispielen wird zur Vereinfachung immer von einem Umsatzsteuersatz von 10 % ausgegangen.

Funktionsweise der Umsatzsteuer in Form der Mehrwertsteuer

Die Umsatzsteuer soll nur vom Endverbraucher getragen werden. Das erreicht der Gesetzgeber dadurch, dass er, abgesehen von den steuerbefreiten Umsätzen, zunächst jeden Umsatz der Besteuerung unterwirft, die Steuer jedoch erstattet, soweit der Umsatz nicht mit Endverbrauchern getätigt wurde. Wegen der generellen Abgabepflicht der Umsatzsteuer und des Erstattungsanspruchs hinsichtlich eines Umsatzes, der nicht an Endverbraucher geht, kommt es jeweils nur zu einer Steuererhebung auf den im Unternehmen erzielten »Mehrwert«. Man spricht deswegen von Mehrwertsteuer.

Einkauf mit Mehrwertsteuer

Die Funktionsweise der Mehrwertsteuer wird klar, wenn man sich die Vorgänge an einem Beispiel verdeutlicht, bei dem ein Unternehmen Ware einkauft, um diese anschließend weiter zu verkaufen. Beim Einkauf der Ware hat das kaufende Unternehmen nicht nur den Nettoverkaufspreis der Ware zu entrichten, sondern auch die darauf vom Verkäufer erhobene Mehrwertsteuer. Wenn das Unternehmen nicht Endverbraucher der Ware ist, entsteht i. A. ein Erstattungsanspruch in Höhe der gezahlten Mehrwertsteuer gegenüber dem Fiskus. Die vom Unternehmen beim Einkauf gezahlte Mehrwertsteuer wird als »Vorsteuer« bezeichnet. Ein Unternehmen mit einem entsprechenden Erstattungsanspruch heißt »vorsteuerabzugsberechtigt«. Die von einem vorsteuerabzugsberechtigten Unternehmen gezahlte Vorsteuer stellt eine Forderung gegenüber dem Fiskus dar.

Verkauf mit Mehrwertsteuer

Wird die Ware verkauft, so hat das Unternehmen dem Käufer neben dem Nettoverkaufspreis die Mehrwertsteuer auf den Nettoverkaufspreis zu berechnen. Dieser aufgeschlagene Mehrwertsteuerbetrag ist an den Fiskus abzuführen. Er wird als »Mehrwertsteuer« bezeichnet und stellt eine Verbindlichkeit gegenüber dem Fiskus dar. In der Regel bestehen in einem Unternehmen gleichzeitig Erstattungsansprüche aus Vorsteuer und Zahlungsverpflichtungen aus Mehrwertsteuer, die faktisch miteinander verrechnet werden. Übersteigen die Zahlungsverpflichtungen die Erstattungsansprüche, so entsteht eine sogenannte »Zahllast«.

Export und Import

Bei Lieferung oder Erbringung einer Dienstleistung ins Ausland wird der Mehrwertsteuerbetrag, mit dem die Lieferung oder Leistung belastet ist, erstattet. Bei Import aus dem Ausland wird vom inländischen Empfänger eine sogenannte Umsatzausgleichsabgabe erhoben, die im weiteren wie Mehrwertsteuer behandelt wird.

Berücksichtigung der Mehrwertsteuerkonsequenzen im Rechnungswesen

Die Konsequenzen für die Mehrwertsteuer, die durch Einkauf, Verkauf, Eigenverbrauch und Import von Waren ausgelöst werden, sind im Rechnungswesen zu berücksichtigen. Dabei ist es unerheblich, ob es sich um eine Dienstleistung oder um eine Warenlieferung handelt. Die Mehrwertsteuerverbindlichkeiten gegenüber dem Fiskus werden auf einem Fremdkapitalkonto, die Erstattungsansprüche auf einem Vermögenskonto gebucht. Das Fremdkapitalkonto, üblicherweise als »Mehrwertsteuer« bezeichnet, wird in den folgenden Beispielen als »Verbindlichkeiten (Mehrwertsteuer)«, das üblicherweise mit »Vorsteuer« bezeichnete Vermögenskonto nennen wir im Folgenden »Forderungen (Vorsteuer)«. Beide Konten werden schließlich zusammengefasst, um zu ermitteln, ob per Saldo ein Erstattungsanspruch oder eine Zahlungsverpflichtung gegenüber dem Fiskus zu bilanzieren ist. Es wurde schon darauf hingewiesen, dass das Umsatzsteuerrecht neben den mit dem Regelsteuersatz belasteten Umsätzen geringer belastete und befreite Umsätze kennt. Weil der Fiskus anstrebt, die Höhe von Forderungen oder Verbindlichkeiten leicht nachprüfen zu können, werden für jeden Steuersatz gesonderte Umsatz-, Vorsteuer- und Mehrwertsteuerunterkonten verlangt.

Den Umsatzsteuervorschriften entsprechend hat ein Verkäufer vom Käufer **Beispiel** Mehrwertsteuer für den Fiskus zu erheben. Zu buchen ist für den Zeitpunkt der Leistungsabgabe, bei Vorauszahlungen zum Zeitpunkt der Vorauszahlung. Zum Umsatzertrag zählt beim Verkäufer alles das, was er dem Käufer berechnet, mit Ausnahme der Mehrwertsteuer. Ein Verkäufer, der beispielsweise einem Käufer am 1. März DVDs zu 90 GE, Verpackung zu 2 GE und Fracht zu 8 GE in Rechnung stellt, hat bei einem (unterstellten) Mehrwertsteuersatz von 10 % und Abwicklung über Forderungen zu buchen:

Beleg	Datum	Geschäftsvorfall und Konten	Soll	Haben
	1.3.	Verkauf auf Ziel, Ertragsbuchung		
		Forderungen (Verkauf)	110	
		Ertrag (Verkauf)		100
		Verbindlichkeiten (Mehrwertsteuer)		10

Zeitgleich hat er – wie oben bereits dargestellt – die Minderung des Warenvorrats, die Verpackung und die Fracht als Eigenkapitalminderung zu berücksichtigen. Hatte die dem Lager entnommene Ware beispielsweise einen Buchwert von 50 GE, die Verpackung einen von 1 GE und wurden für die Fracht (bei einem unterstellten Mehrwertsteuersatz von 10 %) am 2. März 5,50 GE in bar entrichtet, so wäre zu buchen:

Beleg	Datum	Geschäftsvorfall und Konten	Soll	Haben
	1.3.	Verkauf auf Ziel, Materialaufwand		
		Aufwand (Verkauf)	50,0	
		Warenvorrat (DVDs)		50,0
	1.3.	Verkauf auf Ziel, Verpackungsaufwand		
		Aufwand (Verpackung)	1,0	
		Warenvorrat (Verpackungsmaterial)		1,0
	2.3.	Verkauf auf Ziel, Frachtaufwand		
		Aufwand (Fracht)	5,0	
		Forderungen (Vorsteuer)	0,5	
		Verbindlichkeiten (Spediteur)		5,5

Die beim Einkauf der DVDs und des Verpackungsmaterials entrichtete Mehrwertsteuer wurde bereits zum Zeitpunkt des Einkaufs als »Vorsteuer« verbucht.

Kommen Käufer und Verkäufer nach Abschluss ihres Geschäftes und dessen Buchung überein, am Geschäft Änderungen vorzunehmen, welche die Bemessungsgrundlage der Vorsteuer bzw. der Mehrwertsteuer berühren, so sind die Vorsteuer- bzw. Mehrwertsteuerkonten zu ändern. Typische Fälle solcher Änderungen sind nachträglich vereinbarte Preisnachlässe, Boni, Skonti, andere Rabatte und Warenrücksendungen. Im Folgenden beschränken wir uns auf die Darstellung der Konsequenzen im Zusammenhang mit Veränderungen des Warenvorratskontos.

Nachträgliche Änderungen an den Geschäftsgrundlagen

7.5.2   Mehrwertsteuer beim Einkauf

Geltungsbereich   Das Vermögenskonto, das den Warenzugang angibt, ändert sich beim Einkauf und allen damit zusammen hängenden Vorgängen. Das Konto wird häufig auch »Wareneinkauf« genannt. Beispiele für hier zu behandelnde Vorgänge sind der Einkauf selbst, die Inanspruchnahme von Skonti und Boni, nachträglich erhaltene Preisnachlässe, Rücksendungen eingekaufter Ware (Retouren) sowie Wertanpassungen und nachträgliche Korrekturbuchungen anlässlich der Bilanzerstellung. In allen genannten Fällen ergeben sich Konsequenzen für die Umsatzsteuer. Auf die Ergebnisrechnung wirken sich die Vorgänge gar nicht oder nur insofern aus, als bereits angesetzter Ertrag oder Aufwand wegen nachträglicher Änderung des Beschaffungsgeschäftes zu modifizieren ist.

Einkauf von Waren   Beim Einkauf von Waren ändert sich der Warenvorrat. In der Regel nimmt der Erstattungsanspruch des Unternehmens gegenüber dem Fiskus aus Mehrwertsteuer zu. Je nach Zahlungsart nimmt der Kassenbestand ab oder die Verbindlichkeiten erhöhen sich. Die Buchungen haben für den Zeitpunkt zu erfolgen, zu dem die Leistung an einen Marktpartner abgegeben wird. Der Einkauf von Autoreifen am 1. Mai durch einen Reifenhändler zu einem Preis von netto 100 GE und einem (unterstellten) Mehrwertsteuersatz von 10 % auf Ziel würde beispielsweise folgendermaßen verbucht:

Beleg	Datum	Geschäftsvorfall und Konten	Soll	Haben
	1.5.	Beschaffung von Autoreifen		
		Warenvorrat (Autoreifen)	100	
		Forderungen (Vorsteuer)	10	
		Verbindlichkeiten (Einkauf)		110

Umrechnung von Bruttopreis in Nettopreis plus Mehrwertsteuer   Wäre ein Bruttopreis von 110 GE (inklusive Mehrwertsteuer) angegeben worden, so hätte man vor der Buchung den Netto-Warenwert und die Mehrwertsteuer errechnen müssen: Der Netto-Warenwert ergibt sich aus dem Brutto-Warenwert, indem man diesen durch (100 + Mehrwertsteuersatz)/100 dividiert. Die sich anschließende Buchung unterscheidet sich nicht von der oben angegebenen.

Anschaffungsnebenausgaben   Zur Verdeutlichung der nachstehenden Ausführungen sei kurz auf die deutschen Vorschriften über den Ansatz von Vermögensgütern in einer Bilanz (§ 253 HGB) eingegangen: Sie verlangen – wie bisher unterstellt – eine Bewertung der eingekauften Ware zu Anschaffungsausgaben zuzüglich der Anschaffungsnebenausgaben abzüglich der Anschaffungspreisminderungen. Gesondert berechnete Fracht, Verpackung und Versicherung zählen beispielsweise als Anschaffungsnebenausgaben zu den Anschaffungsausgaben und demnach zum Wert der Ware. Sie sind auf dem Warenkonto zu berücksichtigen. In Anspruch genommene Skonti, Boni, Rabatte und

Preisnachlässe stellen Anschaffungspreisminderungen dar und reduzieren folglich die Anschaffungsausgaben. Steht zum Zeitpunkt der Beschaffung noch nicht fest, ob man das Skonto in Anspruch nimmt, so sind zunächst die Anschaffungsausgaben ohne das Skonto zu verbuchen. Erst bei Zahlung unter Abzug von Skonto sind die Anschaffungsausgaben zu korrigieren. Derartige Anschaffungspreisminderungen lösen ebenfalls Konsequenzen für die Mehrwertsteuer aus.

Nach dem Einkauf und seiner Buchung gewährte Preisnachlässe erfordern eine Anpassung des Wertes der eingekauften Ware und der erstattungsfähigen Vorsteuer. Wurde der Einkauf bereits bezahlt, entsteht in Höhe des Preisnachlasses eine Forderung, wurde noch nicht bezahlt, mindern sich die *Verbindlichkeiten (Einkauf)*. Die gerade dargestellte Beschaffung wäre im Falle eines noch nicht bezahlten Einkaufs und eines am 2. Mai gewährten Preisnachlasses von 55 GE inklusive 10 % Mehrwertsteuer zu ergänzen durch die Buchung:

Wirkung nachträglicher Preisveränderungen auf Vermögensgut und Mehrwertsteuer

Beleg	Datum	Geschäftsvorfall und Konten	Soll	Haben
	2.5.	Preisnachlass nach Einkauf		
		Verbindlichkeiten (Einkauf)	55	
		Warenvorrat (Autoreifen)		50
		Forderungen (Vorsteuer)		5

Wurde die Ware zum Zeitpunkt des Preisnachlasses bereits ergebniswirksam verwertet (verkauft) und die im Rahmen der Verwertung notwendige Buchung *Aufwand (Verkauf)* an *Warenvorrat (Autoreifen)* mit 100 GE schon vorgenommen sowie die Vorsteuer in Höhe von 10 GE verbucht, so sind auch diese Buchungen wegen des geänderten Warenwertes am 2. Mai zu korrigieren. Insgesamt löst die neue Situation die beiden folgenden Buchungen aus:

Wirkung nachträglicher Preisveränderungen bei bereits verarbeitetem Vermögensgut

Beleg	Datum	Geschäftsvorfall und Konten	Soll	Haben
	2.5.	Preisnachlass bei Einkauf		
		Verbindlichkeiten (Einkauf)	55	
		Warenvorrat (Autoreifen)		50
		Forderungen (Vorsteuer)		5
	2.5.	Korrektur der Buchung mit falschem Aufwand (Verkauf)		
		Warenvorrat (Autoreifen)	50	
		Aufwand (Verkauf)		50

Bei anderer Verwertung der Waren sind die jeweils betroffenen anderen Konten durch entsprechende Buchungen zu berichtigen.

Warenrücksendung   Nach dem Einkauf und seiner Buchung vorgenommene Warenrücksendungen verlangen eine Korrektur des Warenvorrats, der Vorsteuer und der Zahlungskonsequenzen. Vom Rücksender getragene Frachten wirken sich dabei auf Aufwand und Vorsteuer des Rücksenders aus. Vom Rücknehmer getragene Frachten haben Folgen für dessen Aufwand und die Vorsteuer.

7.5.3   Mehrwertsteuer beim Verkauf

Verkauf von Waren   Beim Verkauf verlässt die Ware das Unternehmen. Der Lagerabgang stellt die Wertminderung dar, die der Wertsteigerung aus den Verkaufserlösen gegenüber zu stellen ist. Das Ertragskonto bezeichnet man auch als Warenverkaufskonto, das Aufwandskonto als »Wareneinsatzkonto«. Beispielsweise wären Erzeugnisse, die mit 20 GE zu Buche standen und bei einem Verkauf am 10. Mai einen Netto-Verkaufspreis von 40 GE erbringen, bei einem Mehrwertsteuersatz von 10 % zu verbuchen als:

Beleg	Datum	Geschäftsvorfall und Konten	Soll	Haben
	10.5.	Verkauf auf Ziel (Ertragsbuchung)		
		Forderungen (Verkauf)	44	
		Ertrag (Verkauf)		40
		Verbindlichkeiten (Mehrwertsteuer)		4
	10.5.	Verkauf auf Ziel (Aufwandsbuchung)		
		Aufwand (Verkauf)	20	
		Warenvorrat (Erzeugnisse)		20

Nachträgliche Änderung an den Geschäftsgrundlagen   Auch beim Verkauf von Ware kann es zu den oben beschriebenen Änderungen des Geschäftes kommen. Eingeräumte Skonti und Boni, nachträglich gewährte Preisnachlässe, Rücknahme bereits verkaufter Ware (Retouren) sowie Wertanpassungen und nachträgliche Korrekturbuchungen anlässlich der Bilanzerstellung führen dazu, dass ursprünglich vorgenommene Buchungen nachträglich zu verändern sind. Vom Kunden in Anspruch genommene Skonti, Boni, Rabatte und Preisnachlässe stellen dabei Ertragsminderungen (und nicht Aufwand) dar. Steht zum Zeitpunkt der Beschaffung noch nicht fest, ob der Kunde das Skonto in Anspruch nehmen wird, so sind – dem Gläubigerschutzgedanken des deutschen Handelsrechtes folgend – zunächst die Umsatzerträge unter Abzug von Skonto zu verbuchen; erst bei Zahlung des vollen Rechnungsbetrages ist der Umsatzertrag anzupassen.

Nachträglich gewährte Preisnachlässe als Beispiel   Nachträglich gewährte Preisnachlässe und Warenrücknahmen erfordern eine nachträgliche Korrektur der ursprünglichen Beträge. Wird im Beispiel am 11. Mai nachträglich ein Preisnachlass von 50 % gewährt, so ist zu buchen:

Beleg	Datum	Geschäftsvorfall und Konten	Soll	Haben
	11.5.	Preisnachlass auf Verkauf		
		Ertrag (Verkauf)	20	
		Verbindlichkeiten (Mehrwertsteuer)	2	
		Forderungen (Verkauf)		22

Wird darüber hinaus im Beispiel die Hälfte der Ware am 12. Mai zur Hälfte des berechneten Preises zurückgenommen und trägt der Rücksender die Fracht, so ist beim Rücknehmer wie bei einem Preisnachlass vorzugehen und im Falle von Erzeugnissen zusätzlich zu buchen:

Rücknahme von Waren als Beispiel

Beleg	Datum	Geschäftsvorfall und Konten	Soll	Haben
	12.5.	Preisnachlass bei Verkauf (Ertragsbuchung)		
		Ertrag (Verkauf)	10	
		Verbindlichkeiten (Mehrwertsteuer)	1	
		Forderungen (Verkauf)		11
	12.5.	Preisnachlass bei Verkauf (Aufwandsbuchung)		
		Warenvorrat (Erzeugnisse)	10	
		Aufwand (Verkauf)		10

Trägt der Rücknehmer die bar zu bezahlende Fracht in Höhe von 10 GE zuzüglich 10 % Mehrwertsteuer, so ist bei ihm zusätzlich zu buchen:

Beleg	Datum	Geschäftsvorfall und Konten	Soll	Haben
	12.5.	Rückfracht		
		Aufwand (Fracht)	10	
		Forderungen (Vorsteuer)	1	
		Zahlungsmittel		11

7.5.4 Mehrwertsteuer beim »Eigenverbrauch«

Der Eigenverbrauch von Waren durch die Eigenkapitalgeber bedeutet eine Entnahme von Eigenkapital. Da Eigenkapitalgeber in Bezug auf die entnommene Ware Endverbraucher sind, muss Mehrwertsteuer entrichtet werden. Beim Eigenverbrauch von Erzeugnissen am 13. Mai zum Netto-Wert von 100 GE ist bei einem Mehrwertsteuersatz von 10 % zu buchen:

Eigenverbrauch von Waren

Beleg	Datum	Geschäftsvorfall und Konten	Soll	Haben
	13.5.	Eigenverbrauch		
		Entnahmen	110	
		Warenvorrat (Erzeugnisse)		100
		Verbindlichkeiten (Mehrwertsteuer)		10

7.6   Korrektur und Abschluss der Konten

Korrektur und Abschluss von Konten wie bei Dienstleistungsunternehmen

Die Korrektur und der Abschluss der Konten eines Unternehmens, das Waren verkauft, läuft genau so ab wie bei einem Dienstleistungsunternehmen. Es wird eine Saldenbilanz aufgestellt und die Angaben werden aktualisiert, so dass man eine Bilanz und eine Ergebnisrechnung erstellen kann. Die Übersicht enthält dann alle die Informationen, die für die noch ausstehenden Korrektur- und Abschlussbuchungen benötigt werden.

7.6.1   Korrektur nach Inventur

Angabe auf Konten kann von Realität abweichen

Theoretisch gibt das Warenvorratskonto den aktuellen Bestand an Waren an. Die Angabe auf dem Konto kann jedoch vom tatsächlichen Bestand an Warenvorräten abweichen. Als Ursachen kommen beispielsweise Diebstahl, Schwund, Verluste oder auch Beschädigungen in Frage. Eine andere Ursache kann aus Fehlern im Rechnungswesen herrühren.

Inventur zur Bestimmung von Differenzen zwischen Kontenangaben und Realität

Um festzustellen, ob die Angaben in den Büchern mit der Realität übereinstimmen, zählen Unternehmen ihre Vorräte einmal jährlich. Oftmals wird diese physische Bestandsaufnahme namens Inventur zum Ende des Geschäftsjahres vor Erstellung der finanziellen Berichte durchgeführt. Unternehmen schließen dann häufig für einen oder mehrere Tage wegen »Inventur«.

Inventurarten

Findet die Inventur zum Ende des Geschäftsjahres statt, spricht man von einer »Stichtagsinventur«. Bei Unternehmen mit vielen Warenvorräten kann es schwierig werden, die Inventur innerhalb weniger Tage vorzunehmen. Verfügen die Unternehmen über eine kontinuierliche Erfassung von Veränderungen der Warenvorräte, so ist es möglich, die Kontostände mit der Realität zu anderen Tagen als dem Ende des Geschäftsjahres zu vergleichen. Man unterscheidet in Deutschland die vor- oder nachverlegte Stichtagsinventur von einer permanenten Inventur, bei der die Zählungen über das gesamte Geschäftsjahr verteilt werden. Bei jeder dieser Inventurarten lässt sich eine Vollprüfung oder eine Stichprobenprüfung durchführen.

Behandlung von Differenzen

Werden bei der Inventur Unterschiede zwischen der Realität und den Kontenständen festgestellt, so sind die Angaben in den Büchern zu korrigieren. Je nachdem, ob die Bestände auf den Konten zu hoch oder zu gering angegeben waren, entsteht Aufwand oder Ertrag. Weil die Höhe der Warenvorräte eng mit dem Umsatzaufwand zusammen hängt, liegt es nahe, die Bestandsdifferenzen über den Umsatzaufwand »auszubuchen«; alternativ könnte man auch spezifische Aufwandskonten heranziehen, die über den vermuteten Charakter der Bestandsdifferenzen Auskunft geben. Folgt man dem ersten Vorgehen, bedeutet ein gemessen an der Realität zu hoher Warenvorrat in den Büchern – wenn kein Einkauf vergessen wurde – dass der Umsatzaufwand zu niedrig angesetzt wurde; ein zu geringer Bestand in den Büchern weist hingegen möglicherweise darauf hin, dass der Umsatzaufwand zu hoch angesetzt wurde.

In der Saldenbilanz des MECA weise das Warenvorratskonto zum **Ein Beispiel** Beispiel einen Bestand von 40 500 GE aus. Stellt Herr Acht, der Besitzer des Unternehmens, bei der Inventur fest, dass der Anschaffungswert des Warenvorrats tatsächlich nur 40 200 GE beträgt, ließe sich folgende Korrekturbuchung vornehmen:

Beleg	Datum	Konten	Soll	Haben
	15.7.	Korrekturbuchung		
		Aufwand (Verkauf)	300	
		Warenvorrat		300

7.6.2   Saldenbilanzen

Die Erstellung und Nutzung von Saldenbilanzen für ein Unternehmen, das Waren verkauft, wird am Beispiel des MECA für das Geschäftsjahr 20X1 gezeigt. Im Unterschied zu bisherigen Beispielen werden Barzahlungsrabatte, Warenrücknahmen und Preisnachlässe auf separaten Konten aufgezeichnet, die als Gegenkonten des Brutto-Umsatzertragskontos anzusehen sind. Ausgangspunkt für die folgende Darstellung sind die Angaben aus Abbildung 7.6, die eine vorläufige Saldenbilanz und einige zusätzliche Angaben enthält, beispielsweise auch Inventurangaben, die am Fuß der Saldenbilanz aufgelistet sind. Die Konten, die im vorliegenden Kapitel eingehend diskutiert wurden, sind hervorgehoben.

Die zum Beispiel gehörende vorläufige Saldenbilanz mit den Spalten für Korrekturen sowie für die Ergebnisrechnung und die Bilanz befindet sich in Abbildung 7.7. Es ist zu beachten, dass die Tabelle alle Konten enthalten muss, wenn man sie als Checkliste zur Aktualisierung von Konten verwenden will, deren Endbestand möglicherweise nicht der Realität entspricht.

Abbildung 7.6:
Vorläufige Saldenbilanz des MECA mit zusätzlichen Angaben zum Geschäftsjahresende

MECA
Vorläufige Saldenbilanz der Geschäftsvorfälle zum 31. Dezember 20X1

	vorläufige Saldenbilanz	
	Soll	Haben
Zahlungsmittel	4000	
Forderungen (Verkauf)	1600	
Forderungen (Wechsel)	6400	
Forderungen (Zinsen)		
Warenvorrat	55000	
Büromaterial	1000	
Vorausbezahlte Versicherungen	2000	
Möbel	20000	
Kumulierte Abschreibungen (Möbel)		6000
Verbindlichkeiten (Einkauf)		40000
Verbindlichkeiten (erhaltene Vorauszahlungen)		6000
Verbindlichkeiten (Gehalt)		
Verbindlichkeiten (Zinsen)		
Verbindlichkeiten (Wechsel, langfristig)		8000
Kapital L. Acht		65000
Entnahme L. Acht	40000	
Ertrag (Verkauf, Umsatz brutto)		179000
Barzahlungsrabatte	5400	
Warenrücknahmen und Preisnachlässe	2000	
Ertrag (Zinsen)		1000
Aufwand (Verkauf)	147000	
Aufwand (Gehalt)	9000	
Aufwand (Miete)	8600	
Aufwand (Abschreibung Möbel)		
Aufwand (Versicherungen)		
Aufwand (Büromaterial)		
Aufwand (Zinsen)	3000	
Summe	305000	305000

Zusätzliche Angaben zum 31. Dezember 20X1:

a. noch nicht als Zahlungsmittel eingegangener Zinsertrag: 900 GE

b. Wert des Warenvorrats: 54100 GE

c. Wert des Büromaterials: 200 GE

d. Nutzung der Vorauszahlung (Versicherungen): 1000 GE

e. Abschreibung (Möbel): 800 GE

f. während des Jahres zu Verkaufsertrag gewordene Vorauszahlungen: 4000 GE

g. noch nicht gezahlte, aber fällige Gehälter: 900 GE

h. noch nicht gezahlte, aber fällige Zinsausgaben: 700 GE

MECA
Kalkulationstabelle zum 31. Dezember 20X1

	vorläufige Saldenbilanz		Korrekturen		Ergebnis-rechnung		Bilanz	
	Soll	Haben	Soll	Haben	Soll	Haben	Soll	Haben
Zahlungsmittel	4000						4000	
Forderungen (Verkauf)	1600						1600	
Forderungen (Wechsel)	6400						6400	
Forderungen (Zinsen)			a: 900				900	
Warenvorrat	55000			b: 900			54100	
Büromaterial	1000			c: 800			200	
Vorausbezahlte Versicherungen	2000			d: 1000			1000	
Möbel	20000						20000	
Kum. Abschreibungen (Möbel)		6000		e: 800				6800
Verbindlichkeiten (Einkauf)		40000						40000
Verbindlichkeiten (erh. Vorausz.)		6000	f: 4000					2000
Verbindlichkeiten (Gehalt)				g: 900				900
Verbindlichkeiten (Zinsen)				h: 700				700
Verbindlichkeiten (langfristig)		8000						8000
Kapital L. Acht		65000						65000
Entnahme L. Acht	40000						40000	
Ertrag (Umsatz brutto)		179000		f: 4000		183000		
Barzahlungsrabatt	5400				5400			
Warenrücknahme, Preisnachlass	2000				2000			
Ertrag (Zinsen)		1000		a: 900		1900		
Aufwand (Verkauf)			b: 900					
Aufwand (Gehalt)	147000		b: 900		147900			
Aufwand (Miete)	9000		g: 900		9900			
Aufwand (Abschreibung Möbel)	8600				8600			
Aufwand (Versicherungen)			e: 800		800			
Aufwand (Büromaterial)			d: 1000		1000			
Aufwand (Zinsen)			c: 800		800			
	3000		h: 700		3700			
Summe	305000	305000	10000	10000	180100	184900	128200	123400
Ergebnis					4800			4800
					184900	184900	128200	128200

Abbildung 7.7: Vorläufige Saldenbilanz, Korrekturen, Ergebnisrechnung und Bilanz des MECA zum 31. Dezember 20X1

7.6.3   Korrektur- und Abschlussbuchungen

Korrekturbuchungen Die notwendigen Korrektur- und Abschlussbuchungen lassen sich aus der Kalkulationstabelle ablesen. Während die Korrekturbuchungen bewirken, dass die Kontenstände aktualisiert werden, bereitet man mit den Abschlussbuchungen die Konten für das nächste Geschäftsjahr vor. Die Korrekturbuchungen der Abbildung 7.8 des vorliegenden Beispiels ergeben sich aus Abbildung 7.6 und nehmen Bezug auf die Zusatzangaben am Fuß der Saldenbilanz aus Abbildung 7.7, Seite 261.

Abbildung 7.8:
Korrekturbuchungen
des MECA

Beleg	Datum	Konten	Soll	Haben
a	31.12.	*Forderungen (Zinsen)*	900	
		Ertrag (Zinsen)		900
b	31.12.	*Aufwand (Verkauf)*	900	
		Warenvorrat		900
c	31.12.	*Aufwand (Büromaterial)*	800	
		Büromaterial		800
d	31.12.	*Aufwand (Versicherungen)*	1 000	
		Vorauszahlung (Versicherungen)		1 000
e	31.12.	*Aufwand (Abschreibung Möbel)*	800	
		Kumulierte Abschreibungen (Möbel)		800
f	31.12.	*Verbindlichkeiten (Vorauszahlung Verkauf)*		
		Ertrag (Verkauf)	4000	
				4000
g	31.12.	*Aufwand (Gehalt)*	900	
		Verbindlichkeiten (Gehalt)		900
h	31.12.	*Aufwand (Zinsen)*	700	
		Verbindlichkeiten (Zinsen)		700

Abschlussbuchungen hängen ab von gewählter Abschlussmethode Welche Abschlussbuchungen im Einzelnen durchzuführen sind, hängt davon ab, was man auf den Konten zeigen möchte. Abschlussbuchungen hängen von der gewählten Abschlussart ab. Im vorangehenden Kapitel wurden mehrere Varianten voneinander unterschieden. Bei einer dieser Varianten wurde der Ertrag und der Aufwand über das Ergebniskonto auf das Eigenkapitalkonto gebucht. Bei einer anderen Variante war so verfahren worden, dass Ertrag und Aufwand auf einem Ergebniskonto und Einlagen und Entnahmen auf dem Eigenkapitalkonto zur Übernahme in eine Bilanz gesammelt wurden, bevor das Ergebniskonto abgeschlossen wurde. Die Buchungssätze der Abbildung 7.9 unterstellen die Abschlussmethode, bei der letztlich Ertrag und Aufwand über das Ergebniskonto zusammengefasst werden, dessen Saldo auf dem Eigenkapitalkonto verrechnet wird.

Beleg	Datum	Konten	Soll	Haben
1	31.12.	*Ertrag (Verkauf)*	183 000	
		Ertrag (Zinsen)	1 900	
		Ergebniskonto		184 900
2	31.12.	*Ergebniskonto*	180 100	
		Aufwand (Verkauf)		147 900
		Barzahlungsrabatt		5 400
		Warenrücknahme und Preisnachlass		2 000
		Aufwand (Gehalt)		9 900
		Aufwand (Miete)		8 600
		Aufwand (Abschreibung Möbel)		800
		Aufwand (Versicherung)		1 000
		Aufwand (Büromaterial)		800
		Aufwand (Zinsen)		3 700
3	31.12.	*Ergebniskonto*	65 000	
		Eigenkapital L. Acht		65 000
4	31.12.	*Eigenkapital L. Acht*	40 000	
		Entnahme L. Acht		40 000

Abbildung 7.9:
Abschlussbuchungen des MECA

7.6.4 Erstellung von Finanzberichten

Die Kalkulationstabelle umfasst alle Angaben, die für die Erstellung der in Abbildung 7.10, Abbildung 7.11 und Abbildung 7.12 enthaltenen finanziellen Berichte erforderlich sind.

MECA Ergebnisrechnung für das Geschäftsjahr 20X1			
Umsatzertrag (brutto)		183 000 GE	
– Barzahlungsrabatt	–5 400 GE		
– Rücknahme und Preisnachlass	–2 000 GE	–7 400 GE	
= Umsatzertrag (netto)			175 600 GE
Aufwand für verkaufte Ware			–147 900 GE
Rohertrag			27 700 GE
Betrieblicher Aufwand			
Gehalt		–9 900 GE	
Miete		–8 600 GE	
Versicherungesprämien		–1 000 GE	
Abschreibungen		–800 GE	
Büromaterial		–800 GE	–21 100 GE
Betriebsergebnis			6 600 GE
Anderer Ertrag und Aufwand			
Zinsertrag		1 900 GE	
Zinsaufwand		–3 700 GE	–1 800 GE
Ergebnis			4 800 GE

Abbildung 7.10: Ergebnisrechnung des MECA für das Geschäftsjahr 20X1

MECA
Eigenkapitalrechnung für das Geschäftsjahr 20X1

Anfangsbestand: Kapital L Acht, 1. Januar 20X1	65 000 GE
Zugang: Ergebnis	+4 800 GE
Abgang: Entnahme von L. Acht	−40 000 GE
Endbestand: Kapital L. Acht, 31. Dezember 20X1	=29 800 GE

Abbildung 7.11: Eigenkapitalrechnung des MECA für das Geschäftsjahr 20X1

	MECA	
Aktiva	Bilanz zum 31. Dezember 20X1	Passiva

Aktiva		Passiva	
Umlaufvermögen		Fremdkapital (kurzfristig)	
Zahlungsmittel	4 000 GE	Verbindlichkeiten (Einkauf)	40 000 GE
Forderungen (Verkauf)	1 600 GE	Verbindlichkeiten (Voraus.)	2 000 GE
Besitzwechsel	6 400 GE	Verbindlichkeiten (Gehalt)	900 GE
Zinsforderungen	900 GE	Verbindlichkeiten (Zinsen)	700 GE
Handelswaren	54 100 GE	Summe	43 600 GE
Vorauszahlung (Versicherungen)	1 000 GE		
Büromaterial	200 GE	Fremdkapital (langfristig)	
Summe	68 200 GE	Schuldwechsel	8 000 GE
Anlagevermögen			
Möbel 20 000 GE		Gesamtes Fremdkapital	51 600 GE
– Kumulierte Abschrei-			
bungen (Möbel) – 6 800 GE	13 200 GE	Eigenkapital L. Acht	29 800 GE
Bilanzsumme	81 400 GE	Bilanzsumme	81 400 GE

Abbildung 7.12: Bilanz des MECA für das Geschäftsjahr 20X1

Betrieblicher Ertrag, betrieblicher Aufwand und Betriebsergebnis

Die Ergebnisrechnung berichtet nicht nur über den Rohertrag, sondern über den gesamten Ertrag und Aufwand, insbesondere über den betrieblichen Aufwand, im Englischen als »*operating expenses*« bezeichnet. Dahinter verbirgt sich bis auf die Ausgaben für die verkauften Waren aller Aufwand, der im Rahmen der Haupttätigkeit des Unternehmens, nämlich dem Handel, angefallen ist. Der Rohertrag abzüglich des betrieblichen Aufwands zuzüglich eventuellen betrieblichen Ertrags (Englisch: »*operating revenues*«) ergibt das sogenannte Betriebsergebnis, das in der englischen Sprache als »*operating income, income from operations*« bezeichnet wird. Viele Leute betrachten das Betriebsergebnis als ein wichtiges Ergebnismaß, weil es das finanzielle Ergebnis der hauptsächlichen Aktivitäten eines Unternehmens zeigt. Aller Ertrag und Aufwand, der nicht zu dem betrieblichen Ertrag und Aufwand gehört, wird gesondert ausgewiesen.

Zur Eigenkapitalrechnung sind über die Ausführungen in früheren Kapiteln hinaus keine Anmerkungen zu machen. Die Bilanz eines Unternehmens, das Waren verkauft, unterscheidet sich nur insofern von derjenigen eines Dienstleistungsunternehmens, als Handelswaren einen großen Posten ausmachen.

7.7 Kennzahlen zur Entscheidungsunterstützung

Für Unternehmen, die Waren verkaufen, stellen Warenvorräte oft das zentrale Vermögensgut dar. Die Aktivitäten der Unternehmensleitung zielen darauf ab, die Warenvorräte auf die beste Art zu verkaufen. Zur Beurteilung von Tätigkeiten werden oftmals zwei Kennzahlen gebildet, der Rohertragsprozentsatz *(gross margin percentage)* und der Vorratsumschlag *(rate of inventory turnover)*.

Der Rohertragsprozentsatz ergibt sich aus der Division des Rohertrages durch den Netto-Umsatz:

Rohertragsprozentsatz

Rohertragsprozentsatz = Rohertrag / Netto-Umsatz x 100

Solche Unternehmen sind bemüht einen möglichst hohen Rohertragsprozentsatz zu erwirtschaften. Er beträgt bei MECA 15,77% (27700/ 175600 x 100) und besagt, dass im Durchschnitt 1 GE Umsatz 0,1577 GE Rohertrag mit sich bringt. Aus dem Rohertrag und dem oft unbedeutenden Ertrag ist der andere Aufwand zu decken. Es entsteht nur dann ein positives Ergebnis, wenn der Rohertrag und der andere Ertrag den anderen Aufwand übersteigt. Kleine Veränderungen des Rohertragsprozentsatzes bringen oft große Veränderungen des Ergebnisses mit sich.

Warenvorrats-umschlag

Unternehmensleitungen, die das Ergebnis ihres Unternehmens maximieren wollen, sind häufig bestrebt, ihren Warenvorrat so schnell wie möglich zu verkaufen. Denn Waren tragen erst zum Ergebnis bei, wenn sie verkauft werden. Je schneller sie verkauft werden, desto eher liefern sie einen Beitrag zur Ergebniserzielung; zudem vermeidet man die Ansammlung von »Ladenhütern«. Mit dem Warenvorratsumschlag wird gemessen, wie schnell der Warenvorrat verkauft wird. Dazu rechnet man:

Warenvorratsumschlag = Aufwand aus Verkauf / durchschnittlicher Warenvorrat

Der durchschnittliche Warenvorrat wird oftmals aus dem Durchschnitt des Anfangs- und Endbestandes geschätzt. Unterstellt man, dass der Umsatzaufwand des MECA sich so wie in Abbildung 7.3, Seite 244, errechnet, dann wird der Warenvorrat 3,2 mal je Jahr (= 147900/(38600 + 54100)/2) umgeschlagen. Ein hoher Warenumschlag ist einem niedrigen vorzuziehen. Eine Steigerung des Warenumschlags bedeutet i.d.R. eine Ergebnissteigerung.

7.8   Übungsmaterial

7.8.1   Fragen mit Antworten

Fragen	Antworten
Wie unterscheiden sich Unternehmen, die Waren verkaufen, von Dienstleistungsunternehmen?	Unternehmen, die Waren verkaufen, können diese eingekauft oder selbst erzeugt haben. Dienstleistungsunternehmen erbringen Dienstleistungen. Waren sind lagerfähig.
Wie unterscheiden sich die finanziellen Berichte eines Unternehmens, das Waren verkauft, von denen eines Dienstleistungsunternehmens?	Bilanz: Warenverkäufer weisen Warenvorrat als Vermögensgut aus. Dienstleistungsunternehmen haben keine Warenvorräte.

Ergebnisrechnung (vereinfacht):

Warenverkäufer:	Dienstleistungsunternehmen:
Umsatzertrag	Dienstleistungsertrag
– Umsatzaufwand	– betrieblicher Aufwand
= Rohertrag	.
– betrieblicher Aufwand	.
.	= Ergebnis
.	
= Ergebnis	

Eigenkapitalrechnung: kein Unterschied.

Fragen	Antworten
Welche beiden Möglichkeiten gibt es, Veränderungen des Warenvorrats zu erfassen?	Kontinuierlich arbeitende Systeme zeigen jederzeit den aktuellen Warenvorrat und geben bei jedem Verkauf den Umsatzaufwand an. Periodische Systeme erlauben die Angabe des Warenvorrats und des Umsatzaufwandes erst nach einer physischen Bestandsaufnahme.
Wie kann man den Warenvorrat beurteilen?	Mit Hilfe des Rohertragsprozentsatzes und des Warenumschlags. Meistens gilt: Je höher der Wert der Kennzahlen, desto besser für das Unternehmen!
Wie kann man den Aufwand für verkaufte Waren ermitteln?	Mit Hilfe eines Systems der kontinuierlichen Erfassung von Veränderungen des Warenvorrats oder indem man dem Anfangsbestand an Warenvorräten den Einkauf hinzurechnet und den durch Inventur ermittelten Endbestand abzieht.

Fragen	Antworten
Wie funktioniert die deutsche Mehrwertsteuer?	Umsatzsteuer wird dem Käufer beim Verkauf belastet, gewährt ihm aber auch einen Erstattungsanspruch gegenüber dem Fiskus, soweit er nicht Endverbraucher ist. Der Verkäufer hat die erhobene Mehrwertsteuer unter Abzug der von ihm beim Einkauf gezahlten Mehrwertsteuer (= Vorsteuer) an den Fiskus abzuführen.
Welche Vorgänge sind i.w.S. mit Beschaffung verbunden?	Einkauf (Zugänge Waren, Abgänge Zahlungsmittel oder Zugänge Verbindlichkeiten), Rabatte, Skonti, Boni, nachträgliche Preisnachlässe, Rücksendungen.
Stellen Rabatte, Skonti, Boni sowie Preisnachlässe auf eingekaufte Waren Erträge dar?	Nein, sie führen zu einer ergebnisneutralen Korrektur der Anschaffungsausgaben oder zu einer Aufwandsminderung, falls die eingekaufte Ware bereits verkauft wurde.
Welche Vorgänge sind mit der Produktion von Erzeugnissen verbunden?	Abgänge von Roh-, Hilfs- und Betriebsstoffen sowie Zahlungsmitteln, Zugänge unfertiger und fertiger Erzeugnisse.

7.8.2   Verständniskontrolle

1. Der Rohertrag wird in der Wirtschaftspresse oft als ein wichtiges Erfolgsmaß dargestellt. Was wird mit dem Begriff gemessen und warum ist das wichtig?

2. Beschreiben Sie den Wirtschaftskreislauf eines Unternehmens ohne und mit Forderungen und Verbindlichkeiten!

3. Zeigen Sie auf, welche Konten auf welchen Seiten zu verändern sind: (a) beim Kauf einer Ware auf Ziel mit anschließender Bezahlung und (b) beim Verkauf einer Ware auf Ziel mit anschließender Bezahlung! Vernachlässigen Sie dabei Rabatte, Rücksendungen, Preisnachlässe und Frachtkosten!

4. Am 28. Juli wird Ware zum Preis von 1 000 GE gekauft. Bei Zahlung innerhalb von 10 Tagen kann 3 % Barzahlungsrabatt abgezogen werden. Welcher Betrag ergibt sich bei Zahlung am 6. August, welcher bei Zahlung am 9. August? Wie ist zu buchen?

5. Beim Verkauf von Ware mit einem Listenpreis von 35 000 GE wird vorab ein Mengenrabatt in Höhe von 3 000 GE und ein Barzahlungsrabatt von 2 % auf den Rechnungsbetrag bei Zahlung innerhalb von 15 Tagen gewährt. Wie hoch ist der Verkaufsertrag, wenn der Käufer innerhalb von 15 Tagen zahlt? Wie ist zu buchen?

6. Beschreiben Sie kurz die Ähnlichkeit der Ermittlung des Büromaterialaufwandes in der Unternehmensberatung K. Gross (Kapitel 3) mit der Ermittlung des Aufwandes für verkaufte Waren bei periodischer Erfassung der Abnahme von Warenvorräten!

7. Warum ist die Kontobezeichnung »Einstandskosten der verkauften Waren« besonders aussagefähig? Um welchen Typ von Konto handelt es sich?

8. Der Anfangsbestand an Waren betrage 5 000 GE, der Einkaufsbetrag ohne Umsatzsteuer 30 000 GE und die übernommenen Frachtkosten 1 000 GE. Wie hoch ist der Aufwand für die verkauften Waren, wenn sich der Endbestand auf 8 000 GE beläuft?

9. Sie beurteilen zwei Unternehmen für eine mögliche Investition an Hand ihrer Bilanzen und Ergebnisrechnungen. Woran können Sie jeweils erkennen, ob es sich um ein Dienstleistungsunternehmen oder um ein Unternehmen handelt, das Waren verkauft?

10. Sie beginnen, für Ihr Unternehmen die Korrektur- und Abschlussbuchungen zum Ende des Geschäftsjahres vorzubereiten. Enthält die vorläufige Saldenbilanz den endgültigen Endbestand der Warenvorräte?

11. Geben Sie den Buchungssatz für die Korrekturbuchung an, wenn der Warenvorrat durch Verdunsten um 9 100 GE abgenommen hat!

12. Wodurch lässt sich sogenannter »anderer Ertrag« und »der andere Aufwand« einer Ergebnisrechnung kennzeichnen?

13. Nennen und beschreiben Sie zwei Formate von Ergebnisrechnungen mit ihren Eigenschaften!

14. Nennen Sie acht verschiedene Arten betrieblichen Aufwands!

15. In welchem finanziellen Bericht könnte man Barzahlungsrabatte, Warenrücknahmen und Preisnachlässe angeben? Illustrieren Sie, wie eine solche Angabe erfolgen könnte!

16. Zieht ein an Gewinnmaximierung interessiertes Unternehmen, das Waren verkauft, bei sonst gleichen Bedingungen einen hohen oder einen niedrigen Umschlag des Warenvorrats vor?

17. Was kann man aus einem im Zeitablauf abnehmenden Rohertragsprozentsatz verbunden mit einem zunehmenden Umschlag des Warenvorrats über die Preispolitik des Unternehmens vermuten?

18. Welche Geschäftsvorfälle und anderen relevanten Ereignisse berühren Warenkonten?

19. Welche Buchungen kann die Inanspruchnahme von Skonto durch einen Kunden bei einem Verkäufer auslösen?

20. Welche Konten werden bei nachträglichen Preisnachlässen auf eingekaufte Ware berührt?

21. Entsteht bei der Produktion von Erzeugnissen Aufwand?

22. Welche buchmäßigen Konsequenzen löst die Rücknahme verkaufter Ware aus?

23. Wie funktioniert die Umsatzsteuer in Deutschland?

24. Stellt die »Vorsteuer« Ertrag dar?

25. Wird die »Mehrwertsteuer« als Aufwand behandelt?

26. Was versteht man unter Eigenverbrauch und wie wird er umsatzsteuerlich behandelt?

7.8.3   Aufgaben zum Selbststudium

Aufgabe 7.1   **Durchführung von Korrektur- und Abschlussbuchungen zur Erstellung von Finanzberichten aus einer Saldenbilanz**

Sachverhalt

Für das Unternehmen Paul Roth liegt die vorläufige Saldenbilanz der Abbildung 7.13 zum Ende des Geschäftsjahres 20X3 vor. Die zusätzlichen Angaben am Fuß der Tabelle betreffen Sachverhalte, die für die Korrekturbuchungen relevant sein können.

Teilaufgaben

1. Vervollständigen Sie die Saldenbilanz!

2. Geben Sie die Buchungssätze der Korrektur- und Abschlussbuchungen unter Verwendung eines Ergebniskontos zum 31. Dezember 20X3 an! Nehmen Sie die Abschlussbuchungen auf T-Konten vor!

3. Erstellen Sie eine möglichst aussagefähige Ergebnisrechnung in Staffelform, eine Eigenkapitalrechnung sowie eine Bilanz in Kontoform!

4. Ermitteln Sie den Lagerumschlag der Handelswaren für 20X3! Am 31. Dezember 20X2 hatte der Warenvorrat 91 500 GE betragen. Der Warenvorratsumschlag für 20X2 belief sich auf 2.1. Ist zu erwarten, dass Paul Roth im Geschäftsjahr 20X3 ein höheres oder ein niedrigeres Ergebnis als im Jahr 20X2 erzielen wird? Begründen Sie Ihre Antwort!

Paul Roth
Vorläufige Saldenbilanz der Geschäftsvorfälle zum 31. Dezember 20X3

	Saldo	
	Soll	Haben
Zahlungsmittel	8 505	
Forderungen (Verkauf)	55 650	
Warenvorrat	90 750	
Büromaterial	5 895	
Forderungen (Mietvorauszahlung)	9 000	
Büromöbel	39 750	
Kumulierte Abschreibung (Möbel)		31 800
Verbindlichkeiten (Einkauf)		69 510
Verbindlichkeiten (Gehalt)		
Verbindlichkeiten (Zinsen)		
Verbindlichkeiten (erhaltene Vorauszahlungen)		5 250
Verbindlichkeiten (Wechsel, langfristig)		52 500
Kapital Paul Roth		35 520
Entnahme Paul Roth	72 000	
Umsatzertrag (brutto)		520 050
Barzahlungsrabatte	15 450	
Warenrücknahmen und Preisnachlässe	12 300	
Aufwand (Verkauf)	257 655	
Aufwand (Gehalt)	124 125	
Aufwand (Miete)	10 500	
Aufwand (planmäßige Abschreibung)		
Aufwand (Sonstiges)	8 700	
Aufwand (Büromaterial)		
Aufwand (Zinsen)	4 350	
Summe	714 630	714 630

Abbildung 7.13:
Vorläufige Saldenbilanz des Paul Roth zum 31. Dezember 20X3

Zusätzliche Angaben zum 31. Dezember 20X3:

a. Noch bestehende Verbindlichkeiten aus Vorauszahlungen: 3 600 GE

b. Während des Jahres »abgewohnte« Mietvorauszahlung: 7 500 GE

c. Büromaterialverbrauch während des Jahres: 3 870 GE

d. Abschreibung: Nutzungsdauer der Möbel: 10 Jahre, kein Restwert, gleichmäßige Verteilung der Anschaffungsausgaben über die Zeit

e. Noch nicht gezahlte fällige Löhne: 1 950 GE

f. Noch nicht gezahlte fällige Zinsen (Aufwand): 900 GE

g. Warenvorrat lt. Inventur: 98 700 GE

Lösung der Teilaufgaben

1. Vervollständigung des Saldenbilanzschemas

Paul Roth
Saldenbilanzen zum 31.12.20X3

	vorläufige Saldenbilanz		Korekturen		korrigierte Saldenbilanz	
	Soll	Haben	Soll	Haben	Soll	Haben
Zahlungsmittel	8505				8505	
Forderungen (Verkauf)	55650				55650	
Warenvorrat	90750		g 7950		98700	
Büromaterial	5895			c 3870	2025	
Forderung (Mietvorauszahlung)	9000			b 7500	1500	
Büromöbel	39750				39750	
Kumulierte Abschreibung (Möbel)		31800		d 3975		35775
Verbindlichkeiten (Einkauf)		69510				69510
Verbindlichkeiten (Gehalt)				e 1950		1950
Verbindlichkeiten (Zinsen)				f 900		900
Verbindlichkeiten (erhaltene Vorausz.)		5250	a 1650			3600
Verbindlichk. (Wechsel, langfristig)		52500				52500
Kapital Paul Roth		35520				35520
Entnahme Paul Roth	72000				72000	
Ertrag (Verkauf) brutto		520050		a 1650		521700
Barzahlungsrabatte	15450				15450	
Warenrücknahmen und Preisnachlässe	12300				12300	
Aufwand (Verkauf)	257655			g 7950	249705	
Aufwand (Gehalt)	124125		e 1950		126075	
Aufwand (Miete)	10500		b 7500		18000	
Aufwand (planmäßige Abschreibung)			d 3975		3975	
Aufwand (Sonstiges)	8700				8700	
Aufwand (Büromat.)			c 3870		3870	
Aufwand (Zinsen)	4350		f 900		5250	
Summe	714630	714630	27795	27795	721455	721455

Aufspalten der korrigierten Saldenbilanz in Bilanzkonten und Konten der Ergebnisrechnung:

Paul Roth Korrigierte Saldenbilanz, korrigierte Bilanzkonten, Konten der Ergebnisrechnung zum 31.12.20X3						
	Korrigierte Saldenbilanz		Bilanzkonten		Konten der Ergebnisrechnung	
	Soll	Haben	Soll	Haben	Soll	Haben
Zahlungsmittel	8505		8505			
Forderungen (Verkauf)	55650		55650			
Warenvorrat	98700		98700			
Büromaterial	2025		2025			
Forderung (Mietvorauszahlung)	1500		1500			
Büromöbel	39750		39750			
Kumulierte Abschreibung (Möbel)		35775		35775		
Verbindlichkeiten (Einkauf)		69510		69510		
Verbindlichkeiten (Gehalt)		1950		1950		
Verbindlichkeiten (Zinsen)		900		900		
Verbindlichkeiten (erhaltene Vorausz.)		3600		3600		
Verbindlich. (Wechsel, langfristig)		52500		52500		
Kapital Paul Roth		35520		35520		
Entnahme Paul Roth	72000		72000			
Ertrag (Verkauf) brutto		521700				521700
Barzahlungsrabatte	15450				15450	
Warenrücknahmen und Preisnachlässe	12300				12300	
Aufwand (Verkauf)	249705				249705	
Aufwand (Gehalt)	126075				126075	
Aufwand (Miete)	18000				18000	
Aufwand (planmäßige Abschreibung)	3975				3975	
Aufwand (Sonstiges)	8700				8700	
Aufwand (Büromat.)	3870				3870	
Aufwand (Zinsen)	5250				5250	
Summe	721455	721455	278130	199755	443325	521700
Ergebnis				78375	78375	
Summe	721455	721455	278130	278130	521700	521700

2. Die Korrektur- und Abschlussbuchungen ergeben sich wie oben dargestellt.

3. Die Ergebnisrechnung zeigt das Ergebnis in Höhe von 78375 GE. Die Eigenkapitalrechnung enthält die Veränderung des Eigenkapitals von 35520 GE auf 41895 GE. Aus der Bilanz ist das Eigenkapital in Höhe von 41895 GE ersichtlich.

4. Für 20X3 wird ein höherer Warenumschlag erwartet:

   Aufwand für verkaufte Erzeugnisse / durchschnittlicher Bestand = 249705 / ((91500 + 98700)/2) = 2,63

   Die Steigerung lässt einen erhöhten Gewinn erwarten.

Aufgabe 7.2   **Einkauf und Verkauf, jeweils mit Rabatten und Rücksendungen, ohne Umsatzsteuer**

Sachverhalt

Das Handelsunternehmen Braun & Co existiere in einer Welt ohne Umsatzsteuer. Es verzeichne im Monat Juni die folgenden Ereignisse bzw. Geschäftsvorfälle:

a.	3. Juni	Einkauf von Waren auf Ziel (zahlbar mit 1 % Skonto in 10 Tagen oder ohne Abzug bis zum Monatsende), Rechnungsbetrag 1 640 GE.
b.	9. Juni	Rücksendung von 40 % der am 3. Juni gekauften Waren wegen Defekten.
c.	12. Juni	Verkauf von Waren gegen Barzahlung zu 920 GE (Einkaufspreis 550 GE).
d.	15. Juni	Einkauf von Waren zu 5 100 GE abzüglich 100 GE Mengenrabatt (zahlbar mit 3 % Skonto in 15 Tagen oder ohne Abzug in 30 Tagen).
e.	16. Juni	Bezahlung einer Frachtrechnung über 260 GE für eingekaufte Waren.
f.	18. Juni	Verkauf von Waren, die zu 1 180 GE eingekauft worden waren, zum Preis von 2 000 GE (zahlbar mit 2 % Skonto in 10 Tagen, ohne Abzug in 30 Tagen).
g.	22. Juni	Rücknahme beschädigter Ware mit Rechnungsbetrag von 800 GE aus der Lieferung vom 18. Juni (Einkaufspreis 480 GE).
h.	24. Juni	Aufnahme eines Darlehens bei einer Bank zur Nutzung des Barzahlungsrabattes bei der Bezahlung des Einkaufs vom 15. Juni.
i.	28. Juni	Eingang des vereinbarten Betrages aus dem Verkauf vom 18. Juni.
j.	29. Juni	Bezahlung des aus dem Einkauf vom 3. Juni und der Rücksendung vom 9. Juni geschuldeten Betrages.
k.	30. Juni	Einkauf von Waren zum Listenpreis von 900 GE mit Mengenrabatt von 35 GE gegen Barzahlung.

Teilaufgaben

1. Bilden Sie die Buchungssätze für die Ereignisse bzw. Geschäftsvorfälle! Unterstellen Sie dabei, die Abgänge von Handelswaren würden kontinuierlich erfasst!

2. Erstellen Sie T-Konten und nehmen Sie die Buchungen vor, um den Endbestand des Warenvorratskontos sowie den des Aufwandskontos für verkaufte Waren zum 30. Juni zu bestimmen! Unterstellen Sie dabei, es hätte keine Anfangsbestände gegeben!

3. Nehmen Sie an, für das am 24. Juni aufgenommene Darlehen seien 95 GE Zinsen zu entrichten. War die Entscheidung sinnvoll, ein Darlehen aufzunehmen, um den Einkauf innerhalb der Skontofrist bezahlen zu können?

Lösung der Teilaufgaben

1. Die Erstellung der Buchungssätze wird im Lehrbuchtext ausführlich behandelt.

2. T-Konten bei Unterstellung einer der in Aufgabenteil 1 angegebenen Buchungsmöglichkeit

Ware					Umsatzaufwand			
a	1 640	b	656		c2	550	g2	480
d	5 000	c2	550		f2	1 180		
e	260	f2	1 180		S	1 250		
g2	480	h2	150					
k	865							
S	5 709							

Verbindlichkeit					Ertrag (Verkauf)			
b	656	a	1 640		g1	784	c1	920
h2	5 000	d	5 000				f1	1 960
j	984	h1	4 850				S	2 096
		S	4 850					

Forderungen					Zahlungsmittel			
f1	1 960	g1	784		c1	920	e	260
		i	1 176		h1	4 850	h2	4 850
					i	1 176	j	984
							k	865
							S	13

3. Den 95 GE Zinsen für das Darlehen stehen 150 GE ersparte Ausgaben beim Darlehen gegenüber.

Aufgabe 7.3   Warenverkehr mit Umsatzsteuer

Sachverhalt

Zu Beginn des Geschäftsjahres 20X1 laute die Bilanz eines Unternehmens:

Aktiva		Bilanz zum 1.1.20X1	Passiva
Handelswaren	200	Eigenkapital	250
Zahlungsmittel	300	Verbindlichkeiten (Einkauf)	250
Gesamtes Vermögen	<u>500</u>	Gesamtes Kapital	<u>500</u>

Während des Geschäftsjahres 20X1 ereigne sich folgendes:

a. Einkauf von Handelwaren zum Preis von 206 GE abzüglich 6 GE Skonto zuzüglich Umsatzsteuer. Man zahlt in bar.

b. Rücksendung von eingekaufter mangelhafter Handelsware, die mit 50 GE zuzüglich Umsatzsteuer gekauft worden war. Man erhält eine Einkaufsgutschrift über den Wert der Ware zuzüglich der Umsatzsteuer.

c. Erhalt eines Preisnachlasses auf den Nettopreis eingekaufter Handelsware, die mit 60 GE zu Buche stand, in Form einer Einkaufsgutschrift in Höhe von 10 GE zuzüglich Umsatzsteuer.

d. Verkauf von Handelsware auf Ziel an den Kunden B. Die Ware stand mit 200 GE zu Buche. Der Verkaufspreis belief sich auf 440 GE inklusive Umsatzsteuer. Bei Barzahlung wurden 3% Skonto eingeräumt.

e. Inanspruchnahme von 3% Skonto durch den Kunden B und Zahlung des sich ergebenden Betrages.

f. Rücknahme von Handelsware, die zuvor zu 100 GE zuzüglich Umsatzsteuer gegen bar verkauft worden war und einen Einkaufspreis von 100 GE inklusive Umsatzsteuer besessen hatte.

g. Gewährung eines Preisnachlasses von netto (ohne Umsatzsteuer) 100 GE auf Ware, die auf Ziel veräußert worden war.

Unterstellen Sie, die Umsatzsteuer werde in Form der Mehrwertsteuer mit einem Steuersatz von 10% für das Geschäftsjahr erhoben und das Unternehmen sei vorsteuerabzugsberechtigt. Benutzen Sie für die folgenden Buchungen die Konten »Verbindlichkeiten (Mehrwertsteuer)« und »Forderungen (Vorsteuer)« und stellen Sie die finanziellen Konsequenzen der Umsatzsteuer am Ende des Geschäftsjahres in nur einem einzigen Bilanzposten dar! Gründe für »Korrekturbuchungen« liegen nicht vor.

Teilaufgaben

1. Welche Konten schlagen Sie für die Erfassung der Ereignisse im Jahr 20X1 im Rahmen einer doppelten Buchführung nach deutschem Handelsrecht vor, wenn die Werte von eingekaufter und verkaufter Ware auf getrennten Konten ermittelbar sein sollen? Geben Sie jeweils an, zu welchen Vermögens-, Fremdkapital- und Eigenkapitalkonten Ihre Konten Unterkonten darstellen! Berücksichtigen Sie dabei die Umsatzsteuer-Konsequenzen!

2. Wie lauten die Buchungssätze zu den Ereignissen, wenn Wareneinkauf und Warenverkauf auf getrennten Konten erfasst werden? Verwenden Sie ausschließlich die Konten: Handelswaren, Handelswarenzugang, Handelswarenabgang, flüssige Mittel, Forderungen (Verkauf), Forderungen (Vorsteuer), Forderungen (Gutschrift), Verbindlichkeiten (Einkauf), Verbindlichkeiten (Mehrwertsteuer), Umsatzertrag (Handelswaren) und Aufwand (Verkauf)!

3. Eröffnen Sie T-Konten, verbuchen Sie alle Ereignisse und berechnen Sie die Endbestände! Schließen Sie die temporären Konten ab und stellen Sie anschließend eine Bilanz sowie eine Ergebnisrechnung auf! Geben Sie die Buchungssätze für die Abschlussbuchungen gesondert an!

Lösung der Teilaufgaben

1. Vorschlag für Konten: getrennte Erfassung der Zugänge und der Abgänge von Handelswaren. Die Zugänge können auf Unterkonto des »Bestandes an Handelswaren« erfasst werden, die Abgänge ebenfalls als Unterkonto des »Bestandes an Handelswaren«.

2. Die Buchungssätze lassen sich mit Hilfe des Lehrbuchtextes ermitteln.

3. Die Verbuchung auf Konten (inklusive der Abschlussbuchungen) ergibt:

	Warenzugang					Zahlungsmittel		
(a)	200,00	(8)	290,91		AB	300,00	(a)	220,00
(f2)	90,91				(e)	426,80	(f1)	110,00
					S	396,80		

	Warenabgang					Handelswaren		
(9)	260,00	(b)	50,00		AB	200,00	(9)	260,00
		(c)	10,00		(8)	290,91		
		(d2)	200,00		S	230,91		

	Forderungen (Verkauf)					Forderungen (Gutschrift)		
(d1)	440,00	(e)	440,00		(b)	55,00		
		(g)	110,00		(c)	11,00		
		S	110,00		S	66,00		

Forderungen (Vorsteuer)		
(a) 20,00	(b)	5,00
	(c)	1,00
	(10)	14,00

Verbindlichkeiten (MWSt)		
(e)	1,20	(d1) 40,00
(f1)	10,00	
(g)	10,00	
(11)	18,80	

Umsatzsteuer-Zahllast		
(10) 14,00	(11)	18,80
	S	4,80

Verbindlichkeiten (Einkauf)	
	AB 250,00

Ertrag (Ware)		
(e)	12,00	(d1) 400,00
(f1)	100,00	
(g)	100,00	
(13)	188,00	

Aufwand (Verkauf)		
(d2) 200,00	(f2)	90,91
	(12)	109,09

Ergebnisrechnung		
(12)	109,09	(13) 188,00
(14)	78,91	

Eigenkapital	
	AB 250,00
	(14) 78,91
	S 328,91

Daraus lässt sich eine Bilanz mit einem Eigenkapital in Höhe von 328,91 GE ermitteln.

Aufgabe 7.4

Entnahme von Waren aus dem Lager: Eigenverbrauch, Rückgabe, Verkauf, Weiterverarbeitung

Sachverhalt

Im Lager einer Möbelhandlung befinden sich vier Schränke, die jeweils mit 10 000 GE zu Buche stehen. Es finden die folgenden vier Lagerveränderungen statt:

1. Ein Schrank im Wert von 10 000 GE wird dem Lager für das Wohnzimmer des Unternehmers entnommen.

2. Ein Schrank wird dem Lager entnommen und an den Hersteller zurückgeschickt, weil sich Mängel gezeigt haben. Der Hersteller hat sich zur Rücknahme bereit erklärt und schreibt den Kaufpreis (10 000 GE zuzüglich Umsatzsteuer) gut.

3. Ein Schrank wird dem Lager entnommen, weil er für 20 000 GE (inklusive Umsatzsteuer) verkauft wurde.

4. Ein Schrank wird dem Lager entnommen und in der hauseigenen Schreinerei zur Vitrine umgebaut. Dabei fallen Personalausgaben in Höhe von 3 000 GE an und es werden Roh-, Hilfs- und Betriebsstoffe im Wert von 1 000 GE verbraucht. Die Vorsteuer auf diese Roh-, Hilfs- und Betriebsstoffe wurde in zurückliegenden Abrechnungszeiträumen berücksichtigt.

Unterstellen Sie, die Umsatzsteuer werde in Form der Mehrwertsteuer mit einem Steuersatz von 10% für das Geschäftsjahr erhoben und das Unternehmen sei vorsteuerabzugsberechtigt.

Teilaufgaben

Welche Buchungen fallen anlässlich der Lagerentnahmen an?

Lösung der Teilaufgaben

Die Buchungssätze lassen sich mit Hilfe des Lehrtextes leicht ermitteln.

8

Behandlung wichtiger Ausgabenarten nach deutschem HGB

Lernziele

Nach dem Studium dieses Kapitels sollten Sie in der Lage sein,

- Nettolohn, Bruttolohn und Personalausgaben voneinander zu unterscheiden,
- bei Personalausgaben zu entscheiden, ob sie im Abrechnungszeitraum ergebniswirksam oder ergebnisunwirksam zu verrechnen sind,
- ergebniswirksame und ergebnisunwirksame Personalausgaben zu verbuchen,
- Vorschüsse und Abschlagszahlungen im Rechnungswesen zu berücksichtigen,
- Abschreibungen zum Zweck der Verteilung von Anschaffungsausgaben auf die Ergebnisrechnungen der Nutzungsjahre zu unterscheiden von Abschreibungen zur Vorwegnahme erwarteter Verluste,
- Abschreibungsbeträge nach linearen, degressiven und progressiven Abschreibungsmethoden ermitteln zu können und
- Wertänderungen des Fremdkapitals zu verbuchen.

Überblick

Bei der Beschäftigung von Personal sind in Deutschland eine Fülle von institutionellen Regelungen zu beachten, derentwegen der Nettolohn sich vom Bruttolohn und von den Ausgaben für die Beschäftigung von Personal unterscheidet. Der Inhalt des Kapitels dient zunächst dazu, die institutionellen Besonderheiten der Beschäftigung von Personal in Deutschland mit ihren Konsequenzen für das Rechnungswesen aufzuzeigen.

Danach beschäftigen wir uns mit Abweichungen zwischen Buchwert und Marktwert von Vermögensgütern und Schulden. Die können unterschiedliche Ursachen haben: hauptsächlich sind Abnutzung und erwartete Verluste im Zeitablauf zu nennen. Hier befassen wir uns mit den Konsequenzen solcher Abweichungen für das betriebswirtschaftliche Rechnungswesen. Dabei werden die Regelungen des deutschen Handelsrechts herausgestellt.

8.1 Personalausgaben

8.1.1 Grundlagen

Im Zusammenhang mit der Beschäftigung von Personal wird in Deutschland nicht vom Unternehmer und den Beschäftigten, sondern vom »Arbeitgeber« und vom »Arbeitnehmer« gesprochen. Wir schließen uns im vorliegenden Kapitel dieser Terminologie an.

Begriffliches: Arbeitnehmer und Arbeitgeber

Wer Personal beschäftigt, wird es bezahlen müssen. In Deutschland werden von den Ausgaben für Arbeitnehmer für den Fiskus die Einkommensteuer auf den Arbeitslohn (Lohnsteuer und Solidaritätszuschlag) sowie für die Sozialversicherungen die Sozialversicherungsbeiträge einbehalten, die für den Arbeitnehmer zu zahlen sind. Zu den Sozialversicherungen gehören Kranken-, Pflege-, Renten- und Arbeitslosenversicherung. Zusätzlich kann der Arbeitnehmer bei nicht zu hohem Einkommen von seinem Arbeitgeber zu Lasten des Fiskus eine sogenannte Arbeitnehmer-Sparzulage erhalten, eine steuerliche Vergünstigung, wenn er Teile des Lohnes bzw. Gehaltes »vermögenswirksam« anlegt. Der Arbeitgeber hat darüber hinaus bei Beschäftigung von Personal Beiträge für die Unfallversicherung an die Berufsgenossenschaft zu entrichten.

Belastung des Arbeitgebers

Zusätzliche Belastung des Arbeitgebers: Arbeitgeberanteile zur Sozialversicherung und Unfallversicherung

Aus Sicht des Arbeitnehmers gibt es einen so genannten Bruttolohn, von dem aus die Belastungen des Arbeitnehmers berechnet werden: im Normalfall Einkommensteuer in Form der Lohnsteuer, Kirchensteuer sowie Kranken-, Renten-, Arbeitslosen- und Pflegeversicherung (Sozialversicherungen).

Belastung des Arbeitnehmers

Die Struktur der Sozialversicherungsbeiträge sieht vor, dass der Arbeitgeber nochmals für jeden Arbeitnehmer den gleichen Betrag an Beiträgen entrichtet wie der Arbeitnehmer. Daher kommt es, dass die Sicht des Arbeitgebers über die Personalausgaben und die Sicht des Arbeitnehmers über den Bruttolohn auseinander fallen.

Auseinanderfallen von Arbeitgebersicht und Arbeitnehmersicht

Die Beträge, die der Arbeitgeber für den Arbeitnehmer einbehält, sind zusammen mit den vom Arbeitgeber direkt zu entrichtenden Beträgen an den Fiskus bzw. an die diversen Versicherungsträger abzuführen. Hieraus ist ersichtlich, dass die Beschäftigung von Personal etliche Buchungsvorgänge auslöst. Eine verwalterische Zusatzbelastung des Arbeitgebers, die jedoch i.d.R. keine Buchungen auslöst, bedeutet es, Teile des Arbeitslohnes einbehalten und an Fiskus sowie an Versicherungsträger weiterleiten zu müssen.

Pflicht des Arbeitgebers zur Abführung von Arbeitnehmer- und von Arbeitgeberanteilen

Der Arbeitslohn oder das Gehalt eines Arbeitnehmers umfasst in Deutschland alle Güter, die dem Arbeitnehmer in Geld oder Geldwert aus seinem gegenwärtigen oder aus früheren Arbeits- oder Dienstverhältnissen zufließen. Ob dies laufend oder einmalig geschieht, ist unerheblich.

Umfang des Arbeitslohnes

Aus Vereinfachungsgründen werde im Folgenden nur vom Lohn als Arbeitsentgelt gesprochen. Wegen bereits oben erwähnter gesetzlicher Vorschriften entspricht der vereinbarte Arbeitslohn (Bruttolohn) nicht dem Betrag, den der Arbeitgeber an den Arbeitnehmer auszahlt (Nettolohn). Er entspricht auch nicht dem Betrag, den der Arbeitgeber insgesamt in Folge der Beschäftigung eines Arbeitnehmers aufzubringen hat. Dies sei im Folgenden kurz erläutert.

Bruttolohn – Abzüge = Nettolohn

Der an den Arbeitnehmer auszuzahlende Betrag ergibt sich aus dem tarifvertraglichen Grundlohn und den darüber hinaus gehenden Zuschüssen (Bruttoarbeitsentgelt); hiervon werden die Zahlungen abgezogen, die der Arbeitgeber zu Lasten des Arbeitnehmers an den Fiskus (Lohnsteuer, Kirchensteuer) und an Sozialversicherungsträger (Kranken-, Pflege-, Renten- und Arbeitslosenversicherung) vorzunehmen hat. Zu addieren sind hingegen Zahlungen, die der Arbeitgeber für den Arbeitnehmer vom Fiskus erhält, um sie diesem zukommen zu lassen (Arbeitnehmer-Sparzulage). Darüber hinaus werden manchmal Zuschüsse des Arbeitgebers aus verschiedenen Anlässen, teils wegen tariflicher, teils wegen einzelvertraglicher Regelungen gewährt.

Höhe der Abzüge

Die Höhe der Abzüge, die der Arbeitgeber vornimmt, richtet sich prozentual nach der Höhe des Bruttoarbeitsentgeltes. Darüber hinaus spielt bei der Lohnsteuer sowie bei der Kranken- und Pflegeversicherung der Familienstand eine Rolle. Der Prozentanteil der Abzüge ändert sich ab und zu, meist infolge politischer Entscheidungen. Auf die genaue Berechnung wird deswegen hier nicht eingegangen. Allgemein lassen sich die deutschen Regeln zur Berechnung des auszuzahlenden Betrages vom Bruttoarbeitsentgelt durch das Schema der Abbildung 8.1 verdeutlichen. Die im Schema enthaltenen Zahlen beziehen sich auf einen alleinstehenden evangelischen 30 Jahre alten Arbeitnehmer, der nach BAT VI b bezahlt wird und eine Tarifzulage zum Stand vom 30.6.2004 erhält.

Bruttolohn + Arbeitgeberanteile zur Sozialversicherung + Unfallversicherung = Personalausgaben

Die Beschäftigung von Personal belastet Unternehmen nicht nur mit dem Bruttolohn, sondern noch mit weiteren Beträgen, aus denen sich zusammen die Personalausgaben ergeben. Der Arbeitgeber hat i.d.R. Beträge gemäß dem Schema der Abbildung 8.2 aufzubringen. Die Zahlen wurden in Fortführung des vorgenannten Beispiels gewählt.

Ökonomisch zweifelhafte Behandlung der Sozialversicherungsbeiträge des Arbeitgebers

Aus dem Schema wird ersichtlich, dass die Sozialversicherungsbeiträge des Arbeitgebers für den Arbeitnehmer den Personalausgaben zugerechnet werden. Ökonomisch ist allerdings nicht einzusehen, warum man den Arbeitgeberanteil zur Sozialversicherung nicht dem Bruttolohn hinzurechnet und in der Lohnabrechnung diesen Bruttolohn und den gesamten Beitrag zur Sozialversicherung ausweist.

Sonderregelungen

Für geringfügig Beschäftigte, Aushilfen und Vielverdiener sieht das deutsche Recht andere Regelungen vor, die hier jedoch nicht erläutert werden.

Bestandteile	Betrag in Euro
Grundlohn	1428,41
+ Zuschüsse	
Ortszuschlag	+ 473,21
Tarifzulage	+ 107,44
= Bruttolohn	= 2009,06
− Lohnsteuer (Klasse I)	− 281,58
− Solidaritätszuschlag	− 15,48
− Kirchensteuer (römisch-katholisch)	− 25,34
− Krankenversicherung (Teil der Sozialversicherung)	− 154,63
− Pflegeversicherung (Teil der Sozialversicherung)	− 17,64
− Rentenversicherung (Teil der Sozialversicherung)	− 202,37
− Arbeitslosenversicherung (Teil der Sozialversicherung)	− 67,46
= Nettolohn	= 1244,56
+ Arbeitnehmer-Sparzulage	+ 0,00
− vermögenswirksame Leistungen	− 0,00
= auszuzahlender Betrag	= 1244,56

Abbildung 8.1:
Beispiel einer Gehaltsabrechnung aus Sicht des Arbeitnehmers

Bestandteile	Betrag in Euro
Bruttolohn	2009,06
+ Arbeitgeberanteil zur Sozialversicherung	+ 442,10
+ tarifvertragliche Sozialleistungen	+ 0,00
+ freiwillige Sozialleistungen	+ 0,00
+ Beiträge zur Berufsgenossenschaft (Unfallversicherung)	+ 20,00
= Personalausgaben	= 2471,16

Abbildung 8.2:
Beispiel der aus Sicht des Arbeitgebers zusätzlich zum Bruttolohn anfallenden Gehaltsbestandteile

8.1.2   Personalausgaben im Rechnungswesen

Im Allgemeinen verbindet man mit der Verbuchung von Ausgaben für die Beschäftigung von Personal kein Problem, weil man i.d.R. davon ausgeht, es handele sich um Aufwand. Es steht aber bei der Beschäftigung von Personal nicht eindeutig fest, ob die finanziellen Belastungen bei Zahlung ergebniswirksam oder ergebnisunwirksam zu verbuchen sind.

Ergebniswirksame oder ergebnisunwirksame Verbuchung?

Die Art der Verbuchung hängt nämlich davon ab, ob mit dem Personaleinsatz zunächst nur eine Umwandlung der Vermögensgüter von einer Form in eine andere und erst später ein eigenkapitalwirksamer Vorgang verbunden ist oder ob der Personaleinsatz sofort für Zwecke erfolgt, durch welche das Unternehmen sein Eigenkapital verändert. Das Buchungsproblem wird in der Literatur immer dann nicht angesprochen, wenn aus Vereinfachungsgründen pauschal unterstellt wird, Personalausgaben minderten das Eigenkapital im aktuellen Abrechnungszeitraum.

Personalausgaben für lagerfähige Erzeugnisse

Behandlung wie zugehöriger Umsatzertrag

Der Sachverhalt spielt auf die Situation an, dass man Erzeugnisse auf Lager produziert, ohne zu wissen, ob man diese noch im gleichen Abrechnungszeitraum verkaufen wird. Dann ist zum Zeitpunkt der Beschäftigung und Entlohnung von Personal i.d.R. noch ungewiss, ob bzw. in welcher Höhe eine ergebniswirksame oder eine ergebnisunwirksame Verbuchung vorzunehmen ist. Grundsätzlich bieten sich drei Varianten der Verbuchung an: entweder (1) den gesamten Betrag vorläufig ergebniswirksam zu verbuchen und nachträglich eine die tatsächlichen Verhältnisse berücksichtigende Umbuchung durchzuführen oder (2) den gesamten Betrag vorläufig ergebnisunwirksam zu verbuchen und nachträglich eine Korrektur vorzunehmen oder (3) die Buchung zu verschieben, bis man weiß, welcher Teil der Personalausgaben ergebniswirksam und welcher ergebnisunwirksam ist. Bei den Varianten (1) und (2) sind zum Ende des Abrechnungszeitraumes Korrekturen vorzunehmen, um sowohl den Endbestand von Erzeugnissen als auch das Ergebnis und das Eigenkapital richtig auszuweisen. Bei Variante (3) nimmt man bis zur Buchung ein unvollständiges Rechnungswesen in Kauf.

Zurechnungsprobleme

Probleme inhaltlicher Art bereitet es nicht nur festzustellen, ob ein lagerfähiges Erzeugnis erstellt wurde, sondern auch, inwieweit Arbeitslöhne für die Erstellung von Erzeugniszugängen angefallen sind. Diese Probleme werden im Rahmen des internen Rechnungswesens unter dem Stichwort »Prinzipien der Zurechnung von Kosten zu Leistungen« diskutiert. Die Diskussion findet ihren handelsrechtlichen Niederschlag im Begriff der »Herstellungsausgaben«: Selbsterstellte Leistungen sind mindestens mit ihren nach Handelsrecht bewerteten Material- und Fertigungseinzelausgaben sowie den Sonderausgaben der Fertigung zu bewerten. Darüber hinaus dürfen bestimmte andere Ausgabenbestandteile eingerechnet werden. Die verschiedenen in der Literatur zum internen Rechnungswesen diskutierten Zurechnungsprinzipien lassen unterschiedliche Abgrenzungen der Fertigungsausgaben zu. Ausgaben für Personal, das direkt mit der Fertigung betraut ist, lassen sich eindeutig dem Erzeugnis zurechnen. Bei anderen Personalausgaben hängt es von der Argumentation ab, ob man sie den Herstellungskosten eines Erzeugnisses zurechnet oder nicht.

Personalausgaben sind in einem Abrechnungszeitraum ergebnisneutral zu behandeln, wenn der Einsatz des Personals zur Erstellung von Leistungen erfolgt, die erst in einem der folgenden Abrechnungszeiträume abgesetzt werden und man die Personalausgaben den Herstellungsausgaben dieser Leistungen zurechnet. Dann stellen die Beträge, die für das Personal vom Unternehmen aufzubringen sind, erst in demjenigen Abrechnungszeitraum Aufwand dar, in dem die Leistung an den Marktpartner abgegeben wird. Dies folgt aus den oben skizzierten Regeln über die Zeitpunkte der Verrechnung von Wertsteigerungen und -minderungen sowie aus der gesetzlichen Vorschrift von § 255 HGB zur Bewertung selbsterstellter Vermögensgegenstände. Buchungstechnisch bedeutet dies, dass die Soll-Buchung der Personalausgaben zunächst nicht in der Ergebnisrechnung auf dem Unterkonto »Aufwand (Personal)« vorzunehmen ist, sondern auf einem Vermögenskonto, z.B. als Mehrung der unfertigen oder fertigen Erzeugnisse. Erst beim Verkauf dieser Erzeugnisse dürfen die Personalausgaben ergebniswirksam werden.

Personalausgaben zunächst als Vermögensmehrung

Unterstellen wir für unser Beispiel, die Personalausgaben seien für die Herstellung von Erzeugnissen angefallen, dann wäre der folgende Buchungssatz aufzustellen:

Beispiel für Buchungssatz

Beleg	Datum	Geschäftsvorfall und Konten	Soll	Haben
	31.8.	Gehaltszahlung		
		Erzeugnisse	2471,16	
		Zahlungsmittel		1244,56
		Verbindlichkeit (Fiskus)		322,40
		Verbindlichkeit (Sozialversicherungen)		884,20
		Verbindlichkeiten (Berufsgenossenschaft)		20,00

Zum Verkaufszeitpunkt fällt dann neben der Ertragsbuchung die Aufwandsbuchung an, in der letztlich die Personalausgaben zu Aufwand werden.

Personalausgaben für andere Zwecke

Für den Fall, dass Personalausgaben lagerfähigen Waren nicht zugeordnet werden, sind sie zeitraumbezogen als Aufwand zu behandeln. In der Regel stellen sie Personalaufwand des Abrechnungszeitraumes dar. Der Abgang von Eigenkapital geht mit einer Minderung an Zahlungsmitteln einher und/oder mit einer Mehrung der Verbindlichkeiten.

Personalausgaben als Aufwand

Für das in den oben aufgeführten Schemata dargestellte Beispiel sei angenommen, dass die Zahlung an den Arbeitnehmer am 31. August 2001 in Form von Bargeld erfolgt. Sieht man für die Verpflichtungen – gegenüber dem Fiskus, den Sozialversicherungsträgern und dem Institut, bei dem die vermögenswirksamen Leistungen angelegt werden – entsprechende Unterkonten zum Konto »sonstige Verbindlichkeiten« vor, so bewirkt die Beschäftigung von Personal die folgende Buchung:

Beleg	Datum	Geschäftsvorfall und Konten	Soll	Haben
	31. 8.	Gehaltszahlung		
		Aufwand (Personal)	2471,16	
		Zahlungsmittel		1244,56
		Verbindlichkeit (Fiskus)		322,40
		Verbindlichkeit (Sozialversicherungen)		884,20
		Verbindlichkeiten (Berufsgenossenschaft)		20,00

Werden die Verbindlichkeiten (und Forderungen) beglichen, so ist zu buchen:

Beleg	Datum	Geschäftsvorfall und Konten	Soll	Haben
	31.8.	Zahlung Lohnsteuer, Sozialversicherung etc.		
		Verbindlichkeit (Fiskus)	322,40	
		Verbindlichkeit (Sozialversicherungen)	884,20	
		Verbindlichkeiten (Berufsgenossenschaft)	20,00	
		Zahlungsmittel		1226,60

Betrifft der Gehaltszahlungszeitraum zwei Abrechnungszeiträume des Unternehmens, so werden die Personalausgaben zunächst zeitanteilig auf die beiden Abrechnungszeiträume aufgeteilt. Findet die Zahlung am Ende des späteren Beschäftigungszeitraumes statt, entstehen dem Unternehmen am Ende des ersten Abrechnungszeitraumes Verbindlichkeiten; findet die Zahlung zu Beginn des Beschäftigungszeitraumes statt, so entsteht zunächst ein aktiver Rechnungsabgrenzungsposten, gegen den der Personalaufwand später gebucht wird.

8.1.3 Gehaltsvorschüsse und Gehaltsabschlagszahlungen

Vorschüsse Arbeitslöhne werden Arbeitnehmern häufig zu einem anderen als dem Fälligkeitszeitpunkt ausgezahlt, z.B. in Form von Vorschüssen oder Abschlagszahlungen. Bei Vorschüssen tätigt das Unternehmen eine Zahlung an den Arbeitnehmer, die diesen verpflichtet, künftig Arbeitsleistung für das Unternehmen zu erbringen. Dies begründet aus Unternehmenssicht eine Forderung gegenüber dem Arbeitnehmer, die später durch Arbeitsleistung getilgt wird. Dementsprechend wird bei Zahlung des Vorschusses gebucht, z.B. am 31. Juli über 2000 Euro, sofern man zu den sonstigen Forderungen ein Unterkonto »Forderungen (Arbeitnehmer)« einrichtet:

Beleg	Datum	Geschäftsvorfall und Konten	Soll	Haben
	31.7.	Gehaltsvorschusszahlung		
		Forderung (Arbeitnehmer)	2000,00	
		Zahlungsmittel		2000,00

Verwendet der Arbeitnehmer einen Teil seines Nettolohnes zur Tilgung seiner Verbindlichkeit, so bucht das Unternehmen bei Fälligkeit des Arbeitslohnes den Betrag, der getilgt wird, zu Lasten der Barauszahlung an den Arbeitnehmer ab. So änderte eine teilweise Tilgung des Vorschusses über 2000 Euro in Höhe von 1000 Euro zum 30. August den Buchungsfall des Beispieles in:

Tilgung von Vorschüssen

Beleg	Datum	Geschäftsvorfall und Konten	Soll	Haben
	30.8.	Tilgung des Gehaltsvorschusses		
		Erzeugnisse	2471,16	
		Zahlungsmittel		1244,56
		Forderungen (Arbeitnehmer)		1000.00
		Verbindlichkeit (Fiskus)		322,40
		Verbindlichkeit (Sozialversicherungen)		884,20
		Verbindlichkeiten (Berufsgenossenschaft)		20,00

Warenentnahmen von Arbeitnehmern werden wie Vorschüsse behandelt. Zu beachten ist, dass die Abgabe von Waren an einen Arbeitnehmer umsatzsteuerpflichtig ist und der Wert des Vorschusses sich folglich aus dem Warenwert zuzüglich der Mehrwertsteuer zusammen setzt.

Verkauf von Waren an Personal

Handelt es sich bei Abschlagszahlungen um Vorauszahlungen von Arbeitslohn, dessen Höhe zum Zahlungszeitpunkt noch nicht genau festlegt, so besteht kein Unterschied zum Vorschuss. Es entsteht eine Forderung gegenüber dem Arbeitnehmer, die bei den folgenden Gehaltszahlungen wieder aufgelöst wird. Handelt es sich dagegen um eine vertraglich vereinbarte (zur Zahlung fällige) Teil-Lohnzahlung mit späterer Endabrechnung, so hat man es mit Personalausgaben zu tun, für die – wie oben diskutiert – zunächst die Ergebniswirksamkeit festzustellen ist, bevor ein Buchungssatz angegeben werden kann. Fände im obigen Beispiel zur Mitte des Monats August eine vertraglich vereinbarte Abschlagszahlung in Höhe von 1000 Euro auf Personalausgaben statt, die Aufwand des Abrechnungszeitraums darstellt, so wäre folgendermaßen zu buchen:

Abschlagszahlungen

Beleg	Datum	Geschäftsvorfall und Konten	Soll	Haben
	15.8.	Abschlagszahlung Lohn		
		Aufwand (Personal)	1000,00	
		Zahlungsmittel		1000,00

Alternativ hätte man bei Einschaltung eines differenzierenden Unterkontos »Aufwand (Abschlagszahlung Lohn)« zum Konto »Aufwand (Personal)« folgendermaßen buchen können:

Beleg	Datum	Geschäftsvorfall und Konten	Soll	Haben
	15.8.	Abschlagszahlung Lohn		
		Aufwand (Abschlagszahlung Lohn)	1000,00	
		Zahlungsmittel		1000,00

Bei Fälligkeit und Vorliegen der Gehalts-Endabrechnung über 2471,16 Euro Bruttolohn (abzüglich 1000 Euro Abschlagsrückzahlung) zum 31. August wäre noch zu buchen:

Beleg	Datum	Geschäftsvorfall und Konten	Soll	Haben
	31.8.	Gehaltszahlung nach Abschlag		
		Aufwand (Personal)	1471,16	
		Zahlungsmittel		244,56
		Verbindlichkeit (Fiskus)		322,40
		Verbindlichkeit (Sozialversichungen)		884,20
		Verbindlichkeit (Berufsgenossenschaft)		20,00

Hätte man die Abschlagszahlung nicht als Aufwand verstanden, sondern als einen forderungsbegründenden Vorgang, so hätte sich bei der Endabrechnung der folgende Buchungssatz ergeben:

Beleg	Datum	Geschäftsvorfall und Konten	Soll	Haben
	31.8.	Gehaltszahlung nach Abschlag		
		Aufwand (Personal)	2471,16	
		Zahlungsmittel		244,56
		Abschlagszahlung (Lohn)		1000.00
		Verbindlichkeit (Fiskus)		322,40
		Verbindlichkeit (Sozialversichungen)		884,20
		Verbindlichkeit (Berufsgenossenschaft)		20,00

8.2 Ausgaben für die Anschaffung von Vermögensgütern

8.2.1 Grundlagen

Bewertung zum Anschaffungszeitpunkt

Nach deutschem Handelsrecht gehen Vermögensgegenstände zum Zeitpunkt ihrer Anschaffung mit ihren Anschaffungs- bzw. Herstellungsausgaben in das Rechnungswesen ein, Fremdkapital zum Zeitpunkt seiner Begründung mit dem Rückzahlungsbetrag. Dies wird im § 253 HGB geregelt. Als Anschaffungsausgaben von Forderungen gilt der Nennbetrag.

Bewertung nach dem Anschaffungszeitpunkt

Meist stimmen die Zeitpunkte der Anschaffung von Vermögen bzw. der Entstehung von Fremdkapital nicht mit dem Zeitpunkt überein, für den die Bilanz erstellt wird; dann kann zwischen den aus der Buchführung hergeleiteten Buchwerten und den Werten, die anzusetzen wären, wenn die Anschaffung bzw. Entstehung am Bilanzstichtag stattgefunden hätte, ein Unterschied bestehen. Es kann sein, dass die Buchwerte höher oder dass sie niedriger sind als die auf den Bilanzstichtag bezogenen Werte.

Ursache für solche Wertunterschiede sind i.d.R. Preisveränderungen zwischen den beiden Zeitpunkten.

Bei Vermögensgütern mit begrenztem Nutzungspotenzial verlangt das HGB, die Anschaffungsausgaben eines solchen Gutes nicht erst bei dessen Abgang zu mindern, sondern zeitanteilig in allen Abrechnungszeiträumen, auf die sich die Nutzung erstreckt. Man verteilt gewissermaßen die Anschaffungsausgaben auf die Abrechnungszeiträume der Nutzung. Als Konsequenz sind die Buchwerte zum Bilanzstichtag anzupassen. Der sich ergebende Wert wird als »fortgeschriebener Anschaffungswert« bezeichnet.

Fortschreibung der Anschaffungswerte bei abnutzbaren Vermögensgütern, die in mehreren Abrechnungszeiträumen genutzt werden

Wie der Betrag, um den man den Wert eines Gutes mindert, buchmäßig zu behandeln ist, hängt davon ab, weswegen die Wertminderung erfolgt. Geschieht sie wegen der Herstellung von Erzeugnissen und verwendet man ein sogenanntes Finalprinzip zur Zurechnung, dann erhöht die Abschreibung zunächst den Wert der hergestellten Erzeugnisse und erst bei deren Verkauf wandern sie als Herstellungsaufwand der verkauften Erzeugnisse in die Ergebnisrechnung. Hat die Nutzung der Maschine dagegen nichts mit der Herstellung von Gütern zu tun, dann geht die Abschreibung noch im gleichen Abrechnungszeitraum in die Ergebnisrechnung ein.

Bedingungen für Berücksichtigung in Ergebnisrechnung

Die normalerweise nicht vorhersehbare Wertveränderung von Vermögensgütern in Folge von Preisveränderungen ist im Rechnungswesen ebenfalls genau so zu berücksichtigen, wenn die finanziellen Berichte aussagefähig und zeitnah sein sollen. Bis vor einigen Jahren galt es jedoch international als verpönt, Wertveränderungen der Vermögensgüter und des Fremdkapitals zu berücksichtigen, die zu einer Steigerung des Eigenkapitals führen würden. Als Gründe wurden angeführt, dass solche Wertveränderungen bei den meisten Vermögensgütern nicht realisiert und nicht objektiv feststellbar seien. Dem steht allerdings entgegen, dass sich bei Sicherungsgeschäften, etwa zur Absicherung von Wechselkursrisiken, eine sinnvolle Abbildung im Rechnungswesen nur vornehmen lässt, wenn man unrealisierte Wertsteigerungen und unrealisierte Wertminderungen gleichzeitig berücksichtigt. Traditionellen Gläubigerschutzargumenten folgend sieht das deutsche Handelsrecht nur vor, Marktwerte im Rechnungswesen anzusetzen, wenn sie zu einer Reduktion des Eigenkapitals gegenüber dem Buchwert führen. Allerdings werden zwischen Gütern des Anlage- und Umlaufvermögens sowie zwischen den allgemeinen Regeln und denen für Kapitalgesellschaften Unterschiede gemacht. Im Folgenden wird nur auf die Regelungen des deutschen HGB für Kapitalgesellschaften eingegangen.

Berücksichtigung unrealisierter Eigenkapitalveränderungen?

Die Vorschriften nach § 253 im deutschem Handelsgesetzbuch verlangen den Ansatz des »Börsen- oder Marktwertes oder des beizulegenden Wertes« immer dann, wenn dieser niedriger ist als der sich aus der Buchführung bis dahin ergebende Wert. Darüber hinaus sind beim Sachanlagevermögen, das der Abnutzung über mehrere Abrechnungszeiträume unterliegt, Wertminderungen im Buchwert zu berücksichtigen.

8.2.2   Abschreibungen wegen Ausgabenverteilung

Ergebniswirkung hängt davon ab, ob Wertminderung Erzeugnissen zugerechnet wird oder nicht.

Bei abnutzbarem Vermögen, dessen Nutzung sich über mehr als einen Abrechnungszeitraum erstreckt, schreibt das HGB die planmäßige Verteilung der Anschaffungs- oder Herstellungsausgaben auf die Jahre der Nutzung vor. Man spricht hierbei von einem Ausgabenverteilungsplan. Je nachdem, ob man eine Wertminderung von Anlagevermögensgütern den Erzeugnissen zurechnet oder nicht, kann sich die Ergebniswirkung in unterschiedlichen Abrechnungszeiträumen ergeben: in den Abrechnungszeiträumen, in denen die Erzeugnisse verkauft werden oder in den Abrechnungszeiträumen, in denen die Wertminderung stattfindet. Zunächst wird davon ausgegangen, die Wertminderung werde nicht irgendwelchen Erzeugnissen zugerechnet.

Abschreibungen als Ausgabenverteilungspläne

Einer der einfachsten Ausgabeverteilungspläne besteht in der gleichmäßigen Verteilung der Anschaffungs- oder Herstellungsausgaben auf die erwartete Zahl der Nutzungszeiträume, üblicherweise Jahre. Andere gebräuchliche Pläne sehen hingegen eine ungleichmäßige Verteilung vor. Ist der Plan für ein Vermögensgut einmal aufgestellt, steht auch der Betrag fest, um den der Buchwert dieses Vermögensgutes jedes Jahr zu vermindern ist. Diese Wertminderungen werden als Abschreibungen, häufig zur Verdeutlichung auch als planmäßige Abschreibungen, englisch »depreciation«, bezeichnet. Der Buchungssatz, mit dem solche Wertminderungen beim abnutzbaren Vermögen in die Bücher einfließen, bewirkt, dass der Wert des abnutzbaren Vermögensgutes, der sogenannte Restbuchwert, abnimmt und zusätzlich das Eigenkapital abnimmt. Im Fall der Zurechnung der Wertminderung zu Erzeugnissen nimmt der Erzeugnisbestand wertmäßig zu. Bei der Verbuchung einer Abschreibung handelt es sich nicht um einen Geschäftsvorfall, sondern um ein anderes buchführungsrelevantes Ereignis. Somit werden Abschreibungen erst im Rahmen der Korrekturbuchungen berücksichtigt.

Lineare, degressive und progressive Abschreibungen

Je nachdem, ob man eine gleichmäßige, eine im Zeitablauf abnehmende oder eine im Zeitablauf zunehmende Ausgabenverteilung unterstellt, unterscheidet man lineare von degressiven und progressiven Abschreibungen. Bei der linearen Abschreibung entspricht die Abschreibung pro Abrechnungszeitraum einem konstanten Anteil der Anschaffungs- oder Herstellungsausgaben des abzuschreibenden Gutes. Bei einer bekannten Variante der degressiven Abschreibung, der geometrisch-degressiven Abschreibung, wird pro Abrechnungszeitraum ein konstanter Prozentsatz der Anschaffungs- oder Herstellungsausgaben vom Restbuchwert des Gutes abgeschrieben. Da der Restbuchwert des Anlagegutes im Zeitablauf sinkt, nehmen auch die Abschreibungsbeträge im Zeitablauf ab und die Summe der Abschreibungsbeträge erreicht niemals die Anschaffungsausgaben. Progressive Abschreibungen kann man sich analog zu den degressiven Abschreibungen vorstellen, nur mit umgekehrter Verteilung der Abschreibungsbeträge im Zeitablauf.

Stellen wir uns eine über 36 Monate abnutzbare Maschine des Sachanlage-vermögens vor, für deren Anschaffung am 1. April 3600 GE ausgegeben wurden. Dann entfällt bei linearer Verteilung der Anschaffungsausgaben auf die Nutzungszeit auf jeden Kalendermonat ein Betrag von 100 GE. Berücksichtigt man diesen Sachverhalt durch direkte Anpassung des Ver-mögenswertes und des Eigenkapitals, so ergibt sich für den 30. April der Buchungssatz:

Ein Beispiel

Beleg	Datum	Geschäftsvorfall und Konten	Soll	Haben
	30.4.	lineare Abschreibung Maschine		
		Aufwand (Abschreibung Maschine)	100	
		Maschine		100

Bei der aussagefähigeren indirekten Vorgehensweise, nach der die Abschreibungen auf einem Wertberichtigungskonto gesammelt werden, erhält man bei Belastung des Eigenkapitals den Buchungssatz:

Beleg	Datum	Geschäftsvorfall und Konten	Soll	Haben
	30.4.	lineare Abschreibung Maschine		
		Aufwand (Abschreibung Maschine)	100	
		Kumulierte Abschreibungen (Maschine)		100

Will man die Wertminderung von Anlagevermögensgütern den Erzeugnis-sen zurechnen, dann sind die oben angeführten Abschreibungsmethoden nur bedingt, allenfalls in Sonderfällen, geeignet. Um eine passende Aus-gabenverteilung zu erreichen, ist sicher zu stellen, dass der Abschrei-bungsaufwand erst in den Abrechnungszeiträumen berücksichtigt wird, in denen die als Folge der Wertminderung hergestellten Erzeugnisse verkauft werden. Die Ermittlung der Abschreibungsbeträge ist dann Ausdruck des Prinzips der sachlichen Abgrenzung.

Buchungen bei Zurechnung der Wertminderung zu Erzeugnissen

8.2.3 Abschreibungen wegen Vorwegnahme zukünftiger Verluste

Während abnutzungsbedingte und damit – in Grenzen – planbare Wertmin-derungen nur Vermögensgüter betreffen, die der Abnutzung unterliegen, stellt ein Wertverfall ein Ereignis dar, das jeden Aktivposten der Bilanz berühren kann. Für den Abschluss des Geschäftsjahres ist folglich nach deutschem HGB für jeden Aktivposten der Bilanz festzustellen, ob und gegebenenfalls wieviel sein Börsen- oder Marktwert oder sein beizulegen-der Wert niedriger ist als der Wert, der sich bis dahin aus der Buchführung ergibt. Daraus kann die Höhe einer in der Buchführung noch vorzuneh-menden Wertanpassung ermittelt werden. Solche Wertanpassungen werden

Relevanz für alle Vermögensgüter

häufig auch als »außerplanmäßige Abschreibungen«, englisch »write-off« bezeichnet. Das Prinzip, den jeweils niedrigeren Wert aus Buchwert oder Korrekturwert (Börsen- bzw. Marktwert oder beizulegender Wert) als Wertansatz heranzuziehen, wird als »Niederstwertprinzip« bezeichnet. Im Englischen spricht man von der »lower-of-cost-or-market«-Regel.

Niederstwertprinzip

Das Niederstwertprinzip des § 253 HGB gilt differenzierend als gemildertes bzw. strenges Niederstwertprinzip für Anlage- und Umlaufvermögen, nämlich:

- für das Umlaufvermögen (strenges Niederstwertprinzip)
  pflichtmäßiger Ansatz des niedrigeren Wertes, gleichgültig ob dieser dauerhaft ist oder nicht,

- für das Anlagevermögen (gemildertes Niederstwertprinzip)
  bei voraussichtlich dauerhafter Wertminderung:
  pflichtmäßiger Ansatz des niedrigeren Wertes
  bei voraussichtlich nicht dauerhafter Wertminderung:
  wahlweiser Ansatz des niedrigeren Wertes,
  bei Kapitalgesellschaften Wahlrecht nur für Finanzanlagen.

Beispiel für Umlauf- vermögen

Ein Beispiel möge dies verdeutlichen: Aus Spekulationsgründen wurden von einem Unternehmen Aktien für 100000 GE gekauft, deren Marktpreis sich im Laufe des April wegen depressiver Stimmung auf den Aktienmärkten nur noch auf 10000 GE beläuft. Da die Aktien auf Grund der verfolgten Spekulationsabsicht in den kurzfristigen Kreislauf des Umlaufvermögens eingebunden sind, handelt es sich um Umlaufvermögen. Nach dem strengen Niederstwertprinzip ist daher eine Wertanpassung auf den niedrigeren Marktpreis durchzuführen. Die Wertminderung wird i.d.R. ergebniswirksam mit Hilfe des Kontos »Aufwand (Wertanpassung)« ähnlich wie bei der planmäßigen Abschreibung zu buchen sein:

Beleg	Datum	Geschäftsvorfall und Konten	Soll	Haben
	30.4.	Wertverfall von Aktien *Aufwand (Wertanpassung Aktien)* *Aktien*	90000	90000

Beispiel für Anlage- vermögen

Hätte es sich hingegen bei den Aktien um eine langfristige Anlage des Unternehmens und damit um Anlagevermögen gehandelt, dann wäre das Unternehmen nach deutschem Handelsrecht nur bei voraussichtlich dauerhafter Wertminderung der Aktien zu einer Wertanpassung verpflichtet gewesen. Auch beim Anlagevermögen hat man immer zu prüfen, ob die Wertminderung im Zusammenhang mit der Herstellung von Erzeugnissen steht oder nicht. Steht sie mit der Herstellung von Gütern in Verbindung und wird ein Finalprinzip zur Aufwandszurechnung verwendet, dann wird das Gegenkonto der Buchung nicht durch ein Aufwandskonto, sondern durch ein Güterkonto dargestellt.

8.3 Bildung und Auflösung von Rückstellungen

8.3.1 Aufwand und Ertrag durch Bildung und Auflösung von Rückstellungen

In den bisherigen Ausführungen dieses Buches dienten hauptsächlich Verbindlichkeiten als Anschauungsbeispiel für Fremdkapital. Rückstellungen als Fremdkapitalposten wurden nur am Rande erwähnt, obwohl ihnen in den Bilanzen von Unternehmen betragsmäßig meist eine große Bedeutung zukommt. Zweifelsfrei erhöht die Bildung einer Rückstellung den Wert des Fremdkapitals und führt so zu einer Eigenkapitalminderung. Aus diesem Grunde wird hier auf die Bildung von Rückstellungen eingegangen.

Rückstellungen dienen – im Vergleich zu Verbindlichkeiten – dazu, unsichere, aber bestimmbare rechtliche oder wirtschaftliche Verpflichtungen des Unternehmens gegenüber Dritten abzubilden. Darüber hinaus gibt es nach deutschem Handelsrecht Rückstellungen, die für zukünftige Ausgaben, beispielsweise Reparaturen oder Instandhaltungen, gebildet werden (können). Wir diskutieren in diesem Abschnitt zunächst die Rückstellungen mit unsicherem Verbindlichkeitscharakter. Unsicher ist dabei, ob eine Verpflichtung tatsächlich besteht oder auch, in welcher betragsmäßigen Höhe sie anfällt. Beispiele für Rückstellungen sind: Pensionsrückstellungen, Garantie- bzw. Kulanzrückstellungen, Prozessrückstellungen oder Rückstellungen für drohende Verluste aus schwebenden Geschäften. Pensionsrückstellungen sind beispielsweise zu bilden, wenn sich Unternehmen rechtlich zu künftigen Pensionszahlungen an ihre Mitarbeiter verpflichtet haben. Um Garantie- bzw. Kulanzrückstellungen geht es bei unsicheren rechtlichen bzw. wirtschaftlichen Verpflichtungen eines Unternehmens, künftig Garantie- bzw. Kulanzleistungen für Kunden zu erbringen. Prozessrückstellungen betreffen die unsicheren finanziellen Verpflichtungen aus einem drohenden oder schon stattfindenden Gerichtsprozess.

Rückstellungsbegriff und Beispiele für Rückstellungen

Um Willkür bei der Ergebnisermittlung zu vermeiden, sind für den Ansatz von Rückstellungen Objektivierungsanforderungen zu erfüllen. Strenge Objektivierungsanforderungen werden von den U.S.-amerikanischen Rechnungslegungsvorschriften gestellt: um eine Rückstellung bilden zu dürfen, muss zunächst eine rechtliche oder wirtschaftliche Außenverpflichtung vorliegen. Darüber hinaus muss die finanzielle Verpflichtung zuverlässig quantifizierbar (*reasonably estimable*) und ihre Inanspruchnahme wahrscheinlich (*probable*) sein. Ist die Inanspruchnahme der Verpflichtung nur unter bestimmten Umständen möglich (*reasonably possible*), ist auf eine Rückstellungsbildung zu verzichten; allerdings sind in den finanziellen

Objektivierungserfordernis für die Rückstellungsbildung

Berichten Zusatzinformationen anzugeben. Ist die Inanspruchnahme unwahrscheinlich (*remote*), ist sowohl von der Rückstellungsbildung als auch von Zusatzinformationen abzusehen. Nach deutschem Handelsrecht sind die Objektivierungsanforderungen für Rückstellungen weniger streng. Was die Eintrittswahrscheinlichkeit der Verpflichtung angeht, gibt es nach deutschem Handelsrecht – im Gegensatz zu den U.S.-GAAP – keine strenge Differenzierung nach einem qualitativen Wahrscheinlichkeitsspektrum. Das heißt allerdings nicht, dass jede noch so unsichere Verpflichtung hier angesetzt werden darf. Zumindest stichhaltige Argumente müssen für eine Rückstellungsbildung vorliegen, nach denen mit einer Inanspruchnahme möglicherweise zu rechnen ist.

Beispiel zur Verbuchung einer Rückstellungsbildung

Das folgende Beispiel veranschauliche die Bildung einer Rückstellung. Ein Unternehmen erwarte aus dem Verkauf von Gütern künftig Garantieverpflichtungen in Höhe von 5000 GE. Die Eintrittswahrscheinlichkeit der künftigen Belastung werde auf Grund vergangener Erfahrungen mit den verkauften Gütern als recht hoch eingeschätzt. Eine Rückstellung ist daher zu bilden. Der Buchungssatz lautet dann:

Beleg	Datum	Geschäftsvorfall und Konten	Soll	Haben
	30.4.	Künftige Garantieverpflichtungen		
		Aufwand (Rückstellung)	5000	
		Rückstellungen (Garantieverpflichtungen)		5000

Kommt es in der Zukunft zum Eintritt des Risikofalles, so ist dieser aus der Rückstellung zu begleichen. Das Ergebnis des Abrechnungszeitraumes, in dem das Risiko eintritt, wird nur in so weit berührt, als die tatsächliche Belastung höher oder niedriger ist als die angesetzten Rückstellungen. Kommt es in unserem Beispiel am 30. Mai zu einem Garantiefall in Höhe einer Bargeldzahlung von 4600 GE, für den am 30. April eine Rückstellung gebildet wurde, so lautet der Buchungssatz:

Beleg	Datum	Geschäftsvorfall und Konten	Soll	Haben
	30.5.	Eintritt des Garantiefalls vom 30. April		
		Rückstellungen (Garantieverpflichtungen)	5000	
		Ertrag (Auflösung Rückstellungen)		400
		Zahlungsmittel		4600

Im Falle einer zu niedrigen Rückstellung wird die Differenz zu Lasten des Aufwandes gebucht. Nach Ablauf der Garantiefrist werden die nicht in Anspruch genommenen Rückstellungen ergebniswirksam aufgelöst mit einer Buchung der Form »Rückstellungen an Ertrag (Auflösung Rückstellung)«.

8.3.2 Aufwand durch Erhöhung anderer Fremdkapitalposten

Nach handelsrechtlichen Bilanzierungs- und Bewertungsvorschriften sind beim Fremdkapital Ereignisse zu berücksichtigen, welche Erhöhungen des Fremdkapitals zwischen dem Zeitpunkt seiner Entstehung und dem Bilanzstichtag bedeuten. Solche Erhöhungen können Verbindlichkeiten und Rückstellungen betreffen. Insofern gilt als Ausdruck des deutschen Imparitätsprinzips für Fremdkapitalposten ein Höchstwertprinzip, analog zum Niederstwertprinzip für Vermögensgegenstände. Als Beispiel diene etwa der Rückzahlungsbetrag einer Verbindlichkeit: dieser steigt, wenn die Verbindlichkeit in ausländischer Währung fällig wird und der Tauschwert der inländischen zur ausländischen Währung gefallen ist. Eine Höherbewertung wird auch bei einer bereits gebildeten Rückstellung erforderlich, wenn absehbar ist, dass der künftige Verpflichtungsbetrag höher ausfallen wird als der bisher geschätzte.

Wertveränderungen von Verbindlichkeiten oder Rückstellungen

Unterstellen wir für ein Beispiel, dass für die Rückzahlung einer Verbindlichkeit über 1 000 $, die zu Anfang des Monats April mit 2 000 GE begründet wurde, wegen des Dollar-Kursanstiegs inzwischen 2 500 GE anzusetzen sind. Dann ergäbe sich für die Wertanpassung, wenn die Zurechnung nicht zu Erzeugnissen zu geschehen hat, die folgende Buchung:

Beispiel der Wertänderung einer Verbindlichkeit

Beleg	Datum	Geschäftsvorfall und Konten	Soll	Haben
	30.4.	Wertanstieg Fremdwährungsverbindlichkeit		
		Aufwand (Wertanpassung Verbindlichkeit)	500	
		Verbindlichkeit		500

8.3.3 Ertrag durch Umkehr früheren Aufwands

Wenn man Wertminderungen des Vermögens und Wertsteigerungen des Fremdkapitals, wie oben beschrieben, in der Buchführung berücksichtigt, kann sich in nachfolgenden Abrechnungszeiträumen herausstellen, dass man sich bei Vornahme der Wertanpassungen geirrt hat oder dass der Grund für die Wertänderung bereits wieder entfallen ist. Sobald man dies erkennt, kann eine Korrektur der Wertanpassung vorgenommen werden. Man spricht in diesem Zusammenhang bei Vermögensgütern von »Wertaufholung«. Als Obergrenze der Bewertung gelten bei Vermögensgütern allerdings nach wie vor die »fortgeführten« Anschaffungs- oder Herstellungsausgaben, als Untergrenze der Bewertung von Fremdkapitalposten analog die ursprünglichen Rückzahlungsbeträge. Unter »fortgeführten« Anschaffungs- oder Herstellungsausgaben eines Vermögensgutes versteht man den Betrag, der sich nach Abzug der planmäßigen Abschreibungen von den ursprünglichen

Wertaufholung als Korrektur eines nicht aufrechtzuerhaltenden niedrigen Korrekturwertes

Anschaffungs- oder Herstellungsausgaben ergibt. Als Gegenkonto ist dasjenige Konto zu erkennen, das man bei der vorangegangenen Abschreibungsbuchung belastet hatte.

Unterstellt man für das in Abschnitt 8.2.3, Seite 293f., angeführte Aktienbeispiel, der Wert sei im Mai wieder gestiegen, und zwar auf 120000 GE, dann kann die entsprechende Buchung lauten:

Beleg	Datum	Geschäftsvorfall und Konten	Soll-	Haben
	31.5.	Wertanstieg Aktien nach Wertverfall		
		Aktien	90000	
		Ertrag (Korrektur Wertanpassung Aktien)		90000

Die Zuschreibung ist auf einem Wert von 90000 GE beschränkt, weil die ursprünglichen Anschaffungsausgaben von 100000 GE die Wertobergrenze darstellen.

Das Ertragsunterkonto bei sogenannten Wertaufholungen von Aktivkonten könnte man als Zuschreibungen bezeichnen; hier wird der neutrale Begriff »Ertrag (Korrektur Wertanpassung)« verwendet.

8.3.4   »Reparatur- und Instandhaltungsrückstellungen« als Fremdkapital?

Wesen von Reparatur- und Instandhaltungsrückstellungen

Es kann vorkommen, dass vor dem Bilanzstichtag ein Schaden am Sachanlagevermögen verursacht wird, der eine Reparatur erfordert, die allerdings erst nach dem Bilanzstichtag durchgeführt werden kann. Zu denken ist an die Großwartung von Flugzeugen, Kraftwerken oder an die Abraumbeseitigung im Braunkohletagebau. Derartige Sachverhalte erfordern die Berücksichtigung einer Ergebniswirkung, obwohl noch keine Zahlungen geflossen sind. Das deutsche Handelsrecht gestattet gemäß § 249 HGB in solchen, allerdings in ihrer Eigenart genau umschriebenen Fällen, eine Rückstellung zu bilden. Unter gewissen Bedingungen ist die Bildung sogar obligatorisch. Man spricht von sogenannten »Aufwandsrückstellungen«. Nach den U.S.-GAAP und den IFRS/IAS ist der Ansatz solcher Posten nicht erlaubt.

Fremdkapitalcharakter von sogenannten Aufwandsrückstellungen?

Es ist allerdings ist zu beachten, dass es sich hierbei nicht um eine Rückstellung im oben beschriebenen Sinne handelt. Schließlich fehlt der Verpflichtungscharakter gegenüber Dritten. Allenfalls ließe sich von einer Verpflichtung des Unternehmens sich selbst gegenüber sprechen. Fragwürdig ist der Fremdkapitalcharakter eines solchen Postens. Analysiert man obige Beispielsachverhalte genauer, erscheint eine andere Abbildung des Geschäftsvorfalles plausibler: unterlassene Wartungen oder Instandhaltungen führen eigentlich zunächst zu entsprechenden Wertminderungen der nicht gewarteten Vermögensgüter. Neben den planmäßigen Abschreibungen solcher Güter wären daher zusätzliche Wertanpassungen erforderlich. Allerdings wären zu dem künftigen Zeitpunkt, zu dem die Wartung nachgeholt ist, solche Wertminderungen rückgängig zu machen. Ohne Zweifel ist eine solche Abbildung mit mehr Aufwand verbunden als eine pauschale Rückstellungsbildung. Einzelne, bei der Wartung vernachlässigte Anlagevermögensgüter wären regelmäßig ab- und aufzuwerten. Vielleicht ist der Aufwand eines solchen Vorgehens der Grund dafür, dass man zur Verbuchung dieser noch durchzuführenden Arbeiten nach deutschem Handelsrecht ein Fremdkapitalkonto heranzieht; denn ein Fremdkapitalkonto zu nutzen erscheint nur dann gerechtfertigt, wenn man es – wie bei der unterlassenen Abraumbeseitigung – nicht mit einem Vermögensgut zu tun hat. Dann bleibt nur die Möglichkeit, einen Fremdkapitalposten zu bilden. Diesen allerdings als Rückstellung zu bezeichnen, entbehrt der ökonomischen Durchdringung des zugrundeliegenden Sachverhalts. Passender wäre die Verwendung eines inhaltlich neutraleren Fremdkapitalpostens, etwa eines passiven Rechnungsabgrenzungspostens.

Trotz dieser inhaltlichen Bedenken sei die typische Abbildung nach deutschem Handelsrecht der Vollständigkeit halber kurz verdeutlicht. Das folgende Beispiel betrifft die Bildung einer solchen »Aufwandsrückstellung« für unterlassene Wartungsarbeiten im Umfang von schätzungsweise 1 000 GE, die im laufenden Abrechnungszeitraum April verursacht, aber erst im nachfolgenden Abrechnungszeitraum durchgeführt werden. Bei Durchführung der Wartung bis Mitte Mai stellt sich heraus, dass 1 100 GE dafür auszugeben sind. Bei Bildung der »Aufwandsrückstellung« lautet der Buchungssatz:

Beispiel einer »Aufwandsrückstellung« nach deutschem HGB für unterlassene Wartungsarbeiten

Beleg	Datum	Geschäftsvorfall und Konten	Soll	Haben
	30.4.	Nachzuholende Wartungsarbeiten		
		Aufwand (Sonstiges)	1 000	
		Aufwandsrückstellungen (unterl. Instandhaltung)		1 000

Zu dem Zeitpunkt, zu dem die erwartete künftige Belastung tatsächlich eintritt, werden die Zahlungen ergebnisunwirksam zu Lasten der »Aufwandsrückstellungen« verbucht. Die nicht erwartete, tatsächlich höhere Belastung in Höhe von 100 GE ist hingegen ergebniswirksam zu berücksichtigen.

Beleg	Datum	Geschäftsvorfall und Konten	Soll	Haben
	15.5.	Zahlung der Wartungsarbeiten		
		Aufwandsrückstellungen (unterl. Instandhaltung)	1 000	
		Aufwand (Sonstiges)	100	
		Zahlungsmittel		1 100

8.4   Übungsmaterial

8.4.1   Fragen mit Antworten

Fragen	Antworten
Welche Belastungen des Bruttolohnes hat der Arbeitnehmer in Deutschland zu tragen?	Deutsche Arbeitnehmer haben Lohnsteuer, Solidaritätszuschlag, gegebenenfalls Kirchensteuer sowie ihren (Arbeitnehmer-)Anteil zur Sozialversicherung zu tragen.
Welche Versicherungen umfasst die deutsche Sozialversicherung?	Krankenversicherung, Pflegeversicherung, Rentenversicherung, Arbeitslosenversicherung.
Unter welcher Bedingung stellen Personalausgaben eines Abrechnungszeitraumes Aufwand dar?	Wenn sie nach den Abgrenzungsprinzipien ergebniswirksam zu verrechnen sind: bei zeitraumbezogener Abgrenzung in dem Abrechnungszeitraum, den sie betreffen, bei sachlicher Abgrenzung in dem Abrechnungszeitraum, in dem die sachlich zugehörigen Erträge verrechnet werden.
Wie sind Personalausgaben eines Abrechnungszeitraumes zu behandeln, die zur Herstellung von Erzeugnissen angefallen sind, die erst in nachfolgenden Abrechnungszeiträumen verkauft werden?	Ergebnisunwirksam.
Welche Möglichkeiten zur Verbuchung von Personalausgaben hat man, wenn unbekannt ist, ob alle vom Personal hergestellten Erzeugnisse im Herstellungszeitraum verkauft werden?	Ergebniswirksame oder ergebnisunwirksame Verbuchung jeweils mit gegenläufiger Korrektur zum Ende des Abrechnungszeitraumes.
Stellen Lohnvorschüsse Personalaufwand dar?	Nein! Es handelt sich um Forderungen des Unternehmens gegenüber dem Arbeitnehmer.
In welcher Form sind Eigenkapitalminderungen durch Wertminderungen von Vermögensgütern im betriebswirtschaftlichen Rechnungswesen zu berücksichtigen?	Wertminderungen von Sachanlagevermögen durch Verteilung der Anschaffungs- oder Herstellungsausgaben auf die Jahre der Nutzung sowie Wertminderungen als Folge von Marktpreisänderungen.
Unterscheidet sich die Verbuchung von Wertanpassungen bzw. außerplanmäßiger Abschreibungen in ihrer Wirkung auf die intratemporale Bilanzgleichung von der Verbuchung planmäßiger Abschreibungen?	Nein.
Wodurch unterscheiden sich lineare, degressive und progressive Abschreibungen voneinander?	Durch im Zeitablauf gleichmäßige, abnehmende bzw. zunehmende Ausgabenverteilung.
In welcher Form werden unrealisierte Eigenkapitalveränderungen nach deutschem Handelsrecht berücksichtigt?	Eigenkapitalminderungen durch Wertminderungen von Vermögensgütern und durch Wertsteigerungen von Fremdkapital.
Gilt das Niederstwertprinzip nach deutschen Handelsrecht pauschal für alle Vermögensgegenstände?	Nein, getrennt nach Anlage- und Umlaufvermögen gilt ein gemildertes bzw. strenges Niederstwertprinzip.
Gilt das Niederstwertprinzip nach deutschem Handelsrecht auch für Fremdkapitalposten?	Nein, man spricht hierbei vom sogenannten Höchstwertprinzip.

Fragen	Antworten
Wann darf man eine Rückstellung bilden?	Wenn hinreichend genau bestimmbare künftige Belastungen des Unternehmensvermögens erwartet werden.
Wie stellt man bei im Abrechnungszeitraum unterlassenen Reparaturen und Instandhaltungen im Rahmen des Rechnungswesens nach deutschem HGB die Ergebniswirkung her?	Durch Bildung einer Rückstellung und entsprechender Aufwandsverrechnung.
Wann sind Wertaufholungen üblicherweise im externen Rechnungswesen erlaubt?	Wenn man sich nachweislich bei Wertminderungen des Vermögens oder Wertsteigerungen des Fremdkapitals geirrt hat oder der Grund für die einstige Wertveränderung entfallen ist.
Wo liegt die Obergrenze für Wertaufholungen von Vermögensgütern?	Bei den fortgeführten Anschaffungsausgaben.

8.4.2   Verständniskontrolle

1. Woraus setzen sich die Personalausgaben zusammen?

2. Wie hoch sind die »Lohnnebenkosten« im Textbeispiel?

3. Sind Personalausgaben immer als Aufwand zu verbuchen?

4. Wie wirkt sich die ergebniswirksame Verbuchung von Personalausgaben auf die intratemporale Bilanzgleichung aus?

5. Unter welchen Bedingungen sind Personalausgaben ergebnisunwirksam zu behandeln?

6. Wie kann eine ergebnisunwirksame Behandlung von Personalausgaben für Erzeugnisse sicher gestellt werden, wenn unbekannt ist, ob die Erzeugnisse in demjenigen Abrechnungszeitraum verkauft werden, in dem sie hergestellt werden?

7. Wie wirken sich Lohnvorschüsse und Abschlagszahlungen auf die intratemporale Bilanzgleichung aus, wenn Personalausgaben ergebnisunwirksam verbucht werden?

8. Warum erscheint es bei Vermögensgütern sinnvoll, Wertveränderungen als Folge von Änderungen der Marktpreise zu unterscheiden von Wertveränderungen zum Zweck der Verteilung von Anschaffungsausgaben auf die Ergebnisrechnungen der Nutzungsjahre?

9. Wovon hängt es ab, dass sich Ergebniswirkungen bei der Abschreibungsverbuchung unterschiedlich auf Abrechnungszeiträume auswirken können?

10. Welche Möglichkeiten sehen Sie, die Wahl unterschiedlicher Abschreibungsverfahren (linear, degressiv, progressiv) für Vermögensgüter zu begründen?

11. In welchem Sonderfall könnte ein lineares Abschreibungsverfahren als Ausgabenverteilungsplan einer Abschreibung geeignet sein, wenn man Wertminderungen von Anlagevermögensgütern eigentlich den Erzeugnissen zurechnen will?

12. Unterscheidet sich die direkte von der indirekten Verbuchung von Abschreibungen in ihrer Wirkung auf die intratemporale Bilanzgleichung?

13. Warum sind Vor- und Nachteile des Imparitätsprinzips für Gläubigerschutz mit dem Informationsgehalt finanzieller Berichte abzuwägen?

14. Wie wirkt sich die Verbuchung von Abschreibungen auf die intratemporale Bilanzgleichung aus?

15. Wie bucht man die Wertsteigerung einer Fremdwährungsverbindlichkeit in Folge eines Kursanstiegs der Fremdwährung?

16. Unterscheiden sich nach deutschem Handelsrecht in Grenzen erlaubte Reparatur- und Instandhaltungsrückstellungen in ihrem Charakter von »normalen« Rückstellungen?

17. Was halten Sie von dem Begriff »Aufwandsrückstellungen«?

18. Wie lauten Aufwandskonten, die bei der Verbuchung von Instandhaltungsrückstellungen in Frage kommen können?

19. Kann es bei Auflösung einer Rückstellung zu Ergebniswirkungen kommen?

20. Welche Wertgrenzen gelten bei Wertaufholungen nach deutschem Handelsrecht für Vermögengüter und Fremdkapital?

21. Wie bezeichnet man gewöhnlich das Ertragsunterkonto bei sogenannten Wertaufholungen von Vermögensgütern?

22. Wie bezeichnet man gewöhnlich das Unterkonto bei Wertminderungen von Rückstellungen?

8.4.3 Aufgaben zum Selbststudium

Bestandteile des Arbeitslohnes und der Personalausgaben **Aufgabe 8.1**

Sachverhalt

Eine halbtags beschäftigte Angestellte (evangelisch, unverheiratet, kinderlos) erhalte im April ein Monatsgehalt von 1590 GE. Ihre Lohnsteuer (Klasse I) belaufe sich auf 265 GE. Der Beitragssatz zur Krankenversicherung betrage insgesamt 13.5%, der zur Rentenversicherung 19.1%, der zur Pflegeversicherung 1.7% und jener der Arbeitslosenversicherung 6.5% des oben aufgeführten Bruttogehaltes. Die Sozialversicherungsbeiträge sind jeweils zur Hälfte von der Angestellten und zur Hälfte vom Arbeitgeber zu zahlen. Die evangelische Kirchensteuer mache 9% der Lohnsteuer aus. Der Arbeitgeber führe die Gehaltsabzüge erst später ab.

Zusätzlich nimmt die Beschäftigte einen Gehaltsvorschuss in Höhe von 800 GE auf, der in den Monaten Mai und Juni zu gleichen Anteilen durch Kürzung der Gehaltszahlung zurück gezahlt wird.

Teilaufgaben

1. Stellen Sie die Gehaltsabrechnung für den Monat Mai auf!

2. Ist die Gehaltszahlung ein ergebniswirksamer Vorgang oder ein ergebnisunwirksamer?

3. Geben Sie die im Zusammenhang mit der Gehaltszahlung möglichen Buchungssätze an!

Lösung der Teilaufgaben

1. Gehaltsabrechnung

   Das Brutto-Monatsgehalt bildet die Grundlage für die Abzüge der Steuern und der Versicherungsbeiträge. Die Prozentangaben der Sozialversicherungsbeiträge beziehen sich auf das Brutto-Monatsgehalt und enthalten den Arbeitnehmer- sowie den Arbeitgeberanteil. Da die Arbeitnehmerin nur ihren Anteil zu tragen hat, werden ihr 6,75% für die Krankenversicherung, 9,55% für die Rentenversicherung, 0,85% für die Pflegeversicherung und 3,25% für die Arbeitslosenversicherung vom Brutto-Monatsgehalt abgezogen. Zusätzlich erhält sie im April 800 GE Vorschuss. Beiträge an die Berufsgenossenschaft fallen für die Betroffene nicht als Zahlungsverpflichtung an. In den Monaten Mai und Juni verringert sich die Auszahlung wegen Rückzahlung des Vorschusses auf jeweils 976,78 GE – 400 GE = 576,78 GE.

2. Bei der Beschäftigung von Personal steht nicht fest, ob die Personalausgaben ergebniswirksam oder -unwirksam zu verbuchen sind. Die Art der Verbuchung hängt davon ab, ob mit dem Personaleinsatz zunächst nur eine Umwandlung der Vermögensgüter von einer Form in eine andere und erst in späteren Abrechnungszeiträumen ein eigenkapitalwirksamer Vorgang verbunden ist oder ob der Personaleinsatz sofort für Zwecke erfolgt, durch welche das Unternehmen noch im laufenden Abrechnungszeitraum sein Eigenkapital verändert. Mangels Angaben darüber ist die richtige Lösung unklar.

3. Bei der Berechnung der Personalausgaben im April sind dem Bruttolohn der Arbeitgeberanteil zur Sozialversicherung hinzuzurechnen. Dieser setzt sich aus obigen vier Komponenten zusammen. Die Verbindlichkeiten gegenüber dem Fiskus setzen sich aus der Lohnsteuer in Höhe von 265 GE und der Kirchensteuer in Höhe von 23,85 GE zusammen.

   Bei Behandlung der Personalausgaben als Aufwand des Zeitraums, in dem die mit dem Personal hergestellten Erzeugnisse verkauft werden, ist zum Fälligkeitszeitpunkt des Gehalts über »Erzeugnisse« zu buchen. In den Monaten Mai und Juni fallen die Rückzahlungen an. Bei Verkauf der Erzeugnisse ist dann zu buchen:

Beleg	Datum	Geschäftsvorfall und Konten	Soll	Haben
		Verkauf von Erzeugnissen (Ertragsbuchung)		
		Forderungen (Verkauf)	?	
		Ertrag (Verkauf)		?
		Verkauf von Erzeugnissen (Aufwandsbuchung)		
		Aufwand (Verkauf)	1914,37	
		Erzeugnisse		1914,37

Bei alternativer Behandlung der Personalausgaben als Aufwand des Zeitraumes ist zum Fälligkeitszeitpunkt der Personalaufwand zu buchen. In den Monaten Mai und Juni ist jeweils die Rückzahlung bei der Buchung zu berücksichtigen.

Lohn- und Gehalt bei der Herstellung von Erzeugnissen   **Aufgabe 8.2**

Sachverhalt

Die Anfangsbilanz eines Unternehmens zu Beginn des Geschäftsjahres 20X1, das dem Kalenderjahr entspricht, lautet:

Aktiva		Bilanz zum ...	Passiva
Abnutzbare Sachanlagen	1000	Eigenkapital	2500
Roh-, Hilfs- und Betriebsstoffe	2000	Verbindlichkeiten	2500
Halb- und Fertigerzeugnisse	500		
Zahlungsmittel	1500		
Gesamtes Vermögen	5000	Gesamtes Kapital	5000

Während des Geschäftsjahres 20X1 werden 1200 Stück eines Produktes A hergestellt. Dazu werden ein Mitarbeiter eingestellt, Maschinen genutzt und Roh-, Hilfs- und Betriebsstoffe verwendet. Die Erzeugnisse seien mit den Lohnausgaben, den Roh-, Hilfs- und Betriebsstoffausgaben sowie mit der anteiligen Maschinenabnutzung zu bewerten.

Dem Mitarbeiter wird im Jahr 20X1 Lohn in Höhe von netto 1000 GE ausgezahlt; die Lohnsteuer dafür belaufe sich auf 150 GE; die Kranken-, Renten- und Arbeitslosenversicherung dafür machen insgesamt 200 GE aus. Lohnsteuer- und Sozialversicherungszahlungen werden erst im Jahr 20X2 getätigt. Der Wert der Maschinennutzung im Jahre 20X1 betrage 600 GE, der Buchwert der verwendeten Rohstoffe 1050 GE (ohne Umsatzsteuer).

Zwei Drittel der hergestellten Fertigerzeugnisse werden für 5000 GE (zuzüglich Umsatzsteuer) gegen bar verkauft.

Unterstellen Sie, die Umsatzsteuer werde in Form der Mehrwertsteuer mit einem Satz von 10% für den Abrechnungszeitraum erhoben und das Unternehmen sei vorsteuerabzugsberechtigt.

Teilaufgaben

1. Geben Sie für die Ereignisse im Geschäftsjahr 20X1 die Buchungssätze an! Nehmen Sie dazu an, das Unternehmen bewerte die hergestellten Erzeugnisse mit dem auf sie entfallenden Lohn, den Materialausgaben und dem Wert der Maschinenabnutzung.

2. Stellen Sie unter den Annahmen der Frage 1 eine Ergebnisrechnung auf, in der der Aufwand nach Arten von Produktionsfaktoren untergliedert wird!

3. Erstellen Sie aus den Angaben eine Ergebnisrechnung, welche die Ausgaben für die Herstellung der Erzeugnisse erkennen lässt!

Lösung der Teilaufgaben

1. Die Bestimmung der Buchungssätze bereitet nach Lektüre des Lehrtextes keine Schwierigkeiten.

2. Die Ergebnisrechnung ergibt ein Ergebnis in Höhe von 3 000 GE. Die Gliederung des Aufwands sollte Material-, Personal- und Maschinenaufwand zeigen.

3. Es sind auch andere Ergebnisrechnungen möglich, beispielsweise solche, welche die Ausgaben für die Herstellung von Erzeugnissen erkennen lassen.

Aufgabe 8.3   **Planmäßige Wertminderungen des abnutzbaren Vermögens**

Sachverhalt

Am 1.1. des Geschäftsjahres 20X1 werde eine neue Maschine zu Anschaffungsausgaben in Höhe von 200 000 GE angeschafft. Die Maschine wird bar bezahlt. Ihre Nutzungsdauer wird auf 5 Jahre geschätzt. Der Veräußerungswert am Ende der erwarteten Nutzungszeit sei zu vernachlässigen. Die Abnutzung der Maschine hat nach den Vorstellungen der Geschäftsleitung nichts mit der Herstellung von Erzeugnissen zu tun.

Teilaufgaben

1. Wie lautet der Buchungssatz beim Kauf der Maschine?

2. Welche Buchungen sind nach jeweils einem Geschäftsjahr der Nutzung vorzunehmen, wenn die Maschine linear abgeschrieben werden soll?

3. Inwieweit verändern sich die Buchungen aus Teilaufgabe 2, wenn anstelle der linearen Abschreibungsmethode das geometrisch-degressive Verfahren mit einem Abschreibungssatz von 20 % angewendet wird?

Lösung der Teilaufgaben

Die Buchungssätze lassen sich mit Hilfe des Lehrtextes leicht ermitteln.

Wertminderungen beim materiellen Vermögen   Aufgabe 8.4

Sachverhalt

In einem Geschäftsjahr ereignen sich die folgenden unvorhergesehenen Wertminderungen:

1. Der Wert eines Grundstücks sinkt vermutlich dauerhaft um 30000 GE.

2. Um eine Maschine mit dem ihr am Bilanzstichtag beizulegenden Wert anzusetzen, ist eine Wertminderung in Höhe von 5000 GE vorzunehmen.

3. Die entschädigungslose Enteignung einer Auslandsbeteiligung durch Verstaatlichung bedeutet einen Verlust des gesamten Wertes der Auslandsbeteiligung, die mit 65000 GE zu Buche stand.

4. Die Rohölpreise sind so gesunken, dass der Bestand an Roh-, Hilfs- und Betriebsstoffen um 12000 GE niedriger anzusetzen ist, wenn man mit dem Wertansatz den Marktwert am Bilanzstichtag nicht überschreiten möchte.

Teilaufgaben

Wie sind die in den Ereignissen bezeichneten Wertanpassungen zu verbuchen? Geben Sie die Buchungssätze an!

Lösung der Teilaufgaben

Die Lösung ergibt sich aus den folgenden Buchungssätzen:

Beleg	Datum	Geschäftsvorfall und Konten	Soll	Haben
		Wertverfall Grundstück		
		Aufwand (Abschreibung Grundstück)	30000	
		Grundstück		30000
		Wertverlust Maschine		
		Aufwand (Abschreibung Maschine)	5000	
		Maschine		5000
		Wertverlust Beteiligung		
		Aufwand (Abschreibung Beteiligung)	65000	
		Wertpapiere Anlagevermögen (Beteiligungen)		65000
		Wertverlust RHB-Stoffe		
		Aufwand (RHB-Stoffe)	12000	
		RHB-Stoffe		12000

Aufgabe 8.5   **Wertaufholung**

Teilaufgaben

1. Ein Unternehmen hat Aktien einer Ölgesellschaft zum Preis von 250 GE im Jahre 20X1 gekauft. Nach einem Militärputsch im Jahre 20X2 wird die Ölgesellschaft enteignet. Der Kurs der Aktien sinkt auf 0 GE. Im Jahre 20X3 erhält die Ölgesellschaft ihren enteigneten Besitz wieder zurück, woraufhin die Aktien wieder auf 180 GE steigen. Im Jahre 20X4 steigt der Preis auf 350 GE. Mit welchem Wert sind die Aktien in den Jahren 20X1 bis 20X4 in der Bilanz des Unternehmens nach deutschem HGB jeweils anzusetzen? Welche Buchungen werden fällig?

2. Ein Unternehmen kauft am 2.1.20X1 eine Computeranlage für 10 000 GE. Diese wird linear über vier Jahre abgeschrieben. Am 31.12.20X2 kommt eine neue Computergeneration auf den Markt. Die Programmentwicklung für die alte Computeranlage wird seitens des Herstellers beendet. Der Marktwert der Anlage sinkt vermutlich dauerhaft auf 2000 GE. Am 31.12.20X3 stellt sich heraus, dass auf Grund eines Konstruktionsfehlers alle Computeranlagen der neuen Generation nicht funktionieren. Die Programmentwicklung für die alte Anlage wird wieder aufgenommen. Der Marktwert der alten Anlage steigt dadurch wieder auf das ursprüngliche Niveau. Welchen Wert hat die Anlage jeweils am Ende der Jahre 20X1 bis 20X4? Welche Buchungen werden fällig?

Lösung der Teilaufgaben

1. Als Wertansatz der Aktien am jeweiligen Jahresende erhält man:

Jahresende 01	250 GE
Jahresende 02	0 GE
Jahresende 03	180 GE
Jahresende 04	250 GE

Die daraus folgenden Buchungssätze sind leicht darzustellen.

2. Wertansatz des Computers am jeweiligen Jahresende:

Jahresende 01	10 000 GE – 2 500 GE = 7 500 GE
Jahresende 02	7 500 GE – 2 500 GE – 3 000 GE = 2 000 GE
Jahresende 03	2 000 GE + 500 GE = 2 500 GE
Jahresende 04	2 500 GE – 2 500 GE = 0 GE

Die daraus folgenden Buchungssätze sind leicht zu ermitteln.

Darstellung von Vermögen und Fremdkapital in einer Bilanz: Ansatz und Bewertung als Problem

Aufgabe 8.6

Sachverhalt

Ein Unternehmen, das als Kapitalgesellschaft geführt wird, besitzt am Jahresende die folgenden Vermögensgüter und Verpflichtungen:

a. Die Verpflichtung der Anteilseigner, über das von ihnen bereits eingezahlte Eigenkapital in Höhe von 300 000 GE hinaus noch 200 000 GE in das Unternehmen einzulegen.

b. Ein zur Eintragung angemeldetes Patent, für dessen Entwicklung 100 000 GE ausgegeben wurde und dessen Marktwert auf 250 000 GE geschätzt wird, ferner ein für 50 000 GE gekauftes Patent.

c. Ein unbebautes Grundstück neben der Fabrik, das vor drei Jahren zu 350 000 GE gekauft worden war und nun einen Marktwert von 500 000 GE besitzt. Es wird eine weitere Wertsteigerung auf 1 000 000 GE erwartet.

d. Drei Druckmaschinen mit Buchwerten zu je 15 000 GE, eine Fräsmaschine zu 75 000 GE und eine Stanzmaschine zu 70 000 GE, ein Gabelstapler zu 6 000 GE und ein VW-Bus zu 8 000 GE.

e. Eine neue CNC-Drehmaschine im Wert von 75 000 GE ist bestellt. Bis zum Bilanzstichtag hat das Unternehmen eine Anzahlung in Höhe von 30 % geleistet.

f. Aktien des Rohstofflieferanten, des Unternehmens Y. Der Anschaffungswert hat 150 000 GE betragen. Der Marktpreis hat sich seit dem Kauf nicht geändert.

g. 5000 l Heizöl, die im Sommer zu 0,70 GE/l gekauft worden waren. Der Ölpreis hat sich seit dem Kaufzeitpunkt auf 1,00 GE/l erhöht.

h. Selbst hergestellte, zum Verkauf bestimmte Lagerbestände: 1000 Schrauben Sorte A mit Herstellungsausgaben zu je 1,00 GE, 5000 Schrauben Sorte B zu je 2,00 GE und 2500 Bolzen Sorte C zu je 0,50 GE.

i. Selbst erstellte Computerprogramme im Herstellungswert von 15 000 GE, die man für 50 000 GE zu verkaufen gedenkt.

j. Eine Forderung aus dem Verkauf von Schrauben und Computerprogrammen in Höhe von 40 000 GE.

k. Mehrere Arten von Zahlungsmitteln: auf dem Postscheckkonto 2 350 GE, auf dem Bankkonto 2 500 GE, in der Portokasse 52,60 GE, in der Kasse 347,40 GE und in der »Kaffeekasse« 100 GE.

l. Eine erhaltene Anzahlung in Höhe von 50 000 GE, für die das Unternehmen im Folgejahr Maschinen liefern muss.

m. Waren im Wert von 75 000 GE, die das Unternehmen bereits erhalten hat, sind noch nicht bezahlt.

n. Zu Beginn des Jahres hat das Unternehmen einen langfristigen zinslosen Kredit über 300 000 GE aufgenommen, dessen Rückzahlung im Folgejahr beginnt.

o. Im Rahmen eines Gerichtsverfahrens war dem Unternehmen ein Schadenersatzanspruch gegenüber einem Nachbarn in Höhe von 2 500 GE zugesprochen worden, der noch nicht beglichen ist.

p. Die Eigenkapitalgeber haben über ihre Einlage hinaus ein zinsloses, unbefristetes Darlehen über 75 000 GE gegeben.

q. Das insgesamt von den Anteilseignern zu transferierende Kapital beträgt 500 000 GE, davon sind 300 000 GE bereits eingezahlt.

Teilaufgaben

1. Erstellen Sie aus der Sachverhaltsbeschreibung eine Bilanz!

2. Ermitteln Sie den Teil des Eigenkapitals, der nicht aus dem Kapitaltransfer resultiert!

Lösung der Teilaufgaben

1. Man erhält eine Bilanz mit einem Eigenkapital von 630 100 GE.

2. Der Teil des Eigenkapitals, der nicht aus Kapitaltransfer herrührt, beläuft sich auf 130 100 GE.

Kapitel

9 Herleitung von Kapitalflussrechnungen

Lernziele

Nach dem Studium dieses Kapitels sollten Sie in der Lage sein,

- den Zweck einer Kapitalflussrechnung zu erkennen,
- zwischen operativen Aktivitäten, Investitionsaktivitäten und Finanzierungsaktivitäten zu unterscheiden und
- eine Kapitalflussrechnung auf direktem und auf indirektem Weg aus den anderen Finanzberichten zu ermitteln.

Überblick

Es kann vorkommen, dass ein Unternehmen regelmäßig ein positives Ergebnis ausweist und dennoch zahlungsunfähig wird. Dies geschieht immer dann, wenn nicht genügend Geld zur Begleichung von Rechnungen erzeugt wird. Wenn im Rahmen der sogenannten operativen Aktivitäten mehr Geld ausgegeben wird, als hereinfließt, kann die Lücke durch Aufnahme eines Darlehens oder durch Einlagen des Unternehmers geschlossen werden. Auf Dauer erwarten die Geldgeber aber, dass im Rahmen der operativen Aktivitäten mehr Zahlungsmittel eingehen als ausgehen.

Obgleich Unternehmen leicht Financiers für ihre Investitionen gewinnen können und gegebenenfalls auch für ihre operativen Aktivitäten, ist es zur Beurteilung des Unternehmens und seiner Leitung durch einen Außenstehenden erforderlich, Einblick in die Zahlungsströme des Unternehmens zu gewinnen.

9.1   Grundlagen

9.1.1   Zwecke einer Kapitalflussrechnung

Determinanten des Aussagegehaltes einer Kapitalflussrechnung

Eine Kapitalflussrechnung berichtet über die Zahlungsströme eines Unternehmens, über Einzahlungen und Auszahlungen. Sie soll die Ursachen einer Zahlungsmittelveränderung im Zeitablauf zeigen. Ob das im konkreten Fall gelingt, hängt natürlich davon ab, nach welchen Gesichtspunkten und wie tief jeweils die Einzahlungen und die Auszahlungen untergliedert werden. Eine Kapitalflussrechnung stellt eine Zeitraumrechnung dar. Meist wird sie um den Anfangs- und Endbestand von Zahlungsmitteln ergänzt.

Zwecke

Die Information, die eine Kapitalflussrechnung enthält, ist in den finanziellen Berichten, die wir bisher kennengelernt haben, zwar enthalten, aber nicht explizit aus ihnen ersichtlich. Eine Kapitalflussrechnung wird hauptsächlich aufgestellt und veröffentlicht, um

- dem Leser die Prognose zukünftiger Zahlungsströme zu ermöglichen; denn die Zahlen zurückliegender Zeiträume können oftmals einen guten Anhaltspunkt für zukünftige Zahlen liefern.

- die Entscheidungen der Unternehmensleitung zu beurteilen; denn man erkennt die liquiditätsmäßigen Rahmenbedingungen des Unternehmens.

- die Fähigkeit des Unternehmens zu erkennen, Zinsen und Darlehenstilgungen aufzubringen und darüber hinaus Dividenden zu zahlen.

- den Zusammenhang zwischen Ergebnis und Zahlungsmittelveränderungen aufzuzeigen.

Verwendung des Zahlungsmittelaufwands

Wenn im Zusammenhang mit einer Kapitalflussrechnung von Zahlungsmitteln gesprochen wird, sind i.d.R. nicht nur das Bargeld und die Sichteinlagen bei Banken gemeint, sondern darüber hinaus Vermögensgüter des Umlaufvermögens, die kurzfristig »zu Geld gemacht« werden können, beispielsweise Wertpapiere.

9.1.2   Grundlegende Einteilung von Zahlungsströmen

Relevanz von Zahlungsangaben

Die Beurteilung eines Unternehmens kann dadurch geschehen, dass man seine Aktivitäten in Gruppen unterteilt. Es ist üblich, drei Gruppen voneinander zu unterscheiden. Nach der Unternehmensgründung stellen die operativen Aktivitäten, die sogenannten »betrieblichen« Tätigkeiten, die wichtigste Gruppe dar. Investitionen und Finanzierung sind nachgelagert. Investitionen erscheinen wichtiger als Finanzierungen, weil es i.A. bedeutsamer ist, worin ein Unternehmen investiert als woher es die Mittel dafür aufbringt. Kapitalflussrechnungen zeigen i.d.R. jeweils die mit den drei

Gruppen von Aktivitäten zusammenhängenden Ein- und Auszahlungen. Meist wird zusätzlich angegeben, woraus sich die jeweiligen Einzahlungen und Auszahlungen zusammensetzen. Die im ersten Kapitel angegebenen finanziellen Berichte der Deutschen Telekom enthalten eine Kapitalflussrechnung, die man als ein für Deutschland typisches Berichtsbeispiel eines börsennotierten Unternehmens ansehen kann.

Bei Aufstellung einer Kapitalflussrechnung geht es darum, alle Zahlungen, die das Unternehmen tätigt oder erhält, zu erfassen und jeweils einer der drei Gruppen von Aktivitäten zuzuordnen. Letztlich hängt es von den Informationswünschen ab, die der Ersteller einer Kapitalflussrechnung erfüllen möchte, welche Gruppen von Aktivitäten er unterscheidet. Folgt man der Idee, man solle zwischen operativen Aktivitäten, Investitionsmaßnahmen und Finanzierungen unterscheiden, so sind diese drei Gruppen zunächst genau zu definieren und gegeneinander abzugrenzen. Kapitalflussrechnungen werden hier als ein Instrument zur Ergänzung von Bilanz, Ergebnisrechnung und Eigenkapitalrechnung gesehen. Es liegt daher nahe, die Definition der drei Gruppen auf diese anderen Rechenwerke hin auszurichten.

Aufteilung von Zahlungsströmen

Eine einfache, wenn auch nicht besonders genaue Form der Definition der drei Arten von Zahlungsströmen orientiert sich an Bilanz und Ergebnisrechnung. Nach dieser Definition gilt:

Problematik der Bildung von Zahlungsstromgruppen

- Operative Aktivitäten hängen überwiegend mit den Konten zusammen, die bei der Ermittlung des Ergebnisses herangezogen werden.

- Investitionsaktivitäten ergeben sich oft aus einer Analyse der Konten des Anlagevermögens.

- Finanzierungsaktivitäten werden meist bei einer Analyse der Fremd- und Eigenkapitalkonten ersichtlich.

Das Ungenaue an dieser Zuordnung besteht darin, dass einige Zahlungen, die eigentlich Investitionen und Finanzierungen betreffen, dem operativen Bereich zugerechnet werden. Dies gilt z. B. für Auszahlungen für Fremdkapitalzinsen oder Einzahlungen aus Investitionen wie Dividendenerträge. Obwohl solche Zahlungen eindeutig Finanzierungen und Investitionen betreffen, erscheinen sie nach unserer Definition bei der operativen Gruppe von Zahlungen. Das Vorgehen ist zwar daher ungenau, schränkt aber sonst eventuell entstehende »Schummel«-Möglichkeiten des Erstellers finanzieller Berichte ein: nämlich eine operative Zahlung durch geschickte Argumentation als investiv oder finanzierungsbezogen zu klassifizieren. Obige Definition wird in der Praxis verwendet. So findet man sie beispielsweise in den U.S.-GAAP. Wir folgen ihr in unserem Beispiel. Zwar könnte man alternativ eine wissenschaftlich »saubere« Definition anstreben, bei der es nicht zu einer Vermengung der drei Gruppen kommt, allerdings wäre dies zwangsläufig mit mehr Ermessen des Erstellers finanzieller Berichte

Spannungsverhältnis zwischen »sauberer« Aufteilung von Zahlungsströmen und Ermessensspielraum

behaftet. Abbildung 9.1 enthält eine Übersicht über wichtige Zahlungsströme, die wir in unserem Beispiel ansprechen.

Abbildung 9.1:
Wichtige Zahlungs-
ströme im Überblick

Einzahlungen	Auszahlungen
Operative Aktivitäten	
Einzahlung von Kunden	Auszahlung an Lieferanten
Zins und Dividende aus Anlagen	Auszahlung an Beschäftigte
Andere operative Einzahlungen	Auszahlung für Zinsen und Steuern
	Andere operative Auszahlungen
Investitionsaktivitäten	
Einzahlung aus Verkauf von Sachanlagen	Auszahlung für Kauf von Sachanlagen
Einzahlung aus Verkauf von Finanzanlagen (außer Zahlungsmitteln)	Auszahlung für Kauf von Finanzanlagen (außer Zahlungsmitteln)
Einzahlung aus Finanzanlagen (z.B. Darlehensforderungen)	Auszahlungen für Finanzanlagen (z.B. Gewährung von Darlehen)
Finanzierungsaktivitäten	
Einzahlung aus der Ausgabe junger Anteile (Kapitalerhöhung)	Auszahlung an Anteilseigner (Dividenden)
Einzahlung aus Verkauf eigener Anteile	Auszahlung für den Kauf eigener Aktien
Einzahlung aus der Aufnahme von Darlehen	Auszahlung wegen Rückzahlung von Darlehen

9.1.3   Möglichkeiten zur Erstellung von Kapitalflussrechnungen

Direkte vs. indirekte Methode

Für die Erstellung von Kapitalflussrechnungen unterscheidet man die
direkte von der indirekten Methode. Der Unterschied liegt in der Art, wie
der Zahlungsüberschuss bzw. das Zahlungsdefizit aus operativen Aktivitäten ermittelt wird. Bei der direkten Methode ergibt sich der Überschuss
der Einzahlungen über die Auszahlungen, indem man den Einzahlungen
aus operativen Aktivitäten deren Auszahlungen direkt gegenüberstellt.
Abbildung 9.2 zeigt eine Kapitalflussrechnung, die entsprechend der
direkten Methode aufgestellt wurde.

CC Discount Kapitalflussrechnung für das Geschäftjahr 20X1		
Bezeichnung	**Beträge in TGE**	
Zahlungsstrom aus operativen Aktivitäten		
Einzahlungen		
von Kunden	250	
Zinsen aus Krediten an Kunden	14	
erhaltene Dividenden auf Investitionen	13	277
Auszahlungen		
an Lieferanten	−130	
an Beschäftigte	−65	
Zinsen	−10	
Steuern	−9	−214
Nettozahlungsstrom aus operativen Aktivitäten		63
Zahlungsstrom aus Investitionsaktivitäten		
Einzahlungen		
Verkauf von Sachanlagen	70	70
Auszahlungen		
Kauf von Sachanlagen	−300	
Gewährung eines Darlehens (Finanzanlage)	−8	−308
Nettozahlungsstrom aus Investitionsaktivitäten		−238
Zahlungsstrom aus Finanzierungsaktivitäten		
Einzahlungen		
Ausgabe junger Aktien	120	
Aufnahme eines langfristigen Darlehens	90	210
Auszahlungen		
Zinsvorauszahlung auf langfristiges Darlehen	−7	
Dividenden an Anteilseigner	−6	−13
Nettozahlungsstrom aus Finanzierungsaktivitäten		197
Nettozahlungsmittelveränderung		22
Zahlungsmittelbestand 31.12.20X0		60
Zahlungsmittelbestand 31.12.20X1		82

Abbildung 9.2:
Beispiel einer entsprechend der direkten Methode aufgebauten Kapitalflussrechnung

Bei der indirekten Methode geht man dagegen vom Ergebnis aus, zählt diesem denjenigen Teil des Aufwands hinzu, der nicht mit Auszahlungen verbunden ist und subtrahiert den Ertrag, der nicht mit Einzahlungen verbunden ist. Weiter unten werden wir eine Kapitalflussrechnung vorstellen, die sich für den operativen Zahlungsstrom an der indirekten Methode orientiert.

Vergleich Es hängt von der Zahlungswirksamkeit des Ertrags und des Aufwands eines Unternehmens ab, welche Berechnungsart leichter durchzuführen ist. Unmittelbar einsichtig ist das Vorgehen bei der direkten Methode. Die indirekte Methode erscheint komplizierter und weniger aussagefähig, weil sie i.d.R. nur auf die Ermittlung des Nettozahlungsüberschusses aus operativer Tätigkeit abstellt und nicht auf die darin enthaltenen einzelnen Einzahlungs- und Auszahlungsströme.

9.2   Vorgehen bei Aufstellung einer Kapitalflussrechnung

9.2.1   Ereignisdaten als Basis

Strukturierte Erfassung der zahlungswirksamen Ereignisdaten Wir beginnen damit, das Zustandekommen einer Kapitalflussrechnung aus den Daten von Ereignissen zu erklären. Das erfordert lediglich, bestimmte Ereignisse gesondert zu kennzeichnen und diese dann zusammenzufassen.

Beispiel Wir stellen uns vor, die Kapitalflussrechnung der Abbildung 9.2, Seite 315, sei aus den Daten der Ereignisse der Abbildung 9.3, Seite 317, erstellt worden. Einige dieser Ereignisse betreffen die Ergebnisrechnung, andere die Bilanz, manche beide Rechnungen. Eine Kapitalflussrechnung enthält unabhängig davon nur diejenigen Ereignisse, bei denen Zahlungen geflossen sind. Im vorliegenden Beispiel werden diejenigen Ereignisse, die Zahlungen auslösen, mit einem »*« vor der Ereignisnummer gekennzeichnet.

Die Erstellung einer Kapitalflussrechnung aus den Daten bestimmter Ereignisse erscheint auf den ersten Blick sehr einfach. Es ist allerdings zu bedenken, dass es vielen Unternehmen im Rahmen ihres Buchführungssystems schwer fällt, ohne erheblichen zusätzlichen Aufwand Ereignisse mit Zahlungswirkungen strukturiert aus dem System zu ziehen.

Es ist zwar möglich, wie gezeigt, eine Kapitalflussrechnung aus unternehmensinternen Daten zu erzeugen, in der Praxis wird diese Methode jedoch kaum für einen Außenstehenden erkennbar angewendet. Für Unternehmensexterne ist die Methode auch nicht umsetzbar, da sie im Regelfall keinen Zugriff auf unternehmensinterne Daten haben.

Bezeichnung des Ereignisses	Betrag in TGE
Operative Aktivitäten	
1. Ertrag aus Umsätzen »auf Ziel«	300 GE
*2. Zahlungseingang von Kunden	250 GE
3. Zinsertrag auf Forderungen des Umlaufvermögens	15 GE
*4. Zahlungseingang für Zinsen auf Forderungen	14 GE
*5. Ertrag und Zahlungseingang wegen Dividenden	13 GE
6. Umsatzaufwand	160 GE
7. Kauf von Waren »auf Ziel«	150 GE
*8. Zahlungsausgang an Lieferanten	130 GE
9. Aufwand für Lohn und Gehalt	60 GE
*10. Zahlungsausgang für Lohn und Gehalt	65 GE
11. Abschreibungen auf Sachanlagen	12 GE
12. Anderer operativer Aufwand	11 GE
*13. Aufwand und Zahlungsausgang für Zinsen	10 GE
*14. Aufwand und Zahlungsausgang für Einkommensteuer	9 GE
Investitionsaktivitäten	
*15. Zahlungsausgang für Kauf von Sachanlagen	300 GE
*16. Zahlungsausgang für Kauf einer Finanzanlage	8 GE
*17. Einzahlung aus Verkauf von Sachanlagen (inkl. eines Gewinns in Höhe von 5 000 GE)	70 GE
Finanzierungsaktivitäten	
*18. Zahlungseingang aus der Ausgabe junger Aktien	120 GE
*19. Zahlungseingang aus der Ausgabe von Obligationen	90 GE
*20. Zahlungsausgang für Vorauszahlung von Zinsen für langfristige Verbindlichkeiten	7 GE
*21. Zahlungsausgaben wegen Dividendenzahlung an Aktionäre	6 GE

Abbildung 9.3:
Ereignisse als mögliche Grundlage für die Kapitalflussrechnung der CC Discount

9.2.2 Ergebnisrechnung und Bilanzen als Basis (direkter Weg)

Die Daten aus einer Bilanz zu Beginn eines Abrechnungszeitraumes, die Daten der Ergebnisrechnung des Abrechnungszeitraumes und diejenigen einer Bilanz zum Ende des Abrechnungszeitraumes sind zur Schätzung von Zahlungsströmen geeignet. Sie sind immer dann ausgezeichnet zur Errechnung von Zahlungsströmen tauglich, soweit es in den Bilanzen Posten gibt, die jeweils nur mit einem Ertrags- oder Aufwandsposten zusammenhängen. Für solche Posten gilt der Zusammenhang der Abbildung 9.4.

Zahlungsstrom als Saldo von Einzahlungen und Auszahlungen

Zahlungsart		Berechnung
Einzahlung	=	Ertrag
		−Zunahme des zugehörigen Aktivpostens
		+Abnahme des zugehörigen Aktivpostens
		−Abnahme des zugehörigen Passivpostens
		+Zunahme des zugehörigen Passivpostens
Auszahlung	=	Aufwand
		+Zunahme des zugehörigen Aktivpostens
		−Abnahme des zugehörigen Aktivpostens
		+Abnahme des zugehörigen Passivpostens
		−Zunahme des zugehörigen Passivpostens

Dieser abstrakte Zusammenhang wird leicht verständlich, wenn man sich ihn durch ein Beispiel veranschaulicht. Dies geschieht im Folgenden.

Wir unterstellen für das folgende Beispiel, dass die Kapitalflussrechnung aus Abbildung 9.2, Seite 315, auf der Ergebnisrechnung der Abbildung 9.5, und auf den Bilanzen der Abbildung 9.6, Seite 319, beruht. Wir wenden die Überlegungen zur Schätzung der Einzahlungen und Auszahlungen auf die einzelnen Zahlungsströme an und orientieren uns dabei an der Reihenfolge, die in der Kapitalflussrechnung der Abbildung 9.2, Seite 315, vorgegeben ist.

CC Discount – Ergebnisrechnung für das Geschäftsjahr 20X1		
	Beträge in TGE	
Umsatzertrag	300	
Zinsertrag	15	
Dividendenertrag	13	
Gewinn aus Verkauf von Sachanlagen	5	333
Umsatzaufwand	−160	
Aufwand (Gehalt)	−60	
Abschreibungen	−12	
Zinsaufwand	−10	
Einkommensteueraufwand	−9	−251
Ergebnis		82

CC Discount
Bilanzen für die Geschäftsjahre in TGE, endend am

	31.12.20X1	31.12.20X0	Differenz
Anlagevermögen			
Finanzanlagen	8	–	8
Sachanlagen	300	77	223
Umlaufvermögen			
Forderungen (Verkauf)	150	100	50
Forderungen (Zinsen)	20	19	1
Ware	230	240	–10
Zahlungsmittel	82	60	22
Aktiver Rechnungsabgrenzungsposten	16	9	7
Summe Aktiva	806	505	301
Eigenkapital			
Kapital	250	130	120
Gewinnrücklagen	94	18	76
Kurzfristiges Fremdkapital			
Verbindlichkeiten (Einkauf)	140	120	20
Verbindlichkeiten (Gehalt)	10	15	–5
Passiver Rechnungsabgrenzungsposten	12	12	0
Langfristiges Fremdkapital			
Verbindlichkeiten	300	210	90
Summe Passiva	806	505	301

Einzahlung von Kunden

Die Einzahlungen von Kunden ergeben sich aus dem *Umsatzertrag*, korrigiert um die Veränderung der *Forderungen (Verkauf)*. Wenn ein Umsatz »auf Ziel« erfolgt, nehmen anstatt der *Zahlungsmittel* die *Forderungen (Verkauf)* zu. Folglich ist der *Umsatzertrag* um eine eventuelle Zunahme der *Forderungen (Verkauf)* zu kürzen. Umgekehrtes gilt für eine Abnahme der *Forderungen (Verkauf)*. In einem solchen Fall hätten die Zahlungsmittel stärker zugenommen als es im Umsatzertrag zum Ausdruck kommt. Das ergibt sich, wenn fällige Forderungen aus vergangenen Abrechnungszeiträumen beglichen werden. Zahlenmäßig erhalten wir für unser Beispiel einen Betrag von 250 TGE, der den tatsächlichen Einzahlungen von Kunden entspricht:

Einzahlung	=	Ertrag (Umsatzertrag)	300
		–Zunahme des zugehörigen Aktivpostens (Forderungen (Verkauf))	–50
		+Abnahme des zugehörigen Aktivpostens (Forderungen (Verkauf))	+0
		–Abnahme des zugehörigen Passivpostens (./.)	
		+Zunahme des zugehörigen Passivpostens (./.)	
			= 250

Einzahlung von Zinsen aus Krediten an Kunden

Die Einzahlungen von Zinsen aus Krediten an Kunden ergeben sich aus dem *Zinsertrag*, korrigiert um die Veränderung der *Forderungen (Zinsen)*. Wenn die Zinsen nicht pünktlich bezahlt werden, entsteht zwar ein *Zinsertrag*, aber es nehmen anstatt der Zahlungsmittel nur die *Forderungen (Zinsen)* zu. Folglich ist der *Zinsertrag* um eine eventuelle Zunahme der *Forderungen (Zinsen)* zu kürzen. Umgekehrtes gilt für eine Abnahme der *Forderungen (Zinsen)*. In einem solchen Fall hätten die Zahlungsmittel stärker zugenommen als es im *Zinsertrag* zum Ausdruck kommt. Das tritt auf, wenn fällige Zinsforderungen aus vergangenen Abrechnungszeiträumen verstärkt beglichen werden. Zahlenmäßig erhalten wir im Beispiel einen Betrag von 14 TGE, der mit den tatsächlichen Zinseinzahlungen übereinstimmt:

Einzahlung	=	Ertrag (Zinsertrag)	15
		−Zunahme des zugehörigen Aktivpostens (Forderungen (Zinsen))	−1
		+Abnahme des zugehörigen Aktivpostens (Forderungen (Zinsen))	+0
		−Abnahme des zugehörigen Passivpostens (./.)	
		+Zunahme des zugehörigen Passivpostens (./.)	
			=14

Einzahlung von Dividenden auf Investitionen

Die Dividendeneinzahlungen aus Investitionen ergeben sich aus dem *Dividendenertrag*, korrigiert um die Veränderung der *Forderungen (Dividenden)*. Wenn nämlich eine Dividendenzahlung verzögert erfolgt, nehmen anstatt der Zahlungsmittel nur die *Forderungen (Dividenden)* zu. Folglich ist der *Dividendenertrag* um eine eventuelle Zunahme der *Forderungen (Dividenden)* zu kürzen. Umgekehrtes gilt wieder für eine Abnahme der *Forderungen (Dividenden)*. Im Beispiel werden *Forderungen (Dividenden)* nicht ausgewiesen. Wir unterstellen, dass es keine solchen Forderungen gegeben hat und dass sie nicht in anderen Posten versteckt wurden. Zahlenmäßig erhalten wir für unser Beispiel damit einen mit den tatsächlichen Dividendeneinzahlungen übereinstimmenden Betrag von 13 TGE:

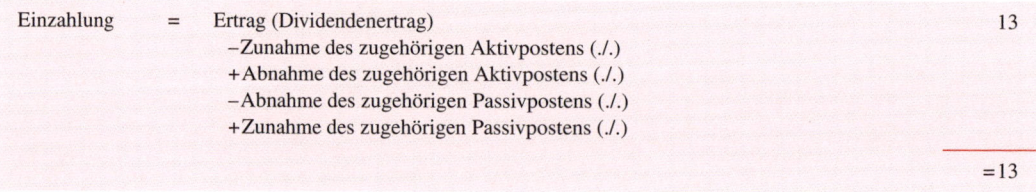

Einzahlung	=	Ertrag (Dividendenertrag)	13
		−Zunahme des zugehörigen Aktivpostens (./.)	
		+Abnahme des zugehörigen Aktivpostens (./.)	
		−Abnahme des zugehörigen Passivpostens (./.)	
		+Zunahme des zugehörigen Passivpostens (./.)	
			=13

Auszahlung an Lieferanten

Für die Ermittlung der Auszahlungen an Lieferanten wird ein zweistufiges Vorgehen notwendig. Zunächst ist zu ermitteln, in welcher Höhe überhaupt Ware gekauft wurde (Ausgaben für Lieferanten). Anschließend ist der Betrag zu bestimmen, der dafür im Abrechnungszeitraum gezahlt wurde (Auszahlungen an Lieferanten).

In Höhe des Betrages, um den der Bestand an Ware abgenommen hat, wurde weniger eingekauft als zum Verkauf benötigt. Umgekehrt zeigt eine Erhöhung des Warenbestandes an, dass mehr eingekauft wurde als zum Verkauf erforderlich war. Die Ausgaben – aber noch nicht die Auszahlungen – für den Kauf von Ware ergeben sich zu 150 TGE:

Ausgabe	=	Aufwand (Umsatzaufwand)	160
		+Zunahme des zugehörigen Aktivpostens (Ware)	+0
		−Abnahme des zugehörigen Aktivpostens (Ware)	−10
		+Abnahme des zugehörigen Passivpostens (./.)	
		−Zunahme des zugehörigen Passivpostens (./.)	
			=150

Inwieweit diese Ausgaben bar bezahlt wurden, ergibt sich durch Vergleich mit den *Verbindlichkeiten (Einkauf)*. Haben diese zugenommen, so wurde in dieser Höhe nicht bar bezahlt; haben sie abgenommen, so wurden um diesen Betrag Verbindlichkeiten abgetragen. Die Auszahlung an Lieferanten beträgt – entsprechend den tatsächlichen Auszahlungen – 130 TGE.

Auszahlung	=	Ausgabe (Waren)	150
		+Zunahme des zugehörigen Aktivpostens (./.)	
		−Abnahme des zugehörigen Aktivpostens (./.)	
		+Abnahme des zugehörigen Passivpostens (Verbindlichkeiten (Einkauf)	+0
		−Zunahme des zugehörigen Passivpostens (Verbindlichkeiten (Einkauf))	−20
			=130

Auszahlung für Beschäftigte

Grundlage für die Schätzung der Auszahlung wegen Beschäftigung von Personal ist in unserem Beispiel der *Aufwand (Gehalt)*. Soweit der Aufwand nicht bar bezahlt wurde, sind *Verbindlichkeiten (Gehalt)* entstanden; soweit Zahlungsverpflichtungen zurückliegender Abrechnungszeiträume durch Zahlung ausgeglichen wurden, haben die *Verbindlichkeiten (Gehalt)* abgenommen. Die so ermittelte Auszahlung wegen der Beschäftigung von Personal entspricht der tatsächlichen und beträgt 65 TGE.

Auszahlung	=	Aufwand (Gehalt)	60
		+Zunahme des zugehörigen Aktivpostens (./.)	
		−Abnahme des zugehörigen Aktivpostens (./.)	
		+Abnahme des zugehörigen Passivpostens (Verbindlichkeiten (Gehalt))	+5
		−Zunahme des zugehörigen Passivpostens (Verbindlichkeiten (Gehalt))	−0
			= 65

Auszahlung für Zinsen auf kurzfristiges Fremdkapital

Der Aufwand für *kurzfristige Fremdkapitalzinsen* bildet die Grundlage für die Schätzung der entsprechenden Auszahlung. Er ist zu korrigieren um die Veränderung der *Verbindlichkeiten (Zins für kurzfristiges Fremdkapital)*. Ein solcher Posten befindet sich nicht in der Bilanz. Wir unterstellen, ein solcher Posten existiere nicht und die entsprechenden Verbindlichkeiten seien auch nicht in einem anderen Posten versteckt. Die Auszahlung für Zinsen wegen kurzfristigen Fremdkapitals ergibt sich daher zu 10 TGE.

Auszahlung	=	Aufwand (Zinsen für kurzfristiges Fremdkapital)	10
		+Zunahme des zugehörigen Aktivpostens (./.)	
		−Abnahme des zugehörigen Aktivpostens (./.)	
		+Abnahme des zugehörigen Passivpostens (Verbindlich. (Zins kurzfr. FK))	+0
		−Zunahme des zugehörigen Passivpostens (Verbindlich. (Zins kurzfr. FK))	−0
			=10

Auszahlung für Steuern

Der *Aufwand für Steuern* bildet die Basis für die Schätzung der entsprechenden Auszahlung. Er ist zu korrigieren um die Veränderung der *Verbindlichkeiten (Steuern)*. Ein solcher Posten befindet sich auch nicht in der Bilanz. Wir unterstellen wieder, ein solcher Posten existiere nicht und die entsprechenden Verbindlichkeiten seien auch nicht in einem anderen Posten verborgen. Die Auszahlung wegen Steuern ergibt sich daher zu 9 TGE.

Auszahlung	=	Aufwand (Einkommensteuer)	9
		+Zunahme des zugehörigen Aktivpostens (./.)	
		−Abnahme des zugehörigen Aktivpostens (./.)	
		+Abnahme des zugehörigen Passivpostens (Verbindlich. (Steuern))	+0
		−Zunahme des zugehörigen Passivpostens (Verbindlich. (Steuern))	−0
			=9

Auszahlungen bzw. Einzahlungen aus dem Kauf bzw. Verkauf von Sachanlagen

Die Zahlungen aus dem Kauf von Sachanlagen könnten getrennt von denen aus dem Verkauf von Sachanlagen geschätzt werden, wenn die jeweils zugehörigen Aktiv- und Passivposten gesondert ausgewiesen würden. In unserem Beispiel kann man aus den Bilanzen aber nicht erkennen, ob beim Kauf Verbindlichkeiten und beim Verkauf Forderungen entstanden sind. Die Veränderung der Sachanlagen zeigt uns nur, wie groß die aus dem Kauf und Verkauf gemeinsam erwachsene Veränderung gewesen ist. Daher können wir mit der hier beschriebenen Methode nur den Saldo der beiden Zahlungen ermitteln.

Wir wissen nicht, ob sich per Saldo eine Einzahlung oder eine Auszahlung ergibt. Wir hoffen auf eine Einzahlung und beginnen daher mit der Formel für Einzahlungen. Zugleich unterstellen wir, dass eine negative Einzahlung einer Auszahlung entspricht.

Einzahlungen ergeben sich c.p., wenn die Sachanlagen abnehmen, jedoch nicht, wenn die Abnahme aus (nicht-zahlungswirksamen) *Abschreibungen* resultiert. Daher geht der Abschreibungsbetrag mit negativem Vorzeichen in die Formel ein. Erzielt man beim Verkauf eines Gutes gegen Barmittel einen Gewinn, so übersteigt die Einzahlung den Wert des um Abschreibungen korrigierten Abgangs. Bei einem Verlust kommt weniger Bargeld in das Unternehmen als an Buchwerten abgehen. Zahlenmäßig ergibt sich eine Einzahlung in Höhe von −230 TGE, was einer Auszahlung von 230 TGE entspricht:

Einzahlung	=	Ertrag (Gewinn aus Verkauf von Sachanlagen)	5
		−Zunahme des zugehörigen Aktivpostens (Sachanlagen) − Abschreibungen	−223 −12
		+Abnahme des zugehörigen Aktivpostens (./.)	
		−Abnahme des zugehörigen Passivpostens (./.)	
		+Zunahme des zugehörigen Passivpostens (./.)	
			=−230

Hätten wir mit der Formel für Auszahlungen begonnen, so hätte man den *Gewinn aus dem Verkauf von Sachanlagen* als negativen Aufwand verstehen müssen und es hätten sich ebenfalls Auszahlungen von 230 TGE ergeben. Alternativ dazu hätte man den Gewinn als Zunahme eines Passivpostens (Gewinnrücklagen) ansehen können und hätte das gleiche Ergebnis erhalten.

Auszahlung	=	Aufwand (Gewinn aus Verkauf von Sachanlagen)	−5
		+Zunahme des zugehörigen Aktivpostens (Sachanlagen) + Abschreibungen	+223 +12
		−Abnahme des zugehörigen Aktivpostens (./.)	
		+Abnahme des zugehörigen Passivpostens (./.)	
		−Zunahme des zugehörigen Passivpostens (./.)	
			=230

Auszahlung für eine Finanzinvestition

Durch die Finanzinvestition fließt Bargeld ab. Die Höhe des Abflusses ergibt sich aus der Zunahme des Postens *Finanzanlagen*. Posten der Ergebnisrechnung sind nicht betroffen. Man erhält eine Auszahlung von 8 TGE aus:

Auszahlung	=	Aufwand	0
		+Zunahme des zugehörigen Aktivpostens (Finanzanlagen)	+8
		−Abnahme des zugehörigen Aktivpostens (Finanzanlagen)	
		+Abnahme des zugehörigen Passivpostens (./.)	
		−Zunahme des zugehörigen Passivpostens (./.)	
			= 8

Einzahlung aus der Ausgabe junger Aktien

Die Ausgabe der jungen Aktien erfolgt gegen Barzahlung. Deswegen steht dem Zugang an *Eigenkapital* in gleicher Höhe ein Zugang an *Zahlungsmitteln* gegenüber. Es ergibt sich eine Einzahlung in Höhe von 120 TGE:

Einzahlung	=	Ertrag	0
		−Zunahme des zugehörigen Aktivpostens (./.)	
		+Abnahme des zugehörigen Aktivpostens (./.)	
		−Abnahme des zugehörigen Passivpostens (Eigenkapital)	
		+Zunahme des zugehörigen Passivpostens (Eigenkapital)	+120
			= 120

Einzahlung aus der Aufnahme eines langfristigen Darlehens

Hierbei handelt es sich um eine Einzahlung, deren Ermittlung große Ähnlichkeit mit dem vorgenannten Ereignis besitzt. Allerdings handelt es sich hier um die Zunahme von Fremdkapitalposten, in der sich die Zunahme von Zahlungsmitteln zeigt. Man erhält eine Einzahlung von 90 TGE:

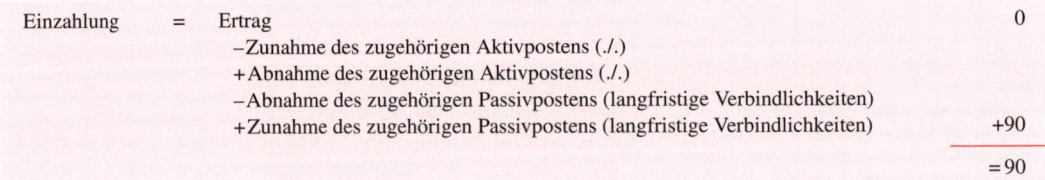

Einzahlung	=	Ertrag	0
		−Zunahme des zugehörigen Aktivpostens (./.)	
		+Abnahme des zugehörigen Aktivpostens (./.)	
		−Abnahme des zugehörigen Passivpostens (langfristige Verbindlichkeiten)	
		+Zunahme des zugehörigen Passivpostens (langfristige Verbindlichkeiten)	+90
			= 90

Vorauszahlung von Darlehenszinsen

Die Vorauszahlung von Darlehenszinsen verkörpert so lange eine Forderung, bis der Zeitraum beginnt, für den die Zinsen gezahlt werden müssen. Bis dahin ist die Vorauszahlung als *aktiver Rechnungsabgrenzungsposten* auszuweisen. Nimmt der *aktive Rechnungsabgrenzungsposten* während eines Abrechnungszeitraumes zu, dann verbirgt sich dahinter ein Abfluss von Zahlungsmitteln. Durch Analyse der Veränderung des *aktiven Rechnungsabgrenzungspostens* – unterstellt, seine Veränderung lasse sich nur mit Darlehenszins-bedingten Ereignissen erklären – können wir die Höhe der Vorauszahlung an *Darlehenszinsen* bestimmen. Wir erhalten hier einen Betrag von 7 TGE:

Auszahlung	=	Aufwand	0
		+Zunahme des zugehörigen Aktivpostens (Aktiver Rechnungsabgrenzungsp.)	7
		−Abnahme des zugehörigen Aktivpostens (Aktiver Rechnungsabgrenzungsp.)	−0
		+Abnahme des zugehörigen Passivpostens (./.)	
		−Zunahme des zugehörigen Passivpostens (./.)	
			=7

Auszahlung von Dividende an die Anteilseigner

Dividendenzahlungen mindern das *Eigenkapital*, und zwar die Gewinnrücklagen. Allerdings nehmen die Gewinnrücklagen durch ein positives Ergebnis zu, durch ein negatives entsprechend ab. Die Höhe der Dividendenzahlung entspricht folglich der um das Ergebnis korrigierten Abnahme der Gewinnrücklagen. Im Beispiel ergibt sich ein Betrag von 6 TGE:

Auszahlung	=	Aufwand	0
		+Zunahme des zugehörigen Aktivpostens (./.)	
		−Abnahme des zugehörigen Aktivpostens (./.)	
		+Abnahme des zugehörigen Passivpostens (Gewinnrücklage)	
		−Zunahme des zugehörigen Passivpostens (Gewinnrücklage) + Ergebnis	−76 + 82
			=6

9.2.3 Ergebnisrechnung und Bilanzen als Basis (indirekter Weg)

Der indirekte Weg zur Aufstellung einer Kapitalflussrechnung zeichnet sich – wie oben bereits erwähnt – dadurch aus, dass bei der Ermittlung des Zahlungsstromes aus operativen Aktivitäten ein anderes Vorgehen gewählt wird. Bei der direkten Methode haben wir jeden einzelnen Ertrags- und Aufwandsposten um die enthaltenen nicht zahlungswirksamen Teile korrigiert, die wir aus der Zu- oder Abnahme zugehöriger Bilanzposten herausgelesen haben. Das allgemeine Vorgehen wird durch Abbildung 9.4, Seite 318, gekennzeichnet. Bei der indirekten Methode geht man weniger differenziert vor. Man ermittelt nur einen einzigen operativen Zahlungsstrom, indem man das Ergebnis in eine Zahlungsüberschussgröße transformiert: Hierzu subtrahiert man vom Ergebnis all jenen Ertrag, der nicht zahlungswirksam war, und man addiert – entsprechend umgekehrt – allen zahlungswirksamen Aufwand. Zusätzlich passt man den sich ergebenden Betrag um Veränderungen von Aktiv- und Passivposten an, die den operativen Bereich betreffen.

Zahlungsstrom als Ergebnis plus Korrekturen

Beispiel Im Beispiel rechnen wir das Umlaufvermögen und das kurzfristige Fremdkapital bis auf die Rechnungsabgrenzungsposten dem operativen Bereich zu. Die Rechnungsabgrenzungsposten sind näher zu analysieren, weil diese auch – wie im Beispiel – mit Finanzierungsaktivitäten zusammenhängen können. Wir unterstellen, die Analyse habe ergeben, dass die Veränderung der Rechnungsabgrenzungsposten nicht dem operativen Bereich zuzurechnen ist. Der Zahlungsüberschuss aus operativen Aktivitäten berechnet sich dann wie in Abbildung 9.7.

Abbildung 9.7:
Beispiel einer entsprechend der indirekten Methode aufgebauten Kapitalflussrechnung

CC Discount
Kapitalflussrechnung für das Geschäftsjahr 20X1

Bezeichnung	Beträge in TGE	
Zahlungsstrom aus operativen Aktivitäten		
Ergebnis		82
– Gewinn aus Veräußerung	−5	
+ Abschreibungen	+12	+7
– Zunahme von Aktivposten		
Forderungen (Verkauf)	−50	
Forderungen (Zinsen)	−1	
+Abnahme von Aktivposten		
Waren	+10	
–Abnahme von Passivposten		
Verbindlichkeiten (Gehalt)	−5	
+Zunahme von Passivposten		
Verbindlichkeiten (Einkauf)	+20	−26
Nettozahlungsstrom aus operativen Aktivitäten		63
Zahlungsstrom aus Investitionsaktivitäten		
Einzahlungen		
Verkauf von Sachanlagen	70	70
Auszahlungen		
Kauf von Sachanlagen	−300	
Gewährung eines Darlehens (Finanzanlage)	−8	−308
Nettozahlungsstrom aus Investitionsaktivitäten		−238
Zahlungsstrom aus Finanzierungsaktivitäten		
Einzahlungen		
Ausgabe junger Aktien	120	
Aufnahme eines langfristigen Darlehens	90	210
Auszahlungen		
Zinsvorauszahlung auf langfristiges Darlehen	−7	
Dividenden an Anteilseigner	−6	−13
Nettozahlungsstrom aus Finanzierungsaktivitäten		197
Nettozahlungsmittelveränderung		22
Zahlungsmittelbestand 31.12.20X0		60
Zahlungsmittelbestand 31.12.20X1		82

9.3 Zahlungsunwirksame Investitions- und Finanzierungsaktivitäten

Kapitalflussrechnungen sind darauf ausgerichtet, Zahlungsströme und deren Herkunft zu zeigen. Eine Kapitalflussrechnung enthält zwar Angaben über diejenigen Investitionen und Finanzierungen, die mit Zahlungsströmen verbunden waren, keineswegs jedoch Daten zu allen Investitionen und Finanzierungen. Möchte man die in Kapitalflussrechnungen gelieferten Daten zu einem Bild über Investitionen und Finanzierungen nutzen, so hat man einen in dieser Hinsicht ergänzenden Finanzbericht zu erstellen, aus dem diejenigen Investitionen und Finanzierungen hervorgehen, die nicht mit Zahlungsströmen verbunden waren.

Kapitalflussrechnungen informieren über Zahlungsströme und nicht über Investitionen und Finanzierungen

Unternehmen tätigen nicht nur Investitionen, die »Geld kosten«; sie setzen auch andere Finanzierungsinstrumente so ein, als ob sie Bargeld wären. So ist es beispielsweise beliebt, Investitionen in ganze Unternehmen oder in wertvolle Vermögensgüter mit eigenen Aktien des Unternehmens – meist »jungen« Aktien – anstatt mit Bargeld zu bezahlen. Die mit der Anschaffung eines Grundstücks zum Preis von 500000 GE gegen Hingabe eigener Aktien verbundene Buchung würde beispielsweise lauten:

Unternehmen betreiben auch zahlungsunwirksame Investitionen und Finanzierungen

Beleg	Datum	Geschäftsvorfall und Konten	Soll	Haben
	31. Aug.	Kauf Grundstück gegen Aktien		
		Grundstück	500000	
		eigene Aktien		500000

und keine Konsequenzen für die Zahlungsmittel zeigen.

Um das Bild der Investitions- und Finanzierungslage abzurunden, das sich aus Kapitalflussrechnungen ergibt, sollten diejenigen Investitionen und Finanzierungen gesondert genannt werden, bei denen kein Bargeld geflossen ist. Ein solcher Finanzbericht könnte das folgende Aussehen annehmen:

Empfehlung zu ergänzendem Finanzbericht, der i. V. m. der Kapitalflussrechnung über Investitionen und Finanzierungen informiert

Maßnahme	Betrag
Kauf von Vermögensgütern mit Bezahlung in Form von eigenen Aktien	
Verkauf von Vermögensgütern mit Bezahlung in Form von Aktien	
Kauf von Vermögensgütern mit Bezahlung in Form von Wertpapieren mit fest vereinbarten Zins- und Tilgungsleistungen	
Verkauf von Vermögensgütern mit Bezahlung in Form von Wertpapieren mit fest vereinbarten Zins- und Tilgungsleistungen	
Abbau von Fremdkapital durch Hingabe von Vermögensgütern	
Gesamtheit der nicht zahlungswirksamen Investitions- und Finanzierungsmaßnahmen	
Ergänzende Angaben betreffend zahlungsunwirksame Investitionen und Finanzierungen	

9.4   Zahlungsströme und Unternehmensanalysen

Relevanz positiver Zahlungsströme aus dem operativen Bereich

Die Gewinnung von positiven Zahlungsströmen aus dem operativen Bereich ist für Unternehmen essentiell wichtig. Auf Dauer zu geringe Zahlungsmittelzuflüsse bedrohen das Überleben des Unternehmens. Gibt es dagegen genügend positive Zahlungsströme, dann kann das Unternehmen wachsen, hat ausreichend Geld für Forschung und Entwicklung und kann sich die bestbezahlten Mitarbeiter leisten. Angesichts dieser Bedeutung von Zahlungsströmen für das Unternehmen fragt man sich, wie Aktionäre und Gläubiger mit der Kapitalflussrechnung eines Unternehmens umgehen.

Kapitalflussrechnung stellt einen von vielen Informationsbausteinen dar.

Es ist offensichtlich, dass Finanzberichte nicht alle Informationen enthalten, die sich die Nutzer wünschen. In der Regel werden für Anlageentscheidungen neben den Finanzberichten weitere Informationen herangezogen. Dazu zählen sehr zeitnahe Presseberichte und Daten über die Branche ebenso wie Vorhersagen über die wirtschaftliche Situation in einem Land, in einer Region oder auf der Welt. Vor der Vergabe von Darlehen werden beispielsweise Banken i.d.R. ein Gespräch mit der Geschäftsleitung führen, um herauszufinden, wie sich das Unternehmen entwickeln wird. Aktionäre und Gläubiger möchten beide den zukünftigen Gewinn und die zukünftigen Zahlungsströme herausfinden.

Kein Interesse potenzieller Geldgeber an Unternehmen mit langfristig negativem operativen Zahlungsstrom!

Mit den Daten aus einer Kapitalflussrechnung lassen sich »Verlierer-Unternehmen« besser identifizieren als »Sieger-Unternehmen«. Negative operative Zahlungsströme sollten spätestens ab dem zweiten Jahr ernsthaft betrachtet werden; denn ohne einen positiven Zahlungsstrom aus dem operativen Bereich kann ein Unternehmen auf Dauer nicht bestehen. Es genügt dann nicht mehr, auf positive Zahlungsströme aus dem Investitions- oder Finanzbereich zu hoffen. Kein Aktionär oder Gläubiger wird langfristig Geld zur Verfügung stellen, um die operativen Zahlungsströme eines Unternehmens zu alimentieren.

9.5 Übungsmaterial

9.5.1 Fragen mit Antworten

Fragen	Antworten
Woher kommen die Zahlungsmittel eines Unternehmens und in welchem finanziellen Bericht lässt sich das erkennen?	Aus operativen Aktivitäten sowie aus Investitions- und Finanzierungsaktivitäten. Die Kapitalflussrechnung gibt Aufschluss über die Zusammensetzung.
Wie sollten die Zahlungsströme aus den Aktivitäten miteinander zusammenhängen?	Der operative Zahlungsüberschuss sollte hoch sein. Ohne Investitionensausgaben gibt es kein Ergebniswachstum, der Finanzierungsüberschuss deckt eine eventuelle Lücke.
Erzielen Unternehmen mit hohem Ergebnis auch immer einen hohen operativen Zahlungsstrom?	Nein.
Wie findet man heraus, ob das Unternehmen vermutlich seine Verbindlichkeiten bezahlen kann?	Durch eine Analyse der Ergebnisrechnung und der Kapitalflussrechnung.

9.5.2   Verständniskontrolle

1. Welche Zwecke verbindet man mit einer Kapitalflussrechnung?

2. Wozu kann einem das Wissen um Zahlungsströme der Vergangenheit nutzen?

3. Wie lassen sich die Zahlungsströme eines Unternehmens sinnvoll unterteilen bzw. zusammenfassen?

4. Wodurch zeichnen sich operative Aktivitäten im Gegensatz zu Investitions- und Finanzierungsaktivitäten aus?

5. Lassen sich Zahlungsströme den drei Gruppen von Aktivitäten immer eindeutig zuordnen?

6. Welche grundsätzlichen Möglichkeiten bieten sich zur Aufstellung von Kapitalflussrechnungen an?

7. Kennzeichnen Sie die direkte Methode zur Aufstellung einer Kapitalflussrechnung!

8. Warum ergänzt man bei Erstellung einer Kapitalflussrechnung Ertrag bzw. Aufwand um die Veränderung zugehöriger Aktiv- und Passivposten?

9. Wie erklären sich die Vorzeichen der Berücksichtigung von Veränderungen der Aktiv- und Passivposten bei der Schätzung von Einzahlungen und Auszahlungen?

10. Erklären Sie an einem Beispiel, wie man aus Finanzberichten die Einzahlung aus dem Verkauf von Waren schätzt!

11. Erklären Sie an einem Beispiel, wie man aus Finanzberichten die Auszahlung für den Kauf von Waren schätzt!

12. Kennzeichnen Sie die indirekte Methode zur Aufstellung einer Kapitalflussrechnung!

13. Welche der beiden Methoden zur Erstellung einer Kapitalflussrechnung halten Sie für aussagefähiger und wie begründen Sie Ihre Antwort?

14. Warum informieren Kapitalflussrechnungen nicht vollständig über sämtliche Investitions- und Finanzierungsmaßnahmen eines Unternehmens?

15. Was wünschen sich Berichtsempfänger, die möglichst gute Entscheidungen treffen möchten, zusätzlich zu einer Kapitalflussrechnung?

16. Wie können Informationen aus Kapitalflussrechnungen für Investitions- und Kreditwürdigkeitsanalysen von Berichtsempfängern nützlich sein?

9.5.3   Aufgaben zum Selbststudium

Ermittlung einer Kapitalflussrechnung durch Auswertung von Ereig-   **Aufgabe 9.1**
nisdaten, direkte Methode

Sachverhalt

Für das mit dem Kalenderjahr übereinstimmende Geschäftsjahr 20X3 des
Unternehmens ABC liegen die folgenden Ereignisdaten vor:

a. Nettoeinzahlungen aus der Ausgabe junger Aktien: 46 500 GE.

b. Bekanntmachung und Zahlung von Bardividenden: 33 000 GE.

c. Zinsertrag: 12 000 GE.

d. Zahlungseingang wegen Zinsforderungen: 10 500 GE.

e. Gehaltsaufwand: 156 000 GE.

f. Zahlung von Gehalt: 165 000 GE.

g. Verkauf auf Ziel: 537 000 GE.

h. Langfristiges Darlehen an eine andere Gesellschaft: 63 000 GE.

i. Nettoeinzahlungen aus dem Verkauf von Sachanlagen: 27 000 GE,
einschließlich eines Verlustes von 1 500 GE.

j. Einzahlungen von Kunden: 553 500 GE.

k. Ertrag und Zahlungseingang von Dividenden: 4 500 GE.

l. Zahlung an Lieferanten: 478 500 GE.

m. Umsatz gegen Barzahlung: 138 000 GE.

n. Abschreibungsaufwand: 48 000 GE.

o. Einzahlung aus der Aufnahme kurzfristigen Fremdkapitals: 57 000 GE.

p. Rückzahlung langfristiger Verbindlichkeiten: 85 500 GE.

q. Aufwand und Auszahlung von Zinsen: 16 500 GE.

r. Erhalt einer Einzahlung zur Tilgung von Forderungen: 76 500 GE.

s. Nettoeinzahlungen aus Verkauf von Finanzanlagen: 33 000 GE, einschließlich eines Gewinns von 19 500 GE.

t. Planmäßige Abschreibungen: 7 500 GE.

u. Umsatzaufwand: 426 000 GE.

v. Auszahlungen zum Kauf von Sachanlagen: 124 500 GE.

w. Aufwand und Zahlung von Steuern: 24 000 GE.

x. Verkauf von Waren auf Ziel: 445 500 GE.

y. Zahlungsmittelbestand 31.12.20X2: 124 500 GE sowie zum 31.12.20X3:
81 000 GE.

Teilaufgaben

Erstellen Sie für den Abrechnungszeitraum 20X3 eine Ergebnisrechnung und eine Kapitalflussrechnung für das Unternehmen ABC!

Lösung der Teilaufgaben

Die Ergebnisrechnung zeigt ein Ergebnis in Höhe von 39000 GE. Mit Hilfe der Angaben der Aufgabe lässt sich eine Kapitalflussrechnung ermitteln, bei der sich ein Zahlungsstrom aus operativen Aktivitäten in Höhe von 22500 GE ergibt, einer aus Investitionsaktivitäten in Höhe von –51000 GE und einer aus Finanzierungsaktivitäten in Höhe von –15000 GE.

Aufgabe 9.2   **Ermittlung einer Kapitalflussrechnung durch Auswertung von Ereignisdaten, indirekte Methode**

Sachverhalt

Das Ergebnis des Unternehmens Max Mayer beläuft sich im Kalender- und Geschäftsjahr 20X1 auf 3000 GE. Am 1.1.20X1 betragen die Zahlungsmittel 925 GE. Die folgenden Aktivitäten wurden während des Geschäftsjahres 20X1 unternommen:

a. Rückzahlung von Fremdkapital in Höhe von 19000 GE.

b. Einzahlung von 46000 GE aus einer Kapitalerhöhung.

c. Anderer nicht zahlungswirksamer Betriebsaufwand in Höhe von 800 GE.

d. Kauf von Anlagevermögen gegen Zahlung von 19000 GE.

e. Anstieg der Forderungen aus Verkauf um 900 GE.

f. Darlehensaufnahme bei verschiedenen Gläubigern in Höhe von 17000 GE.

g. Zunahme des kurzfristigen Fremdkapitals um 700 GE.

h. Zunahme der Warenvorräte um 600 GE.

i. Vorauszahlungen für Betriebs- und Geschäftsausstattung in Höhe von 6000 GE.

j. Abnahme der Forderung gegenüber dem Fiskus um 300 GE.

k. Verkauf eigener Aktien an Arbeitnehmer in Höhe von 20 GE.

l. Abnahme der Verbindlichkeiten aus Lieferungen und Leistungen in Höhe von 400 GE.

m. Empfang von 10 GE aus Investitionen.

n. Zunahme des nicht zahlungswirksamen Aufwands um 200 GE.

o. Zunahme der passiven Rechnungsabgrenzungsposten um 500 GE.

p. Abschreibungen in Höhe von 1300 GE.

q. Zahlung von 5 GE Zahlungsmittel wegen anderer Finanzaktivitäten.

Teilaufgaben

Erstellen Sie auf Basis der gegebenen Informationen eine Kapitalfluss-rechnung! Bestimmen Sie dabei den Zahlungsstrom aus operativen Aktivitäten auf die indirekte Art!

Lösung der Teilaufgaben

Der Zahlungsstrom aus operativen Aktivitäten beläuft sich auf 3900 GE, der aus Investitionsaktivitäten auf −24990 GE und der aus Finanzierungs-aktivitäten auf 44015 GE.

Ermittlung einer Kapitalflussrechnung durch Auswertung von Finanzberichten (Bilanzen zu zwei Zeitpunkten und Ergebnisrechnung für den Zeitraum zwischen den Zeitpunkten)

Aufgabe 9.3

Sachverhalt

Das Unternehmen Walter Huber erstellt für das Geschäftsjahr 20X0 und für das Geschäftsjahr 20X1 zwei Bilanzen für das Ende des jeweiligen Geschäftsjahres sowie eine Ergebnisrechnung. Im Folgenden sieht man die beiden Bilanzen und die dazu gehörige Ergebnisrechnung.

Teilaufgaben

Bestimmen Sie eine aussagefähige Kapitalflussrechnung aus den Daten! Verwenden Sie dazu die direkte Methode!

Lösung der Teilaufgaben

Zur Ermittlung einer Kapitalflussrechnung sind die Daten der Ergebnis-rechnung und die Veränderungen von Bilanzposten als Zahlungsverände-rungen zu interpretieren. Geschickt geht man vor, wenn man zunächst die Veränderungen zwischen den zwei Bilanzen ermittelt und im Anschluss daran die Differenz zwischen den Ergebnisposten der Bilanzen, Ergebnis in t abzüglich Ergebnis in t−1, unter Berücksichtigung der Posten der Ergebnisrechnung für das Geschäftsjahr t bildet. Die Differenz ergibt sich dann als »Ertrag in t abzüglich Aufwand in t abzüglich Ergebnis in t−1«. Durch geschicktes Umsortieren der Posten lassen sich dann die Zahlun-gen schätzen und eine Kapitalflussrechnung darstellen. Nach der direkten Methode zur Messung des operativen Ergebnisses ergibt sich dann ein Zahlungsstrom aus operativen Aktivitäten in Höhe von 6000 GE, einer aus Investitionsaktivitäten in Höhe von −200 GE und einer aus Finanzie-rungsaktivitäten in Höhe von 6200 GE.

Walter Huber

Bilanzen

	31.12.20X0	31.12.20X1
Aktiva		
Grundstücke und Gebäude	10000	9200
Maschinen	16000	16000
Vorräte		
Erzeugnisse	18000	14200
Rohstoffe	10000	10000
Forderungen aus Lieferungen und Leistungen	14000	22000
Bankguthaben	12000	24000
Summe	80000	95400
Passiva		
Gezeichnetes Kapital	6000	8000
Kapitalrücklage	4000	7200
Gewinnrücklagen	12000	14000
Ergebnis	2000	11400
Pensionsrückstellungen	18000	17600
Sonstige Rückstellungen (Steuern)	4000	4600
Langfristige Verbindlichkeiten	4000	5000
Sonstige betriebliche Verbindlichkeiten	10000	12800
Verbindlichkeiten aus Lieferungen und Leistungen	20000	14800
Summe	80000	95400

Walter Huber

Ergebnisrechnung für das Geschäftsjahr 20X1

Umsatzertrag		40000
Umsatzaufwand		
Materialherstellungsausgaben für produzierte Menge	−10000	
Personalherstellungsausgaben für produzierte Menge	−7000	
Sonstige Herstellungsausgaben für produzierte Menge	−5000	
Abschreibungen auf Maschinen	−1000	
Zugang zum Fertigerzeugnislager	+3800	
Abgang vom Fertigerzeugnislager	−0	19200
Bruttoergebnis vom Umsatz		20800
Vertriebsaufwand (Material)		−2000
Allgemeiner Verwaltungsaufwand (Löhne)		−3200
Sonstiger betrieblicher Aufwand		−2000
Zinsaufwand		−1000
Ergebnis vor Steuern		12600
Steuern vom Einkommen und Ertrag		1200
Jahresüberschuss		11400

Anhang

A Literaturempfehlungen

■ Eisele, W., Technik des betrieblichen Rechnungswesens – Buch-führung und Bilanzierung, Kosten- und Leistungsrechnung, Son-derbilanzen, 7. Auflage, München (Vahlen) 2002.

■ Horngren, C.T., Harrison, W.T., Bamber, L.S, Accounting, 6th edition, Upper Saddle River (Prentice Hall) 2004.

■ Leffson, U., Die Grundsätze ordnungsmäßiger Buchführung, 7. Auflage, Düsseldorf (IdW) 1987.

■ Schneider, D. Betriebswirtschaftslehre, Band 2: Rechnungs-wesen, 2. Auflage, München (Oldenbourg) 1997, insbesondere S. 107-158.

Anhang

B Kurzlexikon des betriebswirtschaftlichen Rechnungswesens

Abbildung relevanter Ereignisse im Rechnungswesen, Forderungen für

Aus den vielen Forderungen erscheinen die folgenden sehr wichtig: → Forderung nach selbstständiger Wirtschaftseinheit, → Forderung nach Leistungsabgabeorientierung, → Forderung nach Unternehmensfortführung, → Forderung nach Relevanz, → Forderung nach Verlässlichkeit, → Forderung nach Vergleichbarkeit, → Forderung nach Anschaffungsausgabenorientierung, → Forderung nach Vorsicht, → Forderung nach stabiler Währungseinheit.

Abgrenzung, Prinzip der sachlichen

Prinzip, nach dem → Ausgaben, die sachlich einem Ertrag zugerechnet werden, in demjenigen → Abrechnungszeitraum als → Aufwand anzusetzen sind, in dem der zugehörige → Ertrag angesetzt wird.

Abgrenzung, Prinzip der zeitlichen

Prinzip, nach dem → nicht zeitraumbezogene Ausgaben, die sachlich keinem → Ertrag zugerechnet werden, in demjenigen → Abrechnungszeitraum als → Aufwand anzusetzen sind, in dem sie zeitlich anfallen.

Abgrenzung, Prinzip der zeitraumbezogenen

Prinzip, nach dem → Ausgaben, die pro rata temporis anfallen, zeitanteilig zu behandeln sind, entweder zeitanteilig → sachlich oder zeitanteilig auf die betroffenen → Abrechnungszeiträume als → Aufwand.

Abnutzbares Anlagevermögen

→ Anlagevermögen, abnutzbares

Abrechnungszeitraum

Zeitraum, der zwischen zwei aufeinanderfolgenden Bilanzstichtagen liegt. Der englischsprachige Ausdruck heißt → accounting period.

Abschluss aller Konten

Methode zur Behandlung von → Konten zum Geschäftsjahresende, bei der alle Konten abgeschlossen werden: Durch eine Buchung der jeweiligen Endbestände auf Bilanz- und Ergebniskonto wird der Kontostand auf null gebracht.

Abschluss nur der temporären Konten

Methode zur Behandlung von → Konten zum Geschäftsjahresende, bei der nur die temporären Konten abgeschlossen werden: Durch eine Buchung der jeweiligen Endbestände auf Bilanz- und Ergebniskonto wird der Kontostand dieser Konten auf null gebracht. Die nicht temporären Konten werden nicht auf null gesetzt.

Abschreibung

Wertanpassung nach unten. Soweit es dabei um die Verteilung von Anschaffungsausgaben als Aufwand auf die Jahre der Nutzung geht, werden sie als → planmäßige Abschreibungen bezeichnet, sonst als → außerplanmäßige Abschreibungen. In der englischen Sprache wird die erstgenannte Art als → depreciation bezeichnet, die zuletzt genannte als → write off.

Abschreibung, außerplanmäßige

→ Abschreibung, die von → Vermögensgütern vorgenommen wird, um Wertminderungen gegenüber dem eventuell um → planmäßige Abschreibungen gekürzten Buchwert zu erfassen. Im Englischen wird der Ausdruck → write off dafür verwendet.

Abschreibung, degressive

Methode, bei der die → planmäßige Abschreibung von → abnutzbarem Anlagevermögen so berechnet wird, dass die Abschreibungsbeträge der einzelnen Geschäftsjahre im Zeitablauf abnehmen.

Abschreibung, direkte

Darstellungsart von Abschreibungen, bei der eine Verminderung des Buchwertes des abzuschreibenden Vermögengutes erfolgt.

Abschreibung, indirekte

Darstellungsart von Abschreibungen, bei der ein Korrekturkonto zu dem Vermögensgutkonto gebildet wird, das die Höhe der kumulierten Abschreibung angibt. Der Bestandswert des Vermögensgutes bleibt unverändert. Der Buchwert für die Bilanz ergibt sich, indem man den Korrekturwert vom Bestandswert abzieht.

Abschreibung, lineare

Methode, bei der die → planmäßige Abschreibung von → abnutzbarem Anlagevermögen so berechnet wird, dass die Abschreibungsbeträge der einzelnen Geschäftsjahre gleich groß sind.

Abschreibung, planmäßige

→ Abschreibung, die vom → abnutzbaren Anlagevermögen vorgenommen wird, um die → Anschaffungsausgaben eines mehrere → Abrechnungszeiträume nutzbaren → Vermögensgutes auf die Zeiträume der Nutzung zu verteilen. Im Englischen wird der Ausdruck → depreciation dafür verwendet.

Account

Englischsprachiger Ausdruck für → Konto

Accounting period

Englischsprachiger Ausdruck für → Abrechnungszeitraum

Accrual basis der Rechnungslegung

→ Rechnungslegung, accrual basis der

Aktiver Rechnungsabgrenzungsposten

→ Rechnungsabgrenzungsposten, aktiver

Aktives Wirtschaftsgut

→ Wirtschaftsgut, aktives

Aktivum

Posten, der auf der Vermögensseite einer → Bilanz aufgeführt wird, unabhängig davon, ob es sich um ein Vermögensgut handelt oder nicht

Andere relevante Ereignisse

→ Ereignisse, andere relevante

Anhang

Finanzbericht mit Angaben, die in den anderen → Finanzberichten nicht enthalten sind

Anlagespiegel

→ Finanzbericht, der die Veränderungen des → Anlagevermögens zwischen zwei Bilanzstichtagen erklärt.

Anlagevermögen

Oberbegriff über diejenigen → Vermögensgüter, die dazu bestimmt sind, dem → Unternehmen durch Gebrauch zu dienen. Im deutschen Handelsrecht übliche Klasse von Vermögensgütern, die weiter unterteilt wird in → immaterielles Anlagevermögen, → Finanzanlagevermögen und → Sachanlagevermögen.

Anlagevermögen, abnutzbares

→ Anlagevermögen, das in Folge von Gebrauch oder Zeitablauf an Wert verliert. Den Wertverlust durch Gebrauch oder Zeitablauf berücksichtigt man im Rechnungswesen durch die → planmäßige Abschreibung.

Anlagevermögen, finanzielles

Anlagevermögen, das aus Forderungen, Beteiligungen und Wertpapieren besteht

Anlagevermögen, immaterielles

Körperlich nicht fassbare Vermögensgüter des → Anlagevermögens, die nicht zum → Finanzanlagevermögen zählen

Anlagevermögen, nicht abnutzbares

→ Anlagevermögen, das weder durch Gebrauch noch durch Zeitablauf an Wert verliert

Anlagevermögen, sachliches

Anlagevermögen, das aus Sachgütern besteht, z.B. nicht zum Verkauf bestimmten Grundstücken, Gebäuden, Maschinen

Anschaffungsausgabe

Ausgabe für die Anschaffung eines Vermögensgutes, inklusive der Anschaffungsnebenausgaben abzüglich eventueller Anschaffungspreisminderungen

Antizipativer Vorgang

→ Ergebniswirkung, Zahlung nach

AO

Abgabenordnung, deutsche Verordnung zur Regelung der Rechte und Pflichten von Bürgern bei Abgaben an den Staat

Arbeitsablauf bei der Erfassung von relevanten Ereignissen

→ Relevante Ereignisse, Arbeitsablauf bei der Erfassung von

Aspekt, finanzieller

Sichtweise, bei der man sich auf die Einkommenswirkung, auf die Ergebniswirkung konzentriert

Asset

Englischsprachiger Ausdruck für → Vermögensgut, üblicherweise im englischsprachigen Ausland verstanden als Ressource, über die das → Unternehmen in Folge vergangener Ereignisse verfügen kann und aus der es in Zukunft einen wirtschaftlichen Nutzen zu erzielen erwartet

Auftragsfertigung, langfristige

Fertigung von Aufträgen während eines Zeitraumes, der mindestens einen Bilanzstichtag überschreitet. Zur Behandlung im Rechnungswesen wird die → completed contract Methode von der → percentage of completion Methode unterschieden. In Deutschland gilt die completed contract Methode als die anzuwendende.

Aufwand

Negative → Eigenkapitalveränderung eines → Abrechnungszeitraums, die nicht als → Eigenkapitaltransfer zu klassifizieren ist. Im englischsprachigen Raum steht der Ausdruck → expenditure für Aufwand.

Aufwand aus Verkauf von Ware

→ Aufwand, der nach dem → Prinzip der sachlichen Abgrenzung ermittelt wurde

Aufwand, ergebnisabhängiger

→ Aufwand, dessen Höhe vom → Ergebnis abhängt, wie es beispielsweise bei ergebnisabhängigen Vorstandstantiemen der Fall ist. Dieser Aufwand und das Ergebnis lassen sich exakt nur durch Probieren oder durch Lösen eines Gleichungssystems ermitteln.

Ausgabe

→ Auszahlung oder Fremdkapitalzunahme im Zusammenhang mit dem Einkauf

Außerplanmäßige Abschreibung

→ Abschreibung, außerplanmäßige

Ausweisregeln

Regeln oder Vorschriften, die festlegen, welche Posten in → Finanzberichten mindestens getrennt voneinander darzustellen sind

Auszahlung

Abfluss von → Zahlungsmitteln

Balance sheet

Englischsprachiger Ausdruck für den → Finanzbericht mit der → Bilanz als Inhalt

Belastung, erwartete künftige

Im englischsprachigen Raum präzisierter Begriff zur Bildung von → Rückstellungen. Es wird in den U.S.-GAAP unterschieden zwischen Belastungen, die reasonably estimable und probable sind, die possible sind und die remote sind. Die Passivierung einer Rückstellung wird nur im erstgenannten Fall erlaubt. Im zweitgenannten Fall sind Angaben im Anhang zu machen. Der letztgenannte Fall entzieht sich einer Bilanzierung. In der englischsprachigen Literatur spricht man von → contingent liabilities.

Berichtspflicht nach deutschem HGB

Vorschriften des → deutschen HGB zur Erstellung und Veröffentlichung von → Finanzberichten durch → Unternehmen. Die meisten und umfangreichsten Finanzberichte müssen börsennotierte Aktiengesellschaften anfertigen und veröffentlichen.

Bestandsrechnung

Rechenwerk, welches das Ausmaß von Beständen zu einem Zeitpunkt abbildet, z.B. den Bestand an → Eigenkapital zum Bilanzstichtag

Betriebs- und Geschäftsausstattung

Häufig vorkommende Kontenbezeichnung

Betriebsaufwand

Aufwand aus operativen Aktivitäten

Betriebsergebnis

Saldo aus → Betriebsertrag abzüglich → Betriebsaufwand

Betriebsertrag

Ertrag aus operativen Aktivitäten

Bewegungsrechnung

Rechenwerk, welches die Veränderung von Beständen während eines → Abrechnungszeitraums beschreibt, z.B. die → Ergebnisrechnung als die Bewegungsrechnung des → Eigenkapitals aus Veränderungen, die nicht mit → Eigenkapitaltransfers zusammen hängen.

Bewertungsregeln

Regeln oder Vorschriften, nach denen → Vermögensgüter und → Fremdkapital zu bewerten sind

Bilanz

→ Finanzbericht, der aus der Zusammenstellung aller → Aktiva und aller → Passiva besteht. Man stellt im Wesentlichen die bewerteten → Vermögensgüter und die bewerteten → Fremdkapitalposten gegenüber, um das → Eigenkapital sichtbar zu machen. Je nach den Ansatz- und den Bewertungsregeln für die → Vermögensgüter und das → Fremdkapital wird das → Eigenkapital unterschiedlich berechnet. In der Regel wird sich eine Bilanz nach → deutschem HGB von einer solchen nach → U.S.-GAAP und von einer solchen nach → IFRS unterscheiden. Im englischsprachigen Raum heißt die Bilanz → balance sheet.

Bilanzierungshilfe

Posten, der nach deutschem Recht in einer Bilanz angesetzt werden darf, ohne die Kriterien eines Vermögensgegenstandes oder die eines Fremkapitalpostens zu erfüllen.

Bruttolohn

In Deutschland übliche Bezeichnung für den Betrag an → Personalausgaben, von dem die vom Beschäftigten zu tragenden Steuern und Versicherungsbeträge berechnet werden. Der

Bruttolohn ist niedriger als der Betrag, den der → Unternehmer bei Beschäftigung von Personal zu entrichten hat. Der Unternehmer hat zusätzlich zum Bruttolohn Versicherungsbeträge in gleicher Höhe zu entrichten wie das beschäftigte Personal.

Buch

Zusammenstellung aller → Konten. Früher fand die Zusammenstellung in einem gebundenen Buch statt.

Buchführung, doppelte

System zur Abbildung von Beständen und deren Veränderungen, so, dass jedes → relevante Ereignis chronologisch und systematisch aufgezeichnet wird. Bei der systematischen Aufzeichnung werden mindestens zwei → Konten angesprochen. Die doppelte Buchführung ist zur Herleitung von → Finanzberichten geeignet.

Buchführungspflicht nach deutschem HGB

Die Pflicht zur → Buchführung ist für Kaufleute und → Unternehmen im deutschen HGB geregelt.

Buchung

Erfassung der finanziellen Konsequenzen eines → relevanten Ereignisses in der → Buchführung: Eintragung des → Buchungssatzes ins → Grundbuch oder → Journal und anschließend Darstellung auf den betroffenen → Konten.

Buchungssatz

Formalisierte Anweisung, welche → Konten mit welchen Beträgen auf ihrer → Soll-Seite zu verändern sind und welche Konten mit welchen Beträgen auf ihrer → Haben-Seite zu verändern sind

Capital contribution

→ Einlage

Capital reduction

Englischsprachiger Ausdruck für → Entnahme

Cash flow statement

→ Statement of cash flows, englischsprachiger Ausdruck für → Kapitalflussrechnung

Cash

Englischsprachiger Ausdruck für → Zahlungsmittel

Comparability requirement

→ Forderung nach Vergleichbarkeit

Completed contract Methode

Methode zur Abbildung langfristiger Aufträge im Rechnungswesen: Ansatz der Ertrags- und der Aufwandsbuchung zu dem Zeitpunkt, zu dem die Leistung an den Marktpartner abgegeben wird.

Conservatism requirement

→ Forderung nach Vorsicht

Contingent liability

Englischsprachiger Ausdruck für → Rückstellung

Corporate Governance Kodex

Überwiegend ethisch begründbare Verhaltensregeln für die am → Unternehmen interessierten Gruppen und die im Unternehmen tätigen Leitungs- und Aufsichtsorgane

Costs of goods sold

Englischsprachiger Ausdruck für den → Aufwand aus dem Verkauf von Ware

Credit

Auch im englischsprachigen Ausland verwendeter Ausdruck für die rechte Seite eines zweispaltigen Kontos, für dessen → Haben-Seite

Current assets

Oberbegriff über → Vermögensgüter, die nur kurzfristig Geld binden. In englischen Sprachraum geläufiges Klasse von Vermögensgütern.

Debit

Auch im englischsprachigen Ausland verwendeter Ausdruck für die linke Seite eines zweispaltigen Kontos, für dessen → Soll-Seite

Degressive Abschreibung

→ Abschreibung, degressive

Depreciation

Englischsprachiger Ausdruck für → Abschreibung, planmäßige

Deutsches Handelsrecht

Gesamtheit der deutschen juristischen Regelungen zum Aufbau, Ablauf und zur Abbildung unternehmerischer Tätigkeit in → Unternehmen. Die bekanntesten Teile sind das → deutsche HGB, das Aktiengesetz und das GmbH-Gesetz.

Deutsches HGB

Deutsches Handelsgesetzbuch, schriftlich niedergelegtes System von Normen für → Unternehmen und Kaufleute, das u. A. die Rechnungslegung von → Unternehmen regelt.

Deutsches Rechnungslegungs Standardisierung Committee

→ DRSC

Direkte Abschreibung

→ Abschreibung, direkte

Dividende

Ausschüttung des → Unternehmens in der → Rechtsform einer → Kapitalgesellschaft an seine Anteilseigner aus gegenwärtigem oder in der Vergangenheit nicht ausgeschüttetem → Gewinn. In Deutschland sieht das Aktiengesetz vor, dass i.d.R. der Vorstand über die Höhe von Dividenden entscheidet. Im englischsprachigen Raum wird der Begriff → dividend dafür verwendet.

Dividend

Englischsprachiger Ausdruck für → Dividende, → Entnahme

Doppelte Buchführung

→ Buchführung, doppelte

DRSC

Deutsches Rechnungslegungs Standardisierungs Committee. Gremium, das seit 1998 Auslegungsstandards für die Rechnungslegungsvorschriften des → deutschen HGB erarbeitet und den deutschen Gesetzgeber berät.

Eigenkapital

Saldo aus → Vermögensgütern und → Fremdkapital

Eigenkapital, Unterkonten

Bei → Kapitalgesellschaften wird das → Eigenkapital üblicherweise unterteilt in den Betrag, der aus Haftungsgründen nicht unterschritten werden darf (Grundkapital bei der AG), in die zusätzlichen Einzahlungen der Aktionäre (→ Kapitalrücklagen), in die nicht ausgeschütteten Gewinne vergangener Abrechnungszeiträume (→ Gewinnrücklagen) sowie in den → Gewinn bzw. → Verlust des Geschäftsjahres.

Eigenkapitalrechnung

→ Finanzbericht, der die Entwicklung des → Eigenkapitals vom Beginn bis zum Ende des → Abrechnungszeitraums enthält. In der englischen Sprache wird dafür der Ausdruck → statement of owners' equity verwendet.

Eigenkapitaltransfer

→ Eigenkapitalveränderungen, die aus einem Kapitaltransfer vom → Unternehmen an die Anteilseigner (z.B. → Entnahme, → Dividende) oder aus einem Kapitaltransfer von den Anteilseignern in das Unternehmen (z.B. → Einlage, → Kapitalerhöhung) herrühren.

Eigenkapitalveränderung

Veränderung des → Eigenkapitals im → Abrechnungszeitraum. Üblicherweise werden → Eigenkapitaltransfers getrennt von den restlichen Eigenkapitalveränderungen, dem → Ergebnis, ausgewiesen.

Einkommen

→ Ergebnis

Einkommensrechnung

→ Ergebnisrechnung

Einlage

Oberbegriff für den → Eigenkapitaltransfer von dem oder den Eigenkapitalgeber(n) in das → Unternehmen. Bei → Kapitalgesellschaften wird dieser Eigenkapitaltransfer als → Kapitalerhöhung bezeichnet. Im englischsprachigen Raum steht der Ausdruck → capital contribution für Einlage.

Einnahme

→ Einzahlung oder Forderungszunahme im Zusammenhang mit dem Verkauf

Einzahlung

Zufluss von → Zahlungsmitteln

Einzelausgaben einer Erzeugniseinheit

→ Ausgaben für die → Herstellung eines Erzeugnisses, die sich aus der Anwendung eines → Marginalprinzips ergeben

Einzelunternehmen

In Deutschland üblicher (aber schlecht gewählter) Ausdruck für ein von einer einzelnen Person geführtes → Unternehmen. Das → Eigenkapital stammt von der Person, welche die Geschäfte führt.

Entnahme

Oberbegriff für den → Eigenkapitaltransfer vom → Unternehmen an den oder die Eigenkapitalgeber. Bei → Kapitalgesellschaften wird dieser Eigenkapitaltransfer als → Dividende bezeichnet, wenn er aus gegenwärtigem oder in der Vergangenheit nicht ausgeschüttetem → Gewinn besteht, und als → Kapitalherabsetzung, wenn dadurch das von den Eigenkapitalgebern eingelegte → Eigenkapital vermindert wird. Die vergleichbaren englischsprachigen Ausdrücke lauten → dividend und → capital reduction.

Entscheidungsrelevanz

Relevanz für Entscheidungen. Hinsichtlich des Kaufs und Verkaufs von Aktien gewünschte Eigenschaft der Rechnungslegung von börsennotierten Kapitalgesellschaften.

Ereignis, anderes relevantes

In der → Buchführung zu erfassendes → relevantes Ereignis, das im → Unternehmen keine organisatorischen Maßnahmen auslöst. Als Beispiel kann die → Abschreibung eines Vermögensgutes dienen. Im Unternehmen gibt es keine organisatorische Maßnahme, die zum Anlass für die → Buchung einer Abschreibung herangezogen werden könnte.

Ereignis, ergebnisneutrales

Für die → Buchführung → relevantes Ereignis, bei dem die → Ergebnisrechnung nicht berührt wird.

Ereignis, ergebniswirksames

Für die → Buchführung → relevantes Ereignis, bei dem die → Ergebnisrechnung berührt wird.

Ereignis, relevantes

Ereignis, dessen finanzielle Konsequenzen in der → Buchführung erfasst werden. Man kann sogenannte → Geschäftsvorfälle von → anderen relevanten Ereignissen unterscheiden.

Erfolg

→ Ergebnis

Erfolgsrechnung

→ Ergebnisrechnung

Ergebnis

Das Ergebnis stellt diejenige → Eigenkapitalveränderung eines → Unternehmens während eines → Abrechnungszeitraums dar, die nicht aus → Eigenkapitaltransfers zwischen den Eigenkapitalgebern und dem Unternehmen herrührt. Ist das Ergebnis positiv, heißt es → Gewinn, ist es negativ, heißt es → Verlust. Gewinn und Verlust entstehen formal, wenn man vom → Ertrag den → Aufwand abzieht. Im deutschen HGB heißt der Gewinn → Jahresüberschuss bzw. Konzernüberschuss und der Verlust → Jahresfehlbetrag bzw. Konzernfehlbetrag. In der Literatur findet man für Ergebnis auch die Begriffe → Erfolg und → Einkommen. Im englischsprachigen Raum wird von → net income bzw. → net loss und von → profit bzw. → loss gesprochen.

Ergebniskonto

→ Konto, das den → Ertrag und den → Aufwand aufnimmt

Ergebnisneutrales Ereignis

→ Ereignis, ergebnisneutrales

Ergebnisrechnung

Finanzbericht zur Ermittlung des → Ergebnisses, das durch Abzug des → Aufwands vom → Ertrag entsteht. In der englischen Sprache wird dafür der Ausdruck → income statement oder → statement of earnings verwendet. Die Ergebnisrechnung kann nach → deutschem Handelrecht in der Form des sogenannten → Gesamtkostenverfahrens und in der des sogenannten → Umsatzkostenverfahrens erfolgen.

Ergebniswirksames Ereignis

→ Ereignis, ergebniswirksames

Ergebniswirkung nach Zahlung

→ Ergebniswirkung, Zahlung vor

Ergebniswirkung vor Zahlung

→ Ergebniswirkung, Zahlung nach

Ergebniswirkung, Zahlung nach

Erfolgt die Zahlung aus einem → relevanten Ereignis in einem → Abrechnungszeitraum nach der Erfassung in der → Ergebnisrechnung, so entstehen nach deutschem Handelsrecht entweder → Forderungen oder → Verbindlichkeiten. Wir haben es mit einem sogenannten → antizipativen Vorgang zu tun.

Ergebniswirkung, Zahlung vor

Erfolgt die Zahlung aus einem → relevanten Ereignis in einem → Abrechnungszeitraum vor der Erfassung in der → Ergebnisrechnung, so entstehen nach deutschem Handelsrecht entweder Vorauszahlungen oder Rechnungsabgrenzungsposten. Wir haben es mit einem sogenannten → transitorischen Vorgang zu tun.

Erhaltungsausgaben

Ausgaben, die der Wartung oder Reparatur eines Vermögensgutes dienen und deswegen i.d.R. im Rechnungswesen nach dem Prinzip der zeitlichen Abgrenzung als Aufwand desjenigen Abrechnungszeitraums behandelt werden, in dem sie anfallen.

Ertrag

Positive → Eigenkapitalveränderung eines → Abrechnungszeitraums, die nicht als → Eigenkapitaltransfer zu klassifizieren ist

Expenditure

→ Aufwand

Fair value

Englischsprachiger Oberbegriff für marktnahe Wertansätze. Als fair value eines → assets oder einer → liability wird allgemein der Betrag verstanden, zu dem zwei voneinander unabhängige Parteien mit Sachverstand und Abschlusswillen bereit wären, das asset zu tauschen bzw. die liability zu begleichen. Man kann den fair value auch als einen unter normalen Bedingungen zu Stande gekommenen Tageswert auffassen.

FASB

Financial Accounting Standards Board, Gremium, das heute die U.S.-amerikanischen Rechnungslegungsstandards erarbeitet.

Fehlersuche in der Buchführung

Mathematische Analyse einer Differenz zum leichten Auffinden der fehlerhaften → Buchung

Finalprinzip

→ Zurechnungsprinzipien

Financial statements

Englischsprachiger Ausdruck für die → Finanzberichte

Finanzanlagen

Anlagevermögen, finanzielles

Finanzberichte

Gesamtheit der Berichte über die wirtschaftliche Lage, die von → Unternehmen regelmäßig anzufertigen sind. Bei börsennotierten Kapitalgesellschaften handelt es sich zur Zeit nach → deutschem HGB um die → Bilanz, den → Anlagespiegel, die → Ergebnisrechnung, die → Eigenkapitalrechnung, die → Kapitalflussrechnung und die → Segmentberichterstattung sowie um den → Anhang. Im englischsprachigen Raum wird dafür der Ausdruck → financial statements verwendet.

Finanzieller Aspekt

→ Aspekt, finanzieller

Finanzielles Anlagevermögen

→ Anlagevermögen, finanzielles

Forderung nach Anschaffungsausgabenorientierung

Die Forderung nach Verlässlichkeit wird durch die Forderung nach Anschaffungsausgabenorientierung besonders gut erfüllt.

Forderung nach Leistungsabgabeorientierung

Forderung, zur Ermittlung von Gewinn und Verlust die Veränderung von Vermögens- und Fremdkapitalposten, hauptsächlich durch die Abgabe an Marktpartner, zu erfassen

Forderung nach Relevanz

Forderung nach Relevanz der Rechnungslegung für Entscheidungen. Im englischsprachigen Raum ist vom → requirement of relevance die Rede.

Forderung nach selbstständiger Wirtschaftseinheit

Zur Vermeidung von Verzerrungen durch die Bilanzersteller ist eine selbstständige Wirtschaftseinheit als Gegenstand des Rechnungswesens zu fordern.

Forderung nach stabiler Währungseinheit

Forderung danach, dass der Wert der verwendeten Währung sich im Zeitablauf nicht ändert. Dies erspart Auf- und Abzinsungen. Im englischsprachigen Raum wird vom → requirement of stable monetary unit gesprochen.

Forderung nach Unternehmensfortführung

Forderung danach, dass das → Unternehmen im Zeitablauf fortgeführt wird. Dies erspart die Schätzung von Liquidationswerten für → Vermögensgüter und für → Fremdkapital. Im englischsprachigen Raum geht es um den → going concern.

Forderung nach Vergleichbarkeit

Forderung zur Erstellung von → Finanzberichten, welche die → Vergleichbarkeit im Zeitablauf und die Vergleichbarkeit zwischen → Unternehmen herstellen soll. Im englischsprachigen Raum wird die Forderung als → requirement of comparability bezeichnet.

Forderung nach Verlässlichkeit

Forderung, nur solche Posten anzusetzen, deren Werte man verlässlich ermitteln kann. In der englischen Sprache geht es um die Forderung nach → reliability.

Forderung nach Vorsicht

In der deutschen Literatur mit unterschiedlicher Bedeutung verwendete Forderung, die bei der Führung von → Büchern beachtet werden soll. Im weiten Sinne bedeutet es, → Vermögensgegenstände und → Fremdkapital im Zweifel so zu bewerten, dass man ein niedriges → Eigenkapital und ein niedriges → Ergebnis erhält. Im engen Sinne bedeutet es, nur bei Schätzungen denjenigen Wert anzusetzen, aus dem sich ein niedriges Eigenkapital und ein niedriges Ergebnis herleiten lassen. Im englischen Sprachraum ist vom → requirement of conservatism oder vom → requirement of prudence die Rede.

Forderung nach Zeitnähe

Informationen können ihre → Relevanz verlieren, wenn sie nicht mehr zeitnah sind. So ist z. B. der genau feststellbare historische Anschaffungswert eines vor Jahrzehnten erworbenen Grundstücks für heutige Entscheidungen irrelevant. Er ist nicht zeitnah. Im Englischen verbirgt sich dahinter die Forderung nach → timeliness.

Forderungen

Anspruch eines → Unternehmens gegenüber Dritten auf Erhalt von Geld- oder sonstigen Leistungen. Wir unterscheiden → Forderungen aus dem Verkauf, → Forderungen aus geleisteten Vorauszahlungen, → Forderungen aus der Vergabe von Darlehen und → sonstige Forderungen.

Forderungen aus der Vergabe von Darlehen

Forderungen, die aus der Vergabe von Darlehen folgen

Forderungen aus geleisteten Vorauszahlungen

Forderungen, die aus der Abgabe einer Vorauszahlung für zeitpunktbezogene, aber noch nicht erhaltene Lieferungen von Marktpartnern resultieren

Forderungen aus Verkauf

Forderungen, die aus der Abgabe von Leistungen an Marktpartner resultieren

Fremdkapital

Sichere oder erwartete künftige Belastungen der → Vermögensgüter eines → Unternehmens. Je nach den verwendeten Kriterien für den Ansatz und die Bewertung ergibt sich eine unterschiedliche Höhe. Das Fremdkapital nach → deutschem HGB entspricht daher i. A. nicht dem nach → U.S.-GAAP oder dem nach → IFRS.

Fremdkapital mit sicherer Zahlungsverpflichtung

→ Verbindlichkeiten

Fremdkapital mit unsicherer Zahlungsverpflichtung

→ Rückstellungen

Gemeinausgaben einer Erzeugniseinheit

→ Ausgaben für die → Herstellung einer Erzeugniseinheit, die sich dem Erzeugnis nur nach einem Finalprinzip zurechnen lassen

Gesamtkostenverfahren

Aus der Kostenrechnung stammender Name für das Verfahren der → Ergebnisrechnung, bei dem anstatt des Aufwands die Ausgaben und getrennt davon der Korrekturposten genannt werden, mit dessen Hilfe die Ausgaben in Aufwand umgerechnet werden.

Geschäftsvorfälle

In der → Buchführung zu erfassende → relevante Ereignisse, die organisatorische Maßnahme(n) im → Unternehmen hervorrufen, an die ein Buchungsvorgang anknüpft. Der Verkauf einer Ware stellt beispielsweise einen Geschäftsvorfall dar, weil eine Rechnung geschrieben und Ware aus dem Lager entnommen wird. Beide Maßnahmen können dazu herangezogen werden, die Verkaufsbuchung auszulösen.

Gewinn

Gewinn stellt das positive → Ergebnis eines → Unternehmens dar. Es entsteht, wenn der → Ertrag den → Aufwand übersteigt. Im englischsprachigen Raum heißt er → net income oder → profit.

Gewinn- und Verlustrechnung

→ Ergebnisrechnung nach den Regeln des → deutschen HGB

Gewinnrücklage

Summe der in der Vergangehit erzielten und noch nicht ausgeschütteten Gewinne

Gewinnverwendungsregeln

Juristische Regeln, nach denen in Deutschland die Kompetenzen, über die Verwendung des → Gewinns zu entscheiden, zwischen Geschäftsführung und Gesellschafterversammlung geregelt sind

Going concern Forderung

→ Forderung nach Unternehmensfortführung

Gross margin

Englischsprachiger Ausdruck für → Rohertrag

Grundbuch

→ Buch, auch → Journal genannt, in dem die → relevanten Ereignisse in chronologischer Reihenfolge aufgezeichnet werden

Grundstücke und Gebäude

Häufig vorkommende Kontenbezeichnung

Haben

Rechte Spalte eines zweispaltigen → Kontos

Handelswaren

Häufig vorkommende Kontenbezeichnung

Hauptbuch

→ Buch, in dem sich die Bestands- und Ergebniskonten befinden

Herstellung von Erzeugnissen

Prozess, der im Rechnungswesen die Ermittlung von → Herstellungsausgaben erfordert. Herstellung ist ein → ergebnisneutraler Vorgang, bei dem → Vermögensgüter (Vorräte an Erzeugnissen) aus anderen Vermögensgütern (Rohstoffe, Zahlungsmittel) oder Fremdkapital (Verbindlichkeiten für Lohn) gebildet werden.

Herstellungsausgaben

Ausgaben, die bei der → Herstellung von Erzeugnissen anfallen. Meistens fallen Ausgaben für Material und für Lohn an, sogenannte → Einzelausgaben des Erzeugnisses. Je nach Wahl des → Zurechnungsprinzips werden den Erzeugnissen zusätzlich sogenannte → Gemein-

ausgaben zugerechnet. Die Herstellungsausgaben bilden den Betrag, mit dem die Lagerzunahme aus der Herstellung bewertet wird. Bei Verkauf der Erzeugnisse werden die Herstellungsausgaben der Erzeugnisse als → Aufwand für den Verkauf von Ware verbucht.

IASB

International Accounting Standards Board, Gremium, das seit 2002 die → IFRS erarbeitet.

IASC

International Accounting Standards Committee, Gremium, das in der Vergangenheit bis 2002 die → IAS erarbeitet hat.

IAS

International Accounting Standards, erarbeitet bis 2002 vom → IASC, heute fortgesetzt in den → IFRS

IFRS

International Financial Reporting Standards, erarbeitet seit 2002 vom → IASB

Imparitätsprinzip

Prinzip, erwartete → Gewinne nicht, erwartete → Verluste dagegen sehr wohl in der → Ergebnisrechnung zu erfassen.

Income from operations

Englischsprachiger Ausdruck für → Betriebsergebnis

Income statement

→ Ergebnisrechnung

Indirekte Abschreibung

→ Abschreibung, indirekte

Inventar

Liste der → Vermögensgüter und des → Fremdkapitals eines → Unternehmens

Inventory

Englischsprachiger Ausdruck für das Waren- und Vorratslager

Inventur

Tätigkeit der Erstellung des → Inventars

Jahresabschluss

Der Ausdruck wird im → deutschen Handelsrecht als Oberbegriff über die → Bilanz, die → Gewinn- und Verlustrechnung sowie den → Anhang eines rechtlich selbstständigen Unternehmens verwendet.

Jahresfehlbetrag

Jahresfehlbetrag steht für den nach dem → deutschen Handelrecht ermittelten → Verlust, den ein Unternehmen im juristischen Sinne erzielt. Im englischsprachigen Raum werden die Begriffe → net loss und → loss dafür verwendet.

Jahresüberschuss

Jahresüberschuss steht für den nach dem → deutschen Handelrecht ermittelten → Gewinn, den ein Unternehmen im juristischen Sinne erzielt.

Journal

→ Buch, auch → Grundbuch genannt, in dem die für die → Buchführung → relevanten Ereignisse in chronologischer Reihenfolge aufgezeichnet werden

Kapital

Zusammenstellung, welche die Herkunft der → Vermögensgüter kennzeichnet. Das Kapital wird auf der → Passivseite einer → Bilanz angegeben. Üblicherweise wird der Betrag genannt, der von Fremden kommend als Fremdkapital bezeichnet wird, und der Betrag, der von den Eigenkapitalgebern stammt.

Kapitalerhöhung

In eine → Kapitalgesellschaft getätigte Einlage

Kapitalflussrechnung, direkte Ermittlung des operating cash flow

Ermittlung des Zahlungsstromes aus operativen Aktivitäten durch Gegenüberstellung der operativen Einzahlungen und der operativen Auszahlungen

Kapitalflussrechnung, indirekte Ermittlung des operating cash flow

Ermittlung des Zahlungsstromes aus operativen Aktivitäten durch Erhöhung des Ergebnisses um nicht zahlungswirksamen operativen Aufwand und Reduktion um nicht zahlungswirksamen operativen Ertrag

Kapitalflussrechnung

→ Finanzbericht, in dem die → Einzahlungen in das und die → Auszahlungen aus dem Unternehmen dargestellt werden. Kapitalflussrechnungen sind in Deutschland seit 1998 für börsennotierte Gesellschaften zu veröffentlichen. In der Regel werden die Zahlungsströme aus operativen Tätigkeiten, die aus Investitionstätigkeiten und die aus Finanzierungstätigkeiten getrennt voneinander angegeben.

Kapitalgesellschaft

→ Unternehmen, in dem das → Eigenkapital von vielen Personen stammt, die i.d.R. nicht an der Geschäftsleitung beteiligt sind. Kapitalgesellschaften begründen eine eigene Rechtspersönlichkeit. Übliche Formen von Kapitalgesellschaften sind in Deutschland die Gesellschaft mit beschränkter Haftung und die Aktiengesellschaft.

Kapitalherabsetzung

Herabsetzung des von den Anteilseignern in eine → Kapitalgesellschaft eingelegten → Eigenkapitals. Gründe können im Ausgleich von → Verlusten bestehen sowie in der → Kapitalrückzahlung an die Anteilseigner.

Kapitalrücklage

Beträge, die von den Aktionären bei der Ausgabe von Aktien durch das Unternehmen über den Haftungswert hinaus gezahlt wurden

Kapitalrückzahlung

Rückzahlung von Kapital an die Anteilseigner. Eine solche Rückzahlung ist nach deutschem Handelsrecht nur unter sehr einschränkenden

Bedingungen und Ausweitung der Haftung möglich.

Kontenplan

Übersicht der in einem → Unternehmen benutzbaren → Konten

Kontenrahmen

Meist von Verbänden herausgegebene Übersichten, nach denen Unternehmen ihren → Kontenplan aufbauen können

Konto

Darstellungsform für die Veränderungen von Beständen. Im Rahmen der sogenannten doppelten Buchführung werden Konten verwendet, die zwei Zahlenspalten aufweisen, jeweils eine für die Zugänge und eine für die Abgänge. Der Normierung der Konteninhalte durch die doppelte Buchführung entsprechend werden die Zugänge von Konten für Vermögensgüter auf der linken Seite, der Soll-Seite, eines Kontos verzeichnet und die Zugänge für Kapitalkonten jeweils auf der rechten Seite, der Haben-Seite, eines Kontos. Die Abgänge von Vermögenskonten werden auf der Haben-Seite und die Abgänge von Kapitalkonten auf der Soll-Seite abgebildet. In der englischen Sprache steht der Ausdruck → account für Konto und die Begriffe → debit für → Soll und → credit für → Haben.

Konto, permanentes

→ Konto, das man über mehrere → Abrechnungszeiträume hinweg benutzen möchte, z.B. Konto für ein Gebäude

Konto, temporäres

→ Konto, das man nur in einem einzigen → Abrechnungszeitraum benutzen möchte, z.B. Konto für den Ertrag des Abrechnungszeitraums 20X1

Konzern

Aus mehreren rechtlich selbstständigen Einheiten bestehendes ökonomisch selbstständiges → Unternehmen. Konzerne sind rechnungslegungspflichtig.

Konzernabschluss

Der Ausdruck wird im → deutschen Handelsrecht als Oberbegriff über die → Bilanz, die → Gewinn- und Verlustrechnung sowie den → Anhang eines ökonomisch selbstständigen Unternehmens verwendet.

Konzernfehlbetrag

Konzernfehlbetrag ist der nach → deutschem Handelrecht ermittelte → Verlust, den ein → Unternehmen im ökonomischen Sinn erzielt. Die Ermittlung erfolgt durch Addition der Zahlen der juristischen Einheiten, die zum Konzern gehören, und durch anschließende Konsolidierung dieser Summen.

Konzernüberschuss

Konzernüberschuss ist der nach → deutschen Handelrecht ermittelte → Gewinn, den ein → Unternehmen im ökonomischen Sinn erzielt. Die Ermittlung erfolgt durch Addition der Zahlen der juristischen Einheiten, die zum Konzern gehören, und durch anschließende Konsolidierung dieser Summen.

Korrekturbuchungen

→ Buchungen, die nach Aufstellung der → vorläufigen Saldenbilanz vorgenommen werden, um die → korrigierte Saldenbilanz zu erhalten

Korrigierte Saldenbilanz

→ Saldenbilanz, korrigierte

Leistungsabgabeorientierung der Rechnungslegung

→ Rechnungslegung, Leistungsabgabeorientierung der, → Forderung nach Leistungsabgabeorientierung

Liabilities

Englischsprachiger Ausdruck für das → Fremdkapital eines → Unternehmens

Lineare Abschreibung

→ Abschreibung, lineare

Liquidität

Zahlungsfähigkeit eines → Unternehmens

Loss

Englischsprachiger Ausdruck für den → Verlust eines Unternehmens

Lower of cost or market principle

Englischsprachiger Ausdruck für das → Niederstwertprinzip

Marginalprinzip

→ Zurechnungsprinzipien

Maschinen

Häufig vorkommende Kontenbezeichnung

Matching principle

Englischsprachiger Ausdruck für das Prinzip, → Erträge und die sachlich zugehörigen → Aufwendungen in der → Ergebnisrechnung des gleichen Abrechnungszeitraums anzusetzen

Mengenrabatt

Rabatt, der i. d. R. vor Geschäftsabschluss ausgehandelt wird und deswegen Bestandteil der Kaufpreisverhandlungen ist. Ein solcher Mengenrabatt beeinflusst die Höhe des Kaufpreises, jedoch nicht die Buchungen des Kaufs.

Net income

U.S.-amerikanischer Ausdruck für den → Gewinn eines → Unternehmens während eines → Abrechnungszeitraums, ermittelt nach U.S.-amerikanischen Standards

Net loss

U.S.-amerikanischer Ausdruck für den → Verlust eines → Unternehmens während eines → Abrechnungszeitraums, ermittelt nach den U.S.-amerikanischen Standards

Nicht abnutzbares Anlagevermögen

→ Anlagevermögen, nicht abnutzbares

Niederstwertprinzip

In Deutschland übliches Prinzip, nach dem Vermögensgüter so lange mit ihren Anschaffungs- oder Herstellungsausgaben anzusetzen sind, bis dass der Börsenwert, der Marktwert oder der beizulegende Wert niedriger ist. Im englischsprachigen Raum ist in diesem Zusammenhang vom → lower of cost or market principle die Rede.

Non current assets

Oberbegriff über → Vermögensgüter, die langfristig Geld binden. Im englischen Sprachraum geläufige Klasse von Vermögensgütern

Normierung von Konteninhalten

→ Konto

Oberkonto

→ Konto, über das mehrere → Unterkonten abgeschlossen werden

Operating expense

Englischsprachiger Ausdruck für → Betriebsaufwand

Operating income

Englischsprachiger Ausdruck für → Betriebsergebnis

Operating revenues

Englischsprachiger Ausdruck für → Betriebsertrag

Owners' equity

Englischsprachiger Ausdruck für → Eigenkapital

Partialbetrachtung

Auf einen Teil des Ganzen beschränkte Betrachtung, häufig angewendet auf die → Ergebnisrechnung für einen sachlichen oder zeitlichen Ausschnitt des Unternehmens

Passiver Rechnungsabgrenzungsposten

→ Rechnungsabgrenzungsposten, passiver

Passives Wirtschaftsgut

→ Wirtschaftsgut, passives

Passivum

Oberbegriff zu allen Posten, die auf der Kapitalseite einer → Bilanz erscheinen

Percentage of completion Methode

Methode zur Abbildung langfristiger Aufträge im Rechnungswesen: Ansatz von anteiligen Ertrags- und Aufwandsbuchungen in jedem Zeitraum, in dem an dem Auftrag gearbeitet wurde

Permanentes Konto

→ Konto, permanentes

Personalausgaben

→ Ausgaben für die Beschäftigung von Personal. Werden die Ausgaben der → Herstellung von Erzeugnissen zugerechnet, dann richtet sich die Behandlung im Rechnungswesen nach dem → Prinzip der sachlichen Abgrenzung, andernfalls nach dem der → zeitraumbezogenen Abgrenzung.

Personengesellschaft

→ Unternehmen, in dem das → Eigenkapital von mehreren Personen stammt, die i.d.R. alle an der Geschäftsführung beteiligt sind. Übliche Formen sind in Deutschland die Offene Handelsgesellschaft und die Kommanditgesellschaft.

Planmäßige Abschreibung

→ Abschreibung, planmäßige

Preisnachlass, nachträglicher

Ein nachträglicher Preisnachlass verlangt beim Käufer eine Korrektur der Kaufbuchung durch eine zusätzliche Korrekturbuchung und beim Verkäufer eine Korrektur der mit dem Verkauf unternommenen Buchungen.

Prepaid expense

Englischsprachiger Ausdruck für → Rechnungsabgrenzungsposten, aktiver

Prinzip der sachlichen Abgrenzung

→ Abgrenzung, Prinzip der sachlichen

Prinzip der zeitlichen Abgrenzung

→ Abgrenzung, Prinzip der zeitlichen

Prinzip der zeitraumbezogenen Abgrenzung

→ Abgrenzung, Prinzip der zeitraumbezogenen

Profit and loss account

Englischsprachige Bezeichnung für das → Konto, auf dem die → Ergebnisrechnung durchgeführt wird

Profit

Englischsprachiger Ausdruck für den → Gewinn eines → Unternehmens

Provisions

Englischsprachiger Ausdruck für → Rückstellungen

Prudence requirement

→ Forderung nach Vorsicht

PublG

Publizitätsgesetz. Gesetz, das in Deutschland die Berichtspflicht für große → Unternehmen regelt, die keine Kapitalgesellschaften darstellen.

Purchase returns

Englischsprachiger Ausdruck für → Warenrücksendung

Realisation principle

Englischsprachiger Ausdruck für → Realisationsprinzip

Realisationsprinzip

Prinzip, nach dem Ertrag erst entsteht, wenn das Geschäft realisiert ist. In der englischen Sprache steht dafür der Ausdruck → realisation principle.

Rechnungsabgrenzungsposten

→ Aktivischer oder passivischer Bilanzposten für streng zeitraumbezogene Zahlungen, die vor dem Bilanzstichtag für einen genau bestimmbaren Zeitraum nach dem Bilanzstichtag geleistet bzw. empfangen wurden

Rechnungsabgrenzungsposten, aktiver

Forderungsähnlicher Posten, der aus noch nicht erhaltenen, aber bereits bezahlten zeitraumbezogenen Leistungen von Marktpartnern resultiert. In der englischen Sprache wird der Posten → prepaid expense genannt.

Rechnungsabgrenzungsposten, passiver

Verbindlichkeitsähnlicher Posten, der aus noch nicht erbrachten, aber bereits bezahlten zeitraumbezogenen Leistungen an Marktpartner resultiert. In der englischen Sprache wird der Posten → unearned revenue genannt.

Rechnungslegung, accrual basis der

Festlegung, dass → Eigenkapital und → Gewinn oder → Verlust ermittelt werden unter Berücksichtigung von Beständen an Vermögensgütern und Fremdkapital sowie aus deren Veränderungen

Rechnungslegung, Leistungsabgabeorientierung der

Festlegung, dass → Gewinn oder → Verlust bei Abgabe einer Leistung an einen Marktpartner entsteht

Rechnungswesen, Beteiligte am

Als am Rechnungswesen Beteiligte kann man Investoren, Informationsintermediäre, Regulierer, die Geschäftsführung, Aufsichtsorgane und die Wirtschaftsprüfer auffassen.

Rechtsformen

Juristische Gestaltungsmöglichkeiten für die rechtlichen Rahmenbedingungen, nach denen sich → Unternehmen organisieren. Als Arten unterscheidet man das von einer einzelnen Person geführte Unternehmen (sog. → Einzelunternehmen) von → Personengesellschaften und von → Kapitalgesellschaften.

Relevante Ereignisse, Arbeitsablauf bei der Erfassung von

Erfassung derjenigen → relevanten Ereignisse, die → Geschäftsvorfälle darstellen, zu dem Zeitpunkt, zu dem organisatorischen Maßnahmen im → Unternehmen ausgelöst werden; Erfassung der → anderen relevanten Ereignisse zum Ende des Geschäftsjahres durch Prüfung jedes einzelnen Kontostandes, ob alle → relevanten Ereignisse erfasst wurden.

Relevante Ereignisse

→ Ereignisse, relevante

Relevanzforderung

→ Forderung nach Relevanz

Reliability requirement

→ Forderung nach Verlässlichkeit

Requirement of an economically independent unit

→ Forderung nach selbstständiger Wirtschaftseinheit

Requirement of comparability

→ Forderung nach Vergleichbarkeit

Requirement of conservatism

→ Forderung nach Vorsicht

Requirement of going concern

→ Forderung nach Unternehmensfortführung

Requirement of prudence

→ Forderung nach Vorsicht

Requirement of relevance

→ Forderung nach Relevanz

Requirement of reliability

→ Forderung nach Verlässlichkeit

Requirement of stable monetary unit

→ Forderung nach stabiler Währungseinheit

Requirement of timeliness

→ Forderung nach Zeitnähe

Roh-, Hilfs- und Betriebsstoffe

Häufig vorkommende Kontenbezeichnung

Rohertrag

Saldo aus → Umsatzertrag abzüglich → Aufwand für verkaufte Erzeugnisse

Rücklagen

Der Teil des Eigenkapitals einer Kapitalgesellschaft, der die Haftungssumme übersteigt. Man unterscheidet → Kapitalrücklagen von →

Gewinnrücklagen. Kapitalrücklagen entstehen, wenn Aktionäre beim Kauf ihrer Aktien vom Unternehmen mehr Geld einzahlen als der Haftungssumme ihrer Aktie entspricht. Gewinnrücklagen entstehen durch Einbehaltung von Gewinn.

Rückstellungen

→ Fremdkapital; erwartete künftige Belastung des Vermögens, bei der die Rückzahlungsverpflichtung oder deren Höhe nicht feststehen. Im deutschen HGB sind Rückstellungen auch ansetzbar für zukünftige Aufwendungen, die bereits im laufenden Abrechnungszeitraum verursacht wurden. Zur Vermeidung missbräuchlicher Bildung von Rückstellungen wird er Begriff der → erwarteten künftigen Belastung im englischsprachigen Raum näher definiert. In der englischen Sprache werden für Rückstellungen die Ausdrücke → contingent liability und → provision verwendet.

Sachanlagen

→ Anlagevermögen, sachliches

Sachliche Abgrenzung, Prinzip der

→ Abgrenzung, Prinzip der sachlichen

Saldenbilanz

Liste der jeweiligen Kontensalden, der Differenz zwischen der Soll- und der Haben-Seite eines jeden Kontos. In der englischen Sprache heißt die Saldenbilanz → trial balance.

Saldenbilanz, korrigierte

Liste der jeweiligen Kontensalden nach Berücksichtigung aller für die → Buchführung → relevanten → Ereignisse

Saldenbilanz, vorläufige

Liste der jeweiligen Kontensalden nach Berücksichtigung aller Geschäftsvorfälle

Schwebendes Geschäft

Geschäft auf Grund eines zweiseitig verpflichtenden Vertrages, der noch von keiner Seite erfüllt worden ist. Schwebende Geschäfte werden nicht bilanziert; lediglich, wenn daraus ein Verlust absehbar ist, erfolgt nach → deutschem HGB der Ansatz des Verlustes.

Segmentberichterstattung

→ Finanzbericht, in dem wichtige Zahlen nach sogenannten Segmenten getrennt angegeben werden

Skonto

Barzahlungsrabatt, dessen Inanspruchnahme bei Geschäftsabschluss unbekannt ist

Soll

Linke Spalte eines zweispaltigen → Kontos

Sonstige Verbindlichkeiten

→ Verbindlichkeiten, sonstige

Stabile Währungseinheit, Forderung nach

→ Forderung nach stabiler Währungseinheit

Stable monetary unit requirement

Englischsprachiger Ausdruck für die → Forderung nach stabiler Währungseinheit

Statement of cash flows

Englischsprachiger Ausdruck für den → Finanzbericht mit der → Kapitalflussrechnung als Inhalt

Statement of earnings

Englischsprachiger Ausdruck für → Ergebnisrechnung

Statement of owners' equity

Englischsprachiger Ausdruck für → Eigenkapitalrechnung

Temporäres Konto

→ Konto, temporäres

Timeliness requirement

Englischsprachiger Ausdruck für → Forderung nach Zeitnähe

Totalbetrachtung

→ Betrachtung eines Unternehmens über seine gesamte Lebensdauer hinweg in nur einem einzigen Abrechnungszeitraum

Transitorischer Vorgang

→ Ergebniswirkung, Zahlung vor

Transportausgaben

Transportausgaben werden bei derjenigen Partei verrechnet, die sie übernommen hat. Hat der Käufer sie zu bezahlen, gehören sie zu den Anschaffungsausgaben für die gekaufte Ware.

Trial balance

Englischsprachiger Ausdruck für → Saldenbilanz

U.S.-GAAP

Sammelbegriff für alle U.S.-amerikanischen Standards und Rechnungslegungsregeln.

Umlaufvermögen

Oberbegriff über diejenigen → Vermögensgüter, die nicht dazu bestimmt sind, dem Unternehmen durch Gebrauch zu dienen. Dies sind Vermögensgüter, die im Rahmen bestehender Kapazitäten ständig ihre Form wechseln, insofern »umlaufen«. Im deutschen Handelsrecht übliche Klasse von Vermögensgütern.

Umsatzaufwand

→ Aufwand aus Verkauf von Ware

Umsatzertrag

Ertrag, der aus dem Verkauf von Erzeugnissen erzielt wurde

Umsatzkostenverfahren

Aus der Kostenrechnung stammender Name für das Verfahren der → Ergebnisrechnung, bei dem der → Umsatzaufwand vom → Umsatzertrag abgezogen wird

Unearned revenue

Englischsprachiger Ausdruck für → Rechnungsabgrenzungsposten, passiver

Unterkonten des Eigenkapitals

→ Eigenkapital, Unterkonten des

Unterkonto

→ Konto, das über ein → Oberkonto abgeschlossen wird

Unternehmen

Institution, in welcher der → Unternehmer tätig ist. Mit ihrem Rechnungswesen ermitteln Unternehmen das → Eigenkapital, das → Ergebnis und die → Zahlungsströme. Unternehmen lassen sich juristisch und ökonomisch abgrenzen.

Unternehmensfortführung, Forderung nach

→ Forderung nach Unternehmensfortführung

Unternehmer

Person oder Personengruppe zur Leitung der Geschäfte eines → Unternehmens. Unternehmer übernehmen i.d.R. Einkommensunsicherheiten von Beschäftigten, sind an Arbitragegewinnen interessiert und müssen sich durchsetzen können.

Verbindlichkeiten

Leistungsverpflichtungen des → Unternehmens, die juristisch erzwingbar sind und eine wirtschaftliche Belastung darstellen. Wir unterscheiden → Verbindlichkeiten aus dem Kauf, → Verbindlichkeiten aus erhaltenen Vorauszahlungen, → Verbindlichkeiten aus Darlehen und → sonstige Verbindlichkeiten.

Verbindlichkeiten aus Darlehen

Verbindlichkeiten, die aus Darlehensaufnahmen resultieren

Verbindlichkeiten aus erhaltenen Vorauszahlungen

Verbindlichkeiten, die aus dem Erhalt von Vorauszahlungen für zu erbringende zeitpunktbezogene, aber noch nicht gelieferte Leistungen an Marktpartner folgen

Verbindlichkeiten aus Kauf

Verbindlichkeiten, die aus dem Erhalt von Leistungen von Marktpartnern folgen

Verbindlichkeiten, sonstige

Restliche, nicht unter die anderen Verbindlichkeitsposten fallende Verbindlichkeiten

Vergleichbarkeit in Zeitablauf

→ Forderung nach Vergleichbarkeit

Vergleichbarkeit zwischen Unternehmen

→ Forderung nach Vergleichbarkeit

Verkauf von Ware

Beim Verkauf von Ware fallen zwei → Buchungen an, die → Ertragsbuchung und die zugehörige → Aufwandsbuchung.

Verlässlichkeitsforderung

→ Forderung nach Verlässlichkeit

Verlust

Verlust stellt das negative → Ergebnis eines → Unternehmens dar. Er entsteht, wenn der → Ertrag den → Aufwand nicht deckt.

Vermögensgegenstand

→ Vermögensgut, das nach den Regeln des → deutschen HGB bilanzierungsfähig ist: ein einzeln veräußerungsfähiges, selbstständig bewertbares wirtschaftliches Vermögensgut

Vermögensgut

Oberbegriff für das, was auf der Aktivseite einer → Bilanz erscheinen kann. In einer Bilanz nach → deutschem HGB versteht man darunter die → Vermögensgegenstände, in einer → Bilanz nach U.S.-amerikanischen oder internationalen Standards die → assets.

Vorläufige Saldenbilanz

→ Saldenbilanz, vorläufige

Vorräte

Teil des → Umlaufvermögens, der den Bestand an Roh-, Hilfs- und Betriebsstoffen, Erzeugnisse sowie Handelsware umfasst

Vorsichtsforderung

→ Forderung nach Vorsicht

Ware

Oberbegriff über Handelsware und Erzeugnisse

Warenrücksendung

In der Praxis vorkommender Vorgang, bei dem u.U. die Kaufbuchung ganz oder anteilig durch eine weitere Buchung zurückgenommen wird. Im Englischen wird die Warenrücksendung als → purchase return bezeichnet.

Warenvorrat

Bewerteter Lagerbestand an Ware

Wertanpassung

Außerplanmäßige Zuschreibung oder → außerplanmäßige Abschreibung des Wertes eines → Vermögensgutes oder Fremdkapitalpostens

Wirtschaftsgut, aktives

Ausdruck des deutschen Steuerrechts für diejenigen → Vermögensgüter, die in einer → Bilanz nach deutschem Steuerrecht angesetzt werden. Nach der in diesem Buch verwendeten Terminologie müssen zur Aktivierung eines Gutes Ausgaben entstanden, ein über das Wirtschaftsjahr hinausgehender Nutzen zu erwarten sein und eine selbstständige Bewertbarkeit vorliegen.

Wirtschaftsgut, passives

Ausdruck des deutschen Steuerrechts für dasjenige → Fremdkapital, das in einer → Bilanz nach deutschem Steuerrecht angesetzt wird. Nach der in diesem Buch verwendeten Terminologie müssen zur Passivierung eines Postens sichere oder hinreichend sichere Belastungen des Vermögens vorliegen, die auf einer rechtlichen oder wirtschaftlichen Leistungsverpflichtung beruhen und selbstständig bewertbar sind.

Write off

Englischsprachiger Ausdruck für → außerplanmäßige Abschreibung

Zahlungsmittel

Barmittel u. Ä. sowie jederzeit verfügbare sogenannte Sichteinlagen bei Banken. Im englischsprachigen Raum wird dafür der Ausdruck → cash verwendet.

Zeitliche Abgrenzung

Abgrenzung, Prinzip der zeitlichen

Zeitnäheforderung

→ Forderung nach Zeitnähe

Zeitraumbezogene Abgrenzung

→ Abgrenzung, Prinzip der zeitraumbezogenen

Zurechnungsprinzipien

Bei der Ermittlung der → Herstellungsausgaben eines Erzeugnisses i.d.R. erforderliche Überlegung zur Abgrenzung derjenigen Ausgaben, die man dem Erzeugnis zurechnet von denjenigen, die man ihm nicht zurechnet. Die vielen mögliche Zurechnungsprinzipien lassen sich in zwei Arten unterteilen, in Marginalprinzipien und in Finalprinzipien. Nach einem Marginalprinzip wird dem Erzeugnis eine Ausgabe nur zugerechnet, wenn sie mit jeder neuen Erzeugniseinheit wieder neu anfällt. Finalprinzipien eröffnen dagegen die Möglichkeit, Erzeugnissen auch solche Ausgaben zuzurechnen, die nur einmalig für die gesamte Produktionsmenge anfallen.

Sachregister

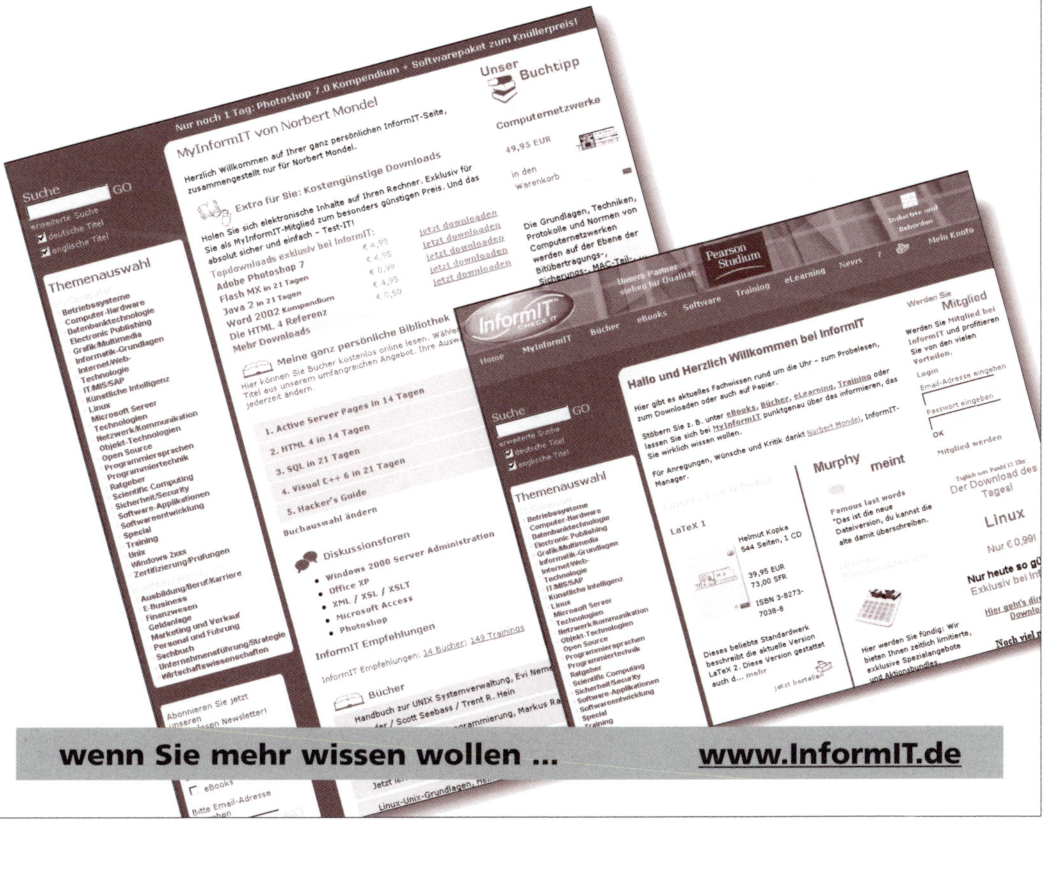

Finanzierung

Die Grundlagen modernen Finanzmanagements

Roger Zantow

Zum Buch:

Als Grundlagenwerk zur Unternehmensfinanzierung konzentriert sich das Buch auf zentrale Elemente der Finanzwirtschaft. Aufzählungen, Tabellen und Abbildungen bieten das Gerüst für eine übersichtliche Darstellung von Elementen der Finanzierung. Dem Leser werden ausgehend davon auch anspruchsvolle Weiterentwicklungen, Differenzierungen und Beziehungen nahegebracht. Nationale und internationale Finanzmärkte werden beachtet, klassische Finanzierungsinstrumente und die sich rasant entwickelnden modernen, oft höchst innovativen Entwicklungen werden vorgestellt. Erklärungen der Hintergründe sollen dem Neuling das Verständnis ermöglichen und weitergehende Vertiefungen sein Wissensniveau schnell aufbauen helfen.

Aus dem Inhalt:

– Die Grundlagen
– Eigenfinanzierung
– Fremdfinanzierung mit Krediten
– Fremdfinanzierung mit Effekten
– Innenfinanzierung
– Sonderformen der Finanzierung
– Finanzderivate
– Investitionsrechnung
– Finanzmanagement

Über den Autor:

Prof. Dr.rer.pol. Roger Zantow verfügt über langjährige Praxis im Bereich der Unternehmensfinanzierung. Er ist zur Zeit Professor für Bank-, Finanz- und Investitionswirtschaft an der Fachhochschule München.

ISBN: 3-8273-7088-4
€ 24,95; sFr 42,50
ca. 450 Seiten

Pearson-Studium-Produkte erhalten Sie im Buchhandel und Fachhandel
Pearson Education Deutschland GmbH • Martin-Kollar-Str. 10 – 12 • D-81829 München
Tel. (089) 46 00 3 - 222 • Fax (089) 46 00 3 - 100 • www.pearson-studium.de

Grundlagen des Marketing

3., überarbeitete Auflage

Philip Kotler , Gary A. Armstrong,
John Saunders, Veronica Wong

Zum Buch:

Kotlers Standardwerk Grundlagen des Marketing wendet sich als Lehrbuch und Nachschlagewerk an Studenten und Dozenten an Universitäten und Fachhochschulen. Unentbehrlich ist das Buch auch für alle, die einen verlässlichen Ratgeber für die tägliche Praxis im Unternehmen benötigen. Zahlreiche deutsche und internationale Beispiele, Marketing-Highlights und Fallstudien illustrieren die Umsetzung theoretischer Konzepte in die Praxis. In klarer, verständlicher und stets anschaulicher Sprache bietet der international führende Marketing-Experte Kotler einen Überblick über die aktuell gültigen Grundlagen des Marketing in allen Aspekten.

Aus dem Inhalt:

Teil 1: Marketing
Teil 2: Das Marketingumfeld
Teil 3: Strategien der Markterschliessung
Teil 4: Das Produkt
Teil 5: Der Preis
Teil 6: Die Durchführung des Marketing
Teil 7: Vom Hersteller zum Verwender

Über den Autor:

Philip Kotler konnte mit seine Büchern und Publikationen, die Gesamtauflagen in Millionenhöhe erreicht haben, die Disziplin Marketing entscheidend prägen. Er gilt international als einer der führenden Marketing-Experten und lehrt an der *Kellogg Graduate School of Management, Northwestern University* in *Evanston, Illinois.*

ISBN: 3-8273-7024-8
€ 39,95 [D], sFr 67,00
1050 Seiten

wi | marketing

Pearson-Studium-Produkte erhalten Sie im Buchhandel und Fachhandel
Pearson Education Deutschland GmbH • Martin-Kollar-Str. 10 – 12 • D-81829 München
Tel. (089) 46 00 3 - 222 • Fax (089) 46 00 3 - 100 • www.pearson-studium.de

Grundzüge der Volkswirtschaftslehre

Eine Einführung in die Wissenschaft von Märkten

Peter Bofinger

Zum Buch:

Diese Einführung in die Volkswirtschaftslehre bietet einen praktischen Einstieg. Anders als herkömmliche Einführungen beschränkt sich das Buch nicht auf die Vermittlung von abstrakten Modellen, vielen Kurven und Gleichungen, sondern macht deutlich, dass ein volkswirtschaftliches Denken auch für Manager in Unternehmen und Banken wichtig ist.

Aus dem Inhalt:

– Wie funktionieren Märkte?
– Wie kommt ein Aktienkurs zustande?
– Arbeitsteilung
– Organisation einer arbeitsteiligen Wirtschaft
– Sozialversicherungssysteme
– VWL: Daten und Rechenwerke

– Die Stabilisierungsaufgabe des Staates und der Notenbank
– Geld- und Finanzpolitik
– Inflation
– Außenwirtschaft
– Wachstum

Über den Autor:

Peter Bofinger ist Professor für Volkswirtschaftslehre an der *Universität Würzburg* mit zahlreichen Veröffentlichungen, darunter sein weit verbreitetes Lehrbuch zur Geldpolitik.

ISBN: 3-8273-7076-0
€ 36,95 [D], sFr 57,50
488 Seiten

Pearson-Studium-Produkte erhalten Sie im Buchhandel und Fachhandel
Pearson Education Deutschland GmbH • Martin-Kollar-Str. 10 – 12 • D-81829 München
Tel. (089) 46 00 3 - 222 • Fax (089) 46 00 3 - 100 • www.pearson-studium.de